Sieben Energiewendemärchen?

André D. Thess

Sieben Energiewendemärchen?

Eine Vorlesungsreihe für Unzufriedene

Prof. Dr. André D. Thess
Lehrstuhl für Energiespeicherung
Universität Stuttgart
Stuttgart, Deutschland

ISBN 978-3-662-61999-5   ISBN 978-3-662-62000-7 (eBook)
https://doi.org/10.1007/978-3-662-62000-7

Die Deutsche Nationalbibliothek verzeichnet diese Publikation in der Deutschen Nationalbibliografie; detaillierte bibliografische Daten sind im Internet über http://dnb.d-nb.de abrufbar.

© Der/die Herausgeber bzw. der/die Autor(en), exklusiv lizenziert durch Springer-Verlag GmbH, DE, ein Teil von Springer Nature 2020
Das Werk einschließlich aller seiner Teile ist urheberrechtlich geschützt. Jede Verwertung, die nicht ausdrücklich vom Urheberrechtsgesetz zugelassen ist, bedarf der vorherigen Zustimmung der Verlage. Das gilt insbesondere für Vervielfältigungen, Bearbeitungen, Übersetzungen, Mikroverfilmungen und die Einspeicherung und Verarbeitung in elektronischen Systemen.
Die Wiedergabe von allgemein beschreibenden Bezeichnungen, Marken, Unternehmensnamen etc. in diesem Werk bedeutet nicht, dass diese frei durch jedermann benutzt werden dürfen. Die Berechtigung zur Benutzung unterliegt, auch ohne gesonderten Hinweis hierzu, den Regeln des Markenrechts. Die Rechte des jeweiligen Zeicheninhabers sind zu beachten.
Der Verlag, die Autoren und die Herausgeber gehen davon aus, dass die Angaben und Informationen in diesem Werk zum Zeitpunkt der Veröffentlichung vollständig und korrekt sind. Weder der Verlag, noch die Autoren oder die Herausgeber übernehmen, ausdrücklich oder implizit, Gewähr für den Inhalt des Werkes, etwaige Fehler oder Äußerungen. Der Verlag bleibt im Hinblick auf geografische Zuordnungen und Gebietsbezeichnungen in veröffentlichten Karten und Institutionsadressen neutral.

Planung/Lektorat: Markus Braun
Springer ist ein Imprint der eingetragenen Gesellschaft Springer-Verlag GmbH, DE und ist ein Teil von Springer Nature.
Die Anschrift der Gesellschaft ist: Heidelberger Platz 3, 14197 Berlin, Germany

*Genossen, die Berechnungen unserer Planer zeigen,
dass die Sowjetunion innerhalb der nächsten fünfzehn
Jahre die USA in der Produktion bedeutender Güter
nicht nur einholen, sondern überholen wird.*
Nikita Chruschtschow, Generalsekretär der KPdSU, Bericht
anlässlich des 40. Jahrestages der Großen Sozialistischen Oktoberrevolution am 7. November 1957

*Bis zum Jahr 2020 sollen mindestens eine Million
Elektrofahrzeuge auf Deutschlands Straßen fahren.*
Nationale Plattform Elektromobilität am 3. Mai 2010

*Staatliche Planwirtschaft ist wie ein prachtvoller
Baum mit weit ausladender Krone. Aber in seinem
Schatten wächst nichts.*
Harold Macmillan, Britischer Premierminister von 1957 bis 1963

Inhaltsverzeichnis

Prolog: Das Gleichnis von den vielfältigen Bratpfannen IX

1 Der böse Verbrennungsmotor 1
2 Die kluge Denkfabrik 33
3 Das gute Elektroauto 59
4 Der einfältige Klimaforscher 83
5 Das genügsame Haus 111
6 Die billige Energiewende 141
7 Das stubenreine Flugzeug. 167

Epilog: Die Hypothese von der unsichtbaren Hand 195

Anhang: Die Kaffeebechervermeidungskostenformel. 211

Danksagung. 215

Prolog: Das Gleichnis von den vielfältigen Bratpfannen

Die Behauptung: „Ideal zum Braten sind die guten alten Eisenpfannen. Sie liefern die besten Bratergebnisse und halten am längsten. Teflonbeschichtete Aluminiumpfannen braten hingegen schlechter, nutzen sich schnell ab und hinterlassen Berge an Aluminiumschrott. Um unser Essen in höchster Qualität und mit nachhaltigen Küchenutensilien zuzubereiten, müssen wir schnellstmöglich auf Eisenpfannen umsteigen. Dazu brauchen wir eine Kaufprämie für Eisenpfannen. Aluminiumpfannen müssen spätestens ab 2030 verboten werden."

Unserer modernen Gesellschaft ist die Fähigkeit zur Herstellung schmackhafter Bratkartoffeln weitgehend abhandengekommen. Das liegt daran, dass heute meistens teflonbeschichtete Aluminiumpfannen zum Einsatz kommen, während unsere Großmütter Eisenpfannen für die Zubereitung von Bratkartoffeln benutzten. Mir ist das bestmögliche Bratergebnis wichtig. Überdies finde ich es sympathisch, dass eine Eisenpfanne unbegrenzt haltbar ist. Ginge es allein nach mir, gäbe es in unserer Familie ausschließlich Eisenpfannen.

Meine Frau sieht die Sache anders. Sie mag das Hantieren mit schweren Eisenpfannen nicht. Deshalb bevorzugt sie Aluminiumpfannen. Auch schätzt sie deren Geschirrspülertauglichkeit. Mit Augenzwinkern weist sie mich überdies gern darauf hin, dass sie durch häufigen Kauf neuer Aluminiumpfannen Arbeitsplätze bei einem bekannten schwäbischen Hersteller von Küchenutensilien sichert. Ginge es allein nach meiner Frau, würden wir ausschließlich mit Aluminiumpfannen arbeiten.

Meine Frau und ich sind seit 31 Jahren verheiratet und in vielen Fragen unterschiedlicher Meinung. Aber wegen Bratpfannen gab es bei uns noch nie Streit. Dabei geht es doch um Entscheidungen von großer gesellschaftlicher Tragweite – zwischen Nachhaltigkeit in Gestalt der Eisenpfanne und Arbeitsplatzsicherung in Gestalt der Aluminiumpfanne.

Ähnliche Entscheidungen müssen wir im Zusammenhang mit der „Energiewende" im nationalen und internationalen Maßstab ständig treffen. Sollen wir als Beitrag zum Klimaschutz schnell auf Elektroautos umsteigen, auch wenn dadurch

Arbeitsplätze bei heimischen Herstellern von Verbrennungsmotoren verloren gehen? Sollen wir um der Nachhaltigkeit willen auf Urlaubsflüge nach Thailand verzichten, obwohl dadurch Arbeitsplätze in der thailändischen Tourismusindustrie verschwinden? Sollen wir für die Erfüllung von Klimaschutzzielen deutsche Kohlekraftwerke abschalten, auch wenn dies mit Arbeitsplatzverlusten in den Kohlerevieren verbunden ist? Soll die EU zwecks Energieeffizienz die Leistung von Staubsaugern begrenzen, obwohl etliche Menschen dies als obrigkeitsstaatlichen Eingriff in ihre persönliche Freiheit ablehnen?

So drängend und wichtig solche Fragen auch sein mögen, das Ziel meines Buches besteht *nicht* darin, diese Fragen zu beantworten.

Das Anliegen meiner neun Vorlesungen besteht vielmehr darin, Ihnen, liebe Leserinnen und Leser, zu verdeutlichen, warum es auf diese und zahlreiche ähnliche Fragen zu Energie- und Klimapolitik in einer freiheitlich-demokratischen Gesellschaft keine allgemeingültigen Antworten geben kann. Ich möchte Ihnen überdies einen Leitfaden geben, Fragen zu Energie- und Klimapolitik in Ihrer Familie, mit Ihren Freunden, mit Ihren Kollegen oder auch mit Ihren Abgeordneten zu diskutieren und dabei ebenso entspannt zu bleiben wie meine Frau und ich bei unseren Diskussionen über Bratpfannen.

Energiewendemärchen?
Die deutschen Debatten um Energie und Klima sind vom Ideal einer sachlichen Diskussion in der Regel weit entfernt. Sie tragen häufig den Charakter von *Energiewendemärchen*. Was ich damit meine, lässt sich anhand meiner Bratpfannengeschichte zu Beginn dieses Kapitels erklären. Werfen wir noch einmal einen Blick zurück.

Die Geschichte bedient sich mehrerer Tricks, die sich auch in Diskussionsbeiträgen zur Energie- und Klimapolitik großer Beliebtheit erfreuen. Im ersten Satz werden die Vorzüge der vermeintlich guten Eisenpfanne – optimales Bratergebnis und lange Haltbarkeit – selektiv zitiert. Die Nachteile – hohes Gewicht und fehlende Geschirrspülertauglichkeit – werden hingegen verschwiegen. Im zweiten Satz werden für die vermeintlich böse Aluminiumpfanne ausschließlich die beiden Nachteile – schlechteres Bratergebnis und hoher Materialverbrauch – thematisiert, während die Vorteile – niedriges Gewicht und Arbeitsplatzsicherung – unter den Teppich gekehrt werden. Im zweiten Teil der Bratpfannengeschichte erhebe ich meine persönliche Sympathie für haltbares Kochgeschirr durch Verwendung von Worten wie „brauchen" und „müssen" in den Rang der Allgemeingültigkeit. Diese Art moralischer Selbstermächtigung ist bei Energie- und Klimadiskussionen quer durch das politische Spektrum ebenfalls häufig anzutreffen.

Mit diesen beiden Merkmalen, nämlich einer willkürlichen Auswahl passender Fakten und einer fehlenden Trennung zwischen wissenschaftlichen Erkenntnissen und persönlichen Werturteilen, haben wir zwei zentrale Eigenschaften unserer Bratpfannengeschichte herausgearbeitet. Dies sind gleichzeitig die Merkmale von Energiewendemärchen.

Im vorliegenden Buch werde ich die Anatomie von sieben kontroversen Thesen zur Energiewende analysieren. Manche werden Sie für Energiewendemärchen halten, andere nicht. Damit Sie, liebe Leserinnen und Leser, sich zu diesen sowie zu ähnlichen Thesen Ihre eigene Meinung bilden können, werde ich Ihnen an konkreten Beispielen zeigen, wie Sie den wissenschaftlichen Kern eines Energie- oder Klimaproblems freilegen und von Ihrer persönlichen politischen Haltung trennen können. Wenn Sie diese Analysen dann auf andere Probleme übertragen, werden Sie im Kreise Ihrer Familie, Freunde und Kollegen kontroverse und anregende, aber jederzeit sachliche Energie- und Klimadebatten führen können.

Um die Methode der bevorstehenden Analyse im Einzelnen zu verstehen, wenden wir uns noch einmal der Bratpfannengeschichte zu.

Sozio-technische Analyse
Der systematische Entscheidungsprozess zwischen Eisen und Aluminium hat zwar nichts mit Energieforschung zu tun und erst recht nichts mit Klimapolitik. Er eignet sich jedoch sehr gut als Anschauungsbeispiel für eine Methode, die als sozio-technische Analyse bezeichnet wird. Eine solche besteht aus einem objektiven und einem subjektiven Teil.

Im objektiven Teil werden wissenschaftlich belegbare Eigenschaften über die Entscheidungsmöglichkeiten zusammengetragen. Im subjektiven Teil wird jeder Eigenschaft ein Gewichtfaktor zugeordnet, der die persönlichen Vorlieben und Überzeugungen des Entscheidungsträgers widerspiegelt. Durch Verknüpfung von Eigenschaften und Gewichtsfaktoren entsteht dann ein Bewertungsergebnis, welches als Entscheidungsvorschlag interpretiert werden kann. Der Analyse- und Bewertungsprozess lässt sich mit Hilfe von Tabellen besonders übersichtlich gestalten. Deshalb sind im Folgenden zwei Bewertungstabellen angegeben – eine aus meiner Perspektive und eine aus der Perspektive meiner Frau. Diese Tabellen offenbaren sozusagen die Anatomie eines gesellschaftlichen Entscheidungsproblems. Sie sind für das Verständnis der folgenden Ausführungen hilfreich, aber nicht unbedingt notwendig.

Ich möchte nun die sozio-technische Analysemethode Schritt für Schritt erläutern.

Der erste Schritt besteht in der Formulierung zweier Handlungsmöglichkeiten, zwischen denen eine Entscheidung getroffen werden soll. Im Fall der Bratpfannen ist dieser Schritt leicht zu bewältigen. Unsere Handlungsmöglichkeiten lauten nämlich entweder „Eisenpfanne kaufen" oder „Aluminiumpfanne kaufen". Wir werden in den kommenden Kapiteln sehen, dass die Auswahl dieser Alternativen bei Energie- und Klimaproblemen nicht immer so einfach ist. Wir werden bei der Auswahl stets darauf achten, dass die beiden Alternativen zu gleichen oder zumindest ähnlichen Ergebnissen führen. Deshalb wäre eine Auswahl zwischen „Eisenpfanne kaufen" und „keine Pfanne kaufen" keine zielführende Wahl, sofern das gewünschte Ergebnis das Braten eines Hamburgers ist. Auch die Alternativen „Eisenpfanne kaufen" und „Kochtopf statt Bratpfanne kaufen und kochen statt braten" wären nicht gleichwertig, weil die Ergebnisse, in diesem Fall etwa ein Hamburger und ein Königsberger Klops keine identischen Produkte wären.

Der zweite Schritt besteht darin, die für eine Entscheidung wichtigen Eigenschaften der beiden Alternativen aufzuspüren und in einer Liste zusammenzufassen. Ein Merkmal, nämlich die Qualität des Bratergebnisses, haben wir bereits besprochen. Wir wollen jetzt noch drei weitere hinzufügen – Handhabung, Haltbarkeit und Auswirkungen auf Arbeitsplätze in der Industrie. In den beiden Tabellen finden Sie die vier Eigenschaften in den Zeilen „Bratergebnis", „Handhabung", „Haltbarkeit" und „Arbeitsplätze".

Der dritte Schritt bildet den Kern des objektiven Teils. Hierbei vergleichen wir für jede der vier Eigenschaften die beiden Handlungsmöglichkeiten miteinander. Das Merkmal „Bratergebnis" haben wir bereits kurz angesprochen. In meiner Vorlesung *Kulinarische Thermodynamik* an der Universität Stuttgart rechne ich den Studenten vor, dass die Eisenpfanne beim scharfen Anbraten eines Steaks einer Aluminiumpfanne überlegen ist. Die Berechnung hierzu ist keineswegs elementar. Sie erfordert die Lösung zweier Differenzialgleichungen für die Temperaturverteilungen in der Pfanne und im Fleisch. Die berechnete Temperatur an der Grenzfläche zwischen Fleisch und Metall hängt sowohl von der Wärmeleitfähigkeit als auch von Dichte und spezifischer Wärmekapazität beider Materialien ab. Sogar die Eigenschaften der dünnen Teflonschicht bei der Alupfanne spielen eine Rolle. Die Qualität des Anbratens lässt sich mathematisch daran festmachen, dass die Fleischoberfläche beim Braten in einer Eisenpfanne schneller auf eine hohe Temperatur gehoben wird und diese Temperatur besser hält als in einer Aluminiumpfanne. Aus diesem Grund ordnen wir für die Eigenschaft „Bratergebnis" der Handlungsoption „Eisenpfanne kaufen" die Zahl 1 und der Handlungsoption „Aluminiumpfanne kaufen" die Zahl 0 zu. Diese Zahlen tragen wir in die Spalten „Wissenschaftliche Erkenntnisse" ein.

Die Beschränkung auf die beiden Zahlen 0 und 1 ist die einfachste mögliche Art der Bewertung. Sie können das Schema beliebig verfeinern, indem Sie den beiden Alternativen jede beliebige Zahlenkombination zuordnen. Die einzige mathematische Randbedingung besteht darin, dass die Summe der beiden Bewertungszahlen 1 ergeben muss. Der höhere Wert steht für die geeignetere Variante. Wollten wir etwa zwei Elektroautos mit den Reichweiten 100 km und 300 km miteinander vergleichen, so könnten wir ihnen bei einer groben Bewertung die Zahlen 0 beziehungsweise 1 zuordnen. Bei einer feineren Bewertung könnten wir die Zahlen 0,25 und 0,75 wählen, die das Verhältnis 1:3 der Reichweiten charakterisieren. In diesem Buch arbeite ich jedoch ausschließlich mit der einfachsten Variante, beschränke mich also auf die Werte 0 und 1.

Es sei noch bemerkt, dass die Bewertungszahlen nur dann zur Entscheidungsfindung beitragen, wenn sie unterschiedliche Werte besitzen. Zwar kann man auch gleichgewichtige Eigenschaften in der Form 0,5 zu 0,5 in die Tabelle aufnehmen. In einem solchen Fall hätten die beiden Optionen jedoch identische Gewichte und das Kriterium trüge mithin nicht zur Entscheidungsfindung bei.

Bei der „Handhabbarkeit" in Zeile 2 besteht zwischen meiner Frau und mir Einigkeit darüber, dass die Aluminiumpfanne leichter ist als die Eisenpfanne. Deshalb steht bei „Eisenpfanne kaufen" die Zahl 0 und bei „Aluminiumpfanne kaufen" die Zahl 1.

Ähnlich unkompliziert ist die Analyse der Haltbarkeit. Unsere Eisenpfannen sind über zwanzig Jahre alt. Ich habe keinen Zweifel, dass diese Kulturgüter meine Frau und mich überleben und in den Händen unserer Kinder und Enkel gute Dienste leisten werden. Keine unserer Aluminiumpfannen ist hingegen älter als drei Jahre. Dies zeigt, dass die Eisenpfanne der Aluminiumpfanne in puncto Haltbarkeit überlegen ist. Deshalb bekommt die linke Spalte in Tab. 1 bei der „Haltbarkeit" eine 1 und die rechte Spalte eine 0.

Auch die Analyse der Eigenschaft „Arbeitsplätze" ist vergleichsweise einfach. Aufgrund der langen Haltbarkeit ist der Arbeitsplatzeffekt der Eisenpfannen wesentlich geringer als bei Aluminiumpfannen. Würden ab morgen in Deutschland nur noch Eisenpfannen gekauft, wäre die Aluminiumpfannenindustrie übermorgen pleite. Deshalb tragen wir in die Tabelle bei der Eisenpfanne 0 und bei Aluminiumpfanne 1 ein.

Damit haben wir den dritten Punkt und zugleich den objektiven Teil unserer sozio-technischen Analyse abgeschlossen. Es ist wichtig, zu betonen, dass die vergleichende Analyse der vier ausgewählten Eigenschaften und die Zuordnung der Zahlen 0 und 1 eine innerwissenschaftliche Angelegenheit ist. Jede der Eigenschaften sollte so ausgewählt werden, dass die Zuordnung der Zahlen 0 und 1 auf der Basis von Experimenten entschieden werden kann, deren Durchführung und Auswertung theoretisch ohne menschliches Zutun erfolgen könnte. So könnten wir etwa für den Vergleich der Bratqualitäten hundert Hamburger kaufen, jeweils fünfzig in einer Eisen- und fünfzig in einer Aluminiumpfanne anbraten und anschließend von Testpersonen blind verkosten lassen. In modifizierter Form könnte das Experiment ohne menschliches Zutun erfolgen, indem der Bräunungsgrad der Fleischoberfläche mittels einer Kamera und Bildverarbeitungssoftware analysiert würde. Die Pfannenart, bei der die größere Zahl von Hamburgern die vorher vorgegebene ideale Bräunung hat, bekäme dann die Zahl 1. Wichtig an den Experimenten ist, dass sie im Fall menschlicher Beteiligung von einer unabhängigen Person durchgeführt werden könnten.

Unsere im objektiven Teil zusammengetragenen Fakten können wir nun wie folgt zusammenfassen:

Brateigenschaften	Eisenpfanne: 1	Alupfanne: 0
Handhabbarkeit	Eisenpfanne: 0	Alupfanne: 1
Haltbarkeit	Eisenpfanne: 1	Alupfanne: 0
Arbeitsplätze	Eisenpfanne: 0	Alupfanne: 1

Es sei an dieser Stelle betont, dass meine Frau und ich uns in der Einschätzung all dieser Eigenschaften vollkommen einig sind. Bezogen auf die Analysen in den folgenden Kapiteln ist diese Feststellung insofern wichtig, als es sich bei den genannten objektiven Eigenschaften um Merkmale handelt, die durch Experimente oder Computersimulationen gewonnen werden können. Die Aufgabe der Forschung besteht zu einem großen Teil darin, die für solche Vergleiche notwendigen Fakten bereitzustellen.

Nachdem wir den objektiven Teil unserer Analyseaufgabe erledigt haben, wenden wir uns nun in einem vierten Schritt dem subjektiven Teil zu.

Meine Frau und ich haben unterschiedliche Ansichten darüber, welche Eigenschaften einer Bratpfanne besonders wichtig sind. Etwas vornehmer ausgedrückt, könnten wir auch von persönlichen Werturteilen sprechen. In der einfachsten Variante der sozio-technischen Analyse ordnet nun jeder von uns die vier Merkmale in der Reihenfolge absteigender Wichtigkeit an. Bei unserem Beispiel geben wir dem wichtigsten Charakteristikum die höchste Zahl – im vorliegenden Fall eine 4 – und dem unbedeutendsten die Zahl 1.

Für mich als Hobbykoch sind die Brateigenschaften am wichtigsten. Deshalb erhalten diese bei mir die Zahl 4. Am zweitwichtigsten ist für mich die Haltbarkeit. Es folgen die Handhabbarkeit und die Arbeitsplätze. Meine eigenen „Werturteile" sehen demnach wie folgt aus:

Brateigenschaften	4
Handhabbarkeit	2
Haltbarkeit	3
Arbeitsplätze	1

Diese Zahlen sind in Tab. 1 am Ende dieses Kapitels in der Mitte eingetragen. Die Prioritäten meiner Frau sind etwas anders. Für sie ist die leichte Handhabbarkeit am wichtigsten, gefolgt von Brateigenschaften, Arbeitsplätzen und Haltbarkeit. Ihre persönlichen „Werturteile" lauten somit:

Brateigenschaften	3
Handhabbarkeit	4
Haltbarkeit	1
Arbeitsplätze	2

Tab. 1 Die Anatomie des Gleichnisses von den vielfältigen Bratpfannen aus meiner eigenen Perspektive. Die Zahlen in der Spalte „Persönliche Werturteile" geben an, welche Priorität ich jeder der vier Eigenschaften bei meiner Kaufentscheidung beimesse. Gemäß der Tabelle besitzen für mich die Brateigenschaften die höchste Priorität. Multipliziert man die Prioritätszahlen mit den Zahlen in den Spalten „Wissenschaftliche Erkenntnisse", dann ergibt sich jeweils die in den Spalten „Bewertung" angegebene Punktzahl. Die Summe der Punkte steht in der Zeile „Gesamtwertung". Die Option mit der höheren Punktzahl – Eisenpfanne kaufen – spiegelt meine Kaufentscheidung wider

Eisenpfanne kaufen			Herr Thess	Aluminiumpfanne kaufen		
Kriterien	Bewertung	Wissenschaftliche Erkenntnisse	Persönliche Werturteile	Wissenschaftliche Erkenntnisse	Bewertung	Kriterien
Brateigenschaften	4 Punkte	1	4	0	0 Punkte	Brateigenschaften
Handhabung	0 Punkte	0	3	1	3 Punkte	Handhabung
Haltbarkeit	2 Punkte	1	2	0	0 Punkte	Haltbarkeit
Arbeitsplätze	0 Punkte	0	1	1	1 Punkt	Arbeitsplätze
Gesamtwertung	**6 Punkte**				**4 Punkte**	Gesamtwertung

Prolog: Das Gleichnis von den vielfältigen Bratpfannen

Tab. 2 Die Anatomie des Gleichnisses von den vielfältigen Bratpfannen aus der Perspektive meiner Frau. Die Zahlen in der Spalte „Persönliche Werturteile" geben an, welche Priorität meine Frau jeder der vier Eigenschaften bei ihrer Kaufentscheidung beimisst. Gemäß der Tabelle besitzt für meine Frau die Handhabung höchste Priorität. Multipliziert man die Prioritätszahlen mit den Zahlen in den Spalten „Wissenschaftliche Erkenntnisse", dann ergibt sich jeweils die in den Spalten „Bewertung" angegebene Punktzahl. Die Summe der Punkte steht in der Zeile „Gesamtwertung". Die Option mit der höheren Punktzahl – Aluminiumpfanne kaufen – spiegelt die Kaufentscheidung meiner Frau wider

Eisenpfanne kaufen			Frau Thess	Aluminiumpfanne kaufen		
Kriterien	Bewertung	Wissenschaftliche Erkenntnisse	Persönliche Werturteile	Wissenschaftliche Erkenntnisse	Bewertung	Kriterien
Brateigenschaften	3 Punkte	1	3	0	0 Punkte	Brateigenschaften
Handhabung	0 Punkte	0	4	1	4 Punkte	Handhabung
Haltbarkeit	1 Punkt	1	1	0	0 Punkte	Haltbarkeit
Arbeitsplätze	0 Punkte	0	2	1	2 Punkte	Arbeitsplätze
Gesamtwertung	4 Punkte				6 Punkte	Gesamtwertung

Diese Zahlen befinden sich in der mittleren Spalte von Tab. 2.

Ein fundamentaler Unterschied zwischen den wissenschaftlichen Erkenntnissen und den persönlichen Werturteilen besteht darin, dass die Wissenschaft nach Einheit strebt, während Werturteile vielfältig sind. Solange wir uns im Rahmen geltender Gesetze bewegen, ist es in einer freiheitlich-demokratischen Gesellschaft jedem Bürger überlassen, wie er seine Prioritäten setzt. Anders als bei den objektiven Eigenschaften gibt es bei den persönlichen Werturteilen weder „richtig" noch „falsch" und weder „gut" noch „schlecht". Wir werden auf diesen wichtigen Unterschied in Kap. 4 bei der Frage zurückkommen, ob Maßnahmen gegen den Klimawandel höhere oder niedrigere Priorität besitzen als etwa die weltweite Bekämpfung von Hungersnöten.

Wir kommen nun zum fünften und letzten Schritt. Um aus der Analyse für meine Frau und mich jeweils eine Handlungsempfehlung abzuleiten, müssen wir den objektiven und den subjektiven Teil unserer Analyse verknüpfen. Die dazu notwendige Rechnung ist nicht schwierig. Allerdings lässt sie sich anhand der Tab. 1 und 2 leichter nachvollziehen als nur beim Lesen der folgenden Erläuterungen.

Das Gesamturteil für mich erhalten wir, indem wir für jede Zeile der Tabelle die Zahl aus der Spalte „Persönliche Werturteile" mit den beiden in den Spalten „Wissenschaftliche Erkenntnisse" stehenden Zahlen links und rechts multiplizieren und anschließend in die Spalten „Bewertung" eintragen. Die Punktzahlen addieren wir dann und erhalten für jede der beiden Handlungsoptionen eine Gesamtpunktzahl.

In Tab. 1 ergeben sich für mich sechs Punkte für die Eisenpfanne und vier Punkte für die Aluminiumpfanne. Das Gesamturteil meiner Frau in Tab. 2 ist umgekehrt – vier Punkte für die Eisenpfanne und sechs Punkte für die Aluminiumpfanne. Damit ist unsere sozio-technische Analyse des Bratpfannenproblems abgeschlossen. Wir kommen zu dem Schluss, dass für mich der Kauf der Eisenpfanne und für meine Frau der Kauf der Aluminiumpfanne jeweils besser zum eigenen Werturteil passt. Der Widerstreit löst sich in unserer Familie dadurch auf, dass in unserem Küchenschrank zwei Eisenpfannen und zwei Aluminiumpfannen liegen.

In der Energie- und Klimapolitik lassen sich widersprüchliche Wählerwünsche leider nicht so einfach ausgleichen wie in unserer häuslichen Bratpfannendemokratie. Ein Land muss sich bei der Gesetzgebung in der Regel für eine von zwei Alternativen entscheiden. Aus diesem Grunde wäre es wünschenswert, wenn politische Entscheidungen auf der Basis sozio-technischer Analysen getroffen würden.

Fünf Analyseschritte auf einen Blick
Um uns auf die kommenden Analysen vorzubereiten, fasse ich noch einmal die fünf wesentlichen Schritte unserer Analysemethode zusammen:

1. Legen Sie zwei Handlungsalternativen fest, die zu gleichen oder ähnlichen Ergebnissen führen. In unserem Beispiel sind die Handlungsalternativen „Eisenpfanne kaufen" oder „Aluminiumpfanne kaufen" und das Ergebnis „Schnitzel ist gebraten".
2. Definieren Sie die Kriterien, nach denen die Entscheidung zwischen diesen Handlungsalternativen vorgenommen werden soll. In unserem Beispiel sind das „Bratqualität", „Handhabbarkeit", „Haltbarkeit" und „Arbeitsplätze".
3. Bestimmen Sie durch Experimente, welche Handlungsalternative jedem einzelnen Kriterium in höherem Maße genügt, und markieren Sie diese mit „1". Markieren Sie die jeweils andere Handlungsalternative mit „0".
4. Ordnen Sie jedem Kriterium Ihre persönliche Priorität zu, indem Sie die Kriterien in aufsteigender Priorität durchnummerieren. In unserem Beispiel besitzt das Kriterium „Bratergebnis" für mich die höchste Priorität (4).
5. Verknüpfen Sie die Ergebnisse der Punkte 3 und 4 zu einer Gesamtpunktzahl für jede Handlungsalternative. In unserem Beispiel besitzt für mich die Option „Eisenpfanne kaufen" die höhere Punktzahl (6).

Die Handlungsalternative mit der höheren Punktzahl liefert – auf der Basis der für die Bewertung ausgewählten wissenschaftlichen Erkenntnisse für die persönlichen Werturteile der analysierenden Person – die Entscheidung mit der größtmöglichen Passfähigkeit. Um diese exakte Formulierung auf einen einfachen Nenner zu bringen, könnte man auch schlicht sagen: Die Option mit der höheren Punktzahl gewinnt.

Der Psychologe Gerd Gigerenzer warnt in seinem unterhaltsamen und lehrreichen Buch *Risiko: Wie man die richtigen Entscheidungen trifft* vor einer zu starken Formalisierung von Entscheidungen, insbesondere wenn es sich um Systeme mit großen Unsicherheiten handelt. Er empfiehlt stattdessen, Entscheidungen unter bestimmten Bedingungen nur an einem einzigen wichtigen Kriterium festzumachen. Dieses Prinzip lässt sich in unserem Schema dadurch abbilden, dass wir dem betreffenden Kriterium eine so hohe Priorität geben, beispielsweise 100 statt 4, dass es die gesamte Entscheidung dominiert.

Bevor wir unsere Methodik auf konkrete Fragen der Energie- und Klimapolitik anwenden, möchte ich Ihnen, liebe Leserinnen und Leser, empfehlen, unser Vorgehen anhand einfacher Beispiele aus Ihrem Alltagsleben durchzuspielen. Nehmen Sie sich eine bevorstehende Entscheidung, wie etwa „Kauf eines Benzinautos" oder „Kauf eines Elektroautos". Oder analysieren Sie eine geplante Urlaubsreise wie etwa „Baden in der Karibik" oder „Wandern auf dem Rennsteig". Wählen Sie ein Problem, bei dem Sie im Familien-, Freundes- oder Kollegenkreis unterschiedliche Ansichten haben, und legen Sie die Anatomie dieses Entscheidungsproblems mit unserer Analysemethode frei.

In den Kap. 1, 3, 5 und 7 dieses Buches werden wir unser Schema auf unterschiedliche Energiewendeprobleme anwenden. Die vier technologisch orientierten Themen Verbrennungsmotor, Elektroauto, Häuserdämmung und Flugverkehr werden wir streng anhand unserer Tabellen analysieren. Die drei übergreifenden Themen Denkfabrik, Klimaforscher und Energiewende werden wir hingegen verbal und ohne Bewertungstabelle behandeln.

Wie wir bei der Analyse unserer Bratpfannengeschichte gesehen haben, hängen Entscheidungen von objektiven sowie von subjektiven Faktoren ab. Um diese Trennung im Folgenden auch bei der Analyse energie- und klimapolitischer Probleme deutlich zu machen, werde ich Erkenntnisse, über deren Richtigkeit in der Fachwelt wenig Zweifel bestehen, in der Passivform oder in der Wir-Form beschreiben. Meine eigene Meinung werde ich in der Ich-Form ausdrücken. Dadurch soll für alle Leser Transparenz hinsichtlich der Trennlinie zwischen wissenschaftlichem Konsens und persönlicher Meinung hergestellt werden.

Bratpfannen und politische Meinungsbildung

Das Gleichnis von den vielfältigen Bratpfannen mag auf den ersten Blick amüsant und simpel daherkommen. Es ist in der Tat einfacher gestrickt als politische Entscheidungsprozesse. Nichtsdestotrotz ermöglicht es uns, die Komplexität solcher Entscheidungen in leicht verständlicher Weise herauszuarbeiten. Das Gleichnis ermöglicht uns beispielsweise, die unterschiedlichen Rollen von Wissenschaftlern und Politikern bei der Meinungsbildung zu veranschaulichen. Schauen wir uns hierzu noch einmal die Tab. 1 und 2 an.

Die Rolle der Wissenschaft besteht – vereinfacht gesprochen – darin, das für Entscheidungen notwendige Fachwissen bereitzustellen. In unserem Gleichnis spiegelt sich das Fachwissen in der Verteilung der Zahlen 0 und 1 in den Zeilen Brateigenschaften, Handhabung, Haltbarkeit und Arbeitsplätze wider. Bei den energie- und klimapolitischen Problemen der folgenden Kapitel werden wir erkennen, dass die Verteilung von Nullen und Einsen einen außerordentlich hohen Forschungsaufwand erfordern kann. Das Wesen der Wissenschaft ist geprägt von dem Ziel, *Einigkeit* über die Fakten und somit über die Verteilung der Nullen und Einsen herzustellen. Es liegt allerdings im Wesen des wissenschaftlichen Erkenntnisprozesses, dass sich diese Verteilung durch den technischen Fortschritt ändern kann. So könnte sich theoretisch durch Preisverfall bei Batterien ein Kostenvergleich zwischen konventionellen Autos und Elektroautos zugunsten der Elektroautos umkehren.

Die Rolle politischer Parteien ist hingegen eine gänzlich andere als die von Wissenschaftlern. Demokratische Staaten erkennen an, dass jeder Mensch eine eigene Meinung hat, wie etwa meine Frau und ich zur Priorität von Bratqualität und Handhabbarkeit. Während eine Diktatur wie die DDR eine Gleichschaltung der Meinungen aller Bürger anstrebte, beruht unsere Demokratie auf einer Wertschätzung von Vielfalt.

Die Rolle von Parteien bei der Beteiligung am Meinungsbildungsprozess des Volkes besteht in unserer Demokratie unter anderem darin, gewisse Wertvorstellungen zu bündeln und bei Wahlen zu repräsentieren. Dabei muss eine Partei sehr viele politische Präferenzen ihrer Wähler abbilden. Diese Vielfalt lässt sich gut an der inhaltlichen Breite der Fragen erkennen, die beim Wahl-O-Mat gestellt werden.

In unserem Gleichnis liegt die Sache deutlich einfacher. Die bratpfannenpolitische Meinungsbildung wird hier durch die Prioritätenlisten aus den Tab. 1 und 2 widergespiegelt. Meine Einstellung wäre dann durch die Zahlenkombination 4-2-3-1 aus der mittleren Spalte von Tab. 1 beschrieben, während das persönliche Urteil meiner Frau durch 3-4-1-2 aus Tab. 2 abgebildet würde. Würde ich die Analogie zur Rolle der Parteien noch etwas weiter treiben, so könnte ich beispielsweise die „Feinschmeckerpartei" FsP gründen, die alle Menschen mit dem Meinungsbild 4-2-3-1 vereinigt. Meine Frau könnte hingegen die Partei „Leichtigkeit beim Braten" LbB ins Leben rufen, der sich alle Bürger mit der Prioritätenliste 3-4-1-2 anschließen.

Da es genau 24 unterschiedliche Kombinationen der Zahlen 1 bis 4 gibt, wäre eine „Bratpfannendemokratie" durch 24 Parteien vollständig repräsentiert. Bei einer Wahl würden 24 Parteiführer um die Gunst der Wähler wetteifern und nach erfolgter Wahl eine regierungsfähige Koalition bilden. Diese könnte dann beispielsweise über Verbote von Aluminiumpfannen oder Kaufprämien für Eisenpfannen entscheiden. Wir erkennen jedoch an unserem einfachen Beispiel, dass es keinerlei Widerspruch zwischen einer *einheitlichen* wissenschaftlichen Basis in Gestalt der Verteilung der Nullen und Einsen und den *vielfältigen* persönlichen Werturteilen in Gestalt der Zahlenkombinationen wie etwa 4-2-3-1 gibt.

Pippi-Langstrumpf-Klimaschutz
Neben meinem Hauptziel – der Versachlichung der Energiewende-Debatte – verfolge ich mit diesem Buch ein weiteres Anliegen. Ich möchte Sie, liebe Leserinnen und Leser, befähigen, die Grenzen von Energiepolitik und Klimaschutz zu erkennen, die durch die Naturgesetze sowie die Gesetze unseres Landes festgelegt sind. Oder um es etwas verständlicher auszudrücken: Ich möchte Ihnen mit diesem Buch Werkzeuge in die Hand geben, mit denen Sie zwischen echtem Klimaschutz und Pippi-Langstrumpf-Klimaschutz unterscheiden können.

Schauen wir uns dazu drei Verlautbarungen aus den Jahren 2018 und 2019 an. Jede für sich mag unbedeutend erscheinen. Doch ihre Zahl wächst und kann das Vertrauen der Gesellschaft in Wissenschaft und Rechtsstaat untergraben.

Erstens: Das Nachrichtenmagazin *Spiegel-Online* hat im Jahr 2018 Tipps zu Klima- und Umweltschutz bei Langstreckenflügen gegeben. Die Redakteure

Prolog: Das Gleichnis von den vielfältigen Bratpfannen   XIX

empfahlen, zwecks Verringerung von Erdölverbrauch und Müllproduktion auf Plastikbecher zu verzichten und stattdessen ein eigenes Trinkgefäß an Bord zu bringen. Man muss kein Luftfahrtexperte sein, um herauszufinden, dass für jeden Fluggast auf der Reise von Frankfurt nach Los Angeles knapp vierhundert Liter Kerosin verbrannt werden. Der Erdölverbrauch für die Herstellung eines Trinkbechers dürfte sich hingegen auf weniger als zehn Gramm belaufen. Die Ressourcenaufwände für Kerosin und vier Trinkbecher verhalten sich mithin wie zehntausend zu eins. Der Beitrag dieser gepriesenen guten Tat zum Klimaschutz ist ungefähr so, als würde ein Autofahrer pro Jahr statt 10.000 km nur noch 9.999 km fahren.

Zweitens: Die Deutsche Bahn verkündete im Jahr 2018, alle Reisenden im Fernverkehr seien mit hundert Prozent Ökostrom unterwegs. Gleichzeitig räumte sie 2018 ein, der Anteil erneuerbarer Energie an ihrem Strommix liege bei etwa vierzig Prozent. Man muss kein Elektrotechniker sein – ein wenig Schulwissen im Fach Physik reicht für die Erkenntnis, dass es physikalisch unmöglich ist, ein „schwarzes" Elektron aus Kern- und Kohlekraftwerken daran zu hindern, sich unter die „grünen" Elektronen aus Wind- und Solaranlagen zu mischen. Einen ICE heute ausschließlich mit Ökostrom anzutreiben, ist ungefähr so realistisch wie die Verwandlung eines Rühreis in ein Spiegelei.

Drittens: 2018 haben sich im Hambacher Forst Personen widerrechtlich Zutritt zum Betriebsgelände des Energiekonzerns RWE verschafft. Bei Protestaktionen sollen sie Polizisten mit Gegenständen und Fäkalien beworfen haben. In zahlreichen Medien werden diese Menschen als „Umweltschützer" und „Aktivisten" bezeichnet (ich spreche hier nicht von den friedlichen Demonstranten außerhalb des Werksgeländes). Man muss kein Jurist sein, um zu begreifen, dass der widerrechtliche Aufenthalt auf fremdem Grund und Boden Hausfriedensbruch darstellt und das Bewerfen von Polizisten Widerstand gegen die Staatsgewalt. Sehen wir von juristischen Feinheiten ab, dann handelt es sich bei den Widerständlern schlichtweg um Straftäterinnen und Straftäter.

Was haben diese drei Beispiele gemeinsam?

Sie spiegeln eine Haltung zu Energiepolitik und Klimaschutz wider, die ich gern mit Pippi Langstrumpfs Leitspruch „Ich mach' mir die Welt, wie sie mir gefällt" vergleiche.

Das Märchen vom klimaschützenden Mehrwegbecher klingt so kuschelig, da spielen mathematische Nebensächlichkeiten wie das Verhältnis 1 : 10.000 keine Rolle. Es dient ja schließlich einem guten Zweck. Oder um es mit dem Liedtext von Pippi Langstrumpf auszudrücken: „Zwei mal drei macht vier ..."

Das Märchen vom grünen ICE ist so rührend, dass wir für den edlen Zweck des Klimaschutzes großzügig über die Grundgesetze der Elektrotechnik hinwegsehen dürfen. Es dient ja schließlich einer guten Sache. Oder um mit Pippi Langstrumpfs Worten fortzufahren: „...widewidewitt und drei macht neune."

Das Märchen von den Umweltaktivisten im Hambacher Forst klingt fast so romantisch wie die Geschichte von Robin Hood. Wenn es darum geht, gegen böse Großkonzerne zu Felde zu ziehen, gehört schon etwas ziviler Ungehorsam dazu – so bekommen wir oft zu hören.

Aus diesen und zahlreichen ähnlichen Beispielen können wir zwei wiederkehrende Wesensmerkmale des Pippi-Langstrumpf-Klimaschutzes ableiten: das Ignorieren wissenschaftlicher Erkenntnisse und die Vernachlässigung rechtsstaatlicher Grundsätze.

Mit diesem Buch möchte ich nicht nur die Anatomie vermeintlicher Energiewendemärchen freilegen, sondern auch die Grenzen verdeutlichen, die uns bei unserem Bemühen um Klimaschutz von den Naturgesetzen und von den Gesetzen des Rechtsstaates auferlegt werden. Das ist notwendig, damit wir unsere persönlichen und gesellschaftlichen Kräfte auf den echten Klimaschutz konzentrieren – und nicht auf Pippi-Langstrumpf-Klimaschutz.

Pippi-Langstrumpf-Klimaschutz untergräbt nämlich nicht nur das Vertrauen der Gesellschaft in die Wissenschaft, sondern lenkt uns auch von den wirklich wichtigen Aufgaben des Klimaschutzes ab. Denn er lullt uns in dem trügerischen Gefühl ein, den Klimawandel mit symbolischen Gesten stoppen zu können. Wie viel es in Wirklichkeit zu tun gibt, wird beispielsweise an einem Dokument deutlich, welches in der breiten Öffentlichkeit fast unbekannt ist.

Das Umweltbundesamt hat im Jahr 2016 eine Liste umweltschädlicher Subventionen in Deutschland publiziert. Diese summieren sich auf über fünfzig Milliarden Euro. Die meisten sind nicht nur umweltschädlich, sondern auch klimarelevant. Die besonders dicken Brocken, allesamt milliardenschwer, sind die Kohlesubventionen bis 2018, die Subvention von Dieseltreibstoff, die Entfernungspauschale, das Dienstwagensteuerprivileg und die Befreiung des Kerosins von der Mineralölsteuer.

Wenn wir einen ernsthaften Beitrag zum Klimaschutz leisten wollen, könnten wir eine breite öffentliche Diskussion darüber führen, wie sich diese Subventionen mit den Klimaschutzzielen Deutschlands vertragen. Teil dieser Diskussion sollte die Frage sein, wie eine aufkommensneutrale ökologische Steuerreform gestaltet werden könnte, die diese Subventionen eindämmt, ohne die Wettbewerbsfähigkeit des Wirtschaftsstandortes Deutschland zu gefährden.

Doch sollten wir uns nichts vormachen: Diese Diskussion wird für weitaus weniger öffentliche Begeisterung sorgen als das Geplauder über Plastikbecher auf Transatlantikflügen und grüne ICEs. Denn bei einer solchen Debatte werden die Gegensätze zwischen Wissenschaft und Ideologie, Klimaschutz und Lobbyismus sowie Planwirtschaft und Marktwirtschaft in aller Deutlichkeit zutage treten.

Wenn die Wissenschaft ihrer Rolle in der Gesellschaft gerecht werden will, dürfen wir uns der Herausforderung nicht verschließen, Klimaschutz statt Pippi-Langstrumpf-Klimaschutz zu unterstützen.

Umgang mit unsicheren Zahlen
Bevor wir uns den Analysen zuwenden, möchte ich den Umgang mit unsicheren Zahlen erläutern und bei dieser Gelegenheit auf das neuartige Berufsbild des Faktencheckers eingehen.

Das vorliegende Buch ist kein Fachbuch. Ich werde deshalb in der Regel mit stark gerundeten Zahlen arbeiten und auf die Angabe von Vertrauensbereichen und Unsicherheiten verzichten. Beim Umgang mit solchen Zahlen gilt es, einige Regeln zu beachten.

Prolog: Das Gleichnis von den vielfältigen Bratpfannen

In wissenschaftlichen Veröffentlichungen ist es üblich, wichtige Zahlen nicht in nackter Form zu präsentieren, sondern diese mit einem Vertrauensbereich zu versehen. Dieser gibt den maximalen Messfehler oder anderweitige Unsicherheiten an, die mit dieser Zahl verbunden sind. So schreibt beispielsweise der Weltklimarat IPCC in einem seiner Berichte: „Im Jahre 2010 erreichten die fossil bedingten CO_2-Emissionen einen Wert von 32 (± 2.7) Gigatonnen pro Jahr". Der in Klammern angegebene Wert bringt zum Ausdruck, dass wir mit den heutigen statistischen Daten und den uns zur Verfügung stehenden Messverfahren nicht in der Lage sind, die CO_2-Emissionen genauer zu bestimmen als in dem Intervall zwischen 29,3 und 34,7 Gigatonnen. Auf diese wissenschaftliche Form der Angaben möchte ich zugunsten der Lesbarkeit und Verständlichkeit des Buches verzichten.

Manche Studien erwecken durch die Angabe hochgenauer Zahlen den Eindruck, sie könnten die Zukunft vorhersagen. So habe ich kürzlich in einer Studie gelesen, die Flotte der Elektrofahrzeuge in Deutschland würde im Jahr 2050 elektrische Energie im Umfang von 53,5 Terawattstunden verbrauchen. Kein irdisches Wesen ist in der Lage, das Energie- und Verkehrssystem des Jahres 2050 auf eine Stelle nach dem Komma genau zu prognostizieren. Nach derzeitigem Stand des Wissens können wir das Fertigstellungsjahr eines Hauptstadtflughafens und eines schwäbischen Bahnhofs nicht einmal auf eine Stelle *vor* dem Komma vorhersagen. Eine seriösere Angabe für den Energiebedarf der Elektrofahrzeuge im Jahr 2050 wäre deshalb vermutlich 50 (± 40) Terawattstunden gewesen.

Um uns vor Scheingenauigkeit zu schützen, werde ich in diesem Buch Zahlenwerte ohne Fehlerintervalle und in stark gerundeter Form angeben. Mein akademischer Lehrer hat einmal zu mir gesagt: „Wenn es um die Abschätzung von Größenordnungen geht, dann ist π ungefähr eins und π^2 ungefähr zehn." Ganz so großzügig wollen wir in diesem Buch nicht sein. Doch werden Sie feststellen, dass meine Großzügigkeit beim Auf- oder Abrunden von Zahlen stets in einem ausgewogenen Verhältnis zur Unsicherheit der Eingangsdaten und zur gewünschten Rechengenauigkeit steht. Schauen wir uns den Umgang mit unsicheren Zahlen an einigen Beispielen an.

Für das Verständnis der meisten hier erörterten Fragen ist es ausreichend, Zahlenwerte mit höchstens zwei gültigen Dezimalziffern anzugeben, in seltenen Fällen mit drei. Wir werden deshalb annehmen, dass die Erde derzeit sieben Milliarden Bewohner hat, das globale Bruttosozialprodukt bei 70 Billionen Euro pro Jahr liegt und die Menschheit pro Jahr ungefähr 35 Mrd. t CO_2 ausstößt. Diese gerundeten Zahlen besitzen den Vorteil, dass sich daraus für jeden Erdenbürger jährlich ein Bruttosozialprodukt von etwa zehntausend Euro und ein CO_2-Ausstoß von ungefähr fünf Tonnen ergibt. Diese Zahlen lassen sich wesentlich leichter merken als die präziseren Schätzungen. Die genauen Werte dieser Zahlen sind freilich – anders als der Wert der Zahl π – unbekannt.

Wenn es um flüssige Kraftstoffe geht, werde ich annehmen, dass ein Liter Benzin oder Diesel ungefähr ein Kilogramm wiegen, obwohl es in Wirklichkeit nur etwa achthundert Gramm sind. Diese zwanzigprozentige Großzügigkeit wäre für die Konstruktion eines Flugzeuges inakzeptabel. Für Grundsatzfragen der Energie- und Klimapolitik, die durch Unschärfe gekennzeichnet sind, reicht diese Genauigkeit jedoch aus. Weiterhin werde ich gelegentlich davon Gebrauch machen, dass Benzin oder Diesel einen chemischen Energiegehalt von ungefähr zehn Kilowattstunden pro Kilogramm haben und dass jedes Kilogramm bei der Verbrennung etwa drei Kilogramm CO_2 hinterlässt. Es ist ferner nützlich zu wissen, dass jeder Deutsche pro Jahr im Durchschnitt ungefähr zehn Tonnen CO_2 verursacht, während die Chinesen bei sieben und unsere französischen Nachbarn bei etwa fünf Tonnen liegen.

Oft werden für den Energieverbrauch Deutschlands, Europas oder der Welt sehr große Zahlen in den Maßeinheiten Terawattstunden oder Exajoule genannt. Daran ist aus wissenschaftlicher Sicht nichts auszusetzen. Doch können sich die meisten Menschen unter solchen Größenordnungen nichts vorstellen. Ich werde deshalb den Primärenergieverbrauch pro Einwohner angeben. Für Deutschland liegt dieser Wert bei etwa hundertzwanzig Kilowattstunden pro Tag. Das entspricht dem Energiegehalt von zwölf Litern Benzin und lässt sich in der Form „Ein Dutzend Liter pro Tag" leicht merken.

Faktenchecks und Faktenchecker
Ein Hinweis zur journalistischen Gattung des *Faktenchecks* erscheint mir bei dieser Gelegenheit angebracht.

Der Begriff besitzt eine hohe Suggestivkraft und lässt vor dem geistigen Auge mancher Leser das Bild vom unbestechlichen Wächter an den Sicherheitsschleusen des Frankfurter Flughafens entstehen. Das Wort verleitet leichtgläubige Menschen insbesondere zu der Vorstellung, *Faktenchecker* verkörperten eine besonders ausgebildete Berufsgruppe. In Wirklichkeit kann jeder diese Autoapotheose ohne irgendeine Prüfung vollziehen. Es handelt sich nach meiner Erfahrung oft um Personen, die sich ohne fachliche Qualifikation und ohne demokratische Legitimation zu Sittenwächtern der öffentlichen Meinungsbildung erheben wollen.

So stellt sich Annika Joeres von der Organisation Correctiv in ihrem Artikel „Fünf Gesetze, die *wirklich* das Klima retten" [Hervorh. d. Verf.] vom 9. Oktober 2019 (im Internet frei verfügbar) als Sachwalterin wissenschaftlicher Wahrhaftigkeit und journalistischer Sorgfalt dar. Mit der demonstrativen Verwendung des Wörtchens „wirklich" beansprucht sie anscheinend die Qualifikation für die abschließende Beantwortung einer der schwierigsten Fragen unserer Zeit.

Bei genauem Hinsehen offenbart die Formulierung „Die Idee: *Klimaschädliches* Verhalten, etwa Autofahren, massives Heizen oder das *Kaufen von Plastikprodukten* teurer zu machen" [Hervorh. d. Verf.] in meinen Augen schlicht das Fehlen von Fachkompetenz. Der Kauf von Plastikprodukten kann zwar unter bestimmten Umständen Umweltschäden bewirken, aber die Klimaschädlichkeit ist im Vergleich zu anderen Industrieprozessen gering. Die Klimarelevanz der Produktion von Plastik rangiert weit hinter Industriematerialien wie Stahl, Beton und Aluminium, ganz zu schweigen von der Emission aus Kohlekraftwerken. Auf eine Anfrage meinerseits – mit der Bitte um Erläuterung – hat die Autorin nicht geantwortet. Weiter unten schreibt sie: „Vegetarische oder fleischarme Ernährung *sollte also gefördert werden* – etwa durch einen normalen Mehrwertsteuersatz auf Fleischprodukte." [Hervorh. d. Verf.] Diese Aussage steht mit dem journalistischen Grundprinzip der Trennung zwischen Fakten und Meinungen nicht in Einklang. Die Formulierung „sollte also gefördert werden" ist nämlich nicht als persönliche Meinung der Autorin gekennzeichnet, sondern erweckt den Eindruck klimapolitischer Selbstermächtigung.

Checken Sie deshalb die Faktenchecker, bevor Sie ihnen vertrauen!

Seriöse Faktenchecker erkennen Sie übrigens nicht nur an fachlicher Qualifikation, sondern auch daran, dass sie diesen Begriff meiden. Ein aus meiner Sicht vorbildliches Beispiel ist die „Unstatistik des Monats", die der Berliner Psychologe Gerd Gigerenzer, der Bochumer Ökonom Thomas Bauer und der Dortmunder Statistiker Walter Krämer im Jahr 2012 ins Leben gerufen haben. Sie hinterfragen jeden Monat Zahlen sowie deren Interpretation und machen das Ergebnis im Internet publik. Den Begriff des Faktenchecks habe ich in den Beiträgen an keiner Stelle gefunden.

Vorlesungsaufgaben: Selbst rechnen statt glauben
Viele Bürger mit Interesse für Energie und Klima fühlen sich angesichts der Vielfalt an Studien, Positionspapieren, Fachartikeln, Büchern, Blogs, Fernsehsendungen und Zeitungsbeiträgen orientierungslos. Denn über die Qualität der Dokumente kann sich ein Laie in der Regel kein sachgerechtes Urteil bilden.

Um dieses Problem zu überwinden, möchte ich in diesem Buch auf das Referieren von Studienergebnissen und statistischen Daten weitgehend verzichten. Stattdessen möchte ich Ihnen einige Tipps geben, wie Sie wichtige Zahlen auf der Grundlage einfachster Prämissen ohne fremde Hilfe berechnen können. Albert Einstein hat einmal gesagt: „Eine Theorie ist desto eindrucksvoller, je größer die Einfachheit ihrer Prämissen ist, je verschiedenartigere Dinge sie verknüpft, und je weiter ihr Anwendungsbereich ist." Ich möchte Sie in diesem Sinne ermuntern, möglichst viele Zahlen dieses Buches selbst nachzurechnen.

Zum Zweck des Selbstrechnens habe ich für Sie eine Reihe von Aufgaben in den Text eingebaut, die ich als *Vorlesungsaufgaben* bezeichne. Dank Internet und Smartphone haben wir heute die Möglichkeit, fast überall auf der Welt auf Daten zuzugreifen, um Recherchen und Rechnungen durchzuführen. Falls Sie sich in Ihrer Freizeit oder im Urlaub aktiv mit Fragen der Energie- und Klimapolitik beschäftigen wollen, wird Ihnen dieses Buch zahlreiche Anregungen geben.

Wenn Sie in den folgenden Kapiteln auf eine Vorlesungsaufgabe stoßen und diese bearbeiten möchten, nehmen Sie ein Blatt Papier, einen Stift und Ihr Smartphone zur Hand. Begeben Sie sich damit an einen Ort, wo Sie Ruhe und eine gute Internetverbindung haben. Auf Ihrem Smartphone benötigen Sie nur drei Apps: den Taschenrechner, eine Internet-Suchmaschine und die Online-Enzyklopädie Wikipedia. Mit diesen Instrumenten werden Sie die meisten der hier durchgeführten Berechnungen nachvollziehen und alle Vorlesungsaufgaben lösen können.

Falls Sie kein Interesse am Selbstrechnen haben, können Sie nach einer Vorlesungsaufgabe gleich weiterlesen und stoßen sofort auf meine *Beispiellösung*. Dort gebe ich stets den einfachsten Rechenweg mit stark gerundeten Zahlen an.

In der Regel sind die Vorlesungsaufgaben offen formuliert – sie erlauben unterschiedliche Lösungswege. Sie können meine Beispiellösungen durch eigene Recherchen und präzisere Daten beliebig verfeinern und präzisieren.

Quellenangaben: Die Doppelrolle von Wikipedia

Ein wichtiges Anliegen dieses Buches ist es, Ihnen, liebe Leserinnen und Leser, Methoden zu vermitteln, mit denen Sie wesentliche Zusammenhänge zu Energie und Klima nachvollziehen und möglichst viele Zahlen selbst berechnen können. Aus diesem Grund werde ich in diesem Buch – anders als in Fachveröffentlichungen – die Zahl der Quellenangaben auf ein Mindestmaß beschränken. Die wichtigsten Grundlagen dieses Buches werden deshalb nicht Studien oder Fachartikel, sondern einige wenige fundamentale Größen wie etwa der Energiegehalt eines Liters Benzin oder die Zahl der auf der Erde lebenden Menschen sein. Diese finden Sie in Wikipedia.

Bei der Nutzung von Wikipedia möchte ich allerdings zu Wachsamkeit raten. Ich halte die Online-Enzyklopädie einerseits für ein großartiges Instrument der Demokratisierung des Wissens und für ein beeindruckendes Beispiel bürgerschaftlichen Engagements. Falls Sie Zahlen oder harte Fakten wie etwa die Masse eines Kohlenstoffatoms oder den Geburtsort von Peter Falk benötigen, finden Sie in Wikipedia zuverlässige Antworten. Andererseits enthält das Nachschlagewerk eine Reihe inhaltlich und politisch unausgewogener Beiträge, die von anonymen Vollzeitschreibern wie „Andol" verfasst und von „Sichtern" vor Richtigstellung abgeschirmt werden. Sie können sich davon überzeugen, dass der Eintrag zum Stichwort „Energiewende" alle Merkmale eines Energiewendemärchens aufweist, die ich zu Beginn dieses Kapitels mit meiner Bratpfannengeschichte veranschaulicht habe.

Der fünfzigseitige Artikel zeigt, dass ein Dokument sachlich unzutreffend sein kann, obwohl es allem Anschein nach keine falschen Tatsachen enthält. Der Text listet die Vorzüge der Energiewende in voller Breite korrekt auf, verschweigt hingegen Argumente von Kritikern. Die Subventionskosten erneuerbarer Energie werden nicht thematisiert. Das verfehlte deutsche Ziel einer Million Elektroautos für 2020 wird verschwiegen. Die Tatsache, dass der Weltklimarat IPCC die Kernenergie als Klimaschutzinstrument betrachtet, wird mit dröhnendem Schweigen bedacht. Da Andol die russische Sprache anscheinend nicht beherrscht, bleibt wenigstens die Artikelversion „Энергетический поворот" von seinem schriftstellerischen Wirken verschont. So kann der interessierte Leser auf dem Umweg über die Sprache Alexander Puschkins erfahren, „dass die Mehrzahl der Experten die Unerreichbarkeit des Ziels [1 Mio. Elektroautos in Deutschland bis 2020, Anm. d. Verf.] zugibt." Während im deutschen Energiewendeeintrag eine Trennung von Fakten und Meinungen oft fehlt, kennzeichnet die russische Seite Meinungen als Meinungen: „Einige russische Experten erklären die ‚Energiewende' mit der Armut Deutschlands an kohlenwasserstoffhaltigen Rohstoffen sowie mit der Verfügbarkeit ‚überflüssiger' Mittel im Staatshaushalt zur Subvention von Unternehmen der erneuerbaren Energetik" und verweist auf einen Internet-Beitrag der Deutschen Welle auf www.dw.de vom 22. Mai 2013.

Für Informationen, die über Wikipedia-Zahlenwerte hinausgehen, werde ich – so weit wie möglich – auf Quellen verweisen, die im Internet frei verfügbar sind. Diese werde ich im Text mit einem entsprechenden Hinweis versehen. Zahlreiche hochwertige Fachinformationen sind jedoch auch im Zeitalter des Internets nicht kostenlos. Dabei handelt es sich zum einen um Fach- und Sachbücher und zum anderen um Veröffentlichungen in kostenpflichtigen Fachzeitschriften. Auf solche Quellen werde ich im Text verweisen, wenn sie für die Belegbarkeit von Aussagen wichtig oder besonders lesenswert sind. Falls Sie auf Fachartikel in Journalen mit Bezahlschranke zugreifen wollen, können Sie diese entweder einzeln online kaufen oder in Universitätsbibliotheken kostenlos lesen. Universitäten verfügen über elektronische Zugänge zu internationalen Fachzeitschriften und deren Bibliotheken sind als öffentliche Einrichtungen für jedermann frei zugänglich.

Drei Tipps für die Beschaffung kostenloser hochwertiger Informationen zu Energie und Klima möchte ich Ihnen zu guter Letzt noch geben.

Die beiden führenden Wissenschaftsjournale *Nature* und *Science* sind in ihren Hauptteilen kostenpflichtig. Sie besitzen auf ihren Internetseiten jedoch eine große Zahl frei zugänglicher Rubriken wie etwa *News & Views* oder *Perspectives*. Hier berichten Wissenschaftsjournalisten regelmäßig über aktuelle Erkenntnisse und politische Aspekte der Energie- und Klimaforschung. Die Artikel sind verständlich geschrieben und weitgehend frei von Polemik. Sie spiegeln die technologische, ökonomische und politische Vielfalt der Themen Energie und Klima in einer weitaus größeren Breite wider als die deutsche Presse und das deutsche Fernsehen.

Die Internetseite Our World in Data (ourworldindata.org) enthält eine Vielzahl von Zahlen und Fakten zu Energie, Klima und Weltwirtschaft. Die dort vorliegenden Informationen werden von namentlich genannten international anerkannten Wissenschaftlern auf der Grundlage qualitätskontrollierter Fachveröffentlichungen verständlich präsentiert und sind mit umfassenden Quellenangaben versehen.

Kapitel 1
Der böse Verbrennungsmotor

Die Behauptung: „Verbrennungsmotoren sind Dreckschleudern. Sie schädigen nicht nur das Klima, sondern verpesten auch die Luft in unseren Städten. Tausende Menschen sterben weltweit an den Folgen von Lungenerkrankungen durch Feinstaubemissionen und Stickoxide. Wenn Energie- und Verkehrswende gelingen sollen, müssen wir einen schnellen Umstieg auf Elektromobilität schaffen. Verbrennungsmotoren sollten deshalb spätestens ab 2030 verboten werden."

Am 16. Januar 1919 wurde unter Präsident Woodrow Wilson der 18. Zusatzartikel zur Verfassung der Vereinigten Staaten von Amerika ratifiziert. In Abschnitt 1.1 legte er fest: „Ein Jahr nach der Ratifizierung dieses Artikels sind Herstellung, Verkauf oder Transport berauschender Spirituosen zu Trinkzwecken sowie deren Ein- und Ausfuhr aus den Vereinigten Staaten und deren Hoheitsgebiet verboten." Mit diesem Gesetz begann in den USA die Prohibition, die von 1920 bis 1933 währte. Sie führte einerseits zu einem Rückgang des Alkoholkonsums. Andererseits wirkte die Prohibition als Treibsatz für das organisierte Verbrechen, welches mit der illegalen Herstellung und dem Schmuggel von Alkohol ein neues Segment der Schattenwirtschaft erschuf.

Ähnliche Erfahrungen musste Michail Gorbatschow in den Achtzigerjahren machen. Ab dem Jahr 1985 verordnete er dem Sowjetvolk eine drastische Einschränkung des Alkoholkonsums und setzte dies mit teilweise drakonischen Maßnahmen wie der Rodung tausender Hektar Wein in Georgien und der Ukraine durch. Zwar ging die Sterblichkeit in der Sowjetunion während dieser Zeit tatsächlich zurück. Doch gleichzeitig kamen zahlreiche Menschen durch den Konsum von Selbstgebranntem, sogenanntem самогон („Samogon"), ums Leben. Überdies kann ich mich an die Klagen meiner russischen Großmutter erinnern, weil Zucker in den Geschäften knapp wurde. Er wurde zum Schnapsbrennen aufgekauft. Die Steuereinnahmen des Staates gingen durch den Wegfall des Wodkaverkaufs zurück. KPdSU-Generalsekretär Gorbatschow, der dank Perestroika und Glasnost in Ost- wie in Westdeutschland wachsende Beliebtheit genoss, musste sich derweil vom eigenen Volk als „Mineralsekretär" verspotten lassen. Ende der Achtzigerjahre wurden die Maßnahmen sang- und klanglos wieder aufgehoben.

Die Geschichte der amerikanischen Prohibition und des sowjetischen Kampfes gegen den Alkoholismus sind aufschlussreiche Lehrstücke für die Wirkungen und Nebenwirkungen gut gemeinter staatlicher Verbote. Sie illustrieren, wie ein schwerwiegender Eingriff in die Wirtschaft eines Landes und die Lebensweise seiner Bewohner wirkt, wenn er vom Volk nicht akzeptiert wird. Sie zeigen außerdem, dass unbeabsichtigte Nebenwirkungen den erhofften positiven Effekt einer Maßnahme überschatten können.

Wir wollen uns in diesem Kapitel mit einem ganz anderen staatlichen Verbot beschäftigen. Mit einem Verbot, welches im Zusammenhang mit Energiepolitik und Klimaschutz regelmäßig erbitterte Diskussionen auslöst.

Derzeit kündigen Regierungen in England, Norwegen, in den Niederlanden, Indien und einer Reihe anderer Länder Jahreszahlen für das Verbot von Verbrennungsmotoren an. Auch Automobilhersteller geben in der Öffentlichkeit Absichtserklärungen über den Rückzug aus der Verbrennungstechnologie ab. Einige deutsche Politiker fordern ein Ende der Zulassung von Verbrennungsmotoren ab 2030. Diese Forderungen kommen keineswegs von einer Partei allein. Sie ziehen sich nahezu durch das gesamte politische Spektrum. So forderte ein führender Politiker einer süddeutschen Volkspartei laut Bericht des *Spiegel* vom 3. März 2007, dass ab 2020 nur noch Autos mit umweltfreundlichem Antrieb zugelassen werden dürften. Er präzisierte seine Aussage dahin gehend, dass zu diesem Zeitpunkt herkömmliche Verbrennungsmotoren durch Wasserstoff- und Hybridtechnik abgelöst werden müssten.

Dass es sich bei diesen Ankündigungen um mehr als Willenserklärungen handelt, lässt sich am *Beschluss des Bundesrates* vom 23. September 2016 (Drucksache 387/16) ablesen. Dort findet sich unter Punkt 4 die Aussage: „Hier gilt es, … Vorschläge zum diesbezüglichen effizienten Einsatz von Abgaben und steuerrechtlichen Instrumenten zu unterbreiten, damit spätestens ab dem Jahr 2030 unionsweit [gemeint ist die EU, Anm. d. Verf.] nur noch emissionsfreie Pkw zugelassen werden."

Die Verbote von Verbrennungsmotoren werden in der Regel mit der Notwendigkeit des Klimaschutzes begründet. Meistens wird überdies die verringerte Abgasbelastung in Städten als Zusatznutzen erwähnt. Gern wird auch eine vermeintliche Innovationsschwäche der deutschen Automobilindustrie ins Feld geführt. Die Verlautbarungen erwecken oft den Eindruck, als sei der Verbrennungsmotor für den Klimawandel verantwortlich.

Die Befürworter argumentieren, ein Verbot von Verbrennungsmotoren sei ein starker Impuls für den Umstieg auf Elektromobilität und würde zu einer signifikanten Reduktion der CO_2-Emissionen des Verkehrs führen. Die Gegner kontern, ein Verbot von Verbrennungsmotoren hätte massive Arbeitsplatzverluste in der Automobilindustrie zur Folge. Sie behaupten überdies, die CO_2-Einsparungen seien deutlich niedriger als von den Befürwortern prognostiziert. Denn der für die

Elektromobilität benötigte Strom würde zu einem Teil aus fossilen Energiequellen gedeckt, und die Herstellung von Batterien sei ebenfalls mit CO_2-Emissionen verbunden.

Ist es in einer solchen Gemengelage möglich, Ordnung in die Vielfalt wissenschaftlicher Erkenntnisse und persönlicher Werturteile zu bringen?

Beim Betrachten des Widerstreits zwischen Nachhaltigkeit und Arbeitsplätzen erkennen wir unschwer die Analogie zu unserem Gleichnis von den vielfältigen Bratpfannen. Wenn wir freilich die Zahl der betroffenen Arbeitsplätze vergleichen, stellen wir fest, dass es sich bei den Bratpfannen um eine Bagatelle, beim Verbot von Verbrennungsmotoren hingegen um eine weitreichende gesellschaftliche Entscheidung handelt.

Ich möchte in diesem Kapitel weder die Frage behandeln, ob das Verbot des Verbrennungsmotors „gut" oder „schlecht", noch ob es „richtig" oder „falsch" ist. Und schon gar nicht, ob der Umstieg von einem Auto mit Verbrennungsmotor auf das Fahrrad „vorbildlich" oder der Kauf eines SUV „unmoralisch" ist. Diese Fragen sind nach meiner Überzeugung mit wissenschaftlichen Mitteln nicht zu beantworten. Wir werden vielmehr die Anatomie des vermeintlich bösen Verbrennungsmotors nach dem gleichen Schema analysieren, wie wir dies in unserem Einführungsbeispiel bei den Bratpfannen getan haben. Wir werden sehen, dass politische Entscheidungen über Verbrennungsmotoren auch hier aus der Verknüpfung wissenschaftlicher Erkenntnisse und persönlicher Werturteile resultieren. Wir wollen dazu in den gleichen fünf Schritten vorgehen, die wir schon in unserem einführenden Kapitel kennengelernt hatten.

In das vorliegende Buch habe ich – insbesondere in den Technologiekapiteln 1, 3, 5 und 7 – eine Reihe einfacher Zahlenbeispiele und Rechenaufgaben, sogenannte *Vorlesungsaufgaben*, eingebaut. Das Ziel dieser Aufgaben besteht darin, dass Sie, liebe Leserinnen und Leser, sämtliche von mir genannten Zahlen und Fakten nach Möglichkeit selbst nachrechnen oder auf Ihre persönlichen Verhältnisse umrechnen können. Die Rechnungen werden nicht das Niveau professioneller Studien haben. Ich bin jedoch der Überzeugung, dass es besser ist, ein einfaches Zahlenbeispiel selbst verstanden zu haben, als einer unbekannten Studie unkritisch zu vertrauen.

1.1 Festlegung der Handlungsalternativen

Als ersten Schritt hatten wir in unserem Bratpfannenbeispiel zwei Entscheidungsalternativen festgelegt. Diese lauteten „Kauf einer Eisenpfanne" und „Kauf einer Aluminiumpfanne". Für unsere jetzige Analyse liegt uns die Option „Verbot des Verbrennungsmotors" bereits als erste Entscheidungsoption vor. Welche Variante sollen wir als zweite wählen?

Im Einführungsbeispiel hatten wir vereinbart, dass beide Alternativen nach Möglichkeit zum gleichen Ergebnis führen sollten. Auf den ersten Blick könnte die Option „Subvention von Elektroautos" eine vergleichbare Alternative zum „Verbot des Verbrennungsmotors" sein. Doch empfinden die meisten Menschen heute das batteriebetriebene Elektroauto nicht als gleichwertigen Ersatz des Autos mit Verbrennungsmotor. Denn Reichweite und Preis des Elektroautos erscheinen der Mehrheit potenzieller Käufer gegenüber einem konventionellen Pkw als unattraktiv. Überdies schreckt viele Menschen eine lange Ladezeit ab.

Wir wollen eine zweite Option wählen, die der Wirkung eines Verbots von Verbrennungsmotoren im Hinblick auf den Klimaschutz näher kommt. Sie soll außerdem einen vergleichbar starken Eingriff in die Volkswirtschaft darstellen wie das Verbot von Verbrennungsmotoren. Ich wähle deshalb als zweite Alternative die Handlungsoption „Verbot fossiler Treibstoffe".

Während das Verbot von Verbrennungsmotoren bedeutet, dass ab einem bestimmten Tag keine Pkw mit konventionellem Antrieb mehr zugelassen würden, ist unsere zweite Option gleichbedeutend damit, dass ab einem Stichtag der Verkauf von fossilem Benzin und Diesel in ganz Deutschland eingestellt würde. Das Verkaufsverbot würde sich nicht auf Treibstoffe erstrecken, die aus Biomasse gewonnen werden, und auch nicht auf E-Fuels, die wir in den Kap. 6 und 7 näher beleuchten werden. Da Verbrennungsmotor und Treibstoff jedoch zusammengehören, entfalten die beiden Alternativen ähnliche Wirkungen. Sie würden den Verkehr mit konventionellen Pkw aus unterschiedlichen Gründen stark einschränken.

Damit haben wir den ersten Schritt unserer Analyse erledigt. Alle Teilschritte unserer weiteren Analysearbeit fassen wir in den beiden Tab. 1.1 und 1.2 zusammen.

Tab. 1.1 Die Anatomie des Entscheidungsproblems über den Verbrennungsmotor aus der Perspektive einer fiktiven Person Alice. Die Zahlen in der Spalte „Persönliche Werturteile" geben an, welche Priorität Alice jeder der vier Eigenschaften bei ihrer Entscheidung beimisst. Für Alice besitzen die CO_2-Emissionen die höchste Priorität (4), gefolgt von einer gut verfügbaren Ladeinfrastruktur (3) und so weiter. Multipliziert man die Prioritätszahlen mit den Zahlen in den Spalten „Wissenschaftliche Erkenntnisse", dann ergibt sich jeweils die in den Spalten „Bewertung" angegebene Punktzahl. Die Summe der Punkte steht in der Zeile „Gesamtwertung". Die Option mit der höheren Punktzahl – „Verbot fossiler Treibstoffe" – passt besser zu den persönlichen Werturteilen von Alice

Verbot von Verbrennungsmotoren			Alice	Verbot fossiler Treibstoffe		
Kriterien	Bewertung	Wissenschaftliche Erkenntnisse	Persönliche Werturteile	Wissenschaftliche Erkenntnisse	Bewertung	Kriterien
CO_2-Emissionen	0 Punkte	0	4	1	4 Punkte	CO_2-Emissionen
Ladeinfrastruktur	0 Punkte	0	3	1	3 Punkte	Ladeinfrastruktur
Luftqualität	2 Punkte	1	2	0	0 Punkte	Luftqualität
Lärm	1 Punkt	1	1	0	0 Punkte	Lärm
Arbeitsplätze	-	?		?	-	Arbeitsplätze
Gesamtwertung	3 Punkte				7 Punkte	Gesamtwertung

Tab. 1.2 Die Anatomie des Entscheidungsproblems über den Verbrennungsmotor aus der Perspektive einer fiktiven Person Bob. Die Zahlen in der Spalte „Persönliche Werturteile" geben an, welche Priorität Bob jeder der vier Eigenschaften bei seiner Entscheidung beimisst. Für Bob hat gute Luft die höchste Priorität (4), gefolgt von der Verringerung von CO_2-Emissionen (3) und so weiter. Multipliziert man die Prioritätszahlen mit den Zahlen in den Spalten „Wissenschaftliche Erkenntnisse", dann ergibt sich jeweils die in den Spalten „Bewertung" angegebene Punktzahl. Die Summe der Punkte steht in der Zeile „Gesamtwertung". Die Option mit der höheren Punktzahl – „Verbot von Verbrennungsmotoren" – passt besser zu den persönlichen Werturteilen von Bob

Verbot von Verbrennungsmotoren			Bob	Verbot fossiler Treibstoffe		
Kriterien	Bewertung	Wissenschaftliche Erkenntnisse	Persönliche Werturteile	Wissenschaftliche Erkenntnisse	Bewertung	Kriterien
CO_2-Emissionen	0 Punkte	0	3	1	3 Punkte	CO_2-Emissionen
Ladeinfrastruktur	0 Punkte	0	1	1	1 Punkt	Ladeinfrastruktur
Luftqualität	4 Punkte	1	4	0	0 Punkte	Luftqualität
Lärm	2 Punkte	1	2	0	0 Punkte	Lärm
Arbeitsplätze	-	?		?	-	Arbeitsplätze
Gesamtwertung	**6 Punkte**				4 Punkte	Gesamtwertung

1.2 Auswahl der Bewertungskriterien

Wir beschäftigen uns in diesem Kapitel ausschließlich mit dem Thema Verbrennungsmotoren für Pkw – solche für Lastwagen, Züge, Schiffe und Flugzeuge wollen wir hier nicht behandeln. Ich empfehle Ihnen jedoch, nach dem Lesen dieses Kapitels im Kreise Ihrer Familie, Ihrer Freunde oder Ihrer Kollegen auch darüber zu diskutieren, ob Sie ein Verbot von Verbrennungsmotoren für Flugzeuge in Gestalt von Gasturbinen- oder Propellerantrieben befürworten oder ablehnen würden.

Nachdem wir die Entscheidungsoptionen „Verbot von Verbrennungsmotoren" und „Verbot fossiler Treibstoffe" festgelegt haben, müssen wir nun im zweiten Schritt die Eigenschaften zusammentragen, anhand derer wir unsere soziotechnische Analyse durchführen wollen. Wir werden uns der Einfachheit halber auf die fünf Merkmale CO_2-Emission, Ladeinfrastruktur, Luftqualität, Lärm und Arbeitsplätze beschränken. Ich habe diese sowohl nach ihrer klimapolitischen Bedeutung als auch nach ihrer medialen Präsenz ausgewählt. Sie können die Analyse selbstverständlich durch zusätzliche Charakteristika wie etwa Akzeptanz, industriepolitische Bedeutung oder internationale Vorbildwirkung erweitern.

1.3 Vergleichende wissenschaftliche Analyse

Unsere erste Teilaufgabe besteht gemäß der jeweils ersten Zeile der Tab. 1.1 und 1.2 in der Entscheidung, welche unserer beiden Optionen die CO_2-Emissionen des Verkehrs wirkungsvoller eindämmt. Dafür ist zuerst ein Blick auf die Thermodynamik von Verbrennungsmotoren hilfreich.

Klimawirkung von Verbrennungsmotoren
Ein Verbrennungsmotor ist eine thermodynamische Maschine, die chemische Energie von Benzin, Diesel oder Kerosin zu einem kleinen Teil in Antriebsarbeit und zu einem großen Teil in Abwärme verwandelt. Die wichtigsten Typen sind Ottomotoren für den Antrieb von Autos, Dieselmotoren für den Antrieb von Autos, Lastwagen, Zügen und Schiffen sowie Gasturbinen für den Antrieb von Flugzeugen. Otto- und Dieselmotoren wandeln etwa ein Fünftel, Gasturbinen etwa ein Drittel der chemischen Energie des Brennstoffs in Antriebsenergie um. Der Rest entweicht ungenutzt als Abwärme in die Umwelt. Diese Zahlen folgen aus den Gesetzen der Thermodynamik. Sie werden sich in Zukunft durch Forschung und Entwicklung noch um wenige Prozentpunkte steigern, aber nicht im großen Stil beeinflussen lassen.

Die These, Verbrennungsmotoren würden das Klima schädigen, ist in dieser Form wissenschaftlich nicht haltbar. Wer den Verbrennungsmotor für den Klimawandel verantwortlich macht, könnte ebenso gut den Herstellern von Biergläsern die Schuld für den Alkoholismus in die Schuhe schieben.

Der Verbrennungsmotor ist für sich genommen weder „gut" noch „schlecht" für das Klima. Seine Klimawirkung hängt vielmehr davon ab, mit welchem Brennstoff er betrieben wird. Wird er mit fossilem Benzin oder fossilem Diesel gespeist, emittiert er pro Kilogramm verbrannten Treibstoffs etwa drei Kilogramm CO_2. Diese Emissionen sind klimawirksam. Wird der Motor hingegen mit klimaneutralem synthetischem Benzin oder anderen CO_2-freien Energiequellen betrieben, ändert sein Betrieb nichts an der CO_2-Bilanz unseres Planeten.

Diese Überlegung führt uns zu dem Schluss, dass CO_2-Emissionen nicht den Verbrennungsmotoren, sondern den fossilen Brennstoffen zuzuschreiben sind. Nichtsdestotrotz ist die Frage gerechtfertigt, ob ein Verbot von Verbrennungsmotoren die CO_2-Emissionen des Straßenverkehrs wirksamer eindämmen könnte als ein Verbot fossiler Treibstoffe.

Wenn Ihnen unsere beiden Handlungsoptionen „Verbot von Verbrennungsmotoren" und „Verbot fossiler Treibstoffe" zu einschneidend erscheinen, können Sie selbstverständlich eine abgemilderte Variante unseres Entscheidungsproblems analysieren. Diese könnte zum einen darin bestehen, dass der Staat statt eines Verbots von Verbrennungsmotoren eine einmalige hohe Verkaufssteuer in der Größenordnung von einigen Tausend Euro auf den Kauf jedes Pkw mit Verbrennungsmotor erhebt. Diese Steuer müsste in der gleichen Größenordnung liegen wie die heutige durchschnittliche Preisdifferenz zwischen konventionellen und Elektroautos. Alternativ könnte der Staat statt eines Verbots fossiler Treibstoffe eine hohe Verbrauchssteuer in der Größenordnung von einigen Euro auf jeden Liter fossilen Treibstoffs kassieren.

Ich möchte betonen, dass es sich bei den hier erörterten Optionen um Gedankenexperimente handelt. Ich plädiere mit meinen Zeilen weder für ein Verbot von Verbrennungsmotoren noch für ein Verbot fossiler Treibstoffe.

Verteuerte Mobilität

Lassen wir die Frage außer Acht, ob ein gesetzliches Verbot von Verbrennungsmotoren oder ein Verbot fossiler Kraftstoffe eine parlamentarische Mehrheit finden würde. Nehmen wir für den Moment an, ab einem Stichtag würden in Deutschland entweder keine privaten Autos mit Verbrennungsmotoren mehr zugelassen oder kein fossiles Benzin und kein fossiler Diesel mehr verkauft. Was würde passieren?

Die individuelle Mobilität würde sich in beiden Fällen spürbar verteuern. Im ersten Fall müssten die Bürger in teure Elektroautos investieren. In dem anderen Fall müssten die Bürger teure synthetische Kraftstoffe tanken. Auf die Frage, warum Elektroautos heute teurer sind als konventionelle Pkw, werden wir im Kap. 3 zurückkommen. Die Frage, warum synthetisches Benzin wesentlich teurer ist als fossiles, wenn wir es nachhaltig und in großem Maßstab herstellen, werden wir im Kap. 6 über die Kosten der Energiewende sowie im Kap. 7 über den Flugverkehr erörtern.

Damit Sie, liebe Leserinnen und Leser, zu dem unscharfen Begriff der verteuerten Mobilität eine bildliche Vorstellung entwickeln, versetzen Sie sich bitte für kurze Zeit in eine hypothetische Welt, in der die Literpreise für Benzin auf 2,50 EUR oder 3,50 EUR oder 4,50 EUR ansteigen würden. Die drei Zahlen sind nicht zufällig gewählt, sondern besitzen handfeste Grundlagen:

2,50 EUR wurden einst von einer Partei ins Gespräch gebracht, um die Deutschen zu spritsparendem Fahren zu erziehen. Damals handelte es sich um 5 Deutsche Mark.

3,50 EUR stellen eine konservative Schätzung der Kosten nachhaltig erzeugter synthetischer Treibstoffe dar, sogenannter Biofuels oder E-Fuels. Jede Besteuerung von fossilem Treibstoff über diese Schwelle würde den konventionellen Treibstoffmarkt zum Erliegen bringen, weil synthetisches Benzin dann die billigere Alternative wäre. Hieran erkennen wir, dass die Besteuerung fossiler Treibstoffe ab einer gewissen Höhe einem Verbot gleichkommt.

Von persönlicher Bedeutung für meine Frau und mich ist noch der Preis von 4,50 EUR. Er entspricht dem Benzinpreis der DDR in unserem ersten Ehejahr umgerechnet auf die Kaufkraft eines repräsentativen Nettoeinkommens im Jahr 2019. Im Jahr 1988 verdiente meine Frau als wissenschaftliche Mitarbeiterin des Zentralinstituts für Kernforschung Rossendorf etwa 800 Mark und war damit unsere Ernährerin. Mein Doktorandenstipendium fiel nicht ins Gewicht. Der DDR-Einheitspreis von 1,50 Mark für einen Liter Normalbenzin verhielt sich zum damaligen Einkommen meiner Frau ungefähr wie 4,50 EUR zu einem heutigen Nettoeinkommen von 2.400 EUR. An diesen Zahlen sehen wir, wie lehrreich es sein kann, Klagen über teures Benzin in einen historischen Kontext einzuordnen.

Als Antwort auf gestiegene Mobilitätskosten hätten die Bürger im Wesentlichen vier Möglichkeiten: 1) Verzicht auf Mobilität, 2) Umstieg auf öffentliche Verkehrsmittel, 3) Anpassung an höhere Kosten, 4) Umgehung. Wir werden im Folgenden die ersten drei Handlungsmöglichkeiten in der genannten Reihenfolge erörtern und ihre Kosten berechnen. Die vierte Möglichkeit in Gestalt von Tanktourismus,

Zulassungsmanipulation und Schwarzhandel von fossilem Benzin möchte ich ausklammern. Gleichwohl legen die eingangs genannten Beispiele aus den USA und der Sowjetunion die Vermutung nahe, dass gerade die Umgehung die bevorzugte Antwort des Volkes auf ungeliebte Verbote sein dürfte.

Bevor wir die drei Optionen analysieren, ist es notwendig, dass wir uns mit dem Begriff der *CO_2-Vermeidungskosten* vertraut machen. Er besitzt eine zentrale Bedeutung für die Bewertung von Klimaschutzmaßnahmen und wird sich als roter Faden durch das gesamte Buch ziehen.

CO_2-Vermeidungskosten
Jeder Klimaschutzmaßnahme lässt sich eine Zahl namens CO_2-Vermeidungskosten zuordnen. Sie gibt an, wie viel Euro einzusetzen sind, um den Ausstoß einer Tonne CO_2 zu vermeiden. Die CO_2-Vermeidungskosten werden in Euro pro Tonne CO_2 angegeben, abgekürzt €/t. Ein wirtschaftlich denkender Mensch wird aus möglichen Klimaschutzmaßnahmen diejenigen auswählen, die die geringsten CO_2-Vermeidungskosten nach sich ziehen.

Veranschaulichen wir uns den Begriff an einem Beispiel, welches nichts mit Energie oder Klima zu tun hat. Stellen wir uns vor, ein sparsamer Schwabe hätte für die Reinigung des Fußbodens seiner Wohnung drei Möglichkeiten. Er könnte eine Putzfrau zu einem Stundensatz von zehn Euro, einen Ingenieur zu einem Stundensatz von hundert Euro oder den Vorstand eines DAX-Konzerns zu einem Stundensatz von tausend Euro anheuern, sofern Letzterer eine Lücke in seinem Terminkalender fände. Unterstellen wir einen Aufwand von zwei Stunden, so hätte der Auftraggeber je nach gewählter Variante „Schmutzbeseitigungskosten" in Höhe von zwanzig, zweihundert beziehungsweise zweitausend Euro zu berappen.

Für welche Variante würde sich der Schwabe stellvertretend für alle wirtschaftlich denkenden Menschen wohl entscheiden?

Die Frage wirkt so banal, dass niemand eine andere Idee als die Wahl der billigsten Reinigungsvariante ernsthaft in Erwägung ziehen würde. Wenn das Endresultat – der saubere Fußboden – in jedem der drei Fälle das gleiche ist, warum sollte ein kostenbewusster Mensch etwas anderes wählen als die preiswerteste Option? Das Beispiel zeigt, wie sehr uns das Wirtschaftlichkeitsprinzip beim Umgang mit unserem eigenen Geld in Fleisch und Blut übergegangen ist. Ich finde es vor diesem Hintergrund rätselhaft, wieso sich bei vielen Menschen die Tugend der Sparsamkeit verflüchtigt, sobald sie über das Geld fremder Leute entscheiden.

Die Schmutzbeseitigungs-Metapher erlaubt es nicht nur, die CO_2-Vermeidungskosten zu verstehen. An ihr können wir uns auch veranschaulichen, wie Verbraucher auf geänderte Bedingungen reagieren. Stellen wir uns vor, der Leidensdruck bei der Fußbodenreinigung würde sich erhöhen, weil der Schwabe in eine größere Wohnung zieht. Dann müsste ein Vielfaches der bisherigen Fußbodenfläche gereinigt werden. Wie würde er reagieren? Er würde zunächst billigste Reinigungskapazität zukaufen, das heißt zusätzliche Putzfrauen einstellen. Dies könnte er so lange tun, bis der Markt aller verfügbaren Putzfrauen leergefegt wäre. Würde sein Leidensdruck noch weiter steigen, so würde er auf den Ingenieur als zweitbilligste Option zugreifen. Wenn auch diese Kapazität

1.3 Vergleichende wissenschaftliche Analyse

erschöpft wäre, könnte er im Notfall den DAX-Vorstand engagieren. Wir erkennen daran, dass ein wirtschaftlich denkender Mensch bei steigendem Leidensdruck Maßnahmen in der Reihenfolge aufsteigender Kosten aktiviert.

Die Aktivierung von Klimaschutzmaßnahmen können wir uns ähnlich vorstellen.

Würde die Emission von CO_2 durch Abschaffung klimaschädlicher Subventionen oder durch eine Besteuerung von CO_2 verteuert, so würden die Verbraucher Klimaschutzmaßnahmen in der Reihenfolge wachsender CO_2-Vermeidungskosten ergreifen. Sobald das Potenzial der Maßnahmen mit den niedrigsten Vermeidungskosten erschöpft ist, greifen sie zu solchen mit dem nächsthöheren Preis und so weiter.

Wir wollen nun anhand konkreter Zahlen analysieren, wie Verbraucher auf die Verteuerung individueller Mobilität reagieren. Dabei werden wir die drei bereits genannten Antwortmöglichkeiten in der Reihenfolge steigender CO_2-Vermeidungskosten betrachten. Wir werden feststellen, dass die Betrachtung der beiden erstgenannten Varianten – Verzicht auf individuelle Mobilität und Umstieg auf öffentliche Verkehrsmittel – keinen Beitrag zum Ausfüllen der ersten Zeile in den Tab. 1.1 und 1.2 leistet. Falls Sie nur am Ausfüllen dieser Zeile interessiert sind, überspringen Sie bitte die beiden nächsten Unterabschnitte und lesen nach der Unterüberschrift „Anpassung an verteuertes Autofahren" weiter.

Verzicht auf individuelle Mobilität

Eine naheliegende Antwort auf steigende Kosten individueller Mobilität ist der Verzicht. Die Bürger könnten das Autofahren teilweise oder vollständig einstellen. Sie könnten zu Fuß Brötchen holen und zum Wochenendeinkauf mit dem Rucksack in den Supermarkt wandern. Elterntaxis könnten der Vergangenheit angehören. Die sonntägliche Autofahrt von Stuttgart zum Kaffeetrinken auf die Schwäbische Alb könnte entfallen. Für kürzere Wege zur Arbeit könnten die Bürger zu Fuß gehen oder auf das Fahrrad umsteigen, sofern die Entfernungen zumutbar sind.

Zumutbarkeit ist freilich – nebenbei bemerkt – ein dehnbarer Begriff. Von meinem Urgroßvater Hermann Thess wird berichtet, er habe als vierzehnjähriger Lehrling den acht Kilometer langen Weg von Albernau nach Aue täglich außer sonntags zu Fuß zurückgelegt. Klimabewusste Schüler dürfen ihm gern nacheifern. Seiner Gesundheit scheint es nicht geschadet zu haben: Er ist trotz Einsatz im Ersten Weltkrieg 86 Jahre alt geworden.

Die genannten Instrumente mobiler Entsagung werden gelegentlich unter der Bezeichnung *Suffizienz* politisch vermarktet. Ich halte die Entscheidung für oder gegen das Autofahren für eine Privatangelegenheit. Der Forderung einiger Fachkollegen nach einer staatlichen Suffizienzpolitik schließe ich mich nicht an, weil ich deren Kernfrage „Wie viel ist genug?" für unwissenschaftlich halte.

Wie groß sind die CO_2-Vermeidungskosten beim Verzicht auf Mobilität?

Zur Beantwortung dieser Frage möchte ich Sie, liebe Leserinnen und Leser, zur ersten Vorlesungsaufgabe einladen. Zur Erinnerung: Sie benötigen dazu ein Smartphone mit Taschenrechnerfunktion, Internet-Suchmaschine und Wikipedia sowie etwas Ruhe. Berechnen Sie mit diesen Hilfsmitteln bitte die CO_2-Vermeidungskosten, die Ihnen durch Verzicht auf eine Autofahrt entstehen. Recherchieren Sie dazu bitte jeweils für die Optionen Autofahrt und Fußmarsch die CO_2-Emissionen und die Kosten und stellen Sie dann die Differenzen zueinander in Beziehung.

Um Ihnen die Kontrolle Ihres Rechenergebnisses zu erleichtern, biete ich Ihnen meine Beispiellösung mit stark vereinfachten Annahmen und gerundeten Zahlen an. Ich nehme der Einfachheit halber an, sowohl die Kosten als auch die CO_2-Emissionen meines Fußmarsches seien so klein, dass ich sie im Vergleich zur Autofahrt vernachlässigen kann. Dann kann ich die CO_2-Vermeidungskosten berechnen, indem ich für jeden gesparten Liter Benzin die Kosten und die CO_2-Emission berechne und die Zahlen durcheinander dividiere. Nehmen wir einen runden Benzinpreis von 1,50 EUR pro Liter an. Gehen wir ferner davon aus, dass ein Liter Benzin ungefähr ein Kilogramm wiegt und, wie in der Einleitung erwähnt, beim Verbrennen etwa drei Kilogramm CO_2 erzeugt. Dann kommen wir zu dem Schluss, dass die CO_2-Vermeidungskosten bei etwa 1,50 EUR geteilt durch drei Kilogramm, also 0,5 €/kg oder 500 €/t liegen. Aber Achtung! An dieser Stelle gibt es ein wichtiges Detail, welches wir auf keinen Fall übersehen dürfen.

Die CO_2-Vermeidungskosten der automobilen Enthaltsamkeit betragen nämlich in Wirklichkeit nicht 500 €/t, sondern −500 €/t. In Worten: *minus* fünfhundert Euro pro Tonne. Das Minuszeichen zeigt an, dass wir beim Verzicht auf das Auto für die CO_2-Einsparung kein Geld ausgeben. Im Gegenteil, wir sparen die Summe, die wir für das Benzin ausgegeben hätten. Dabei habe ich sogar die eingesparten Abschreibungen der Autos vernachlässigt. Eingespartes Geld können wir als Kosten mit negativem Vorzeichen interpretieren. Wir kommen somit zu dem Schluss, dass der Verzicht auf automobile Mobilität negative CO_2-Vermeidungskosten in der Größenordnung von minus fünfhundert Euro pro Tonne CO_2 aufweist. Um es vorwegzunehmen: Der Verzicht ist die mit Abstand preiswerteste Antwort auf steigende Mobilitätskosten. Dies bedeutet, dass die Bürger im Fall einer drastischen Verteuerung automobiler Mobilität zuerst das Potenzial der Vermeidung von Autofahrten aktivieren würden.

Dass dies tatsächlich so ist, können wir durch einen Rückblick in das Jahr 2008 erkennen. Vor der Finanzkrise war der Benzinpreis an deutschen Tankstellen gestiegen und erreichte im Juni 2008 Rekordwerte über 1,50 EUR pro Liter. Die Klagen von Autofahrern über hohe Benzinpreise nahmen eine Lautstärke an, dass man hätte meinen können, der Fortbestand der Zivilisation sei in Gefahr.

Interessanterweise ist mir der Sommer 2008 als einzige Phase seit der deutschen Wiedervereinigung in Erinnerung, in der Zeitungen ausgiebig über spritsparendes Fahren berichteten. Wir erfuhren tiefschürfende Weisheiten: Etwa dass Verzicht auf unnötige Autofahrten, langsames Fahren auf der Autobahn und der Kauf kleiner Autos Geld spart. Dies sind allesamt Maßnahmen mit negativen CO_2-Vermeidungskosten. Im November 2008 waren die Spritpreise dann wieder gefallen und die Spartipps der Presse verstummten. Ein Preisanstieg von 30 Cent hatte genügt, um bei einer Autofahrernation die Maßnahmen mit den niedrigsten CO_2-Vermeidungskosten zu aktivieren.

1.3 Vergleichende wissenschaftliche Analyse

Nachdem wir gesehen haben, dass der Verzicht auf Mobilität in der Regel negative CO_2-Vermeidungskosten entstehen lässt, wollen wir nun erkunden, in welchem Umfang die Menschen bei steigenden Kosten tatsächlich auf Mobilität verzichten. Die folgenden Überlegungen tragen zwar noch nicht dazu bei, die erste Bewertungszeile in unseren Tab. 1.1 und 1.2 auszufüllen, denn sie gelten für beide Handlungsoptionen gleichermaßen. Dennoch ist es hilfreich, sich über das CO_2-Vermeidungspotenzial des Mobilitätsverzichts Klarheit zu verschaffen.

Inwieweit würden wir Deutschen also bei steigenden Kosten auf Mobilität verzichten?

Diese Frage lässt sich zwar mittels Computersimulation theoretisch untersuchen. Aufgrund hoher Unsicherheit bei den Modellen und den Eingangsgrößen besitzen solche Rechnungen jedoch nur eine sehr beschränkte Aussagekraft. Ohne dass wir uns dessen bewusst sind, läuft allerdings ein solches Experiment Tag für Tag vor unseren Augen ab. Wir müssen nur einen aufmerksamen Blick in die Welt um uns herum werfen.

Haben Sie sich schon einmal die Frage gestellt, warum in Deutschland so viele und in China so wenige Menschen für ihren Weg zur Arbeit auf ein Auto angewiesen sind? Haben die Chinesen womöglich ein höheres Bewusstsein für den Klimaschutz und siedeln sich deshalb bevorzugt in der Nähe ihres Arbeitsortes an?

Oder wundern Sie sich gelegentlich, warum die Motorrad-Riksha in Indien so populär ist, während die Menschen in Deutschland und den USA gern hochmotorisierte Pkw und SUV fahren? Haben die Inder womöglich kein Interesse an deutscher Automobilbaukunst? Liegt es vielleicht daran, dass den Bewohnern der Republik Indien der Klimaschutz stärker am Herzen liegt als uns Deutschen und sie für die Befriedigung ihrer Mobilitätsbedürfnisse freiwillig auf leicht motorisierte Gefährte zurückgreifen?

Und grübeln Sie womöglich auch zuweilen darüber nach, warum in den Städten der USA die Zahl von Geländewagen und SUV pro Kopf größer ist als in Deutschland? Hängt es womöglich damit zusammen, dass den Bewohnern der Vereinigten Staaten von Amerika – stärker als uns Deutschen – eine finstere Neigung innewohnt, das Weltklima zu verändern und möglichst viel CO_2 zu emittieren?

Keiner dieser Erklärungsversuche trifft zu.

Der Verzicht auf Mobilität oder ihre Inanspruchnahme spiegelt das unerbittliche Wirken ökonomischer Gesetze wider. Der Motorisierungsgrad einer Nation und die Nutzungshäufigkeit von Autos entspringen nicht etwa einem unserer Seele innewohnenden Mobilitätsbedürfnis, welches in den USA stärker ausgeprägt ist als etwa in Indien. Die Mobilitätsmuster zeigen vielmehr das ökonomische Gleichgewicht zwischen dem Preis für Mobilität und den verfügbaren Einkommen an. Je mehr Autos und Benzin sich der Durchschnittsbürger eines Landes leisten kann, desto stärker wird er in der Regel die Möglichkeit der Mobilität in Anspruch nehmen. Selbstverständlich hängen Motorisierung und Nutzungshäufigkeit privater Pkw noch von weiteren Einflüssen ab, wie etwa der Qualität öffentlicher

Verkehrsmittel. Doch könnten wir uns ein Gefühl für den Preis von Mobilität verschaffen, indem wir berechnen, wie viele Minuten lang ein Durchschnittsbürger arbeiten muss, um sich einen Kilometer private Autofahrt zu leisten. Die Berechnung dieser Zahl erfordert allerdings einen gewissen Rechercheaufwand. Wir wollen uns die Mobilitätskosten verschiedener Völker stattdessen anhand von Zahlen anschauen, die Sie selbst leicht recherchieren können.

Überzeugen Sie sich in unserer nächsten Vorlesungsaufgabe selbst von den Mobilitätskosten verschiedener Länder, indem Sie berechnen, wie viel Erdöl sich ein Durchschnittsbürger Indiens, Deutschlands beziehungsweise der USA rein rechnerisch vom Bruttosozialprodukt seines jeweiligen Heimatlandes kaufen könnte.

Recherchieren Sie dazu die Bruttosozialprodukte der drei genannten Länder pro Kopf der Bevölkerung sowie den aktuellen Ölpreis auf dem Weltmarkt. Führen Sie die Analyse auch für andere Länder durch. Obwohl das Einkommen nicht genau dem Bruttosozialprodukt pro Kopf entspricht und obwohl Privatpersonen Benzin nicht am Weltmarkt einkaufen, bildet die berechnete Zahl die Mobilitätskosten in dem betreffenden Land recht gut ab.

Meine Beispiellösung mit stark gerundeten Zahlen führt zu folgendem Ergebnis. Die jährlichen Bruttosozialprodukte der genannten Staaten betrugen für 2017 pro Kopf ungefähr $2.000 für Indien, $45.000 für Deutschland und $60.000 für die USA. Je nach Quelle können die Zahlen etwas abweichen. Obwohl die Beträge nicht kaufkraftbereinigt sind und sich deshalb nicht ohne Weiteres vergleichen lassen, kommen wir unter der Annahme eines fiktiven Ölpreises von $50 pro Barrel oder etwa 350 $/t zu dem Schluss, dass sich ein Inder von seinem Anteil am Bruttosozialprodukt pro Jahr theoretisch 6 Tonnen Erdöl kaufen könnte. Für den Deutschen liegt die Zahl bei 130 und für den Amerikaner bei 170 Tonnen.

Falls Sie, liebe Leserinnen und Leser, diese Betrachtung noch etwas vertiefen wollen, empfehle ich Ihnen eine modifizierte Vorlesungsaufgabe. Ersetzen Sie die Bruttosozialprodukte durch die in Wikipedia angegebenen kaufkraftbereinigten Werte, die mit der Abkürzung PPP versehen sind. Berechnen Sie dann die gleichen Größen noch einmal. Dabei werden Sie feststellen, dass die Spreizung der Zahlenwerte nicht ganz so groß, aber immer noch erheblich ist.

Falls Sie Interesse an weiteren Recherchen haben, finden Sie als Nächstes heraus, wie groß die durchschnittlichen Nettogehälter in den genannten Ländern sind. Berechnen Sie daraus, wie viele Minuten ein Durchschnittsbürger der Länder Indien, Deutschland und USA rein rechnerisch arbeiten müsste, um einen Liter Benzin zu den weiter oben genannten vier Preisen zwischen 1,50 EUR und 4,50 EUR zu erarbeiten. Falls Sie Ihren Rechnungen noch ein Sahnehäubchen aufsetzen wollen, recherchieren Sie überdies noch die aktuellen Benzinpreise an Tankstellen der genannten Länder und leiten daraus die hierfür erforderlichen Arbeitszeiten ab. Unabhängig davon, wie Sie die Rechnungen im Einzelnen durchführen, Sie werden in jedem Fall feststellen, dass zwischen den Ländern Indien, Deutschland und USA dramatische Unterschiede hinsichtlich der Mobilitätskosten bestehen.

1.3 Vergleichende wissenschaftliche Analyse

All diese Zahlen erklären nicht nur, warum die Motorrad-Riksha in Indien eine große, aber in Deutschland und den USA keine Rolle spielt. Sie zeigen auch, was mit den Mobilitätsgewohnheiten der USA und Deutschlands passieren würde, wenn die Treibstoffpreise schrittweise steigen würden. Unsere hochmotorisierte Nation würde auf kleinere und leichtere Gefährte umsteigen, ihre Fahrleistungen pro Kopf würden fallen und der Benzinverbrauch pro Kopf würde zurückgehen. Im Ergebnis würden die CO_2-Emissionen pro Kopf deutlich sinken.

Umstieg auf öffentliche Verkehrsmittel

Als zweite Antwort auf gestiegene Mobilitätskosten könnten die Bürger auf öffentliche Verkehrsmittel umsteigen und, sofern möglich, mit Straßenbahn, Bus, S-Bahn oder mit dem Zug zur Arbeit fahren. Fernpendlern böte sich theoretisch die Alternative, das Flugzeug zu nutzen, denn Flugzeugtriebwerke wären nach den politischen Verlautbarungen vom geplanten Verbot des Verbrennungsmotors nicht betroffen. Für die Reise in die Ferien könnten die Deutschen statt ihres Autos den Bus, die Bahn oder das Flugzeug verwenden.

Kommen wir zur Analyse der zweiten Handlungsoption – dem „Umstieg auf öffentliche Verkehrsmittel". Damit formuliere ich nun unsere nächste Vorlesungsaufgabe: Berechnen Sie bitte die CO_2-Vermeidungskosten für Ihre letzte Urlaubsreise mit dem Auto. Ermitteln Sie die Kosten für den Fall, dass Sie die Reise nicht mit Ihrem Auto, sondern mit öffentlichen Verkehrsmitteln angetreten hätten. Rechnen Sie hierzu als Erstes aus, wie viel Kilogramm Benzin Sie für die Fahrt in den Urlaub verbraucht haben, und ermitteln daraus die CO_2-Emissionen. Berechnen Sie dann, wie viel Sie für die Autofahrt insgesamt ausgegeben haben. Statt der Verwendung von Richtwerten aus dem Internet empfehle ich Ihnen, die Kilometerkosten Ihres Autos anhand von Kaufpreis, Tankquittungen, Reparaturbelegen und Versicherungsscheinen im Detail zu kalkulieren. Anschließend berechnen Sie zum Vergleich die Ausgaben für Ihre Reise mit öffentlichen Verkehrsmitteln, ermitteln die Kostendifferenz zwischen Autofahrt und öffentlichen Verkehrsmitteln und teilen diese durch die Menge an eingespartem CO_2.

Die Beispiellösung für meine Frau und mich sieht folgendermaßen aus: Unsere letzte Urlaubsreise mit dem Pkw haben wir zu Weihnachten 2018 von Dresden nach Berlin zu unseren Kindern gemeinsam mit zwei Omas und einem Opa unternommen. Meine Frau und ich fahren einen Mittelklassewagen, Baujahr 2008, dessen mittlerer Benzinverbrauch bei acht Litern pro hundert Kilometer liegt. Für die zurückgelegten vierhundert Kilometer haben wir mithin knapp hundert Kilogramm CO_2 erzeugt. Die Kosten für unser Auto liegen bei etwa 30 Cent pro Kilometer. Somit haben wir für die Autovariante 120 EUR ausgegeben.

Für die fiktiven Bahnkosten unserer Familienreise habe ich 160 EUR ermittelt. Ich besitze eine BahnCard 100. Für mich sind somit die Grenzkosten, also die Kosten einer zusätzlichen Bahnfahrt, gleich Null. Für meine Frau und die Großeltern habe ich pro Person vierzig Euro angesetzt. Das ist die Hälfte des Normaltarifs in der zweiten Klasse. Zwar besitzt keines der Familienmitglieder eine BahnCard. Da jedoch das Weihnachtsfest nicht überraschend kommt, könnte jedes Familienmitglied die bei langfristiger Vorausbuchung geltenden Sonderangebote der Bahn nutzen, die den Fahrpreis ungefähr halbieren. Somit beträgt der Mehraufwand einer hypothetischen Familienfahrt mit der Bahn gegenüber unserer Autofahrt etwa vierzig Euro. Führen wir die Rechnung zugunsten der Bahn aus, so können wir unterstellen, die CO_2-Emissionen beim Bahnfahren seien Null. Dividieren wir nun die Mehrkosten in Höhe von vierzig Euro durch die 100 km an eingespartem CO_2, so erhalten wir CO_2-Vermeidungskosten in Höhe von vierhundert Euro pro Tonne.

Wären wir die Strecke mit einem Fernbus gefahren, so hätten wir nach meinen Recherchen etwa 20 EUR pro Person bezahlt, also insgesamt 100 EUR. Dann hätten wir gegenüber dem Pkw einen Mehraufwand in Höhe von −20 EUR gehabt. Zur Erinnerung: Das Minuszeichen bedeutet Kostenersparnis. Nehmen wir wieder zugunsten der öffentlichen Verkehrsmittel an, dass auch der Fernbus kein CO_2 emittiert, so hätten wir im Fall der Busreise CO_2-Vermeidungskosten in Höhe von −200 €/t.

Fassen wir unsere Erkenntnisse zusammen, so können wir sagen, dass für meine letzte Urlaubsreise die CO_2-Vermeidungskosten durch Umstieg vom Pkw auf öffentliche Verkehrsmittel zwischen −200 und +400 €/t gelegen hätten. Diese beiden Zahlenwerte stellen einen Einzelfall dar und sind deshalb nicht repräsentativ. Wiederholen Sie deshalb die Rechnung am besten für Ihre Urlaubsreisen der vergangenen Jahre und binden Sie Ihre Freunde, Kollegen und Bekannten in Ihre Analysearbeit ein. Zwar werden auch diese Datensätze nicht repräsentativ sein. Dennoch können wir an ihnen einige allgemeingültige Eigenschaften eines Umstiegs vom Pkw auf öffentliche Verkehrsmittel erkennen.

Erstens sind die CO_2-Vermeidungskosten höher als beim Verzicht auf Mobilität. Das heißt, bei einer kontinuierlichen Verteuerung des Pkw-Verkehrs würde eine Gesellschaft zuerst das Potenzial des Mobilitätsverzichts anzapfen und bei Erreichen persönlicher Schmerzgrenzen das Potenzial eines Umstiegs auf öffentliche Verkehrsmittel erschließen.

Zweitens besitzen die Zahlen eine große Streubreite. Daran können wir erkennen, dass die CO_2-Vermeidungskosten beim Umstieg vom Auto auf öffentliche Verkehrsmittel sehr stark von der Preisgestaltung der Alternativen abhängen. Insbesondere können die CO_2-Vermeidungskosten sehr gering werden, wenn die Fahrgäste über Jahreskarten verfügen wie die BahnCard 100 oder Monatskarten für den öffentlichen Verkehr.

Drittens dürfen wir nicht aus dem Auge verlieren, dass die beiden Zahlen −200 und +400 €/t eine optimistische Schätzung für die CO_2-Vermeidungskosten unserer Urlaubsreise darstellen. Wir werden uns im Kap. 6 über die Kosten der Energiewende ausführlicher mit der Differenz zwischen optimistischen, realistischen und pessimistischen Kostenschätzungen auseinandersetzen. Einen Vorgeschmack auf diese Problematik können wir jedoch schon hier erhalten.

Unsere drei älteren Familienmitglieder können nicht zu Fuß von ihren Wohnungen zum Dresdner Hauptbahnhof und vom Berliner Hauptbahnhof zur Wohnung unserer Kinder gehen. Eine Fahrt mit der Straßenbahn schied für Omas und Opas mit Handtaschen, Reisetaschen, Rollkoffern, Gehhilfen und unzähligen

Weihnachtspäckchen für diese spezielle Reise ebenfalls aus. In der Realität wären deshalb zusätzlich zu den bereits berechneten Kosten für Bahn oder Fernbus noch Taxikosten angefallen. Deren Höhe habe ich konservativ auf insgesamt hundert Euro geschätzt. Durch dieses auf den ersten Blick nebensächliche Detail steigen die Mehrkosten für die Bahnfahrt gegenüber der Autofahrt von vierzig Euro auf hundertvierzig Euro an. Beim Umstieg vom privaten Pkw auf den Fernbus werden aus der mutmaßlichen Einsparung in Höhe von zwanzig Euro Mehrkosten in Höhe von achtzig Euro.

Die CO_2-Vermeidungskosten der Bahn-Variante steigen dadurch auf 1.400 €/t und die der Reisebus-Variante auf 800 €/t. Diese Überlegung zeigt, dass bei Einrechnung aller Zusatzkosten die Nutzung öffentlicher Verkehrsmittel zu einer teuren Form der CO_2-Vermeidung werden kann.

In der öffentlichen Diskussion wird das Auto gern als Quelle aller möglicher Übel dargestellt. Dazu gehören Lärm, Stau, Abgase, Flächenverbrauch, Lungenkrankheiten und Unfalltote. Dies mag sachlich korrekt sein. Unser Beispiel zeigt jedoch die Einseitigkeit dieser Sichtweise. Zu einem ausgewogenen Bild gehört, dass der Pkw ganz besonders älteren und behinderten Menschen eine menschenwürdige und preiswerte Mobilität von Tür zu Tür ermöglicht. Für diese Personen sind öffentliche Verkehrsmittel oft keine Alternative.

Anpassung an verteuertes Autofahren
Als dritte mögliche Antwort auf verteuertes Autofahren können die Bürger am Pkw festhalten, sich jedoch auf die geänderten Randbedingungen einstellen. Im Fall des Verbots von Verbrennungsmotoren müssten sie auf Elektroautos mit Batterie- oder Brennstoffzellenantrieb umsteigen. Im Fall des Verbots fossiler Treibstoffe könnten sie ihre Autos mit Verbrennungsmotor behalten, müssten jedoch synthetische Treibstoffe tanken. Je nach Einkommen und Lebenseinstellung könnten sie dann entweder alle bisherigen Mobilitätsgewohnheiten zu einem höheren Preis beibehalten oder bei gleichbleibenden Lebenshaltungskosten ihre Mobilität einschränken. Kehren wir nun zu der Frage zurück, welche der beiden Optionen stärker zur Verringerung der CO_2-Emission beitragen und niedrigere CO_2-Vermeidungskosten aufweisen würde.

Diese Fragen wurden für die beiden ausgewählten Optionen noch nie umfassend vergleichend untersucht. Dies ist ein Beispiel für den häufig auftretenden Fall, dass politische Entscheidungen ohne vollständiges Wissen getroffen werden müssen. Trotzdem werden wir uns anhand einiger Zahlenbeispiele ein grundsätzliches Verständnis dafür erarbeiten, welche technischen und ökonomischen Gesetzmäßigkeiten in eine solche Antwort einfließen müssten. Ich möchte Sie hierfür zu unserer nächsten Vorlesungsaufgabe in eine idealisierte Welt einladen.

In Wissenschaft und Technik ist es für das Verständnis komplizierter Zusammenhänge oft von Vorteil, zu drastischen Vereinfachungen zu greifen. So betrachten beispielsweise Luftfahrtexperten bei der Computersimulation von Flugzeugen Luft oft als *inkompressibles Fluid*. Sie nehmen an, Luft würde ihr Volumen unter Druck nicht ändern und sich inkompressibel verhalten wie Wasser. Obwohl kein reales aerodynamisches Strömungsproblem dieser idealisierten Annahme entspricht, gehört diese Denkweise zum Standardrepertoire der numerischen Aerodynamik und wird mit Erfolg eingesetzt.

In ähnlichem Sinn versetzen wir uns für einen Moment in eine minimalistische Welt. In ihr schrumpfe die Vielfalt des jetzigen Wagenparks auf nur zwei Autotypen zusammen – ein Benzin- und ein Elektroauto. Doch damit nicht genug. Wir vereinfachen die Realität noch weiter. Wir ersetzen den privaten Autobesitz in seiner heutigen Form gedanklich durch zwei andere Geschäftsmodelle, welche auf zwei Beobachtungen beruhen. Erstens sind Elektroautos gegenüber Benzinautos relativ teuer in der Anschaffung, weil der Käufer für die Batterien eine hohe Anfangsinvestition tätigen muss. Zweitens sind die Betriebskosten von Elektroautos gegenüber Benzinautos verhältnismäßig niedrig, weil die Stromkosten aufgrund des hohen Wirkungsgrades des elektrischen Antriebsstranges weniger zu Buche schlagen als die Benzinkosten.

Nun treiben wir diese Szenarien auf die Spitze: Wir nehmen für unser Gedankenexperiment an, ein Elektroauto würde nur Anschaffungskosten, aber keine Betriebskosten verursachen, während es beim Benzinauto genau umgekehrt ist.

Das fiktive Geschäftsmodell für das Elektroauto sieht so aus: Den Strom an der Tankstelle gibt es umsonst. Anschaffungskosten, Versicherung, Reparaturen und Strom wären für eine festgelegte Lebensdauer über eine Einmalzahlung pauschal abgegolten. Dieses Geschäftsmodell ähnelt der Monatskarte für öffentliche Verkehrsmittel. Ökonomen sprechen in einem solchen Fall von verschwindenden Grenzkosten, weil ein zusätzlich gefahrener Kilometer keine zusätzlichen Kosten erzeugt.

Das fiktive Geschäftsmodell für das Benzinauto besitzt hingegen folgende Gestalt: Sie bekommen Ihr Benzinauto vom Autohändler geschenkt. Jedoch zahlen Sie über einen hohen Benzinpreis pauschal sowohl die Anschaffungskosten als auch Reparaturen und Versicherung. Dieses Geschäftsmodell erinnert an Tintenstrahldrucker und Rasierapparate. Der Drucker oder der Rasierer selbst sind billig. Ihren Gewinn erzielen die Hersteller über die Betriebskosten in Form teurer Tonerkartuschen oder teurer Rasierklingenköpfe.

Welchen All-inclusive-Spritpreis müssten wir ansetzen, um die heutigen Mobilitätskosten eines Mittelklassewagens mit Verbrennungsmotor in Höhe von ungefähr dreißig Cent pro Kilometer abzubilden? Um die Rechnung einfach zu halten, verwenden wir wieder runde Zahlen. Wir nehmen einen Benzinverbrauch von zehn Litern je hundert Kilometer und eine Jahresfahrleistung von zehntausend Kilometern an, die etwas unter dem deutschen Durchschnitt liegt. Die pro Jahr anfallenden Kosten in Höhe von dreitausend Euro entsprächen dann einem Spritpreis von drei Euro pro Liter. Überzeugen Sie sich selbst davon, dass diese Zahl realistisch ist, indem Sie anhand Ihrer letzten Tankquittungen, Ihrer Versicherungspolicen und Reparaturrechnungen sowie der Anschaffungskosten für Ihr Auto Ihren persönlichen All-inclusive-Spritpreis berechnen. Führen Sie die folgenden Rechnungen gern mit Ihrem individuellen Preis, statt mit den genannten drei Euro pro Liter durch.

1.3 Vergleichende wissenschaftliche Analyse

Welchen All-inclusive-Kaufpreis müsste ein Elektroauto nach dem oben beschriebenen Geschäftsmodell haben, um dem soeben analysierten Benziner ökonomisch ebenbürtig zu sein? Das beheizbare und klimatisierte Elektroauto dürfte bei einer vereinbarten maximalen Laufleistung von 100.000 km und einer vereinbarten maximalen Lebensdauer von 10 Jahren einen All-inclusive-Kaufpreis von höchstens 30.000 EUR besitzen. Dann würde das Auto den Besitzer pro Kilometer effektiv 30 Cent kosten, sofern er die maximale Laufleistung ausnutzt. Falls der Besitzer im Jahr mehr als 10.000 km fährt, würde er sein Auto nach weniger als 10 Jahren zurückgeben müssen. Überzeugen Sie sich durch eine Recherche realer Daten zu aktuellen Elektroautos, ob ein heute verfügbares Produkt diese Ansprüche erfüllt.

Als Fazit aus diesen Überlegungen stellen wir uns für unser Gedankenexperiment vor, das heutige Mobilitätssystem sei durch etwa vierzig Millionen Benzinautos mit einem All-inclusive-Spritpreis von drei Euro pro Liter vollständig beschrieben. Die wenigen Elektroautos, die derzeit auf Deutschlands Straßen fahren, wollen wir für die folgende Betrachtung vernachlässigen. Sie können die Rechnungen jedoch gern mit dieser etwas komplizierteren Randbedingung wiederholen.

Welche Variante kostet weniger?
Die nächste Vorlesungsaufgabe bildet den Kern unserer Analyse. Berechnen Sie hierzu bitte, wie sich die Mobilitätskosten in unserer vereinfachten Welt ändern, wenn ab einem Stichtag entweder Verbrennungsmotoren oder fossile Treibstoffe verboten würden. Um definierte Bedingungen zu schaffen, nehmen Sie bitte an, dass Sie als Besitzer eines der vierzig Millionen Pkw mit Verbrennungsmotor ab dem Stichtag die Wahl hätten: Entweder Sie erhalten gegen die Einmalzahlung eines All-inclusive-Kaufpreises ein Elektroauto oder Sie bekommen ein kostenloses Benzinauto zur Verfügung gestellt und tanken zu einem All-inclusive-Spritpreis klimaneutrales synthetisches Benzin.

In unserer idealisierten Welt würden Strom, Wasserstoff und synthetisches Benzin ausschließlich aus CO_2-neutralen Quellen stammen. Somit würden beide Maßnahmen die CO_2-Emissionen des individuellen Autoverkehrs auf einen Schlag verschwinden lassen. Es bleibt dann die Frage, welche Entscheidungsoption die niedrigeren CO_2-Vermeidungskosten hätte und somit die kosteneffizientere Klimaschutzmaßnahme wäre.

Hierzu müssen wir die Mehrkosten berechnen, die dem Autobesitzer durch das Verbot von Verbrennungsmotoren oder das Verbot fossiler Treibstoffe entstehen. Dann können wir unsere Zahlen für den All-inclusive-Spritpreis von 3 EUR pro Liter für das Benzinauto und für den All-inclusive-Kaufpreis von 30.000 EUR für das Elektroauto nach oben korrigieren.

Beginnen wir mit dem All-inclusive-Spritpreis. Klimaneutrales synthetisches Benzin ist heute deutlich teurer als fossiles Benzin. Zwar produziert Brasilien in großem Stil preiswerte Treibstoffe aus Biomasse, die ab einem Rohölpreis von etwa fünfzig Dollar pro Barrel wettbewerbsfähig sein sollen. Doch ist diese Produktion aufgrund der Umweltschäden nicht nachhaltig und mit den derzeit eingesetzten Düngemitteln auch nicht klimaneutral. Die genauen Kosten von nachhaltig produziertem Kerosin für Flugzeuge werden wir in den Kap. 6 und 7 erörtern. Dort zeigt sich, dass synthetisches Kerosin aus erneuerbarem Wasserstoff und CO_2 aus Industrieabgasen über drei Euro pro Liter kostet, also zwei Euro mehr als fossiles Benzin oder Diesel. Nehmen wir an, dass nachhaltig produziertes klimaneutrales Benzin ebenso zwei Euro mehr kostet als fossiles Benzin. Dann müssten wir unseren All-inclusive-Spritpreis von drei auf fünf Euro korrigieren. Fünf Euro pro Liter wären somit der Preis für klimaneutrales Fahren.

Wie hoch müssten wir heute den All-inclusive-Preis für ein Elektroauto ansetzen? Sie können sich aus frei verfügbaren Daten für Elektroautos überzeugen, dass es derzeit nicht möglich ist, ein beheiztes und klimatisiertes Elektroauto zum Preis von 30.000 EUR mit der oben genannten Haltbarkeit und einer Reichweite zu erwerben, die einem Benzinauto gleichwertig wäre. Wir werden diese Frage im Kap. 3 näher erörtern. Ich korrigiere deshalb den fiktiven Kaufpreis nach oben, konkret auf 50.000 EUR. Damit liegen wir immer noch deutlich unter dem Preis der Elektroautos einer bekannten amerikanischen Lifestylemarke.

Fassen wir unsere Zahlen zusammen: Ab einem Stichtag wären Sie als Autobesitzer vor die Wahl gestellt, ob Sie ein Elektroauto zum All-inclusive-Kaufpreis von 50.000 EUR erwerben oder ein Benzinauto geschenkt bekommen, für dessen Benutzung Sie synthetisches Benzin für 5 statt bisher 3 EUR pro Liter tanken müssten. Falls Ihnen diese Zahlen zu hoch oder zu niedrig erscheinen, können Sie diese gemäß Ihren eigenen Wünschen modifizieren und die nachfolgende Rechnung mit Ihren Werten durchführen. Sie werden allerdings feststellen, dass die wesentlichen Erkenntnisse von den genauen Zahlenwerten unabhängig sind.

Berechnen Sie bitte nun für beide Autos die jährlichen Gesamtkosten für einen Wenigfahrer mit 5.000 km, für einen Durchschnittsfahrer mit 10.000 km und für einen Vielfahrer mit 20.000 km Jahresfahrleistung. Berechnen Sie auch die Kosten für Ihre eigene Kilometerleistung.

Wenn Sie richtig gerechnet haben, erhalten Sie beim Wenigfahrer 5.000 EUR jährliche Kosten für das Elektroauto und 2.500 EUR für das Benzinauto. Beim Durchschnittsfahrer erhalten Sie für beide Autos Kosten in Höhe von 5.000 EUR pro Jahr. Betrachtet man den Vielfahrer, ergeben sich für beide Autos Kosten in Höhe von 10.000 EUR pro Jahr. Im letzten Fall liegen die Kosten für das Elektroauto höher als die Jahresrate von 5.000 EUR, weil es schon nach 5 Jahren die maximale Kilometerleistung erreicht hätte und ersetzt werden müsste. Falls Sie Freude an ausführlicheren Rechnungen haben, stellen Sie die Kosten als Funktion der Jahresfahrleistung in einem Excel-Diagramm dar.

Was stellen wir beim Vergleich der Kosten für Benzinauto und Elektroauto fest?

Für Autobesitzer, die wenig fahren, ist das Elektroauto im Rahmen unseres vereinfachten Gedankenexperiments die teurere Form der Mobilität. Genauer gesagt, liegt der Mehraufwand gegenüber dem Benzinauto bei 2.500 EUR pro Jahr. Die hohe Zahl wird dadurch verursacht, dass sich die Investitionskosten auf wenige Kilometer verteilen. Ähnlich ist die Situation beim Kauf einer Monatskarte. Wer wenig fährt, zahlt für eine Monatskarte mehr als für Einzelfahrscheine.

1.3 Vergleichende wissenschaftliche Analyse 19

Für Autobesitzer, die pro Jahr genau unseren angenommenen Durchschnittswert von zehntausend Kilometern fahren, sind die Kosten für Elektroauto und Benzinauto gleich. Dies ist jedoch kein Ergebnis unserer Rechnung, sondern unsere zugrunde liegende Annahme.

Für Autobesitzer, die viel fahren, sind die Kosten für Benzin- und Elektroauto im Rahmen unserer Annahmen gleich. Variieren Sie in Ihrer Analyse die Annahmen zu Kaufpreis und Haltbarkeit von Elektroautos, so werden Sie feststellen, dass das Elektroauto unter optimistischen Annahmen bei hohen Kilometerleistungen etwas preiswerter wird als das Benzinauto. Sie werden jedoch auch bemerken, dass die Streubreite der Zahlen zu Elektroautos und zu synthetischem Benzin für eine eindeutige Aussage bei großen Kilometerleistungen zu groß ist.

Fassen wir unser Gedankenexperiment zusammen, so können wir sagen, dass das Benzinauto für geringe Jahresfahrleistungen niedrigere Kosten als das Elektroauto verursacht, während die Kosten für hohe Jahresfahrleistungen näherungsweise gleich sind. Tendenziell könnte das Elektroauto für hohe Fahrleistungen etwas preiswerter sein.

Nachdem wir die Mobilitätskosten von Benzin- und Elektroautos in einer idealisierten Welt mit viel Mühe analysiert haben, bleibt immer noch die Frage: Welche unserer beiden Optionen besitzt die geringeren CO_2-Vermeidungskosten? Interessanterweise hängt die Antwort von keiner der berechneten Zahlen ab, sondern nur von einer robusten mathematischen Eigenschaft unseres Rechenbeispiels.

Technologieoffenheit zahlt sich aus
Was würde in unserem Gedankenexperiment im Fall eines Verbots von Verbrennungsmotoren passieren? Sofern die Bürger weiterhin Auto fahren wollten, hätten sie keine Wahl zwischen Benzinauto und Elektroauto. Sie wären zum Umstieg auf ein Elektroauto gezwungen. Wie wir soeben an den Zahlen gesehen haben, wären die Kosten für die Gruppe der Wenigfahrer dann höher als für das Benzinauto. Für Vielfahrer wären sie näherungsweise gleich.

Was würde im Fall eines Verbots fossiler Treibstoffe passieren? Sofern die Bürger weiterhin Auto fahren wollten, hätten sie die Wahl zwischen einem Benzinauto mit klimaneutralem Treibstoff und einem Elektroauto. Sofern sich die Bürger wirtschaftlich rational verhielten, würden sie die für ihre Mobilitätsbedürfnisse billigste Variante wählen. Wenigfahrer würden weiterhin ein Auto mit Verbrennungsmotor nutzen. Vielfahrer würden mit beiden Entscheidungen gleich gut fahren.

Was wäre das Endergebnis?

Ein Verbot von Verbrennungsmotoren ist nicht technologieoffen. Die Bürger wären, sofern sie weiterhin individuelle Mobilität genießen wollten, zum Umstieg auf ein Elektroauto gezwungen. Ein Verbot fossiler Treibstoffe wäre für Autofahrer hingegen technologieoffen. Die Bürger könnten sich zwischen Benzinautos und Elektroautos entscheiden. Jeder Bürger könnte für sich selbst den Weg in eine zwar verteuerte, aber seinen persönlichen Wünschen entsprechende Mobilität wählen. Die CO_2-Vermeidungskosten wären im letzteren Fall geringer, weil die

Technologievielfalt den Menschen mehr Freiheit und dem Gesamtsystem mehr Spielräume lässt. Wir haben es hier mit einem Beispiel zu tun, bei dem für die Wahl zwischen zwei Optionen nicht konkrete Zahlen, sondern eine allgemeine Eigenschaft – die Technologieoffenheit – entscheidend ist. Ein technologieoffenes Verkehrssystem ist vielfältiger und preiswerter als ein System, in dem der Staat seinen Bürgern die Nutzung bestimmter Technologien untersagt. Mein japanischer Kollege Toru Okazaki hat einmal gesagt, im Energiesystem der Zukunft sei Technologiediversität genauso wichtig wie Biodiversität im Ökosystem.

Wir kommen somit zu dem Ergebnis, dass die erste Zeile „CO_2-Emissionen" in unserer Bewertungstabelle bei der Option „Verbrennungsmotor verbieten" eine 0 und bei der Option „Fossile Treibstoffe verbieten" eine 1 erhält.

Wenn Sie unseren Analysepfad zurückverfolgen, werden Sie feststellen, dass wir für das Ausfüllen einer einzigen Zeile unserer Tabelle einen ziemlich hohen Aufwand treiben mussten. Und das, obwohl wir nicht im eigentlichen Sinne geforscht haben. Dies veranschaulicht, dass die Wissenschaft zuweilen einen hohen Forschungsaufwand treiben muss, um eine einfach klingende gesellschaftliche Frage zu beantworten.

CO_2-neutrale Antriebsenergie?
Bevor wir uns dem zweiten Kriterium zuwenden, wollen wir eine unserer idealisierten Annahmen über die CO_2-Neutralität der Antriebsenergie lockern. Wir hatten angenommen, dass der Strom für die Elektroautos und das synthetische Benzin für die konventionellen Pkw nachhaltig und CO_2-frei erzeugt werden. Dies entspricht jedoch nicht der Realität.

Der im Falle eines Verbots von Verbrennungsmotoren einsetzende Ansturm auf Elektroautos würde den Elektroenergiebedarf steigen lassen. Theoretisch ließe sich dieser entweder durch den Bau neuer Atom-, Kohle- und Gaskraftwerke oder durch zusätzliche Wind-, Solar- und Biomasseanlagen in Verbindung mit großen Energiespeichern decken. Mit Blick auf die Realisierungsgeschwindigkeit und die Kostenentwicklung großer öffentlicher Infrastrukturprojekte in Deutschland erscheint vielen Menschen die schnelle und preisgünstige Realisierung dieser Maßnahmen fraglich. Somit liegt die Vermutung nahe, dass der zusätzliche Strombedarf im Fall eines Verbots von Verbrennungsmotoren in Deutschland zu einem bedeutenden Teil aus fossilen Energieressourcen und nur zu einem kleinen Teil aus CO_2-neutralen Quellen gedeckt würde.

Der zusätzliche Wasserstoffbedarf für einen hypothetischen Umstieg auf Brennstoffzellenantriebe ließe sich theoretisch durch Dampfreformierung aus Erdgas, durch Elektrolyse mittels Strom aus konventionellen Quellen oder durch Elektrolyse mittels Strom aus erneuerbaren Quellen decken. Angesichts der Tatsache, dass der heutige Wasserstoffbedarf Deutschlands überwiegend durch Dampfreformierung aus Erdgas gedeckt wird, liegt die Vermutung nahe, dass dies auch für zusätzlichen Wasserstoffbedarf beim Verbot von Verbrennungsmotoren der Fall wäre. Zwar könnte theoretisch ein weiteres Verbot, nämlich das Verbot der Erdgasreformierung, Abhilfe schaffen. Doch ich bezweifle, dass die Bevölkerung eine solche Verbotskaskade akzeptieren würde.

1.3 Vergleichende wissenschaftliche Analyse

Der Bedarf an klimaneutralem synthetischem Benzin könnte entweder auf biotechnologischem Weg oder über wasserstoffbasierte Synthesetechnologien durch E-Fuels oder solare Brennstoffe – sogenannte Solar Fuels – gedeckt werden. Lassen wir bei der Betrachtung von Biotreibstoffen einmal die Frage der Konkurrenz zur Nahrungsmittelproduktion außer Acht, so können wir davon ausgehen, dass auch die Herstellung der Biomasse nicht CO_2-neutral ist. Denn die Fertigung von Düngemitteln erfordert große Mengen an Wasserstoff, der heute fast ausschließlich durch Dampfreformierung aus Erdgas gewonnen wird. Der Kohlenstoff für E-Fuels und Solar Fuels müsste aus Biomasse oder Abgasen aus Industrieprozessen wie etwa Hochöfen gewonnen werden, die ebenfalls nicht klimaneutral sind. Somit ist klar, dass unter den heutigen Bedingungen auch synthetisches Benzin nicht CO_2-neutral wäre. An diesen Betrachtungen wird sich meines Erachtens bis zum Jahr 2030 nichts Grundlegendes geändert haben.

Ich komme zu dem Schluss, dass sowohl ein Verbot von Verbrennungsmotoren als auch ein Verbot fossiler Kraftstoffe die verkehrsbedingten CO_2-Emissionen in der Realität weniger stark absenken würde als in der Theorie.

Ladeinfrastruktur
Kommen wir nun zur Analyse des zweiten Entscheidungskriteriums, der Ladeinfrastruktur. Ein Verbot der Verbrennungsmotoren hätte zwangsläufig zur Folge, dass die Besitzer von Batterieautos ihren Energiebedarf an elektrischen Ladestationen decken müssten. Ein Verbot fossiler Energieträger hingegen würde bewirken, dass Verbraucher auf synthetisches Benzin umstiegen, welches sie an existierenden Tankstellen kaufen könnten.

In der Öffentlichkeit wird der konventionelle Pkw oft verteufelt und das Batterieauto als die Lösung aller Mobilitätsprobleme angepriesen. Vor diesem Hintergrund ist es erhellend, einmal die Energieströme beim Laden zu vergleichen. In unserer nächsten Vorlesungsaufgabe möchte ich Sie deshalb einladen, den Energiestrom beim Tanken von Benzin oder Diesel zu berechnen.

Meine Beispiellösung sieht folgendermaßen aus: Ich nehme für einen Moment an, durch eine Zapfpistole flösse 1 L Benzin pro Sekunde. Dieser enthält etwa 10 kWh an chemischer Energie. Eine Stunde hat 3.600 s, also entsprechen 10 kWh 36.000 kWs. Fließt diese Energiemenge jede Sekunde durch die Zapfpistole, so ist dies äquivalent zu 36.000 kW oder 36 MW! In der Realität ist der Volumenstrom beim Tanken etwas geringer, sagen wir, es handelt sich um einen halben Liter pro Sekunde. Daraus folgt, dass beim Tanken flüssiger Treibstoffe durch eine Zapfpistole knapp zwanzig Megawatt an chemischer Energie fließen. Selbst wenn wir diese Zahl unter Berücksichtigung des Motorwirkungsgrades von etwa einem Fünftel auf einen Strom an Antriebsenergie umrechnen, verbleiben immer noch vier Megawatt. Dem stehen elektrische Ladeleistungen in der Größenordnung von hundert Kilowatt gegenüber.

Aus dieser Überlegung folgt, dass die Zeile „Ladeinfrastruktur" zugunsten der Option „Verbot fossiler Kraftstoffe" mit einer 1 zu versehen ist.

Luftqualität und Lärm
Wie verhalten sich die beiden Optionen im Hinblick auf die Luftqualität und die Beeinträchtigung der Gesundheit?

Wir beschränken uns bei der Diskussion auf die Emissionen in Städten. Ein Verbot von Verbrennungsmotoren würde die Schadstoffemissionen in den Städten drastisch reduzieren, weil beim Batterie- und Wasserstoffauto keine Rußpartikel und keine Stickoxide entstehen. Bei einem Verbot fossiler Treibstoffe würde man auf synthetisches Benzin umsteigen. Dieses würde weniger Emissionen erzeugen als konventionelles Benzin, aber immer noch mehr als Elektroautos. Damit können wir in Zeile 3 unserer Bewertungstabelle eine 1 für die Option „Verbot von Verbrennungsmotoren" und eine 0 für die Option „Verbot fossiler Treibstoffe" eintragen. Bildlich ausgedrückt, könnten sich Städte wie Stuttgart, Los Angeles und Peking durch Elektromobilität in Luftkurorte verwandeln.

Ähnliches gilt für den Lärm. Bei städtischen Fahrgeschwindigkeiten sind die Schallemissionen eines Elektroautos geringer als die eines konventionellen Pkw. Deshalb können wir die Option „Verbot des Verbrennungsmotors" mit einer 1 und die Option „Verbot fossiler Treibstoffe" mit einer 0 versehen.

Arbeitsplätze
Kommen wir zum letzten Bewertungskriterium, den Arbeitsplätzen. Es ist erwiesen, dass die Fertigung von Verbrennungsmotoren einen höheren Anteil an der Wertschöpfung eines konventionellen Pkw besitzt als die Herstellung des Antriebsstrangs beim Elektroauto. Deshalb würden beim Verbot von Verbrennungsmotoren zahlreiche hochwertige Arbeitsplätze in der Automobilindustrie verloren gehen. Im Fall eines Verbots fossiler Treibstoffe würden hingegen Arbeitsplätze in konventionellen Raffinerien wegfallen. Andererseits würde die Herstellung synthetischer Treibstoffe neue Arbeitsplätze schaffen. Die Arbeitsplatzeffekte der beiden Optionen sind meines Wissens noch nie vergleichend quantitativ untersucht worden. Aufgrund dieser Unsicherheit markieren wir die beiden Optionen in der betreffenden Zeile mit einem Fragezeichen.

Ich bin der Meinung, dass die Verantwortung der Wissenschaft nicht nur darin besteht, Fragen zu formulieren, die die Wissenschaft beantworten kann. Seriöse Forschung umfasst ebenso die Benennung offener Probleme. Die beiden Fragezeichen in den Tab. 1.1 und 1.2 sollen daran erinnern, dass die Arbeitsplatzeffekte im Falle eines Umbaus unseres Mobilitätssystems noch nicht umfassend verstanden sind.

Bei der Debatte um Arbeitsplätze wird oft vergessen, dass für eine Hochtechnologienation wie Deutschland nicht der Erhalt von Arbeitsplätzen in einer speziellen Branche entscheidend ist. Wäre es eine vordringliche gesellschaftliche Aufgabe gewesen, einheimische Hufschmiede vor Arbeitslosigkeit zu schützen, hätte Gottlieb Daimler im Jahr 1886 auf die Erfindung des Automobils verzichten müssen. Der Pkw hat jedoch in den darauffolgenden hundert Jahren weitaus mehr Arbeitsplätze für Deutschland geschaffen als Hufschmiede arbeitslos geworden sind. Deshalb lautet auch heute die entscheidende Frage, wie ein Land mehr neue

Hochtechnologiearbeitsplätze schafft, als Arbeitsplätze durch Strukturwandel wegfallen.

Mit der Befüllung der Zeilen ist der dritte Schritt unserer sozio-technischen Analyse erledigt. Es ist selbstverständlich möglich, dieser Tabelle noch weitere Zeilen hinzuzufügen. Denkbare Kriterien wären „Ressourcenverbrauch", „Belastung der Biosphäre" oder die „Akzeptanz in der Bevölkerung". Wenn Sie zusätzliche Zeilen in die Tabelle aufnehmen, dann sollten zwei Bedingungen erfüllt sein. Erstens sollte jede Beurteilung der Handlungsoptionen mit wissenschaftlichen Methoden, das heißt mittels eines Versuchs oder eines Gedankenexperiments durchgeführt werden können, in das keine Werturteile einfließen. Zweitens sollten Sie die Handlungsoptionen und die Bewertungskriterien so auswählen, dass nicht von vornherein ein Ungleichgewicht zugunsten einer Handlungsoption entsteht, welches sich durch keine Wahl der subjektiven Gewichtsfaktoren verschieben lässt.

1.4 Vergabe persönlicher Prioritäten

Nachdem wir unsere Bewertungstabelle mit den Informationen gefüllt haben, die mittels Forschung gewonnen werden können, verlassen wir nun das Gebiet wissenschaftlicher Forschung und begeben uns in die Welt der persönlichen Werturteile. Um die Breite der gesellschaftlichen Diskussion abzubilden, habe ich die Werturteile zweier fiktiver Bürger in die Tab. 1.1 und 1.2 eingetragen. In Anlehnung an die Kryptografie gebe ich ihnen die Namen Alice und Bob.

Alice sei eine Person, der die Verringerung der CO_2-Emissionen am wichtigsten erscheint. Deshalb erhält dieses Kriterium mit der Zahl 4 die höchste Priorität. Alice ist überdies die Bequemlichkeit der konventionellen Infrastruktur in Form gewöhnlicher Tankstellen wichtiger als Aspekte des Gesundheits- und Lärmschutzes der Bevölkerung. Deshalb bekommt dieses Kriterium die Priorität 3, während die verbleibenden zwei Kriterien die niedrigeren Prioritäten 2 und 1 erhalten.

Bob sei hingegen ein Bürger, der in einer Stadt mit schlechter Luftqualität lebt oder dessen Wohnzimmerfenster in Richtung einer viel befahrenen Straße zeigt. Ihm ist deshalb saubere Luft wichtiger als der abstrakte Wunsch nach CO_2-Reduktion. Er misst der Luftqualität die höchste Priorität bei. Die CO_2-Emissionen rangieren bei ihm auf dem nächsten Platz. Der Lärm folgt mit Prioritätsnummer 2. Für den Umstieg auf Elektromobilität ist er deshalb bereit, mehr Zeit in den Tankvorgang zu investieren oder auf ein weniger dichtes Netz an Tankstellen zuzugreifen. Deshalb gibt er dem Kriterium Infrastruktur die Nummer 1.

Damit haben wir unseren beiden Protagonisten persönliche Werturteile zugeordnet und den vierten Schritt unserer techno-ökonomischen Bewertung erledigt. Ich lade Sie, liebe Leserinnen und Leser, ein, in diese Tabelle Ihre eigenen Prioritäten einzutragen.

Es sei daran erinnert, dass es in einer freiheitlich-demokratischen Gesellschaft jedem Menschen selbst überlassen ist, ob er seiner eigenen Bequemlichkeit einen höheren oder einen niedrigeren Stellenwert zuordnet als etwa dem Lärmschutz in Städten. Solange sich die persönlichen Werturteile im Rahmen unserer Gesetze bewegen, halte ich es deshalb für unangemessen, Menschen für solche Urteile moralische Vorhaltungen zu machen.

1.5 Berechnung des Bewertungsergebnisses

Wir kommen zum fünften und letzten Schritt – der Berechnung des Bewertungsergebnisses. Wir multiplizieren hierzu in den Tab. 1.1 und 1.2 für Alice beziehungsweise für Bob die Prioritätswerte mit den Bewertungsparametern und summieren die entstandenen Zahlen nach dem gleichen Schema wie in den Tab. 1.1 und 1.2. Wir kommen zu dem Ergebnis, dass für die Prioritäten von Alice das „Verbot fossiler Treibstoffe" die passendere der beiden betrachteten Varianten ist. Für einen Menschen mit den Prioritäten von Bob ist es hingegen umgekehrt – die Option „Verbot von Verbrennungsmotoren" passt besser zu seinen Wertvorstellungen. Wir erkennen an diesem Beispiel, dass unterschiedliche politische Entscheidungswünsche in einer Demokratie nichts Ungewöhnliches sind, sondern im Gegenteil etwas Normales. Sie spiegeln die Verknüpfung einheitlicher wissenschaftlicher Erkenntnisse mit vielfältigen persönlichen Werturteilen wider.

Es sei daran erinnert, dass sich unsere Analyse ausschließlich auf die Frage erstreckt, wie sich Alice und Bob entscheiden würden, wenn ihnen nur diese beiden Alternativen zur Wahl stünden. Es liegt selbstverständlich im Rahmen des demokratischen Meinungsbildungsprozesses, weitere Optionen wie etwa den Verzicht auf jeglichen Klimaschutz in die Betrachtung einzubeziehen. Für solche fundamentalen Entscheidungen bedarf es nach meiner Einschätzung jedoch keiner sozio-technischen Analyse. Aus diesem Grund fokussiere ich mich in diesem sowie in den folgenden technologieorientierten Kap. 3, 5 und 7 stets auf Optionen, deren Klimaschutzwirkungen vergleichbar sind.

Nachdem wir die sozio-technische Analyse abgeschlossen haben, möchte ich das Verbot von Verbrennungsmotoren aus einer etwas allgemeineren Perspektive betrachten.

Ein Verbot von Verbrennungsmotoren ist ein schwerwiegender Eingriff in die Volkswirtschaft einer Industrienation wie Deutschland, weil unser Wohlstand in hohem Maße von preiswerter Mobilität sowie von Arbeitsplätzen in der Automobilindustrie abhängt. Ein Verbot fossiler Treibstoffe dürfte ähnlich einschneidende Wirkungen haben, weil es individuelle Mobilität für einkommensschwache Schichten faktisch unbezahlbar macht. Bevor eine Gesellschaft sich zu solch drastischen Maßnahmen entschließt, lohnt sich ein Rückblick auf die Wirkungen und Nebenwirkungen staatlicher Verbote.

Es hat in der Geschichte zahlreiche Beispiele gegeben, in denen Staaten in wohlmeinender Absicht in die Wirtschaft oder in die Lebensweise ihrer Bürger

1.5 Berechnung des Bewertungsergebnisses

eingegriffen haben. Über die Alkoholverbote in den USA und in der UdSSR haben wir bereits gesprochen. Schauen wir uns nun je ein erfolgreiches und ein erfolgloses Beispiel staatlicher Eingriffe in die Volkswirtschaft an.

Kältemittelverbot
Eine Erfolgsgeschichte staatlicher Regulierung und internationaler Zusammenarbeit ist die weltweite Einschränkung der Nutzung FCKW-haltiger Kältemittel für Kühlschränke, Klimaanlagen und industrielle Kältemaschinen. Nachdem die Wissenschaft in den Siebzigerjahren erkannt hatte, dass diese Gase die Ozonschicht der Erde schädigen, haben sich zahlreiche Staaten im *Montrealer Protokoll* vom 16. September 1987 darauf geeinigt, die Herstellung und Nutzung dieser Substanzen drastisch zu reduzieren. Ihre Produktion wurde in den darauffolgenden Jahren tatsächlich weltweit stark gedrosselt.

Der Erfolg des Montrealer Protokolls beruht erstens auf einem breiten wissenschaftlichen Konsens über die Umweltschädlichkeit der betreffenden Substanzen, zweitens auf der Verfügbarkeit technisch gleichwertiger und nur unwesentlich teurerer Ersatzstoffe und drittens auf der Tatsache, dass die Umsetzung der Beschlüsse weltweit gut kontrolliert werden kann. Kältemittel werden nicht von Garagenfirmen, sondern von multinationalen Chemiekonzernen hergestellt, deren Produktströme sich gut überwachen lassen. Dass diese Kontrolle tatsächlich funktioniert, beweist der am 17. Mai 2018 in der Fachzeitschrift *Nature* erschienene Artikel "An unexpected and persistent increase in global emissions of ozone-depleting CFC-11". Darin wird berichtet, wie sich durch international koordinierte Messungen in Verbindung mit Computersimulationen FCKW-haltige Substanzen aus illegalen Produktionsanlagen detektieren lassen. Ein Kommentar in der frei zugänglichen Rubrik *News and Views* unter dem Titel "Increased emissions of ozone depleters" in der gleichen Ausgabe von *Nature* enthält eine allgemeinverständliche Zusammenfassung der Arbeit.

Dieser FCKW-Erfolgsgeschichte zum Nutzen der Umwelt stehen Beispiele staatlicher Kommandowirtschaft mit verheerenden Wirkungen gegenüber. Die folgenden Transformationsprojekte stehen in keinem Zusammenhang mit Energie- oder Klimapolitik. Doch lohnt sich der gedankliche Abstecher schon deshalb, weil er Einblicke in die zuweilen tiefe Kluft zwischen überzeugender Theorie und desaströser Praxis gibt.

Kollektivierung der Landwirtschaft
Ein erhellendes historisches Beispiel für die Nebenwirkungen starker Eingriffe in die Volkswirtschaft zu einem vermeintlich guten Zweck ist die Kollektivierung der Landwirtschaft unter Josef Stalin. Sie ist umfassend dokumentiert und – dank des Sachbuches *Red Famine* von Anne Applebaum – für einen breiten Leserkreis zugänglich.

Die Ukraine galt Anfang des zwanzigsten Jahrhunderts als Kornkammer Europas. Vor dem bolschewistischen Putsch im Jahr 1917, besser bekannt als *Große Sozialistische Oktoberrevolution*, war die kleinteilige Landwirtschaft in der Lage, den ukrainischen Nahrungsmittelbedarf in bescheidenem Maße zu decken. Die Bauern erzeugten sogar ausreichend Weizen, um italienische

Nudelfabrikanten mit Hartweizengrieß zu versorgen. Doch waren die Moskauer Funktionäre der Kommunistischen Partei der Sowjetunion der Meinung, durch eine erzwungene Vereinigung kleiner Landwirtschaften zu großen Einheiten – den *Kolchosen* – sowie durch Mechanisierung könne die Arbeitsproduktivität gesteigert und für alle Sowjetbürger Nahrung im Überfluss erzeugt werden. Überdies versprachen sich die Machthaber von der Verstaatlichung der landwirtschaftlichen Produktion die Beseitigung der mutmaßlichen Ausbeutung der Landbevölkerung durch die Großbauern – die *Kulaken*.

Die Geschichte der Ukraine nahm einen anderen Lauf als von den Zukunftskünstlern verheißen. Nach der Zwangskollektivierung brach die landwirtschaftliche Produktion zusammen, weil die unternehmerisch denkenden Kulaken enteignet worden waren und die Bauern in den Kolchosen keine Anreize für gute Arbeit fanden. Der menschengemachten sozialistischen Hungersnot – im ukrainischen Sprachgebrauch *Holodomor* genannt – fielen mehrere Millionen Ukrainer zum Opfer. Meine russische Großmutter, die in dem ukrainischen Dorf Karan' südlich von Donezk aufgewachsen war, konnte als vierzehnjähriges Mädchen dem Hungertod nur knapp entrinnen. Ein sechshundert Kilometer langer Fußmarsch zu Verwandten nach Kertsch brachte sie mit ihren als Kulaken enteigneten Eltern und ihren vier Schwestern mit letzten Kräften in Sicherheit.

Wir wissen heute, dass großflächig betriebene industrielle Landwirtschaft tatsächlich preiswerte und hochwertige Lebensmittel erzeugt und in den vergangenen Jahrzehnten mehrere hundert Millionen Menschen von Hunger befreit hat. Doch haben wir diesen Wohlstand nicht einer Zwangskollektivierung, sondern dem technischen Fortschritt und der Marktwirtschaft zu verdanken.

Großer Sprung nach vorn

Ein anderer schwerwiegender Eingriff in die Volkswirtschaft erfolgte in China unter dem kommunistischen Machthaber Mao Zedong während des „Großen Sprungs nach vorn" von 1958 bis 1961. Hier wurde die Landbevölkerung unter anderem gezwungen, dezentral Stahl in Mini-Hochöfen zu erzeugen, um den Westen in der Metallproduktion zu überflügeln.

An der kleinteiligen Herstellung chinesischer Industriematerialien ist im Grundsatz ebenso wenig zu bemängeln wie an der dezentralen Stromerzeugung auf deutschen Hausdächern oder am Sockenstricken in rumänischen Bergdörfern – sofern dies freiwillig geschieht und sich die Produkte auf einem freien Markt behaupten. Doch die dörfliche Zwangsmetallurgie im sozialistischen China erzeugte unbrauchbares Metall und hielt die Bauern von der Feldarbeit ab. Der folgende Kollaps der landwirtschaftlichen Produktion in Südchina brachte mehreren Millionen Chinesen den Hungertod. Auch diese denkwürdige Nebenwirkung sozialistischer Planwirtschaft ist historisch umfassend dokumentiert und – dank des Sachbuches *Mao's Great Famine* des Historikers Frank Dikötter – für einen breiten Leserkreis zugänglich.

Kein nüchtern denkender Mensch wird die Wirkungen eines hypothetischen Verbots von Verbrennungsmotoren in einer Demokratie mit den geschilderten Ereignissen aus kommunistischen Diktaturen gleichsetzen. Jedoch sollte meines Erachtens gerade die heutige Generation von Entscheidungsträgern Lehren aus planwirtschaftlichen Irrwegen der Vergangenheit ziehen. Auch in Demokratien sind parlamentarische Mehrheitsentscheidungen wie ein Verbrennungsmotorenverbot denkbar, die einen starken Eingriff in die Wirtschaft eines Landes darstellen. Bevor solche Entscheidungen getroffen werden, sollten die Verantwortlichen deren Nebenwirkungen genau durchdenken.

Im Rückblick werden Sie möglicherweise kritisieren, dass es sich bei beiden betrachteten Entscheidungsoptionen um extreme Szenarien handelt. Vermutlich hätte derzeit keines eine Chance auf eine parlamentarische Mehrheit. Aus diesem Grund möchte ich kurz darauf eingehen, durch welche konkreten und weniger drastischen Maßnahmen wir uns der Klimawirkung dieser beiden Optionen annähern können.

Subventionsabbau

Das Umweltbundesamt hat im Jahr 2016 unter dem Titel „Umweltschädliche Subventionen in Deutschland" eine Übersicht jener Steuererleichterungen zusammengestellt, die entweder CO_2-Emissionen begünstigen oder Umweltverschmutzungen hervorrufen. Das bereits im Prolog zitierte Dokument ist im Internet frei verfügbar. Für unsere Diskussion ist die Tabelle auf den Seiten 72 und 73 wichtig. Unter Punkt 2 (Verkehr) können wir lesen, dass „Energiesteuervergünstigungen für Dieselkraftstoff" mit 7,4 Mrd. Euro, die „Entfernungspauschale" mit 5,1 Mrd. Euro und die „pauschale Besteuerung privat genutzter Dienstwagen" mit mindestens 3,1 Mrd. Euro steuerlich begünstigt werden.

Diese drei Steuersubventionen sind gleichbedeutend mit einer künstlichen Verbilligung fossiler Treibstoffe. Bei der Dieselsubvention ist dies sofort erkennbar. Der Steuervorteil der Entfernungspauschale wächst mit der Entfernung zwischen Wohnort und Arbeitsplatz und wirkt somit ebenfalls wie eine Treibstoffsubvention. Der finanzielle Vorteil durch das Dienstwagensteuerprivileg ist bei hohen Jahresgehältern, großen Pkw und intensiver Privatnutzung besonders ausgeprägt. Da die Kosten für das Tanken bei Dienstwagen in der Regel vom Arbeitgeber getragen werden, fehlt überdies jeglicher Anreiz zum spritsparenden Fahren. Es ist somit leicht zu erkennen, dass die Abschaffung dieser drei Subventionen, die im Berechnungsjahr 2012 etwa ein halbes Prozent des deutschen Bruttosozialprodukts ausmachen, eine abgemilderte Form unserer Option „Verbot fossiler Treibstoffe" wäre. Ich halte die Abschaffung dieser Subventionen zugunsten des Klimaschutzes für wesentlich zielführender als die Einführung neuer Subventionen.

1.6 Blick in die Zukunft: Die unsichtbare Hand

Forscher dürfen sich nicht auf Fragen beschränken, die sie mit verfügbaren Werkzeugen beantworten können. Zur Forschung gehört Spekulation. In diesem Sinne wollen wir jetzt den Boden gesicherter Erkenntnisse verlassen und über die Rolle des Verbrennungsmotors im Energiesystem der Zukunft spekulieren.

Welches Schicksal wäre dem Verbrennungsmotor beschieden, wenn der internationale Klimaschutz nicht mittels nationaler Einzelmaßnahmen, sondern mittels einer weltweit einheitlichen CO_2-Steuer organisiert werden könnte? So könnte die Staatengemeinschaft theoretisch eine von Jahr zu Jahr steigende Steuer auf CO_2 beschließen. Ein solcher Schritt müsste die Steuerlast der Bürger keineswegs erhöhen. Schließlich stünde es jedem Staat frei, im Gegenzug Einkommens- oder Verbrauchssteuern in einem Maße zu senken, welches die Bürger insgesamt entlastet.

Noch spekulativer ist diese Frage: Wie wäre es mit dem Schicksal des Verbrennungsmotors bestellt, wenn die Klimapolitik in Zukunft nicht von Menschen, sondern von einer unsichtbaren Hand gestaltet würde? Meine Hypothese von der unsichtbaren Hand werde ich im Epilog erläutern. Einstweilen ist die Vorstellung ausreichend, entweder durch eine CO_2-Steuer oder durch eine unsichtbare Hand würden Erdgas, Erdöl und Kohle von Jahr zu Jahr immer teurer.

Nach meiner Ansicht besteht in absehbarer Zeit keine Chance auf die Realisierung solcher Maßnahmen. Dennoch halte ich die formulierten Fragen für wichtig, weil deren Beantwortung ein marktwirtschaftliches Leitbild für effizienten Klimaschutz liefern kann. Ganz abwegig ist der Gedanke einer künstlichen Verteuerung von Rohstoffen im Übrigen nicht: Der Anstieg der Ölpreise vor der Finanzkrise im Jahr 2008 kann als eine unfreiwillige Klimaschutzmaßnahme in Form einer weltweiten CO_2-Abgabe auf Erdöl interpretiert werden. Die Ölpreise haben damals zwar einerseits zu einem weltweiten Anstieg der Lebenshaltungskosten geführt. Ich erinnere mich jedoch andererseits gut daran, dass gerade in dieser Zeit die Menschen für Tipps zum Energiesparen besonders empfänglich waren. Daran ist erkennbar, dass finanzielle Hebel besonders wirksame Klimaschutzinstrumente sind.

Mobilität bei steigenden CO_2-Preisen
Stellen wir uns vor, ab einem bestimmten Tag würden Gas, Öl und Kohle schrittweise immer teurer. Um mit konkreten Zahlen zu arbeiten, stellen wir uns einen CO_2-Preis von hundert Euro pro Tonne vor. Klimaökonomen sind sich einig, dass ein Preis in dieser Größenordnung einen spürbaren Beitrag zur Verringerung der weltweiten CO_2-Emissionen leisten würde.

Damit Sie, liebe Leserinnen und Leser, ein Gefühl dafür bekommen, was diese Steuer konkret für Ihre Mobilität bedeutet, möchte ich dazu die nächste Vorlesungsaufgabe formulieren. Im ersten Teil recherchieren Sie bitte, wie hoch die derzeitigen Weltmarktpreise für Erdgas, Erdöl und Kohle sind, und berechnen, um wie viel Prozent sie sich durch den genannten CO_2-Preis erhöhen würden. Nutzen

1.6 Blick in die Zukunft: Die unsichtbare Hand

Sie bei der Rechnung unsere Faustformel aus dem Einleitungskapitel, nach der aus einem Kilogramm Gas, Öl oder Kohle ungefähr drei Kilogramm CO_2 entstehen.

Im zweiten Teil der Vorlesungsaufgabe berechnen Sie bitte die Mehrkosten für Ihren Haushalt durch die Verteuerung dieser drei fossilen Energieträger. Rechnen Sie dafür Ihren Verbrauch an Benzin, Heizöl und Erdgas am besten in Kilogramm um, multiplizieren das Ergebnis mit drei und verwenden einen CO_2-Preis in der Form zehn Cent pro Kilogramm CO_2. Beim Strom können Sie durch Internetrecherche herausfinden, wie viel CO_2 im deutschen Strommix pro Kilowattstunde emittiert wird. Aus Ihrem Stromverbrauch einschließlich Elektromobilität können Sie Ihre jährlichen Mehrkosten für elektrische Energie berechnen.

Bei Ihrer Recherche zum ersten Teil unserer Vorlesungsaufgabe werden Sie feststellen, dass die Weltmarktpreise für Gas, Öl und Kohle in verschiedenen Maßeinheiten angegeben werden. Nach Umrechnung werden Sie jedoch erkennen, dass Kohle die mit Abstand höchste prozentuale Preissteigerung erfahren würde. Nehmen wir einen hypothetischen Preis von hundert Euro pro Tonne Kohle an. Dann würde sich eine Tonne Kohle von hundert Euro auf vierhundert Euro, also um dreihundert Prozent verteuern. Daraus folgt, dass schon eine moderate Besteuerung von CO_2 einen durchschlagenden Effekt auf Volkswirtschaften hätte, in denen signifikante Anteile der elektrischen Energie durch Kohleverstromung gewonnen werden.

Bei Ihrer Recherche zum zweiten Teil unserer Vorlesungsaufgabe würden Sie vermutlich feststellen, dass Sie deutliche Mehrkosten hätten. Für eine Jahresfahrleistung Ihres Pkw von zehntausend Kilometern hätten Sie bei einer knappen Tonne Benzin mit Mehrkosten von knapp dreihundert Euro zu rechnen. Ein ähnlicher Betrag käme bei einem Kubikmeter Heizöl zustande. Der Urlaubsflug nach Thailand würde pro Person ebenfalls mit knapp dreihundert Euro Zusatzkosten zu Buche schlagen. Unterstellen wir, dass Ihr persönlicher Strommix eine CO_2-Intensität von einem halben Kilogramm pro Kilowattstunde hätte, dann würde sich die Kilowattstunde um fünf Cent verteuern. Insgesamt hätte ein Haushalt im Fall eines CO_2-Preises von hundert Euro pro Tonne mit Mehrkosten im dreistelligen oder gar im niedrigen vierstelligen Euro-Bereich zu rechnen. Wie würde sich dies auf unser Mobilitätsverhalten auswirken?

Man könnte meinen, dass sich Verbraucher bei Verteuerung von Benzin und Diesel automatisch im großen Stil vom Verbrennungsmotor abwenden.

Doch der Schein trügt. Denn mit einer Verteuerung von Kohle und Gas würde auch konventioneller Strom teurer und damit das Tanken von Elektroautos. Im heutigen Stromsystem Deutschlands würde man somit möglicherweise wenig Energiekosten sparen, wenn man sich ein Elektroauto kauft.

Zusammenfassend vermute ich, dass eine CO_2-gerechte Besteuerung von Gas, Öl und Kohle eine moderate Marktverschiebung weg vom Verbrennungsmotor und hin zum Elektroauto bewirkt. Den weitaus größeren Effekt hätte jedoch vermutlich eine generelle Verteuerung von Mobilität, welche die Bürger mit Verzicht auf Autofahrten und Umstieg auf öffentliche Verkehrsmittel beantworten würden.

Daran können wir erkennen, dass die Kernfrage der „Verkehrswende" nicht das Verbot von Verbrennungsmotoren, sondern die Frage nach der kosteneffizientesten Verringerung des fossilen Fußabdrucks im Verkehr ist.

1.7 Blick in die Zukunft: Staubkörner zählen?

Kommen wir nun zu einer zweiten spekulativen Frage. Könnten wir Rußpartikeln mit marktwirtschaftlichen Mitteln zu Leibe rücken statt mittels selektiver Verbote?

Unsere heutigen Instrumente – Abgasnormen und Fahrverbote – zielen darauf ab, die Zahl emittierter Partikel auf regulatorischem Weg zu verringern. Gutgläubige Menschen verknüpfen mit dem Vertrauen in die Wirkung von Abgasnormen die Hoffnung, ein Auto würde auf der Straße vergleichbare Emissionen erzeugen wie auf einem Prüfstand. Wie wir aus dem deutschen Dieselskandal gelernt haben, lassen sich solche Regeln jedoch umgehen. Es erhebt sich deshalb die Frage, ob wir Rußpartikel nicht mit einem Preisschild versehen können, anstatt sie zu verbieten. Mit der wachsenden Digitalisierung bekommen die Konsumgüter unseres täglichen Lebens immer mehr Sensoren. Könnten wir durch Sensoren und Digitalisierung vielleicht eines Tages in der Lage sein, Rußpartikel im eigenen Auto zu zählen, anstatt auf Prüfstandsdaten von Herstellern vertrauen zu müssen?

Würde man die Emission von Feinstaubpartikeln mit einer Gebühr belegen, die ein Partikelsensor im Auspuff berechnet, dann würde die Partikelemission als Preissignal beim Fahrer ankommen. Die Kosten für Partikelemissionen könnten variabel gestaltet werden. Tagsüber in stark besiedelten Gebieten könnten sie höher, nachts auf dem Land niedriger sein. Dieses marktwirtschaftliche Instrument könnte die öffentliche Feinstaubdebatte versachlichen und würde automatisch Anreize für Elektromobilität in Innenstädten setzen. Zwischen Redaktionsschluss und Drucklegung dieses Buches hat die Corona-Epidemie zeitweise zu einem Einbruch der Verkehrsintensität in Innenstädten geführt. Erste Indizien sprechen dafür, dass sich Emissionen nicht in gleichem Maße verringert haben. Ich finde es deshalb sinnvoller, Partikel zu zählen und für sie zu bezahlen, anstatt Verbrennungsmotoren pauschal zu verbieten.

1.8 Fazit und Bewertungstabellen

Unsere eingangs formulierte Behauptung über den Verbrennungsmotor lässt sich im Ergebnis unserer Analyse durch die folgenden Thesen auf eine rationale Basis stellen.

1. *Verbrennungsmotoren wandeln chemische Energie von Treibstoffen in Antriebsenergie um. Werden sie mit fossilen Brennstoffen betrieben, so tragen die entstehenden CO_2-Emissionen mit hoher Wahrscheinlichkeit zum Klimawandel*

1.8 Fazit und Bewertungstabellen

bei. Werden sie mit synthetischen Brennstoffen betrieben, für deren Herstellung kein fossiler Kohlenstoff zum Einsatz kommt, ist die Klimawirkung der entstehenden CO_2-Emissionen gering.
2. Verbrennungsmotoren erzeugen unabhängig von der Art des Treibstoffs Stickoxide und Rußpartikel. Diese Emissionen sind gesundheitsschädlich, jedoch für den Anteil des Straßenverkehrs am Klimawandel von untergeordneter Bedeutung.
3. Ein Verbot von Verbrennungsmotoren für Pkw würde zu einer deutlichen Verteuerung individueller Mobilität führen, weil Elektroautos heute und in naher Zukunft im Mittel deutlich teurer sind als Pkw mit Verbrennungsmotoren. Die Bevölkerung könnte auf eine solche Verteuerung auf drei Arten reagieren: Verzicht auf Mobilität, Umstieg auf öffentliche Verkehrsmittel oder Umstieg auf Elektroautos. Im Ergebnis würden die CO_2-Emissionen des Verkehrs mit hoher Wahrscheinlichkeit sinken.
4. Ein Verbot fossiler Kraftstoffe würde mit hoher Wahrscheinlichkeit zu einer deutlichen Verteuerung individueller Mobilität führen, weil deren globaler Ersatz durch CO_2-neutrale synthetische Kraftstoffe wegen des begrenzten Potenzials der weltweiten Biomasseproduktion und des hohen Preises von CO_2-Abscheidung aus der Luft sehr hohe Kosten verursachen würde. Die Bevölkerung könnte auf eine solche Verteuerung auf vier Arten reagieren: Verzicht auf Mobilität, Umstieg auf öffentliche Verkehrsmittel, Umstieg auf Elektroautos oder Inkaufnahme höherer Preise für synthetischen Treibstoff. Im Ergebnis würden die CO_2-Emissionen des Verkehrs mit hoher Wahrscheinlichkeit sinken.
5. Die beiden Optionen „Verbot von Verbrennungsmotoren" und „Verbot fossiler Treibstoffe" wurden in der Forschung noch nie umfassend vergleichend analysiert. Es ist jedoch wahrscheinlich, dass die zweite Option die niedrigeren CO_2-Vermeidungskosten aufweist, weil sie technologieneutral ist und deshalb ein größeres Kostenminimierungspotenzial aufweist.
6. Bei beiden Optionen handelt es sich um schwerwiegende Eingriffe in den Wirtschaftskreislauf einer Industrienation und in die Entscheidungsfreiheit ihrer Bürger. Historische Parallelen legen die Vermutung nahe, dass die Wirkungen solcher Eingriffe schwächer und die Nebenwirkungen stärker wären als von Befürwortern vermutet.
7. Eine mildere Handlungsoption, die vermutlich trotzdem ein hohes CO_2-Vermeidungspotenzial für den Autoverkehr besitzt, ist die Abschaffung klimaschädlicher Subventionen. Dabei handelt es sich konkret um die Entfernungspauschale, das Dienstwagensteuerprivileg und die Dieselsubvention. Durch gleichzeitige Senkung anderer Steuern wie etwa der Einkommenssteuer oder der Mehrwertsteuer könnte der Subventionsabbau aufkommensneutral gestaltet werden oder sogar zu sinkender Steuerlast führen.

Kapitel 2
Die kluge Denkfabrik

Die Behauptung: „Denkfabriken – sogenannte Thinktanks – entwickeln akademisch belastbare und politisch umsetzbare Wege, wie sich das Energiesystem Deutschlands in Richtung sauberer Energie transformieren lässt. Ihre Finanzierung stammt zum großen Teil aus Stiftungen und nur zum kleinen Teil aus öffentlichen Mitteln. Deshalb können Denkfabriken unabhängig von Geschäftsinteressen und politischem Druck arbeiten. Sie agieren zudem als Vermittler zwischen Entscheidungsträgern, Interessengruppen, Wissenschaftlern und den Medien. Denkfabriken sind in der Lage, der Politik fundierte Gestaltungshinweise für die Energiewende zu geben."

In den Sommerferien 1972 fuhr ich mit meiner Mutter mit der Transsibirischen Eisenbahn von Moskau nach Novosibirsk. Wir wollten den Sommer bei meinem Vater verbringen, den seine Arbeit auf dem Gebiet der Mikroelektronik für einige Monate in das sowjetische Wissenschaftsstädtchen Akademgorodok geführt hatte. Während der zweitägigen Fahrt war ich in gedrückter Stimmung. Ich blickte aus dem Fenster unseres Abteils in die sibirische Einöde. Nicht einmal der duftende schwarze Tee wollte mir schmecken, den der Schaffner in seinem holzkohlebefeuerten Samowar bereithielt. Ich machte mir große Sorgen um die Zukunft der Menschheit. Genauer gesagt, kreisten meine Gedanken um das Erdöl.

Kurz vor unserer Abreise aus Dresden hatte ich im SED-Zentralorgan *Neues Deutschland* gelesen, amerikanische Wissenschaftler hätten für die Jahrtausendwende das Versiegen der Erdölvorräte vorausgesagt.

Dass über die Erkenntnisse amerikanischer Forscher in der Zeitung berichtet wird, klingt aus heutiger Perspektive nicht gerade sensationell. Die gleichgeschaltete DDR-Presse hatte allerdings für den „Klassenfeind" USA in der Regel nur Häme und Kritik übrig. Deshalb fand ich es bemerkenswert, wie ausführlich der Feind plötzlich zu Wort kam. Gleichwohl durfte in dem Artikel der obligatorische Hinweis nicht fehlen, dass für Ressourcenverknappung und Umweltverschmutzung die kapitalistischen Konzerne verantwortlich seien. Im Sozialismus, so die spätere Günter-Schabowski-Postille, gehörten die

Bodenschätze hingegen dem Volke und kämen selbstverständlich allen Werktätigen zu Gute.

Ich überlegte: Zur Jahrtausendwende würde ich gerade einmal sechsunddreißig Jahre alt sein und vielleicht schon Kinder haben. Vor meinem geistigen Auge baute sich die apokalyptische Vorstellung einer Menschheit auf, die demnächst ihre Existenz ohne Autos und Flugzeuge fristen müsste. Würden wir dann wieder in Pferdekutschen fahren so wie meine Urgroßeltern? Würden die Züge wieder von Dampflokomotiven gezogen, wie ich es von Fahrten zu meinen Großeltern ins erzgebirgische Scharfenstein in den Sechzigerjahren noch kannte?

Meine Zukunftsangst legte sich während der Ferientage in Novosibirsk. Nachdem ich meinen Vater in die Sorgen eingeweiht hatte, erläuterte er mir: „Sicherlich lagern noch unbekannte Erdölreserven im Boden und die Menschheit wird es lernen, klüger mit ihren Ressourcen umzugehen." An die Rückfahrt kann ich mich nicht mehr erinnern. Dies spricht dafür, dass meine Sorgen wohl verflogen gewesen sein mussten.

Viele Jahre später – die Jahrtausendwende war vorbei, ich war jenseits der vierzig und vom Ende des Erdöls war weit und breit nichts zu spüren – konnte ich den Urheber meines kindlichen Alptraums dingfest machen. Es war die Denkfabrik *Club of Rome*.

Wie meine Nachforschungen ergaben, hatten Donella Meadows, Dennis Meadows, Jorgen Randers und William Behrens III am Donnerstag, dem 2. März 1972 die Ergebnisse einer Studie mit dem Titel *The Limits to Growth*, auf Deutsch: *Die Grenzen des Wachstums*, öffentlich vorgestellt. Die Studie war im Auftrag des Club of Rome mit Geldern der Volkswagenstiftung erarbeitet worden und wurde beginnend mit dem Tag der Präsentation als Buch vertrieben. Ich werde das Werk im Folgenden als *GdW* abkürzen.

Auf Seite 58, Tabelle 4, Spalte 3 finden wir für die Ressource Erdöl einen *static index* von einunddreißig Jahren. Im Kleingedruckten steht zu diesem Begriff die Erklärung: "The number of years known global reserves will last at current global consumption.", auf Deutsch: „Die Zahl an Jahren, während derer die bekannten weltweiten Reserven bei heutigem globalem Verbrauch verfügbar sein werden." Diese Aussage hat dann anscheinend ihren Weg in die weltweite Presse gefunden und muss – mit etwas Verzögerung – im Sommer 1972 auch im Neuen Deutschland gelandet sein. Meine erste Begegnung mit einer Denkfabrik ruft in mir noch heute das Gefühl eines unmittelbar bevorstehenden Weltuntergangs hervor.

In den vergangenen Jahren sind in Deutschland auf den Gebieten Energie und Klima Institutionen entstanden, die sich als Denkfabriken oder Thinktanks bezeichnen. Sie verstehen sich als Vermittler zwischen Wissenschaft, Politik, Industrie und Zivilgesellschaft. Sie nehmen für sich in Anspruch, „Agenda-Setting" zu betreiben und umfassende Lösungsansätze für energie- und klimapolitische Probleme zu formulieren. Denkfabriken werden in der Bevölkerung kontrovers beurteilt. Sympathisanten loben deren Fähigkeit, Forschungsergebnisse und politische Lösungsansätze in prägnanter Form zu präsentieren. Kritiker bemängeln den vermeintlich geringen wissenschaftlichen Tiefgang und halten die öffentliche Förderung von Denkfabriken für Verschwendung von Steuergeldern.

Ich möchte mich aufgrund solch widersprüchlicher Einschätzungen in diesem Kapitel näher mit diesen Einrichtungen beschäftigen. Wir wollen uns mit Denkfabriken befassen, deren Betätigungsfelder Energie und Klima sind. Dabei konzentrieren wir uns auf drei Leitfragen: Genügen die Erkenntnisse der Denkfabriken den Qualitätskriterien der Wissenschaft? Sollte die Arbeit von Denkfabriken mit Steuergeldern gefördert werden? Sollten Politiker den Denkfabriken mehr Gehör schenken als Universitäten und Forschungseinrichtungen?

2.1 Denkfabriken – zwischen Wissenschaft und Politik

Was ist eine Denkfabrik?
Für unsere Betrachtungen wollen wir unter einer Denkfabrik eine Institution verstehen, deren Budget zu einem signifikanten Teil aus privaten Geldern und gegebenenfalls zu einem kleineren Teil aus öffentlichen Mitteln besteht. Manche Denkfabriken finanzieren sich vollständig aus privatem Kapital. Öffentlich getragene Forschungseinrichtungen wie Universitäten, Großforschungszentren, Leibniz-, Max-Planck- und Fraunhofer-Institute sind keine Denkfabriken im Sinne unserer Erörterungen. Wissenschaftsakademien gehören ebenfalls nicht in unsere Kategorie Denkfabrik.

Denkfabriken tragen in der Regel klangvolle Namen, die mit griechischen Vokabeln, politischen Schlagworten und Anglizismen ornamentiert sind. Sie sind mit der Politik in der Regel gut vernetzt und publizieren Studien sowie Positions- und Thesenpapiere. Die Dokumente erlangen in der Öffentlichkeit oft ein hohes Maß an Aufmerksamkeit. Häufig sind Politiker, Industrievorstände und Wissenschaftler Mitglieder in den Aufsichtsgremien. Als Mutter der Denkfabriken kann die RAND Corporation betrachtet werden, die zur Analyse militärischer Strategien während des Kalten Krieges in den USA gegründet wurde.

Wie wir gesehen haben, werden die Aussagen von Denkfabriken nicht nur von achtjährigen Schülern, sondern von der gesamten Öffentlichkeit oft als wissenschaftlich fundierte Prognosen wahrgenommen. Wir werden uns deshalb auch mit der Frage beschäftigen, inwieweit das in der Öffentlichkeit verbreitete Selbstbild mit der Realität übereinstimmt.

Um sich über die Rolle der Denkfabriken ein Urteil zu bilden, ist es wichtig, dass wir zuerst die fachlichen Aspekte ihrer Arbeiten beleuchten.

Sobald eine Denkfabrik ihr Selbstbild in Werbebroschüren oder Internetauftritten mit Attributen wie „akademisch belastbare Wege" oder „wissenschaftlich fundierte Konzepte" versieht, muss sie sich an den Kriterien des Wissenschaftssystems messen lassen. Erhält sie überdies noch Zuwendungen aus Steuergeldern, und sei es auch nur ein einziger Euro, so haben die Steuerzahler das Recht, zu erfahren, ob die Arbeit der Denkfabrik den *Grundsätzen guter wissenschaftlicher Praxis* genügt.

Grundsätze guter wissenschaftlicher Praxis
Die Grundsätze guter wissenschaftlicher Praxis sind in der Öffentlichkeit so gut wie unbekannt. Nur selten tauchen sie in der Presse auf; allenfalls im Zusammenhang mit Plagiatsvorwürfen bei Doktorarbeiten. Dabei sind sie für das Vertrauen der Öffentlichkeit in die Integrität der Wissenschaft von eminenter Bedeutung.

Die Grundsätze guter wissenschaftlicher Praxis spielen in der Wissenschaft eine ähnliche Rolle wie das Reinheitsgebot beim Bierbrauen. Sie existieren in allen Industrieländern seit dem zwanzigsten Jahrhundert als informeller Ehrenkodex. Spätestens seit der Jahrtausendwende liegen sie in forschungsstarken Nationen als verbindliche schriftliche Dokumente vor.

In Deutschland ist die Deutsche Forschungsgemeinschaft (DFG) die höchste Instanz in Sachen guter wissenschaftlicher Praxis. Sie wird von Universitäten und großen Wissenschaftsorganisationen getragen und vergibt Forschungsgelder im Umfang von etwa drei Milliarden Euro pro Jahr. Neben ihrer Rolle in der Forschungsförderung wacht die DFG über die gute wissenschaftliche Praxis.

Die Grundsätze sind in der DFG-Denkschrift „Sicherung guter wissenschaftlicher Praxis" beschrieben, die im Internet frei verfügbar ist. Das Lesen dieses Papiers lohnt sich schon allein deshalb, weil es die Erkenntnis befördert, dass nicht jedes Traktat, welches von seinen Urhebern oder von der Presse als Studie bezeichnet wird, auch eine solche im Sinne wissenschaftlicher Qualitätsmaßstäbe verkörpert. Zwischen Redaktionsschluss und Druck dieses Buches hat die DFG eine Neufassung der Denkschrift herausgegeben. Ich empfehle jedoch das alte Dokument, weil ich es für prägnanter und verständlicher halte.

Die für unsere Erörterungen wichtigen Grundsätze lassen sich zu vier Kernaussagen verdichten. (1) *Fachgerecht forschen:* Wissenschaftler sollen lege artis arbeiten, das heißt gemäß den aktuellen Regeln ihrer Disziplin. (2) *Konsequent anzweifeln:* Wissenschaftler sollen ihre Forschungsergebnisse stets kritisch hinterfragen. (3) *Qualitätsgesichert veröffentlichen:* Forschungsergebnisse sollen nach Durchlaufen eines unabhängigen innerwissenschaftlichen Begutachtungsprozesses – genannt Peer-Review – regelgerecht veröffentlicht werden. Dies bedeutet in den meisten Disziplinen eine Veröffentlichung in referierten internationalen Fachzeitschriften. (4) *Unabhängig bestätigen:* Eine wissenschaftliche Erkenntnis gilt erst dann als gesichert, wenn sie nicht nur veröffentlicht, sondern auch von unabhängigen Forschergruppen bestätigt worden ist.

Solange sich Organisationen ausschließlich aus privaten Mitteln finanzieren, sind die DFG-Grundsätze für sie ohne Bedeutung. Jeder solchen Einrichtung steht es frei, sich als Denkfabrik zu bezeichnen. Auch darf sie in vollen Zügen ihr Recht auf freie Meinungsäußerung genießen und nach Belieben Studien und Positionspapiere in Umlauf bringen. Eine Demokratie muss Denkfabriken sogar zugestehen, über die Wirksamkeit von Wünschelruten, die Theorie homöopathischer Medikamente oder den Glauben an das fliegende Spaghettimonster nachzudenken, selbst wenn die Mehrzahl der Wissenschaftler dies als abwegig beurteilt. Sobald Denkfabriken jedoch Steuergelder erhalten und in der Öffentlichkeit die Begriffe *Wissenschaftlichkeit* und *Forschung* benutzen, unterliegen sie meines Erachtens den DFG-Regeln.

Die Studie GdW eignet sich aufgrund ihres Alters und ihrer Prominenz als repräsentatives Beispiel, um die Arbeitsweise von Denkfabriken zu beurteilen. Ich möchte mein Urteil aus einer Forscherperspektive entwickeln und so zu einer Versachlichung der öffentlichen Debatte beitragen. Dies scheint mir gerade jetzt dringend geboten, denn das Werk ist fester Bestandteil ideologischer Grabenkämpfe: Die Erhebung von GdW in den Rang einer heiligen Schrift gehört – neben den Turnschuhen von Joseph Martin Fischer und dem Hass auf die Atomkraft – einerseits zu den Sakramenten ökologisch-sozialer Weltverbesserer. Andererseits verkörpert GdW für liberal-konservative Systemkritiker – neben dem Glühbirnenverbot und den Stiftungen von George Soros – das Pandämonium des Weltkommunismus. Im Folgenden werde ich zeigen, dass keine dieser Sichtweisen dem Buch gerecht wird. Verschaffen wir uns jedoch zunächst eine Vorstellung über den Inhalt von GdW.

Grundaussagen von GdW
Falls Sie GdW in der frei verfügbaren englischen Originalfassung lesen, werden Sie feststellen, dass das Dokument in einer präzisen, bildhaften und verständlichen Sprache verfasst ist. Es enthält weder Formeln noch Fachchinesisch und ist für Wissenschaftler wie für Laien gleichermaßen gut lesbar.

Die Autoren von GdW stellen zu Beginn die Hypothese auf, dass ein fortgesetztes ungebremstes Wachstum von Bevölkerung und Industrieproduktion für die Menschheit in den bevorstehenden einhundert Jahren katastrophale Folgen haben würde. Damit sind sowohl Unterernährung als auch Umweltverschmutzung gemeint. Die Forscher testen ihre Hypothese, indem sie ein Computermodell für die zeitliche Entwicklung der fünf Größen Weltbevölkerung, Industrieproduktion, Lebensmittelproduktion, Ressourcenverbrauch und Umweltverschmutzung aufstellen. Sie führen mit diesem Modell Simulationen durch. Ähnlich einem Computermodell zur Wettervorhersage, welches Temperatur, Luftdruck, Windgeschwindigkeit und Regenmenge für die bevorstehenden Tage berechnet, simuliert das GdW-Modell die genannten fünf Größen für die Jahre 1900 bis 2100. GdW enthält zahlreiche Diagramme, in denen die Größen für verschiedene Randbedingungen als Funktion der Zeit dargestellt werden.

Die Forscher zeigen in den von ihnen berechneten Szenarien, dass es zu einem starken Anstieg der Umweltverschmutzung sowie zur Verringerung der Nahrungsmittelproduktion kommen könnte, und sehen darin ihre Hypothese gestützt. Sie demonstrieren weiterhin, dass nach ihren Erkenntnissen nur durch eine Kombination aus weltweiter strikter Geburtenkontrolle und einem erzwungenen Stopp des industriellen Wachstums ein stabiler Zustand erreicht werden kann. Diesen bezeichnen die Autoren als *global equilibrium* (globales Gleichgewicht). Sie leiten daraus die Schlussfolgerung ab, dass nur eine schnelle weltweit koordinierte Aktion die mutmaßlich dramatische Entwicklung der Menschheit verhindern könne.

GdW löste schon beim Erscheinen unterschiedlichste Reaktionen aus und wird bis heute kontrovers beurteilt. Befürworter verweisen darauf, dass GdW die Themen Umweltverschmutzung, Umweltschutz und Ressourcenverbrauch auf die globale politische Tagesordnung gesetzt hat. Kritiker meinen, eine Computersimulation der Entwicklung der Menschheit mit nur fünf Variablen sei wissenschaftlicher Unfug. Überdies werfen sie dem Club of Rome Alarmismus vor.

Wir wollen nun die drei eingangs gestellten Fragen nach Wissenschaftlichkeit, nach Finanzierung und nach Politikberatung beantworten. Beginnen wir mit der ersten Frage. Genügt GdW den in der Wissenschaft geltenden Qualitätsmaßstäben? Hierzu wollen wir uns anschauen, inwieweit die Arbeit die bereits zitierten DFG-Kriterien guter wissenschaftlicher Praxis erfüllt: 1) *fachgerecht forschen,* 2) *konsequent anzweifeln,* 3) *qualitätsgesichert veröffentlichen,* 4) *unabhängig prüfen.*

2.2   GdW – fachgerecht geforscht?

Qualifikation des Projektteams
Die Voraussetzung für fachgerechtes Arbeiten besteht in der wissenschaftlichen Qualifikation der für das Projekt verantwortlichen Forscher.

Das Team um Dennis Meadows bestand aus Wissenschaftlern, die aus dem Umfeld von Professor Jay Forrester vom Massachusetts Institute of Technology (MIT) kamen und Erfahrungen in der Computersimulation mitbrachten. Das klingt heute nicht besonders spektakulär. Zu Beginn des Computerzeitalters hingegen war die Computersimulation von der Aura des Exotischen umgeben. Damals waren Lochkarten, Nadeldrucker und Endlospapier Insignien einer Hochtechnologie – ähnlich wie heutzutage Quantencomputer. Dem Team gehörte kein ausgewiesener Ökonom an. Ich halte die Bearbeiter trotzdem insgesamt für hervorragend qualifiziert. Insofern war eine wichtige Voraussetzung für die zeitgemäße Arbeit an dem Forschungsprojekt nach meiner Meinung erfüllt. Um zu beurteilen, ob die Studie *lege artis* erfolgte, müssen wir uns etwas genauer mit der Simulationsmethodik beschäftigen.

Zum Zeitpunkt des Entstehens der Studie waren sich Wissenschaftler darüber einig, dass Bevölkerungswachstum, Industrieproduktion, Umweltverschmutzung und Ressourcenverbrauch in einem komplizierten Wechselspiel zueinander stehen und deren Entwicklung über die bevorstehenden Jahrzehnte nicht mit einer einfachen mathematischen Formel – vergleichbar der Zinsformel – vorhergesagt werden könnte. Eine Mehrheit von Ökonomen und Sozialwissenschaftlern vertrat allerdings zudem die Auffassung, dass eine Vorhersage mittels Computersimulation grundsätzlich unmöglich sei. Vor diesem Hintergrund wagten die Autoren von GdW einen aus meiner Sicht mutigen und wegweisenden Schritt. Wenn es schon nicht möglich sein sollte, eine Weltformel für die Entwicklung der Menschheit aufzustellen, wollten sie zumindest eine dynamische Systemsimulation versuchen.

Auf dem Gebiet der Natur- und Ingenieurwissenschaften hatte die Computersimulation in den Sechzigerjahren große Erfolge erzielt. So hatte man beispielsweise die Flugbahnen von Satelliten und Mondlandefähren mit Computern berechnet. Anderenfalls wären weder unbemannte Satelliten noch Mondlandungen möglich gewesen. Auch das Verhalten von Flugzeugen wurde simuliert, indem man für die drei Positionskoordinaten sowie für die drei Lagewinkel dynamische Simulationen unter gegebenen aerodynamischen Einflüssen wie Auftrieb und Seitenwind durchführte. So waren die regelungstechnischen Grundlagen heutiger Autopiloten erarbeitet worden. Wenn es also möglich war, Koordinaten, Anstellwinkel, Flug- und Steiggeschwindigkeiten eines Flugzeugs vom Abflug bis zur Landung mit einem Computer zu berechnen, warum sollte es dann nicht möglich sein, Variablen wie Weltbevölkerung, Nahrungsmittelproduktion und Umweltverschmutzung für die ganze Welt vorherzusagen?

Diese Pioniertat hatte sich das GdW-Team vorgenommen.

Um dessen Arbeit zu würdigen, müssen wir uns anschauen, wie das GdW-Simulationsprogramm funktioniert. Dabei spielt der Begriff der Bilanzgleichung eine zentrale Rolle. Wir wollen uns diesen anhand eines Beispiels aus dem Alltag erschließen.

Crashkurs Bilanzgleichungen

Fahren Sie in ein Parkhaus, so wird Ihnen auf einem Display die Zahl der freien Plätze angezeigt. In der Sprache der Simulationswissenschaft könnten wir sagen, dass der Parkhauscomputer zur Berechnung der freien Parkplätze eine Bilanzgleichung simuliert. Diese lässt sich für das Parkhausproblem in mathematischer Form als

$$\text{Autos.gleich} = \text{Autos.jetzt} + \text{Einfahrten} - \text{Ausfahrten}$$

schreiben. Soll der Computer zum Beispiel im Zeittakt von zehn Sekunden die jeweils aktuelle Anzahl der Pkw berechnen, so muss er zur aktuellen Zahl „Autos.jetzt" die in den nächsten zehn Sekunden eingefahrenen Pkw („Einfahrten") hinzuzählen und die in der gleichen Zeit ausgefahrenen Pkw („Ausfahrten") abziehen. Daraus ergibt sich der Wert „Autos.gleich" nach zehn Sekunden. An diesem Anschauungsbeispiel können wir erkennen, dass eine Bilanzgleichung nichts anderes ist als eine Wiedergabe unserer Alltagserfahrungen über Autos in Parkhäusern, Geld auf Sparkonten oder Wärmemengen in Wassertropfen. Eine Computersimulation ist in diesem Beispiel die fortlaufende Ausführung von Additionsaufgaben nach der obigen Formel für einen gegebenen Strom an Eingangsdaten.

Wichtiger ist freilich die Erkenntnis, dass die Schwierigkeit einer Computersimulation nicht in der Ausführung von Additionen und Subtraktionen besteht, sondern in der Beschaffung der *Quellterme*. Dieser Begriff beschreibt die auf der rechten Seite des Gleichheitszeichens stehenden Ein- und Ausfahrten. In einem realen Parkhaus lassen sich diese beiden Größen aus den Zählerdaten der Schranken ermitteln. Hat man keine Zählerdaten oder will die künftige Auslastung des Parkhauses simulieren, so muss man Annahmen über Ein- und Ausfahrten als Funktion der Zeit treffen. Die mathematische Beschreibung dieser Annahmen durch Quellterme, die sogenannte *Modellentwicklung,* bildet die eigentliche Herausforderung von Computersimulationen. Ein wohldurchdachtes Modell macht aus einer Bilanzgleichung Wissenschaft – ein dilettantisches hingegen Alchemie.

Bilanzgleichungen in GdW

Kehren wir nun zum Simulationsprogramm aus GdW zurück. Das Programm unterscheidet sich nicht grundsätzlich von unserem Parkhausbeispiel. Statt der Zahl der Autos in einem Parkhaus berechnet es die Zahl der auf der Erde lebenden Menschen als Funktion der Zeit im Zeitraum zwischen 1900 und 2100. Da die Weltbevölkerung durch Geburten wächst und durch Todesfälle schrumpft, können wir diese Bilanzgleichung in Anlehnung an unser Beispiel in der Form

Weltbevölkerung.morgen = Weltbevölkerung.heute + Geburten − Todesfälle

schreiben. Ich habe bewusst die Schreibweise in der Form Weltbevölkerung.morgen und Weltbevölkerung.heute gewählt, weil die GdW-Simulation in einer ähnlichen Symbolik programmiert ist.

Würden wir die Zahl der weltweiten Geburten und Todesfälle für jeden Tag zwischen 1900 und 2100 kennen, dann wäre die Berechnung der Weltbevölkerung als Funktion der Zeit eine einfache Additionsaufgabe wie beim Parkhaus. Die Geburts- und Todesraten sind jedoch für die Zukunft unbekannt. Sie hängen von zahlreichen Faktoren ab, wie etwa der Menge verfügbarer Lebensmittel, der Qualität medizinischer Versorgung, dem Einkommens- und Bildungsniveau sowie politischen Vorgaben wie etwa einer Ein-Kind-Ehe.

Eine Simulation mit nur einer einzigen Variable „Weltbevölkerung" ist somit nicht möglich. Deshalb hat sich das GdW-Team die Frage gestellt, wie viele weitere Variablen es zum Modell mindestens hinzufügen müsste, um ein geschlossenes mathematisches Gleichungssystem zu erhalten. Zu diesem Zweck hat das GdW-Team die zweite Variable „Lebensmittelproduktion" eingeführt. Dadurch konnten in der Bilanzgleichung „Weltbevölkerung" die Quellterme „Geburten" und „Todesfälle" mittels zweier empirischer Formeln durch die Variable „Lebensmittelproduktion" ausgedrückt werden. In der Simulationswissenschaft würde man sagen, das Team hätte *Modelle* für die Geburten- und Todesraten formuliert. Da die Lebensmittelproduktion der Zukunft jedoch ebenso wenig bekannt ist wie die Bevölkerungszahl, musste auch für diese Variablen eine Bilanzgleichung mit den Werten Lebensmittelproduktion.morgen und Lebensmittelproduktion.heute aufgestellt werden.

Bei der Formulierung der Bilanzgleichung für die Lebensmittelproduktion stellte sich heraus, dass deren Quellterme neben anderen Einflüssen auch von der Bevölkerungszahl abhingen. Damit schien sich die Katze in den Schwanz zu beißen. Die gegenseitige Beeinflussung zweier Größen nennt man *Rückkopplung* oder auf Englisch *feedback*. Die Dynamik der Weltbevölkerung hängt also durch Rückkopplungseffekte mit der Dynamik der Lebensmittelproduktion zusammen. Reichen diese beiden Variablen „Weltbevölkerung" und „Lebensmittelproduktion" für eine Simulation aus?

Das GdW-Team ist letztlich zu dem Schluss gekommen, dass zwei Variablen nicht ausreichen und dass das einfachste Modell fünf Variablen enthalten muss. Neben „Weltbevölkerung" und „Lebensmittelproduktion" hat das Team „Industrieproduktion", „Ressourcenverbrauch" und „Umweltverschmutzung" ausgewählt. Mit dem entstandenen Gleichungssystem haben die Autoren

Simulationsrechnungen für eine Vielzahl von Bedingungen durchgeführt, die in GdW in Form computergenerierter Diagramme präsentiert werden. Die Quintessenz der Simulationsergebnisse lässt sich in wenigen Worten zusammenfassen: Für die Mehrzahl der berechneten Szenarien ergibt sich über kurz oder lang eine Katastrophe – gekennzeichnet durch Erschöpfung der Ressourcen, Zusammenbruch von Lebensmittelproduktion und Industrieproduktion sowie die hieraus resultierende Abnahme der Weltbevölkerung. Nur unter restriktiven Bedingungen – strikte Geburtenkontrolle und Einfrieren der Industrieproduktion auf dem Niveau des Jahres 1972 (dem Erscheinungsjahr des Buches) – käme die Welt in einen Zustand des sogenannten globalen Gleichgewichts. Dieser ist durch eine stabile Bevölkerungszahl, ausreichend Nahrung und eine nur langsam abnehmende Menge an Ressourcen gekennzeichnet.

Zustimmung und Kritik in den Jahren 1972 bis 1974
Bald nach Erscheinen von GdW meldeten sich in der Fachwelt anerkennende wie kritische Stimmen zu Wort. Im Ergebnis einer Literaturrecherche in den Fachzeitschriften *Science* und *Nature* konnte ich mich davon überzeugen, dass innerhalb der ersten zwei Jahre nach Publikation von GdW mehr als ein Dutzend Stellungnahmen, Kommentare und Buchbesprechungen erschienen sind. Der überwiegende Tenor in der Fachwelt war kritisch! Doch beginnen wir mit dem Positiven.

Aus heutiger Perspektive – sind doch Computersimulationen aus Bereichen wie Energiesystemanalyse, Verkehrssystemanalyse und Klimaforschung nicht mehr wegzudenken – stellen die Simulationen aus GdW einen mutigen Schritt auf methodisches Neuland dar. Die wesentliche wissenschaftliche Leistung der Autoren von GdW besteht meines Erachtens darin, ein mathematisches Modell für die Dynamik der ganzen Welt entwickelt und eine große Zahl von Rückkopplungseffekten eingebaut zu haben. Ich bin der Meinung, dass dies ungeachtet technischer und methodischer Unzulänglichkeiten ein für die damalige Zeit gewagter Schritt nach vorn war. Das spiegelt sich auch in den positiven Stellungnahmen dieser Zeit wider.

Die kritischen Stimmen haben an der Simulationsmethodik von GdW bemängelt, dass die mathematischen Modelle für die Quellterme zu stark vereinfacht seien. Auch wurde teilweise kritisiert, fünf Variablen seien für eine Simulation der Welt nicht ausreichend. Die fachliche Kritik ist nach meiner Meinung ein positives Beispiel einer harten, aber sachlichen innerwissenschaftlichen Debatte. Anstatt sich mit Pressemitteilungen zu bekämpfen, hat sich eine Gruppe von Kritikern (H.S.D. Cole, C. Freeman, M. Jahoda, K.L.R. Pavitt) zu einem Projekt zusammengeschlossen und ein Jahr nach Erscheinen von GdW ein Buch mit dem Titel *Models of Doom* herausgebracht. Dieses beinhaltet sorgfältig erarbeitete kritische Analysen und vertritt insbesondere die Auffassung, die Detailtiefe und Qualität der in GdW enthaltenen Modelle für eine adäquate Simulation seien nicht ausreichend.

Ich halte diese Kritik für berechtigt, aber unvollständig. Mit Blick auf die Tatsache, dass der Anspruch von GdW nicht in der Simulation eines naturwissenschaftlichen Phänomens, sondern eines sozio-ökonomischen Problems bestand, muss die Frage gestellt werden, ob die angestrebte Simulation der Menschheitsentwicklung über zwei Jahrhunderte überhaupt eine korrekt gestellte wissenschaftliche Aufgabe ist. Eine Simulation ist zwar möglich, wenn die Grundprinzipien der Entwicklung bekannt sind. Bei der Entwicklung der Gesellschaft können jedoch disruptive Änderungen stattfinden und sie in einer unvorhersehbaren Weise beeinflussen. Vor diesem Hintergrund meine ich, dass eine Simulation der sozio-ökonomischen Entwicklung der gesamten Menschheit für einen so langen Zeitraum grundsätzlich nicht möglich ist, ungeachtet dessen, wie hoch die technologische Auflösung ist.

Kommen wir zu einem zweiten inhaltlichen Kritikpunkt. An GdW ist bemängelt worden, dass die Autoren Prognosen über das schnelle Ende von Rohstoffen gemacht haben sollen. Ich halte diese Kritik für unzutreffend. Die genannten einunddreißig Jahre bis zum vermeintlichen Versiegen der Erdölvorräte, die mich als Kind so in Sorge versetzt hatten, sind in GdW in der Erläuterung zu Tabelle 4 von den Autoren eindeutig als *static index* charakterisiert. Die Autoren machen in ihrem Text unmissverständlich klar, dass es sich nicht um eine Prognose für das Ende der Erdölförderung handelt, sondern um einen Reichweiten-Index. Dieser war als Quotient der zur damaligen Zeit bekannten Ölvorräte und der Förderrate berechnet worden.

Wenn sich in Ihrem Keller drei Kästen Bier mit je zwanzig Flaschen befinden und Sie pro Tag im Durchschnitt zwei Flaschen Bier trinken, können Sie diese beiden Zahlen dividieren und erhalten einen „Bier-Index" von dreißig Tagen. Würden Sie dann behaupten, Sie hätten das Ende Ihrer Biervorräte in dreißig Tagen vorhergesagt? Mit Sicherheit nicht, denn die tatsächliche Zeit bis zum Versiegen Ihrer Biervorräte kann sich durch einen verringerten Konsum oder durch das Auffinden verborgener Vorräte verlängern. Den Autoren von GdW ist in diesem Punkt kein Vorwurf zu machen. Sie haben das Zustandekommen der Rohstoff-Indices in ihrer Studie erläutert. Die Studie ist allerdings in der Presse in stark verkürzter Form zitiert worden, sodass ein falscher Eindruck entstanden ist. Auch haben die Autoren deutlich hervorgehoben, dass es sich bei ihren Berechnungen nicht um Vorhersagen, sondern um Szenarien handelt.

Ein letzter Kritikpunkt sei noch angesprochen, nämlich die Abhängigkeit der Simulationsergebnisse von unsicheren Systemparametern. In das Simulationsprogramm fließen Annahmen über Geburtenraten, Rohstoffquellen und Zinssätze ein, die nur mit großen Unsicherheiten bekannt sind. Gehen wir von der anschaulichen Vorstellung aus, dass die Vorhersagequalität eines Simulationsprogramms nicht besser sein kann als die Qualität der Eingangsdaten, so lässt sich daraus ableiten, dass die quantitativen Ergebnisse der Simulationen von GdW mit so großen Unsicherheiten behaftet sind, dass ihre zahlenmäßigen Aussagen faktisch wertlos sind. Ein Vergleich mag die Situation veranschaulichen.

Am Morgen des 10. März 2019 stürzte eine Boeing 737 MAX 8 der Ethiopian Airlines ab und riss 157 Menschen in den Tod. Einige Monate vorher, am 29. Oktober 2018, war eine baugleiche Maschine der indonesischen Fluggesellschaft

Lion Air abgestürzt und hatte 189 Todesopfer gefordert. Obwohl die Flugunfalluntersuchungen noch nicht abgeschlossen sind, lässt sich mit einiger Sicherheit sagen, dass die Bordcomputer für die Flugzeugsteuerung einwandfrei funktioniert haben. Die Ursachen für den Absturz waren fehlerhafte Sensordaten. Ein Flugzeug mit falschen Sensordaten stürzt ab, obwohl das Computerprogramm für seine Steuerung korrekt arbeitet. Denn nur mit fehlerfreien Lage- und Geschwindigkeitsdaten kann eine entsprechend zuverlässige Steuerung realisiert werden. Wir können das Simulationsmodell von GdW in einem metaphorischen Sinn als korrekt arbeitendes Computerprogramm mit schlechten Sensordaten betrachten.

Fasse ich meine Einschätzungen von GdW zum Kriterium (1) *fachgerechtes Forschen* zusammen, komme ich zu dem Schluss, dass GdW methodisch wegweisend, aber handwerklich mängelbehaftet war. Insofern kann ich den Autoren von GdW bescheinigen, dass sie mit Einschränkungen fachgerecht geforscht haben.

2.3 GdW – konsequent angezweifelt?

Wenden wir uns dem zweiten Kriterium zu, welches von Wissenschaftlern das kritische Hinterfragen ihrer Arbeitsergebnisse fordert. Sind die Autoren dieser Pflicht nachgekommen?

Das GdW-Team hat im Kapitel „Der Zustand des globalen Gleichgewichts" darauf hingewiesen, welche Konsequenzen ihr Lösungskonzept hätte: „Das Gleichgewicht würde es erfordern, gewisse Freiheiten wie etwa eine unbegrenzte Kinderzahl oder einen unkontrollierten Ressourcenverbrauch gegen andere Freiheiten wie die Erlösung von Umweltverschmutzung, Überbevölkerung sowie von der Gefahr eines Kollapses des Weltsystems einzutauschen." Sie weisen an anderer Stelle darauf hin, dass der Gleichgewichtszustand nur durch harte Geburtenkontrolle und ein Einfrieren des industriellen Kapitalstocks auf dem Niveau der Siebzigerjahre zu erreichen sei. In diesem Kapitel sind die Autoren somit meines Erachtens ihrer Pflicht nachgekommen, ihre Forschungsergebnisse kritisch zu hinterfragen.

Aus allgemeinerer Perspektive könnte man ein mangelndes Bewusstsein der Autoren für die Grenze zwischen Demokratie und Diktatur kritisieren. Bei den erörterten Maßnahmen – Geburtenkontrolle und Wachstumsstopp – handelt es sich um schwerwiegende Eingriffe in individuelle und unternehmerische Grundrechte. Diese Freiheitsrechte besitzen in den meisten Demokratien Verfassungsrang. Zur kritischen Reflexion der eigenen Forschungsergebnisse hätte aus meiner Sicht gehört, die Verfassungswidrigkeit solcher Maßnahmen klarer zu benennen. Doch handelt es sich bei diesem Urteil um eine Ansichtssache. Fasse ich meinen Gesamteindruck zusammen, so komme ich zu dem Schluss, dass das Kriterium (2) *konsequentes Anzweifeln* bei GdW im Wesentlichen erfüllt ist.

2.4 GdW – qualitätsgesichert veröffentlicht?

Wenden wir uns nun dem dritten Kriterium guter wissenschaftlicher Praxis zu, nämlich der Veröffentlichung nach den Regeln der betreffenden Wissenschaftsdisziplin. Ist GdW „regelgerecht" veröffentlicht worden? Hierunter verstehen wir in den meisten Fächern, dass die Ergebnisse in einer internationalen Fachzeitschrift mit Peer-Review veröffentlicht sind, bevor sie der nichtwissenschaftlichen Öffentlichkeit vorgestellt werden. Die Bedeutung von Fachzeitschriften mit Peer-Review ist in der Öffentlichkeit nicht umfassend bekannt. Es lohnt sich deshalb, hier kurz zu verweilen.

Wozu Fachzeitschriften?
In Denkfabriken herrscht die weit verbreitete Vorstellung, es sei ausreichend, ein Ergebnis wissenschaftlicher Arbeit mit dem Etikett *Studie* zu versehen und im Internet zu veröffentlichen. An dieser Praxis gibt es auf den ersten Blick nichts auszusetzen. Man könnte sogar der Meinung sein, die widerstandslose Verbreitung neuer Erkenntnisse über das Internet würde zu einer Demokratisierung der Wissenschaft führen und originellen Ideen zu deren schneller Verbreitung verhelfen. Hierbei handelt es sich jedoch aus zwei Gründen um einen Trugschluss. Die Gründe heißen Auffindbarkeit und Qualitätssicherung.

Die Veröffentlichung eines Forschungsergebnisses in einer internationalen Fachzeitschrift stellt sicher, dass das Dokument für alle Zeit auffindbar bleibt. Zum Beispiel lässt sich die Arbeit „Experimental Researches in Electricity" von Michael Faraday aus dem Jahr 1832 in den *Philosophical Transactions of the Royal Society* in gut sortierten Universitätsbibliotheken auf der ganzen Welt problemlos finden. So können wir nach fast zweihundert Jahren den Ursprung der Elektrotechnik ohne Schwierigkeiten studieren. Dank des Internets genügt heute sogar ein Klick auf den Digital Object Identifier https://doi.org/10.1098/rstl.1832.0006.

Um die Gegenprobe zu machen, empfehle ich Ihnen die Lektüre des Artikels „Wendigkeit – ein vernachlässigtes Ziel der Energiepolitik" aus den *Energiewirtschaftlichen Tagesfragen*. In diesem unterhaltsamen Essay nimmt der pensionierte Ministerialbeamte Knut Kübler die Qualität von Energieprognosen aufs Korn. Als Beleg für die Unauffindbarkeit unzweckmäßig veröffentlichter Literatur versuchen Sie bitte, die im Kübler-Artikel unter [6] zitierte Arbeit „DIW, EWI, RWI: Der Energieverbrauch in der Bundesrepublik Deutschland und seine Deckung bis zum Jahr 1995, Essen 1981" aufzutreiben. Dabei werden Sie erkennen, wie es nach weniger als vierzig Jahren um das Schicksal eines Aufsatzes bestellt ist, dessen Autoren ihre Erkenntnisse *nicht* in einer Fachzeitschrift veröffentlicht haben.

Die Veröffentlichung in einer internationalen Fachzeitschrift ist somit ein wichtiges Instrument, um wissenschaftliche Erkenntnisse, die in der Regel mit Steuergeldern finanziert worden sind, für kommende Generationen aufzubewahren.

Anonyme Fachbegutachtung

Was genau ist unter Peer-Review zu verstehen? Geht ein Manuskript bei der Redaktion einer Fachzeitschrift ein, wird es an mindestens zwei externe Wissenschaftler zur Begutachtung geschickt. Diese Personen werden vom Herausgeber der Zeitschrift ausgewählt und sind den Autoren nicht bekannt. Das Verfahren ist somit anonym und wissenschaftsintern. Letzteres bedeutet, dass der Qualitätssicherungsprozess nicht von Geldgebern, nicht von Ministerialbeamten, nicht von der Bevölkerung und schon gar nicht von Politikern beeinflusst werden kann. Die Gutachter prüfen das Manuskript und geben dem Herausgeber eine Einschätzung, ob die Arbeit fachlich korrekt und für den Leserkreis der betreffenden Zeitschrift von Interesse ist. Der Herausgeber entscheidet dann, ob die Arbeit publiziert wird.

Der Vorzug dieses mühevollen Verfahrens gegenüber schrankenloser Zirkulation von Studien im Internet besteht darin, dass die Qualitätssicherung anonym erfolgt und die Gutachter im Idealfall unabhängig sind. Hinzu kommt, dass der akademische Rang des Autors bei der Begutachtung eine untergeordnete Rolle spielt. Während es einem frisch promovierten Nachwuchswissenschaftler unangenehm sein dürfte, einen gestandenen Professor auf einer Konferenz vor versammeltem Publikum für einen Fehler zu kritisieren, ist dies beim Peer-Review ohne Weiteres möglich. So kann ein hochqualifizierter Doktorand, der von einer Zeitschrift zur Begutachtung eingeladen wird, das fehlerhafte Manuskript eines professoralen Platzhirschs zu Fall bringen, ohne Konsequenzen für seine Karriere befürchten zu müssen.

Die Bedeutung des Peer-Review-Prozesses kann in der Öffentlichkeit nicht oft genug betont werden. Deshalb möchte ich hier zusätzlich ein Beispiel aus eigenem Erleben einflechten. Im Jahr 1993 arbeitete ich als Habilitationsstipendiat der DFG im Mathematik-Department der Princeton University in den USA an der Computersimulation von Strömungsprozessen. Im Sommer 1993 stellte der damals unbekannte Professor Andrew Wiles aus unserem Department auf einem Workshop in England die mutmaßliche Lösung eines jahrhundertealten Problems vor. Wie mir Kollegen berichteten, soll Wiles mit seiner Methode die Tür zur Lösung des Fermat-Problems aufgestoßen haben.

Obwohl es sich bei dem Workshop um eine wissenschaftsinterne Veranstaltung handelte und Wiles keine aktive Kommunikation an die Presse betrieben hatte, ist dieses sensationelle Ergebnis vor der Publikation in der Fachpresse öffentlich bekannt geworden. Im Sommer 1993 setzte eine Flut von Presseartikeln über Wiles und die Lösung des Fermat-Problems ein. Allerdings enthielt keine Pressemeldung einen Hinweis, dass das Ergebnis bislang weder publiziert noch von unabhängigen Forschern bestätigt worden sei.

Im Juli 1993 war ich auf einer privaten Gartenparty eingeladen, bei der auch Andrew Wiles zu Gast war. Wiles ist ein ambitionierter, aber in seinem Auftreten bescheidener und zurückhaltender Wissenschaftler. Er erzählte mir, dass ihm der Medienrummel unangenehm sei, weil er seinen Beweis noch nicht in einer Fachzeitschrift veröffentlicht habe.

Wie sich später herausstellte, enthielt sein im Sommer präsentierter Beweis einen Fehler. Dieser wurde erst im Rahmen des Peer-Review aufgedeckt. Es folgte ein mehrjähriges Drama mit einem Happy End, das der Bestsellerautor Simon Singh in seinem Buch *Fermats letzter Satz* für die Nachwelt erlebbar gemacht hat. Der korrekte Beweis des Fermatschen Satzes erschien 1995 in der Fachzeitschrift *Annals of Mathematics* und ist für mich seither ein Symbol für die Bedeutung wissenschaftlicher Qualitätssicherung.

Kehren wir zurück zu GdW. Ist diese Studie qualitätsgesichert veröffentlicht worden?

GdW – Ursünde der Politikberatung

GdW ist ein populärwissenschaftliches Buch, kein Fachbuch. Ein Jahr nach Erscheinen von GdW veröffentlichte das Meadows-Team die technischen Details seines Computerprogramms mit einem Umfang von über 600 Seiten in dem Buch *Dynamics of Growth in a Finite World*. Weder GdW noch Dynamics of Growth hat je einen Qualitätssicherungsprozess gemäß den beschriebenen Standards durchlaufen.

Anstatt sich den Regeln guter Praxis unterzuordnen, beteiligten sich die Autoren aktiv an einer groß angelegten und professionell inszenierten Werbekampagne. Der Redakteur Robert Gillette vom Wissenschaftsmagazin *Science* hat das Geschehen einschließlich des Wirkens einer speziell angeheuerten Werbefirma in einer Kolumne (*Science,* Jahrgang 1972, Band 175, Seiten 1088–1092) ausführlich beschrieben. Er kritisiert: „… dass nicht ein Fetzen [des Buches, Anm. d. Verf.] der kritischen Begutachtung in einem wissenschaftlichen Journal unterzogen wurde…". Daran, dass schon zur Zeit der Entstehung die Publikationsstrategie der Autoren von GdW von einer führenden Fachzeitschrift kritisiert wurde, können wir erkennen, dass diese Praxis schon damals den Normen widersprach.

Gillette berichtet weiter: „Meadows wurde unter anderem gefragt, warum seine Gruppe ein populäres Buch auf den Markt gebracht hat, ohne vorher Teile der Studie in kritischen Fachzeitschriften zu veröffentlichen. Er scheint die Frage nicht zu mögen, beantwortet sie aber trotzdem. ‚Fachzeitschriften dauern so lange. Da haben Sie Vorlaufzeiten von zwölf Monaten und mehr.'" Diese Antwort zeigt, dass die Autoren bewusst auf eine Publikation in einer Fachzeitschrift verzichtet haben, um schnell in die Öffentlichkeit zu gehen.

In einer späteren Kolumne schreibt die Wissenschaftszeitschrift *Nature* (Jahrgang 1973, Band 242, Seiten 147–148): „Es sollte erwähnt werden, dass Vorab-Kopien des technischen Berichts [gemeint ist das Manuskript des Buches *Dynamics of Growth in a Finite World*, Anm. d. Verf.] nicht annähernd so frei verfügbar waren, wie Meadows es sagt. Er hat zum Beispiel abgelehnt, *Nature* ein Exemplar zur Verfügung zu stellen, weil sie es nur gegen uns verwenden werden". Dieses Beispiel bestätigt, dass die Publikationsstrategie der Autoren von GdW nicht den Regeln guter wissenschaftlicher Praxis entsprach.

Der Bericht von Robert Gillette legt weiterhin die Vermutung nahe, dass die Autoren an der Werbekampagne um ihr Buch aktiv mitgewirkt haben. Gillette schreibt: „Um die Information zu verbreiten, heuerte Potomac Associates

[Eigentümer der Urheberrechte an dem Buch, Anm. d. Verf.] die umtriebige Public-Relations-Firma Calvin Kytle Associated an." Deren Mitarbeiter erstellten einige effektvolle Pressemitteilungen, die es am 27. Februar 1972 in die Sonntagsausgaben führender amerikanischer Tageszeitungen schaffton. Am Donnerstag, dem 2. März 1972 beriefen die Autoren dann schließlich ein Symposium in den Großen Saal der Smithsonian Institution in Washington ein und am gleichen Tag begann der Verkauf des Buches.

Der Verzicht auf Publikation in einer referierten Fachzeitschrift, die Weigerung, dem renommierten Fachmagazin *Nature* einen Vorabdruck des technischen Berichts zur Verfügung zu stellen, und die Mitwirkung an einer professionell organisierten Medienkampagne für ein nicht qualitätskontrolliertes wissenschaftliches Dokument – all das deutet darauf hin, dass das Kriterium (3) *qualitätsgesicherte Veröffentlichung* nicht erfüllt ist.

2.5 GdW – unabhängig bestätigt?

Betrachten wir nun das vierte Kriterium, die Bestätigung der Forschungsergebnisse durch unabhängige Arbeitsgruppen. Die Erfüllung dieses Kriteriums liegt nicht allein in der Macht der Autoren. Es ist jedoch wichtig, dass die Urheber einer Publikation ihre Methoden und Daten anderen Gruppen in einer transparenten Weise bereitstellen, sodass diese zu einer Überprüfung in der Lage sind.

Bald nach Erscheinen von GdW wurde in der Fachwelt unter anderem kritisiert, dass die Autoren ihr Computermodell vor der Benutzung nicht validiert hätten. Hierunter versteht man in der Simulationswissenschaft den Vergleich der Simulationsergebnisse mit bekannten Daten. Eine besonders schwerwiegende Konsequenz der fehlenden Validierung wurde von Thomas Boyle vom Lowell Observatory in Flagstaff, Arizona, entdeckt und in *Nature* publiziert (Jahrgang 1973, Band 245, Seiten 127–128).

Boyle wollte die Simulationen des Meadows-Teams überprüfen und übersetzte das von den Autoren erhaltene Programm in die Computersprache FORTRAN. Boyle schreibt in seinem Fachaufsatz: „Während der Übersetzung des Meadows-Modells wurde in der ausgedruckten Version des Originalprogramms ein typographischer Fehler entdeckt – eine Zahl in einer Sequenz war um den Faktor zehn größer als ihre anderen Elemente der Sequenz – dies wurde korrigiert. Während der Validierung wurden starke Abweichungen zwischen den Ergebnissen des transplantierten Programms und drei von zwölf in GdW publizierten Simulationsläufen gefunden. Diese Abweichungen konnten auf den gefundenen Fehler zurückgeführt werden." Diese Ausführungen zeigen, dass GdW einen technischen Fehler enthielt.

Es ist in der Wissenschaft normal, dass in Simulationsprogrammen Fehler gefunden werden. Dem Meadows-Team ist nicht der Programmierfehler anzulasten, sondern das Fehlen von Validierungsrechnungen. Es ist unabhängig davon bemerkenswert, dass dieser Fehler heute in der Fachwelt weitgehend unbekannt ist. Mehr noch, der Fehler ist bis heute im Wikipedia-Artikel „Grenzen des Wachstums" unerwähnt.

Ein Jahr nach dem Erscheinen von GdW veröffentlichte ein Forscherteam der University of Sussex unter Leitung von H. Cole, C. Freeman, M. Jahoda und K. Pavitt eine umfassende Kritik in Buchform unter dem Titel *Models of Doom – A Critique of the Limits to Growth*, auf Deutsch: *Modelle des Untergangs – Eine Kritik der Grenzen des Wachstums*. Dieses 244 Seiten starke Buch beschäftigt sich in Teil 1 "The world models and their sub-systems", auf Deutsch: „Die Weltmodelle und deren Subsysteme" mit methodischen Schwächen der Computersimulation, während Teil 2 "The ideological background" „Der ideologische Hintergrund" sich mit grundsätzlichen Fragen wie der Möglichkeit der Vorhersage der Weltbevölkerung oder dem technokratischen Weltbild von GdW auseinandersetzt.

Das Buch verdeutlicht, dass Teile des Modellierungsansatzes von GdW einer kritischen Analyse nicht standhalten. In Kapitel 8 "Energy Resources" analysieren beispielsweise A. Surrey und M. Bromley die Annahmen über die Energieressourcen und üben Kritik an der statischen Betrachtungsweise in GdW. Auf den Seiten 104 und 105 schreiben sie: „Es ist schlichtweg unmöglich, die weltweiten Energievorräte präzise zu ermitteln. Die notwendigen Messtechniken sind nicht verfügbar. Außerdem ist es unmöglich, zu wissen, welche Materialien in ferner Zukunft als Energieressourcen betrachtet werden. Vor 100 Jahren wären weder Öl noch Erdgas noch Uran in einer Inventarliste der Weltenergieressourcen aufgetaucht. Zu diesem Zeitpunkt hätte das Inventar aus leicht zugänglichen Vorräten an Kohle, Torf, Holz, Arbeit von Nutztieren und anderen Energieformen traditioneller Gesellschaftsordnungen bestanden. In 100 Jahren wird deshalb das Inventar zweifellos anders aussehen als das heutige und könnte Thorium sowie Solarenergie enthalten." Diese Zeilen weisen deutlich auf einen grundsätzlichen Mangel des gewählten mechanistischen Modellierungsansatzes hin: Bei Prozessen wie der Menschheitsentwicklung, die teilweise durch Sprunginnovationen charakterisiert sind, ist eine Vorhersage grundsätzlich unmöglich. Somit lässt sich feststellen, dass die Erkenntnisse von GdW weder zur Zeit des Erscheinens noch heutzutage quantitativ von unabhängigen Gruppen bestätigt werden konnten. Zwar führten die Autoren dreißig Jahre nach Erscheinen von GdW erweiterte Simulationen durch, die nach deren eigenen Aussagen die vorherigen Simulationen bestätigen. Doch handelt es sich dabei keineswegs um unabhängige Arbeiten.

Zum Kriterium (4) *unabhängiges Prüfen* ziehe ich also das Resümee, dass weder die Simulationsergebnisse noch die Schlussfolgerungen einer späteren unabhängigen Prüfung standgehalten haben.

2.6 Zwischenfazit: GdW – ein mutiger Fehlschlag

Zusammenfassend komme ich zu dem Schluss, dass es sich bei GdW um ein wissenschaftlich mutiges und methodisch originelles, aber handwerklich mängelbehaftetes Werk handelt, dessen Erstveröffentlichung als Buch ohne vorherige

2.6 Zwischenfazit: GdW – ein mutiger Fehlschlag

Publikation in einer begutachteten Fachzeitschrift weder mit den damaligen noch mit den heutigen Qualitätsstandards wissenschaftlichen Publizierens im Einklang steht. Insgesamt wird das Werk den Regeln guter wissenschaftlicher Praxis bedingt gerecht. Die GdW-Show am 2. März 1972 ist für mich die Ursünde der Politikberatung – der Alarmismus hat sich nach fast fünfzig Jahren als grundlos erwiesen. Angesichts dieser Vielschichtigkeit halte ich es weder für sinnvoll, das Werk zu glorifizieren, noch finde ich es gerechtfertigt, es zu verteufeln. Auf eine einfache Formel gebracht, würde ich GdW als einen mutigen Fehlschlag bezeichnen.

Wir haben die Wissenschaftlichkeit von Denkfabriken bislang nur an einem einzigen Beispiel analysiert. Ist GdW repräsentativ? Nach meiner Einschätzung liegt die wissenschaftliche Qualität von GdW über dem Durchschnitt von Studien aus Denkfabriken. Ich empfehle Ihnen jedoch, sich Ihr eigenes Bild zu machen.

Nachdem wir die Wissenschaftlichkeit von GdW ausführlich erörtert haben, müssen wir für diese Studie noch zwei Fragen beantworten.

Erstens: Hätte die Arbeit des Club of Rome an GdW mit Steuergeldern unterstützt werden sollen? Ich beantworte diese Frage mit einem überzeugten Nein. Steuergelder für dieses Thema wären an einer renommierten Universität wie dem MIT wesentlich besser angelegt gewesen als beim Club of Rome. Die am MIT herrschende Veröffentlichungskultur hätte mit hoher Wahrscheinlichkeit sichergestellt, dass die Forschungsergebnisse vor der Presseshow angemessen publiziert worden wären.

Zweitens: Hätten Politiker die Empfehlungen aus GdW ernster nehmen sollen als die Aussagen von Wissenschaftlern aus Universitäten und Forschungszentren? Auch diese Frage beantworte ich mit einem vehementen Nein. Der in GdW empfohlene Stopp des Wirtschaftswachstums hätte katastrophale Folgen für Entwicklungs- und Schwellenländer gehabt. Eine Befolgung der GdW-Strategie hätte hunderte Millionen von Menschen in China und Indien unterhalb der Armutsgrenze festgehalten, der sie dank Wirtschaftswachstum entkommen sind.

Unseren Exkurs in das Jahr 1972 möchte ich mit zwei historischen Fußnoten beenden.

Der Forscher Cesare Marchetti vom heutigen Internationalen Institut für Angewandte Systemanalyse IIASA in Laxenburg, Österreich, hat ohne Computer, jedoch mit nüchternem Sachverstand und einfachen Formeln robustere Vorhersagen erzeugt als die Autoren von GdW. In dem Artikel "10^{12}: A check on the earth carrying capacity for man", auf Deutsch: „10^{12}: Eine Überprüfung der Tragfähigkeit der Erde für Menschen"; im Internet frei verfügbar; leitete er 1979 eine plausible Obergrenze für die Erdbevölkerung her. Nebenbei bemerkt, führte Marchetti damit das pseudowissenschaftliche Konzept vom ökologischen Fußabdruck lange vor seinem Entstehen *ad absurdum*. Marchetti formulierte überdies Prognosen von formidabler Weitsicht, zum Beispiel: „Jede Person wird ein Supervideotelefon benötigen, mit dem sie eine multifunktionale Verbindung zu jeder anderen Person, zu jedem als öffentlich definierten Ort und zu Informationsspeichern herstellen kann".

Die GdW-Autoren haben ihrem Buch ein Zitat des damaligen UNO-Generalsekretärs U Thant vorangestellt: „Ich möchte nicht über Gebühr dramatisch klingen. Aber ich kann ... nur schlussfolgern, dass die Mitglieder der Vereinten Nationen allenfalls *zehn* [Hervorh. d. Verf.] Jahre zur Verfügung haben, um ihren uralten Streit zu begraben und eine globale Partnerschaft zu starten, um das Wettrüsten einzudämmen, die menschliche Umwelt zu verbessern, die Bevölkerungsexplosion zu entschärfen und den Entwicklungsbemühungen den richtigen Impuls zu geben. Wenn eine solche globale Partnerschaft nicht innerhalb der nächsten Dekade zustande kommt, befürchte ich, dass die von mir erwähnten Probleme ein so beträchtliches Ausmaß angenommen haben werden, dass es jenseits unserer Fähigkeiten liegt, sie zu kontrollieren." Ich halte die Verkündung unwissenschaftlicher Zehnjahresfristen für unangemessen, und die Geschichte gibt mir recht: Obwohl die Menschheit keine Haurruck-Aktionen im Sinne von U Thant ergriffen hat, befindet sich die Wirtschaft seines Heimatlandes Myanmar heute dank Wirtschaftswachstum, Globalisierung und Tourismus im Aufschwung; das Lebensniveau der Menschen steigt.

Nach dem Rückblick in das Jahr 1972 kehren wir in die Gegenwart zurück. Nun wollen wir heutige Denkfabriken nach den gleichen Grundsätzen untersuchen, wie den Club of Rome.

2.7 Denkfabriken heute

Für die bevorstehende Analyse empfehle ich Ihnen, liebe Leserinnen und Leser, meine allgemeinen Ausführungen mittels eigener Recherche anhand eines konkreten Beispiels zu begleiten. Geben Sie dazu in Ihre Suchmaschine die Begriffe *Denkfabrik* und *Energiewende* ein. Wählen Sie dann aus der Trefferliste eine Denkfabrik aus, von der Sie schon etwas gehört oder eine Studie gelesen haben. Gehen Sie anschließend die nachfolgenden Kriterien Schritt für Schritt durch.

Zunächst gilt es festzustellen, ob die Einrichtung überhaupt in unserem Beobachtungsfenster liegt. Prüfen Sie hierzu als Erstes, ob die Denkfabrik öffentliche Gelder erhält. Diese Informationen sind in der Regel auf den Webseiten unter den Rubriken „Über uns" oder „Häufig gestellte Fragen" hinterlegt. Finden Sie als Nächstes heraus, ob sich die Denkfabrik mit Begriffen wie „wissenschaftlich" oder „akademisch belastbar" beschreibt. Sind beide Fragen mit Ja beantwortet? Dann haben Sie als Steuerzahler meines Erachtens das Recht, von der Denkfabrik die Einhaltung der Regeln guter wissenschaftlicher Praxis zu erwarten.

Analysieren Sie nun, inwieweit Ihre Denkfabrik den Kriterien (1) *fachgerechtes Forschen,* (2) *konsequentes Anzweifeln,* (3) *qualitätsgesichertes Veröffentlichen* und (4) *unabhängiges Prüfen* genügt.

Wie wir am Beispiel des Club of Rome feststellen konnten, beruht fachgerechtes Arbeiten darauf, dass die Wissenschaftler für ihre Aufgaben qualifiziert sind und die verwendeten Werkzeuge dem aktuellen Stand der Forschung entsprechen.

Qualifikation ohne Promotion?
Um die Qualifikation zu beurteilen, besuchen Sie im Internetauftritt die Rubrik „Unser Team" oder „Wir über uns". Schauen Sie sich nun die Lebensläufe an; insbesondere die der Projektleiter. Dabei werden Sie gelegentlich auf solche Formulierungen stoßen: „N. N. studierte Rechtswissenschaften, Politikwissenschaften, Volkswirtschaftslehre und Soziologie in Deutschland, Spanien, den USA und im Vereinigten Königreich." Lassen Sie sich durch die Vielfalt an Studienfächern und Studienorten nicht vom Wesentlichen ablenken. Bedenken Sie, dass für die Qualifikation in der Wissenschaft weder die Zahl der Studienfächer noch der Wohlklang von Studienorten entscheidend ist. Wichtig ist einzig die Frage, ob die Person ihr Studium zu einem erfolgreichen Ende geführt hat – und sei es nur in einem Fach an einem Ort.

In der akademischen Welt gilt die Promotion als Nachweis für die Befähigung zu eigenständiger wissenschaftlicher Arbeit. Demgemäß werden an Universitäten und Forschungszentren Führungspositionen – von der Nachwuchsgruppenleitung bis zur Professur – in der Regel durch promovierte Wissenschaftlerinnen und Wissenschaftler besetzt. Prüfen Sie deshalb, ob Schlüsselpersonen über eine Promotion verfügen. Die Promotion als Voraussetzung für Führungsverantwortung in der Wissenschaft hat nichts mit Standesdünkel zu tun. Sie ist ein Instrument der Qualitätssicherung, vergleichbar mit dem Zweiten Staatsexamen als Nachweis der Befähigung für das Richteramt.

Wissenschaftler oder Entertainer?
Wenn Sie noch etwas mehr Zeit in die Analyse der Reputation von Denkfabrikarbeitern investieren wollen, können Sie *Google Scholar* zu Hilfe nehmen. Dieses Tool enthält eine große Datenbank wissenschaftlicher Veröffentlichungen. Die Suchergebnisse zeigen nicht nur die Publikationen einer Person an, sondern geben anhand der Zitierhäufigkeit auch Auskunft darüber, wie intensiv diese international wahrgenommen werden.

Um ein Gespür für den Einfluss eines Forschers zu entwickeln, tippen Sie bitte probeweise den Namen des Stuttgarter Physik-Nobelpreisträgers Klaus von Klitzing ein. Google Scholar liefert Ihnen eine lange Trefferliste mit Publikationen. Zu jeder erhalten Sie eine Zitationszahl wie beispielsweise „zitiert von 755". Um diese einordnen zu können, ist es wichtig zu wissen, dass ein großer Teil der weltweit veröffentlichten Publikationen weniger als zehnmal zitiert wird. Eine Zitationszahl von über 100 gilt als Ausweis hoher Qualität. 755 ist ein Zeichen herausragender internationaler Wertschätzung. Erreicht ein Forscher wie der Stuttgarter Nobelpreisträger eine Zitationshäufigkeit in der Größenordnung von 1.000, so spielt er in der Wissenschaftswelt eine ähnliche Rolle wie ein besonders erfolgreicher Influencer in den sozialen Medien.

Machen Sie am besten noch die Gegenprobe. Physiker würden auch von einem „Nullexperiment" sprechen. Ein korrekt arbeitendes Messgerät sollte eine Null anzeigen, wenn es kein Signal erhält. Um bei Google Scholar einen wissenschaftlichen Laien zu erkennen, tippen Sie in die Suchmaske zum Beispiel „Dieter Bohlen" ein. In diesem Fall treffen Sie auf das Buch „Nichts als die Wahrheit" mit vierzehn Zitaten, welches sich aus unerklärlichen Gründen in die Datenbank von Google Scholar verirrt hat. Außerdem finden Sie dort einige Artikel, die nicht von Dieter Bohlen stammen, sondern auf ihn verweisen.

Wir sehen an diesen Beispielen, dass schon einfachste Kenngrößen wie die Zitationszahl den Unterschied zwischen einem Entertainer und einem Nobelpreisträger widerspiegeln.

Fachgerechtes Forschen
Die Aktualität der Arbeitswerkzeuge einer Denkfabrik ist für einen Außenstehenden in der Regel schwer zu beurteilen. Sie können jedoch prüfen, ob die Angestellten der Denkfabrik die Simulationsmethoden auf ihren Webseiten veröffentlichen oder auf eigene Veröffentlichungen verweisen. Dass dies bei GdW der Fall war, hatten wir an dem technischen Bericht *Dynamics of Growth in a Finite World* gesehen. Falls Sie auf den Webseiten nicht fündig werden, schreiben Sie den Bearbeitern eine Mail und fragen nach den Simulationswerkzeugen. Wenn die Denkfabrik oder das Projekt mit öffentlichen Mitteln gefördert wurden, sind die Wissenschaftler verpflichtet, Ihnen Auskunft zu erteilen.

Ein integraler Bestandteil fachgerechten Forschens ist personalisierte Verantwortung. Prüfen Sie deshalb, ob auf den Titelseiten oder im Impressum der Studie klar erkennbar ist, wer die wissenschaftliche Verantwortung für den Inhalt trägt. Bei Publikationen in Fachzeitschriften sind die Autoren auf der ersten Seite erkennbar und tragen die Verantwortung. Bei Studien werden Sie hingegen häufig erkennen, dass eine Vielzahl von „Projektleitern", „Koordinatoren", „Begleitkreismitgliedern" genannt wird. Eine Zuordnung der fachlichen Verantwortung ist für einen Außenstehenden dann nicht möglich.

Konsequentes Anzweifeln
Als zweites Kriterium guter wissenschaftlicher Praxis hatten wir das Hinterfragen, das Anzweifeln und das ständige Überprüfen der Richtigkeit eigener Erkenntnisse besprochen. Um festzustellen, inwieweit die von Ihnen analysierte Denkfabrik diese Tugend übt, ist etwas Fleißarbeit erforderlich. Lesen Sie hierzu eine mit öffentlichen Mitteln unterstützte Studie vom Anfang bis zum Ende durch, notfalls auch nur einen Bericht. Falls Sie dort infantile Phrasen finden – wie etwa „Make Klimaschutz great again" auf Seite 5 eines mit Steuergeldern geförderten „Erfahrungsberichts" – oder akademische Salbadereien wie „Die Ergebnisse sind robust, geben aber auch Hinweise auf künftigen Forschungsbedarf", sind Zweifel am Willen der Autoren zu kritischer Selbstreflexion angebracht.

Ein offensichtliches Anzeichen für das Fehlen konstruktiver Selbstzweifel ist die Neigung zu apodiktischen Aussagen. Diese sind an einer Häufung der Vokabeln „müssen" und „sollen" erkennbar – ohne einen Hinweis darauf, wer Urheber der Forderung ist und wem er diese Ermächtigung verdankt. So lässt die Formulierung „Die Technologie XX *muss* einen gleichberechtigten Zugang zum Markt erhalten" nicht erkennen, ob diese Forderung dem Autor der betreffenden Studie oder den Vätern des Grundgesetzes zuzuschreiben ist.

2.7 Denkfabriken heute

Qualitätsgesichertes Veröffentlichen
Schauen Sie nun als Drittes nach, wo die von Ihnen ausgewählte Denkfabrik ihre Arbeitsergebnisse veröffentlicht. Es ist das Recht jeder Denkfabrik, Papiere in den verschiedensten Formaten wie etwa „Studie", „Hintergrund", „Impuls", „Analyse" oder „Report" zu veröffentlichen. Doch sollten Sie sich vergewissern, ob die Denkfabrik ihre Forschungsergebnisse auch in referierten Fachzeitschriften publiziert. Denn wir hatten festgestellt, dass nur dort der innerwissenschaftliche anonyme Peer-Review-Prozess für die Einhaltung von Qualitätsstandards sorgt. Eine solche Prüfung können Sie mittels Google Scholar vornehmen, indem Sie den Namen des Autors und einige Stichworte aus dem Titel der Studie eintippen.

Unabhängiges Prüfen
Als viertes Kriterium schauen wir uns nun an, inwieweit heutige Denkfabriken die Bestätigung oder Widerlegung ihrer Arbeitsergebnisse durch Unabhängige unterstützen. Bei der Analyse dieses Kriteriums für GdW hatten wir bereits ein widersprüchliches Bild wahrgenommen. Auf der einen Seite haben sich die Autoren der Studie im Erscheinungsjahr 1972 geweigert, der Fachzeitschrift *Nature* den technischen Bericht zu ihrer Studie für eine Rezension vorab zur Verfügung zu stellen. Ich halte dies für einen milden Verstoß gegen die Regeln guter wissenschaftlicher Praxis. Auf der anderen Seite haben die Autoren im Jahr 1973 den technischen Bericht *Dynamics of Growth in a Finite World* im Umfang von mehr als sechshundert Seiten veröffentlicht. Dies betrachte ich als einen vorbildlichen Schritt.

Falls Sie sich ein Bild verschaffen wollen, inwieweit die von Ihnen ausgewählte Denkfabrik die Überprüfung ihrer Arbeitsergebnisse durch unabhängige Arbeitsgruppen unterstützt, sollten Sie sich darauf einstellen, etwas mehr Mühe in die Recherchearbeit zu stecken. Suchen Sie sich hierzu ein Dokument aus, welches den Namen *Studie* trägt. Prüfen Sie erstens, ob es zu dieser Studie eine englischsprachige Version gibt, die in einer referierten Fachzeitschrift erschienen ist. Ist dies nicht der Fall, so bedeutet dies noch nicht automatisch, dass die Autoren nicht gewillt sind, ihre Ergebnisse von internationalen Teams überprüfen zu lassen. Doch sollten wir uns darüber im Klaren sein, dass eine kritische Prüfung ohne internationale Publikation nahezu unmöglich ist. Stellen Sie sich vor, Sie wären ein deutscher Energieforscher, der japanische Studien zur japanischen Energiepolitik unter die Lupe nehmen möchte. Würden Sie auf japanischsprachigen Webseiten japanischer Thinktanks auf die Suche nach methodischen Einzelheiten gehen?

Prüfen Sie außerdem, ob es zu der Studie Ergänzungsinformationen gibt, die idealerweise im Internet verfügbar sind. Hierzu lässt es sich in der Regel nicht vermeiden, die Studie in weiten Teilen zu lesen. Im günstigsten Fall finden Sie am Ende der Studie einen Hinweis auf Ergänzungsinformationen – *supplementary information* oder *supporting information*. Diese sind in der Regel unabdingbar, um die Ergebnisse der Studie nachzuvollziehen und gegebenenfalls nachzurechnen.

Um ein Beispiel für einen professionellen Umgang mit Ergänzungsinformationen und Forschungsdaten zu betrachten, werfen wir einen Blick auf eine Publikation des Energiesystemanalytikers Mark Jacobson von der Stanford University. In einer Studie mit dem Titel "Low-cost solution to the grid reliability problem with 100 % penetration of intermittent wind, water, and solar for all purposes" formuliert er für die USA ein Energieszenario mit hundert Prozent erneuerbarer Energie. Die Studie wurde in der Fachzeitschrift *Proceedings of the National Academy of Sciences* veröffentlicht und ist frei zugänglich. Wichtiger an dem sechsseitigen Artikel ist jedoch die Tatsache, dass ihm ein 28-seitiges Ergänzungsdokument beigefügt ist, in dem die Annahmen und Methoden ausführlich erläutert werden. Wir werden gleich sehen, dass dieses Dokument eine wichtige Rolle in einem innerwissenschaftlichen Streit gespielt hat, der in der Fachwelt und sogar in der Öffentlichkeit für einiges Aufsehen gesorgt hat.

Steuergelder für Denkfabriken?
Ich hatte eingangs die Frage aufgeworfen, ob öffentliche Mittel für Energie- und Klimapolitik in Universitäten und Forschungszentren besser angelegt sind als in Denkfabriken. Die Antwort auf eine solche Frage hängt nicht nur von objektiven Kriterien, sondern auch von persönlichen Werturteilen ab.

Die Stärken von Universitäten und Forschungszentren liegen in ihrer Wissenschaftlichkeit sowie in der grundgesetzlich garantierten Unabhängigkeit von Hochschullehrern. Außerdem sind öffentliche Forschungseinrichtungen den DFG-Regeln guter wissenschaftlicher Praxis verpflichtet. Die Stärken von Denkfabriken sehe ich in ihrer Vernetzung mit der Politik und in der Fähigkeit, abstrakte Sachverhalte in der Öffentlichkeit verständlich darzustellen.

Anhand einer Episode aus der jüngsten Vergangenheit möchte ich verdeutlichen, dass fachliche Kontroversen innerhalb des Wissenschaftssystems professioneller ausgetragen werden können als mit Denkfabriken.

Mark Jacobson führte im Jahr 2017 einen harten wissenschaftlichen Disput mit Christopher Clack von der National Oceanic and Atmospheric Administration und der University of Colorado. Jacobson hatte 2015 den oben erwähnten Artikel veröffentlicht. Clack und zwanzig weitere Autoren waren der Meinung, das Papier enthielte schwerwiegende methodische Mängel. So haben sich Clack und seine Co-Autoren für die innerwissenschaftliche Debatte entschieden. Sie haben hierzu ihre Kritik in Form eines Artikels unter dem Titel "Evaluation of a proposal for reliable low-cost grid power with 100 % wind, water, and solar" zusammengefasst und in der gleichen Zeitschrift veröffentlicht, in der Jacobsons Artikel erschienen war. Dieser konnte seinerseits mit der Replik "The United States can keep the grid stable at low cost with 100 % clean, renewable energy in all sectors despite inaccurate claims" antworten. Im Jahr 2017 verklagte er außerdem die Akademie der Wissenschaften der USA auf zehn Millionen Dollar Schadenersatz und forderte, die Arbeit von Clack zurückzuziehen.

Ich halte eine Zehn-Millionen-Dollar-Klage für den falschen Weg, um einen wissenschaftlichen Streit abzuschließen. Doch bleibt festzuhalten, dass der vorangegangene professionelle Meinungsstreit mittels Kritik und Replik in einer begutachteten Fachzeitschrift mir nur innerhalb des Wissenschaftssystems bekannt ist. Ich kenne in Deutschland keinen Fall, in dem sich eine Denkfabrik in einer

2.7 Denkfabriken heute 55

Fachzeitschrift so intensiv mit einer Forschergruppe über die Richtigkeit eines Forschungsergebnisses ausgetauscht hätte.

Auf der Grundlage des Geschilderten komme ich zu dem Schluss, dass Steuergelder für Energie- und Klimafragen in öffentlichen Forschungseinrichtungen effizienter angelegt sind als in Denkfabriken. Ich plädiere deshalb dafür, Denkfabriken nur dann öffentliche Mittel zu gewähren, wenn sie die DFG-Regeln guter wissenschaftlicher Praxis vorher rechtsverbindlich umgesetzt haben. Ein noch weiter gehender Schritt – das Verbot einer Förderung von Denkfabriken mit Steuergeldern – hätte den Vorteil, dass sich deren erklärte Unabhängigkeit vom Staat konsequent in der Finanzierungsstruktur niederschlagen würde.

Denkfabriken als politische Ratgeber?
Abschließend widmen wir uns der Frage, ob Politiker den Denkfabriken bei der Gestaltung von Energie- und Klimapolitik mehr Gehör schenken sollten als den Erkenntnissen von Universitäten und Forschungseinrichtungen.

Die Bewertung von GdW spricht meines Erachtens dagegen. Die Autoren haben behauptet, die Welt könne *nur* durch eine gleichzeitige strikte Geburtenkontrolle und das Einfrieren der Industrieproduktion auf dem Niveau des Jahres 1972 vor einer Katastrophe bewahrt werden. Wie wir an dem Buch *Models of Doom* aus dem Jahr 1973 gesehen haben, wurde diese Empfehlung schon kurz nach ihrem Erscheinen scharf kritisiert. Wie wir heute wissen, handelt es sich bei diesem Rat an Politiker um eine Fehleinschätzung, deren Tragweite in den undifferenzierten Litaneien des einschlägigen Wikipedia-Artikels unerwähnt bleibt.

Die Menschheit hat – aus meiner Sicht zu Recht – keine der drakonischen Empfehlungen umgesetzt. Dem Alarmismus aus GdW zum Trotz haben Marktwirtschaft und Globalisierung in den vergangenen zwanzig Jahren zahlreiche Menschen in China, Indien sowie anderen Entwicklungs- und Schwellenländern von Armut befreit. Rückblickend war es meines Erachtens richtig, den Empfehlungen des Club of Rome nicht zu folgen. Auf der Basis von GdW komme ich zu dem Schluss, dass die Prognosefähigkeiten von Denkfabriken keinesfalls besser sind als die öffentlicher Forschungseinrichtungen. Es gibt deshalb nach meinem Dafürhalten keinen Grund, Denkfabriken mehr Gehör zu schenken als staatlich finanzierten Forschern.

Abschließend möchte ich die Rolle von Denkfabriken aus einer etwas allgemeineren Perspektive beleuchten. Denkfabriken nehmen für sich in Anspruch, Vertreter aus Politik, Industrie, Wissenschaft und Öffentlichkeit „an einen Tisch zu bringen" und Lösungen für komplexe gesellschaftliche Probleme zu erarbeiten. Diese Idee klingt zunächst bestechend. Doch bei genauerem Hinsehen ziehe ich das Fazit, dass es sich hierbei um eine Illusion handelt, die überdies mit demokratischen Grundprinzipien schwerlich vereinbar sein dürfte. Ich möchte dies an einem Beispiel aus dem Rechtssystem verdeutlichen.

2.8 Blick über den Tellerrand

Der Rechtsanwalt Ferdinand von Schirach hat im *Spiegel* 23/2010 eine Kritik am Verteidiger des Kindermörders Magnus Gäfgen veröffentlicht. Der Verteidiger hatte seinem Mandanten geraten, seinen Mord erneut zu gestehen, nachdem sein erstes Geständnis aufgrund von Verfahrensfehlern nichtig geworden war. Schirach wertete dies als ein Versagen des Verteidigers „... weil er nie ein echter Gegenspieler des Gerichts war." Schirach wies in seinem Beitrag ferner darauf hin, dass ein Rechtssystem nur funktionieren könne, wenn jeder Akteur – Richter, Staatsanwalt und Verteidiger – seine Rolle konsequent und ohne Rücksicht auf die Befindlichkeiten der anderen spielt: „Der Verteidiger ist Partei. Er darf nur die Interessen seines Mandanten vertreten – nicht die des Staatsanwalts, nicht die der Richter und schon gar nicht die der Öffentlichkeit."

Würden wir unserem Rechtssystem etwas Gutes tun, wenn wir eine Person damit beauftragten, gleichzeitig Richter, Staatsanwalt und Verteidiger zu sein, um alle Parteien „an einen Tisch zu bringen"? Die meisten Menschen werden diese Frage vermutlich verneinen.

Aus dem gleichen Grund stehe ich auf dem Standpunkt, dass Energie- und Klimapolitik am besten gedeihen, wenn jede Partei – Wissenschaft, Industrie, Zivilgesellschaft und Politik – konsequent ihre Rolle spielt. Genauer gesagt meine ich, dass selbstbewusste Wissenschaftler auf der Suche nach Wahrheit, innovative Unternehmer auf der Suche nach Gewinn, freie Bürger auf der Suche nach Glück und verantwortungsvolle Politiker auf der Suche nach Mehrheiten ohne fremde Hilfe Lösungen für Energie- und Klimaprobleme finden. Darum halte ich öffentlich finanzierte Denkfabriken für so überflüssig wie Richterstaatsanwaltverteidiger.

2.9 Fazit

Unsere eingangs formulierte Behauptung über Denkfabriken lässt sich im Ergebnis unserer Analyse durch die folgenden Thesen auf eine rationale Basis stellen.

1. *Denkfabriken im Sinne dieser Analyse sind Institutionen, die überwiegend privat finanziert werden und sich bei der Lösung von Energie- und Klimaproblemen als Vermittler zwischen Wissenschaft, Zivilgesellschaft, Wirtschaft und Politik betrachten.*
2. *Sobald Denkfabriken Steuergelder erhalten, gelten für ihre Forschungsarbeiten die Regeln guter wissenschaftlicher Praxis – fachgerecht forschen, konsequent anzweifeln, qualitätsgesichert veröffentlichen und unabhängig prüfen.*
3. *Die Studie „Grenzen des Wachstums" (GdW) aus dem Jahr 1972 eignet sich wegen ihrer Prominenz und ihres Alters als repräsentatives Beispiel für die Analyse der Arbeitsweise von Denkfabriken.*

2.9 Fazit

4. Der Studie GdW liegt ein aus damaliger Perspektive origineller und wegweisender Modellierungsansatz zugrunde, dessen Umsetzung methodisch mangelhaft war und dem eine numerische Verifikation fehlte. Die Richtlinie vom fachgerechten Forschen war bedingt erfüllt.
5. Die Autoren der Studie GdW haben sowohl die Annahmen als auch die meisten Schlussfolgerungen ihrer Studie kritisch hinterfragt und in diesem Punkt die Maxime vom konsequenten Anzweifeln weitgehend erfüllt.
6. Die Autoren von GdW haben ihre Forschungsergebnisse in der breiten Öffentlichkeit vorgestellt, ohne sie vorher durch Veröffentlichung in einer Fachzeitschrift mit Peer-Review regelgerecht einer innerwissenschaftlichen Qualitätssicherung zu unterziehen. Somit war die Regel vom qualitätsgesicherten Veröffentlichen nicht erfüllt.
7. Die Autoren der Studie GdW haben im Nachgang zu ihrer Studie einen umfassenden technischen Bericht über ihre Simulationsmethodik veröffentlicht und damit späteren Forschergenerationen die Möglichkeit zur Replikation der Ergebnisse gegeben. Die Autoren haben die Maxime vom unabhängigen Prüfen insofern erfüllt, auch wenn sich ihre Simulationen im Nachhinein teilweise als fehlerhaft erwiesen haben.
8. Zum gegenwärtigen Zeitpunkt existiert keine systematische Untersuchung zur Einhaltung der Regeln guter wissenschaftlicher Praxis bei Forschungsprojekten in Denkfabriken.
9. Eine rechtsverbindliche Umsetzung der DFG-Regeln guter wissenschaftlicher Praxis als Voraussetzung für die Gewährung öffentlicher Zuwendungen an Denkfabriken würde zu einer Vereinheitlichung der Rahmenbedingungen in Deutschland beitragen.
10. Ein Verbot öffentlicher Zuwendungen an Denkfabriken würde deren Unabhängigkeit vom Staat stärken.

Kapitel 3
Das gute Elektroauto

Die Behauptung: „Elektroautos sind gut für das Klima, weil sie mit Ökostrom geladen werden können. Da sie während der Fahrt weder Abgase noch Rußpartikel erzeugen, verbessern sie überdies die Luft in unseren Städten. Deshalb müssen wir unseren Autoverkehr so schnell wie möglich auf Elektromobilität umstellen. Hierfür müssen Bund, Länder und Kommunen umfassende Anreize schaffen, indem sie Kaufprämien für Elektroautos zahlen, den Bau von Ladesäulen finanzieren und Elektroautos in Innenstädten kostenlos parken lassen."

In den Fünfzigerjahren herrschte weltweit ein breiter gesellschaftlicher Konsens: Die Zukunft der Energieversorgung heißt Atomkraft. Es passte gut zum Optimismus des Atomzeitalters, dass die Ford Motor Company im Jahr 1958 das Konzept des atomgetriebenen Pkw Ford *Nucleon* vorstellte. Mein Kollege Oleg Zikanov von der University of Michigan in Dearborn hat mir aus dem Ford-Archiv eine historische Broschüre besorgt, in der dieses zu lesen ist:

„Das von fortschrittlichen Designern der Ford Motor Company entwickelte 3/8-Modell des Nucleon ermöglicht uns einen Blick in die atomgetriebene Zukunft ... Das Modell enthält eine Antriebskapsel, die im hinteren Teil des Autos zwischen zwei Auslegern aufgehängt ist. In dieser Kapsel befindet sich ein radioaktiver Kern, der die Antriebsenergie liefert und je nach den Leistungsanforderungen und der zurückzulegenden Strecke auf Wunsch des Fahrers leicht ausgetauscht werden kann.... Autos wie der Nucleon könnten in der Lage sein, je nach Größe der Antriebskapsel 5.000 Meilen [etwa 8.000 km, Anm. d. Verf.] oder mehr zurückzulegen, ohne zu tanken. Danach müsste man sie zu einer Ladestation fahren [an der die Antriebskapsel ausgetauscht werden kann, Anm. d. Verf.]. Diese werden nach Ansicht von Experten die heutigen Tankstellen weitgehend ersetzen."

Die Schilderung schließt mit dem denkwürdigen Satz: „Autos wie der Nucleon zeigen, wie die Ford Motor Company für die Zukunft forscht. Sie machen deutlich, dass die Entwicklungsingenieure nicht eingestehen werden, dass etwas nicht getan werden kann, nur weil es noch nie getan worden ist."

Dieses Fundstück aus dem Atomzeitalter macht deutlich, dass die Träume der Menschheit von der automobilen Zukunft nicht unbedingt mit der tatsächlichen automobilen Zukunft übereinstimmen. Es zeigt außerdem, dass Automanager die Zukunft nicht besser vorhersagen können als nüchtern denkende Durchschnittsbürger. Besondere Vorsicht ist meines Erachtens geboten, wenn die Prognosen von Konzernvorständen über Gebühr visionär klingen.

Wenn ich aktuellen Diskussionen über den Autoverkehr der Zukunft lausche, entsteht bei mir der Eindruck, dass manche Entscheider sich zu einer ähnlich eindimensionalen Denkweise hinreißen lassen wie die Ford-Manager der Fünfzigerjahre. 2050 werden sich unsere Nachfahren über heutige Vorstellungen zur Elektromobilität womöglich ebenso amüsieren wie wir über den Ford Nucleon. Dies wird besonders bei öffentlichen Diskussionen um das autonome Fahren und Elektroautos deutlich. Mit Letzteren wollen wir uns hier beschäftigen. Ich konzentriere mich in diesem Kapitel auf das batteriebetriebene Auto und werde dieses der Einfachheit halber als Elektroauto bezeichnen. Das Auto mit Brennstoffzellenantrieb und Wasserstofftank soll in diesem Kapitel keine Rolle spielen. Sie können die Analyse jedoch ohne Weiteres auf Wasserstoffautos übertragen.

In der Öffentlichkeit wird oft der Eindruck erweckt, als würde sich aus Klimaschutzzielen die Notwendigkeit herleiten lassen, den gesamten privaten Wagenpark mit Verbrennungsmotoren auf Elektroantriebe umzustellen. Die Verfechter dieser These sprechen sich überdies oft dafür aus, einen solchen Transformationsprozess durch Kaufprämien aus Steuermitteln zu subventionieren. Kritiker sagen, Elektroautos würden nicht weniger CO_2 emittieren als herkömmliche Pkw, sofern sie mit dem derzeitigen deutschen Strommix angetrieben werden. Dies gelte insbesondere, wenn man die CO_2-Emissionen der Batterieherstellung in die CO_2-Bilanz einbeziehe. Überdies führen Kritiker neben geringer Reichweite und fehlenden Ladesäulen ins Feld, dass für die Massenproduktion von Autobatterien nicht genügend Rohstoffe vorhanden seien und die Arbeitsbedingungen in den Förderländern nicht unseren Normen entsprächen.

Es ist weitgehend unbestritten, dass ein mit erneuerbarem Strom oder mit elektrischer Energie aus Kernkraftwerken betriebenes Elektroauto weniger CO_2 emittiert als ein mit fossilem Treibstoff angetriebenes Auto mit Verbrennungsmotor. Die Kontroverse bezieht sich in erster Linie auf die genaue Höhe der Einsparung und deren Abhängigkeit von der Lebensfahrleistung. Aus diesem Grund soll die Frage, ob Elektroautos grundsätzlich zur Verringerung der CO_2-Emissionen des Verkehrs beitragen, nicht Gegenstand des vorliegenden Kapitels sein.

Wir wollen hier vielmehr untersuchen, welche Wege zur Verringerung der CO_2-Emissionen durch Elektroautos besonders kosteneffizient sind. Speziell wollen wir uns der Frage widmen, ob es sich bei der Kaufprämie für Elektroautos um ein effizientes Instrument der Vermeidung von CO_2 handelt. Zur Erinnerung: Eine effiziente Maßnahme zur Vermeidung von CO_2 zeichnet sich dadurch aus, dass mit einem geringen finanziellen Aufwand eine große Menge an CO_2-Emissionen vermieden werden kann.

Tab. 3.1 Die Anatomie des guten Elektroautos aus Perspektive einer fiktiven Person Alice. Die Zahlen in der Spalte „Persönliche Werturteile" geben an, welche Priorität Alice jeder der vier Eigenschaften bei ihrer Kaufentscheidung beimisst. Für Alice besitzen die CO_2-Emissionen die höchste Priorität (4), gefolgt von einer gut verfügbaren Ladeinfrastruktur (3) und so weiter. Multipliziert man die Prioritätszahlen mit den Zahlen in den Spalten „Wissenschaftliche Erkenntnisse", dann ergibt sich jeweils die in den Spalten „Bewertung" angegebene Punktzahl. Die Summe der Punkte steht in der Zeile „Gesamtwertung". Die Option mit der höheren Punktzahl – Abschaffung der Pendlerpauschale – passt besser zu den persönlichen Werturteilen von Alice

Subvention von Elektroautos			Alice	Abschaffung der Pendlerpauschale		
Kriterien	Bewertung	Wissenschaftliche Erkenntnisse	Persönliche Werturteile	Wissenschaftliche Erkenntnisse	Bewertung	Kriterien
CO_2-Emissionen	0 Punkte	0	4	1	4 Punkte	CO_2-Emissionen
Ladeinfrastruktur	0 Punkte	0	3	1	3 Punkte	Ladeinfrastruktur
Luftqualität	2 Punkte	1	2	0	0 Punkte	Luftqualität
Lärm	1 Punkt	1	1	0	0 Punkte	Lärm
Arbeitsplätze	-	?		?	-	Arbeitsplätze
Gesamtwertung	3 Punkte				7 Punkte	Gesamtwertung

Deshalb werden wir in diesem Kapitel zwei Handlungsalternativen zur Förderung von Elektroautos gegenüberstellen. Diese beiden Möglichkeiten werden wir nach dem gleichen Schema bewerten, wie wir dies bereits für die Bratpfannen in der Einleitung und für die Verbrennungsmotoren im Kap. 1 getan haben. Im zweiten Teil dieses Kapitels möchte ich darüber spekulieren, in welcher Form die batterieelektrische Mobilität der Zukunft für die Menschheit den größten Nutzeffekt haben könnte.

Unser Vorgehen wird analog zur fünfstufigen Analyse des Verbrennungsmotors sein. Wir werden zunächst zwei Handlungsalternativen mit vergleichbaren Wirkungen definieren und Bewertungskriterien festlegen. Anschließend werden wir für jedes dieser Kriterien die wissenschaftlich belegbaren Aussagen zusammentragen sowie persönliche Werturteile von zwei repräsentativen Gruppen der Bevölkerung formulieren. Durch die Kombination dieser beiden Teile entsteht dann für jede dieser beiden Gruppen eine Handlungsempfehlung. Das zugehörige Schema ist in den Tab. 3.1 und 3.2 angegeben. Wir werden erkennen, dass es bei den Alternativen keine „richtige" oder „falsche" Entscheidung gibt, sondern lediglich solche, die jeweils besser zu bestimmten persönlichen Werturteilen passen.

3.1 Festlegung der Handlungsalternativen

Unser erster Schritt ist die Definition der beiden Entscheidungsmöglichkeiten. Versetzen Sie sich hierfür bitte in die Lage eines kosteneffizient denkenden Bundeskanzlers und stellen sich die Frage: „Kann ich dem Steuerzahler die Last der Kaufprämien für Elektroautos ersparen? Ist es möglich, die CO_2-Emissionen des Autoverkehrs mit geringerem volkswirtschaftlichem Aufwand einzudämmen?" Unsere erste Option ist somit die Subventionierung des Kaufs von Elektroautos. Das heißt konkret, dass der Staat ab einem Stichtag den Kauf jedes Elektroautos

Tab. 3.2 Die Anatomie des guten Elektroautos aus Perspektive einer fiktiven Person Bob. Die Zahlen in der Spalte „Persönliche Werturteile" geben an, welche Priorität Bob jeder der vier Eigenschaften bei seiner Kaufentscheidung beimisst. Für Bob besitzt gute Luft höchste Priorität (4), gefolgt von der Verringerung von CO_2-Emissionen (3) und so weiter. Multipliziert man die Prioritätszahlen mit den Zahlen in den Spalten „Wissenschaftliche Erkenntnisse", dann ergibt sich jeweils die in den Spalten „Bewertung" angegebene Punktzahl. Die Summe der Punkte steht in der Zeile „Gesamtwertung". Die Option mit der höheren Punktzahl – Subvention von Elektroautos – passt besser zu den persönlichen Werturteilen von Bob

Subvention von Elektroautos			Bob	Abschaffung der Pendlerpauschale		
Kriterien	Bewertung	Wissenschaftliche Erkenntnisse	Persönliche Werturteile	Wissenschaftliche Erkenntnisse	Bewertung	Kriterien
CO_2-Emissionen	0 Punkte	0	3	1	3 Punkte	CO_2-Emissionen
Ladeinfrastruktur	0 Punkte	0	1	1	1 Punkt	Ladeinfrastruktur
Luftqualität	4 Punkte	1	4	0	0 Punkte	Luftqualität
Lärm	2 Punkte	1	2	0	0 Punkte	Lärm
Arbeitsplätze	-	?		?	-	Arbeitsplätze
Gesamtwertung	**6 Punkte**				4 Punkte	Gesamtwertung

mit einer bestimmten Summe aus Steuermitteln unterstützt. Bei der derzeitigen Kaufprämie in Höhe von viertausend Euro handelt es sich um eine solche Subvention.

Wie schon in der Einleitung erwähnt, gibt es in Deutschland zahlreiche Subventionen. Laut dem bereits zitierten Dokument des Umweltbundesamtes existieren in der Bundesrepublik umwelt- und klimaschädliche Subventionen in einem Umfang von etwa fünfzig Milliarden Euro pro Jahr. Diese entlasten bestimmte Interessengruppen finanziell und verlagern die Last auf die Allgemeinheit der Steuerzahler. Ich schließe mich der Meinung derjenigen Bürger an, die vor einer Einführung neuer Subventionen erst einmal existierende Subventionen auf den Prüfstand stellen und gegebenenfalls abschaffen wollen.

Um diesen Aspekt der gesellschaftlichen Debatte in unserer Analyse abzubilden, wollen wir als zweite Handlungsoption die Abschaffung einer Subvention auswählen. Hierfür kämen grundsätzlich die Pendlerpauschale, die Dieselsubvention oder das Dienstwagensteuerprivileg infrage. Denn diese drei Subventionen begünstigen Vielfahrer und Besitzer hoch motorisierter Autos zulasten aller anderen Steuerzahler.

Die Pendlerpauschale, auch Entfernungspauschale genannt, erlaubt es einem Steuerzahler, für seinen Weg zur Arbeit unabhängig vom Transportmittel und bis zu einer bestimmten Maximalentfernung dreißig Cent pro Kilometer von seinem zu versteuernden Einkommen abzuziehen. Da der Pkw-Verkehr den Löwenanteil der Personenbeförderungsleistung in Deutschland ausmacht, profitieren zum überwiegenden Teil Autofahrer von dieser Subvention. Laut Umweltbundesamt kam die Pendlerpauschale im Jahr 2012 einer Subvention in Höhe von etwa fünf Milliarden Euro gleich. Da die meisten Bürger mit der Pendlerpauschale eine klare finanzielle Vorstellung verbinden, möchte ich als zweite Handlungsoption deren Abschaffung auswählen.

Es ist wichtig, sich zu vergegenwärtigen, dass weder aus den Gesetzen der Ökonomie, noch aus dem Grundgesetz eine zwingende Notwendigkeit hergeleitet werden kann, Pendler steuerlich zu entlasten. Der Ökonom Hans-Werner Sinn argumentiert in seinem ifo-Standpunkt Nr. 48 „Hände weg von der Entfernungs-Pauschale!" (frei zugänglich im Internet) zwar sehr sorgfältig zugunsten dieser Subvention. Ich halte die Argumentation jedoch für widersprüchlich; denn sie geht von der Vorstellung aus, Straßeninfrastruktur müsse vom Staat als frei verfügbares Allgemeingut in beliebigem Umfang vorgehalten werden – eine Denkweise, die Sinn in einem anderen ifo-Standpunkt als „Autobahnkommunismus" bezeichnet. Die für ihre Klimapolitik oft gescholtenen USA besitzen übrigens kein Instrument, welches der deutschen Pendlerpauschale gleicht.

Es handelt sich bei der Entscheidung für oder gegen eine Pendlerpauschale generell um eine politische Entscheidung, die von Ökonomen ganz unterschiedlich beurteilt wird. Insofern steht unsere zweite Handlungsoption nicht im Widerspruch zu den Grundsätzen unseres Rechtsstaates.

Ich möchte Sie, liebe Leserinnen und Leser, mit diesem Buch gern auch dazu ermuntern, in Ihrem Familien-, Freundes- und Kollegenkreis anhand unseres Analyseschemas über Verkehrs-, Energie- und Klimapolitik zu diskutieren. Deshalb empfehle ich Ihnen, ähnliche Analysen unter modifizierten Bedingungen durchzuführen. Analysieren Sie deshalb statt der Abschaffung der Pendlerpauschale gern auch die Abschaffung der Dieselsubvention oder des Dienstwagensteuerprivilegs, die laut Umweltbundesamt im Jahr 2012 mit etwa sieben beziehungsweise drei Milliarden Euro zu Buche geschlagen haben.

Es sei noch angemerkt, dass die hier vorgenommene Analyse einer hypothetischen Abschaffung der Pendlerpauschale weder ein Plädoyer für noch gegen lange Autofahrten zur Arbeit ist. Ich halte die Wahl des Wohnortes sowie des Verkehrsmittels für den Weg zum Job für eine Privatangelegenheit.

3.2 Auswahl der Bewertungskriterien

Der zweite Schritt unserer Analyse besteht in der Festlegung von Kriterien, nach denen wir unsere beiden Handlungsoptionen bewerten wollen. Da es sich beim Elektroauto und beim Pkw mit Verbrennungsmotor um zwei Formen individueller Mobilität handelt, liegt es nahe, anhand der gleichen Merkmale zu analysieren. Ich werde deshalb in den Tab. 3.1 und 3.2 am Ende dieses Kapitels die fünf Kriterien CO_2-Emission, Ladeinfrastruktur, Luftqualität, Lärm und Arbeitsplätze anwenden, die wir schon der Analyse des Verbots von Verbrennungsmotoren im Kap. 1 zugrunde gelegt hatten.

Falls Sie das Thema Elektromobilität anhand unseres Analyseschemas analysieren möchten, können Sie gern noch weitere Charakteristika wie etwa dynamisches Fahrverhalten, Reichweite oder Materialbedarf für die Batterieherstellung hinzunehmen. Eine solche Verfeinerung erhöht nicht notwendigerweise die Qualität der Entscheidung. Sie zeigt jedoch, wie komplex politische Abwägungen sind.

3.3 Vergleichende wissenschaftliche Analyse

Wie im Prolog und im Kap. 1 wollen wir nun für jede Zeile in den Tab. 3.1 und 3.2 einzeln analysieren, welche der beiden Entscheidungsalternativen die betreffenden Kriterien besser erfüllt. Zur Erinnerung: Hierbei handelt es sich stets um Fragen, deren Beantwortung weitgehend frei von persönlichen Präferenzen oder Werturteilen ist.

Betrachten wir zunächst die aus Zeile 1 entstehende Frage, welche der beiden Maßnahmen die CO_2-Emissionen des Individualverkehrs effizienter verringern würde. Hierfür kehren wir kurz zum Begriff der CO_2-Vermeidungskosten zurück, den wir bereits im Kap. 1 eingeführt hatten.

Wiederholung: CO_2-Vermeidungskosten
Jeder Klimaschutzmaßnahme kann eine Zahl – die CO_2-Vermeidungskosten – mit der Maßeinheit €/t zugeordnet werden. Sie zeigt an, wie viel Geld Bürger, Unternehmen oder der Staat investieren müssen, um eine bestimmte Menge an CO_2-Emissionen einzusparen. Wir hatten im Kap. 1 gesehen, dass bei marktwirtschaftlich organisierter Klimapolitik, beispielsweise durch Besteuerung von CO_2, zuerst die Maßnahmen mit negativen CO_2-Vermeidungskosten aktiviert werden. Danach erschließen die Akteure schrittweise weitere Maßnahmen in der Reihenfolge wachsender CO_2-Vermeidungskosten. Wir hatten ferner berechnet, dass die CO_2-Vermeidungskosten durch Verzicht auf Mobilität sowie durch benzinsparendes Fahren bei ungefähr −500 €/t liegen. Das Minuszeichen zeigt an, dass der Fahrer gleichzeitig weniger CO_2 emittiert und Geld spart.

Jetzt wollen wir die Frage analysieren, welche der beiden hier betrachteten Handlungsalternativen mit niedrigeren CO_2-Vermeidungskosten punktet. Da die Subvention von Elektroautos und die Abschaffung der Pendlerpauschale gemäß unserer Annahme das gleiche finanzielle Gewicht haben sollen, wird die Option mit den niedrigeren CO_2-Vermeidungskosten automatisch das höhere Potenzial zur Vermeidung von CO_2 besitzen.

Ich hatte Ihnen, liebe Leserinnen und Leser, in der Einleitung versprochen, möglichst wenig auf Zahlenwerte aus Studien und Statistiken zurückzugreifen, deren Herkunft Sie nicht im Einzelnen nachvollziehen können. Stattdessen hatte ich angekündigt, Ihnen Tipps für eigene Recherchen sowie für die selbstständige Analyse einfacher Zahlenbeispiele zu geben. An diesen *Vorlesungsaufgaben* können Sie erkennen, dass ein tiefes Verständnis wichtiger Zusammenhänge in Energie- und Klimaforschung nicht durch das Einprägen von Zahlen, sondern durch das eigenständige Analysieren mittels vereinfachter Formeln entsteht.

Um die erste Zeile unserer Bewertungstabelle auszufüllen, wenden wir uns gleich einer Vorlesungsaufgabe zu. Berechnen Sie dazu bitte die CO_2-Vermeidungskosten für den Fall, dass Sie von Ihrem derzeitigen Pkw mit Verbrennungsmotor auf ein Elektroauto umsteigen.

3.3 Vergleichende wissenschaftliche Analyse   65

Kosten und Emissionen vor dem Umstieg
Ermitteln Sie hierfür zuerst die Kilometerkosten Ihres jetzigen Autos. Hierbei sollten Sie nicht nur die Anschaffungs- und Kraftstoffkosten, sondern auch Steuern, Reparaturen und Versicherungen berücksichtigen.

Ermitteln Sie als Nächstes Ihre jetzigen CO_2-Emissionen pro Kilometer. Wenn Sie hierfür einen aussagekräftigen Wert berechnen wollen, sollten Sie auf keinen Fall auf theoretische Zahlen aus dem Internet zurückgreifen und einen weiten Bogen um Herstellerangaben machen. Diese Daten haben mit der Realität oft wenig zu tun. Suchen Sie stattdessen Ihre Tankquittungen der vergangenen Monate heraus und werfen einen Blick auf Ihren Kilometerzähler. Berechnen Sie daraus unter Verwendung der Dichte von Benzin den tatsächlichen Verbrauch in Gramm pro Kilometer. Die entstandene Zahl multiplizieren Sie mit drei, weil ein Gramm Benzin beim Verbrennen etwa drei Gramm CO_2 emittiert. Sie erhalten dann Ihre CO_2-Emission in der Maßeinheit Gramm pro Kilometer. Falls Sie gern mit hundertachtzig Stundenkilometern über die Autobahn brettern, werden Sie staunen, wie stark Ihre individuellen CO_2-Emissionen von den märchenhaften Werten abweichen, die Sie im Internet oder in Hochglanzbroschüren finden.

Meine persönliche Rechnung sieht folgendermaßen aus. Meine Frau und ich fahren ein Auto aus dem Baujahr 2008, welches uns ungefähr 30 Cent pro Kilometer kostet. Meine Anzeige für den Durchschnittsverbrauch hat mir für die vergangenen 600 km etwas weniger als 8 L/100 km angegeben. Daraus ergeben sich bei Berücksichtigung der Dichte von Benzin von ungefähr 0,8 kg/L rund 20 km CO_2 je 100 km und somit Emissionen in Höhe von etwa 200 g/km.

Nachdem Sie die Kilometerkosten und die CO_2-Emissionen für Ihr jetziges Auto berechnet haben, folgt der interessantere Teil unserer Vorlesungsaufgabe. Berechnen Sie nun die entsprechenden Werte nach dem Umstieg auf das Elektroauto Ihrer Wahl. Konkret lauten die Fragen: Wie viel würde Ihr Elektroauto kosten und wie viel CO_2 würde es pro Kilometer emittieren? Bevor wir dieser Frage nachgehen, lohnt sich ein kleiner Abstecher.

Elektroauto – Substitut für Verbrenner?
Das Internet ist eine wahre Fundgrube unwissenschaftlicher Behauptungen über Kosten, Nutzen und CO_2-Bilanzen von Elektroautos.

Befürworter von Elektroautos rechnen gern die Kosten von Elektroautos schön und kehren deren Nachteile wie die kurze Reichweite und die lange Ladezeit geflissentlich unter den Teppich. Meist sind die propagandistischen Taschenspielertricks leicht zu durchschauen. Doch für die subtileren Varianten muss man etwas genauer hinsehen. So möchte uns der ADAC in seinem Online-Artikel „Kostenvergleich: Elektroautos oft überraschend günstig" vom 31. Oktober 2018 (im Internet frei verfügbar) die Gegenüberstellung eines VW e-Golf mit einer Reichweite von 201 km und eines VW Golf 1.5 TSI mit einer Reichweite von 847 km allen Ernstes als einen *fairen* Vergleich unterjubeln. Im Original lautet die Behauptung: „Um die Kosten fair zu berechnen, wurden nur vom ADAC getestete Fahrzeuge miteinander verglichen, die eine vergleichbare Motorleistung und eine ähnliche Ausstattung aufweisen."

Was immer die Autoren mit „ähnlicher Ausstattung" gemeint haben, bleibt angesichts eines Reichweitenunterschieds von über 300 % deren Geheimnis. Würde ein Flugzeughersteller seinen Kunden zwei Jets mit 2.010 und 8.470 km Reichweite, aber gleicher Motorenleistung, als vergleichbare Produkte verkaufen wollen, so möge das Schicksal den ahnungslosen Käufer davor bewahren, mit dem erstgenannten Produkt den Atlantik überqueren zu wollen.

Bevor wir zu einer Abschätzung von Kosten und CO_2-Emissionen für das Elektroauto kommen, sollten wir uns zwecks Immunisierung gegen Propaganda über zwei wichtige Einschränkungen einer solchen Berechnung Klarheit verschaffen.

Erstens: Mit Blick auf den aktuellen Pkw-Markt ist es unmöglich, die CO_2-Vermeidungskosten beim Umstieg von einem Benzinauto auf ein Elektroauto exakt zu berechnen. Dies liegt nicht etwa an fehlenden Daten oder an der geringen Zahl an Elektroautos, sondern besitzt eine fundamentale ökonomische Ursache. Derzeit verfügbare Elektroautos sind nämlich nach meiner Einschätzung kein Substitut für heutige Benziner. Mit dem Begriff *Substitut* bezeichnen Ökonomen Produkte, die von Konsumenten als gleichwertiges Ersatzgut für ein anderes Produkt betrachtet werden. So gilt beispielsweise Pepsi Cola als Substitut für Coca Cola und ein Double Whopper als Substitut für den Big Mac. Ein Fahrrad ist hingegen kein Substitut für ein Auto.

Wir können uns leicht davon überzeugen, dass ein Elektroauto für breite Schichten unserer Gesellschaft heute kein Substitut für ein Benzinauto ist, wenn wir einen Blick auf arbeitende Menschen mit niedrigen Einkommen werfen. Begeben wir uns dazu gedanklich in eine Plattenbausiedlung. Dort könnten wir Autobesitzer befragen, ob sie den Kauf eines Elektroautos in Erwägung ziehen würden. Sehen wir einmal davon ab, dass das Aufladen von Elektroautos in den meisten Plattenbausiedlungen unmöglich ist. Dann bleibt immer noch die Tatsache, dass sich Menschen, die sich mit Mühe einen Opel Corsa zum Neupreis von 12.000 EUR leisten können, wohl kaum für den Kauf eines Elektroautos entscheiden würden, dessen billigstes Exemplar in der zitierten ADAC-Liste ungefähr 25.000 EUR kostet.

Zweitens: Selbst wenn wir für einen Moment annehmen, das Elektroauto sei ein Substitut für einen Benziner, würde eine zuverlässige Berechnung der Kilometerkosten und der CO_2-Emissionen von Elektroautos eine Analyse von Kauf- und Fahrdaten zehntausender Autofahrer über etwa zehn Jahre erfordern. Diese Daten gibt es heute noch nicht. Überdies ist eine zuverlässige Prognose für den CO_2-Gehalt der Elektroenergie in Deutschland für die nächsten zehn Jahre nicht möglich. Diese wäre aber nötig, um die CO_2-Vermeidung zu beziffern.

Kosten und Emissionen nach dem Umstieg

Angesichts dieser beiden Einschränkungen möchte ich Ihnen für den zweiten Teil der Vorlesungsaufgabe empfehlen, keine fremden Daten zu verwenden. Suchen Sie sich stattdessen Ihr persönliches Wunsch-Elektroauto aus und berechnen für dieses Vehikel die Kilometerkosten. Dabei sollten Sie den Spareffekt durch die Subvention berücksichtigen, indem Sie den staatlichen Zuschuss von der Kauf-

3.3 Vergleichende wissenschaftliche Analyse

summe abziehen. Auf die Recherche der CO_2-Emissionen des Elektroautos wollen wir verzichten – zu dessen Gunsten nehme ich stattdessen an, dass es beim Fahren keinerlei CO_2 erzeugt. Ermitteln Sie nun die Differenz der Kilometerkosten zwischen Ihrem jetzigen Auto und Ihrem ausgewählten Elektroauto und teilen Sie diese durch den CO_2-Ausstoß Ihres aktuellen Fahrzeugs. Die erhaltene Größe sind die gesuchten CO_2-Vermeidungskosten. Damit Ihre Ergebnisse die Streubreite der Zahlen realistisch abbilden, bitten Sie am besten Ihre Freunde, Familienmitglieder und Kollegen, die gleiche Rechnung durchzuführen. Wollen Sie eine einigermaßen repräsentative Zahl haben, dann empfiehlt es sich, die Werte für das Elektroauto von einem Kritiker der Elektromobilität und die für das Benzinauto von einem Gegner der fossilen Mobilität erheben zu lassen. So haben Sie die besten Chancen, die mögliche Befangenheit der Personen ansatzweise auszugleichen.

Für meine Frau und mich stellt sich die Situation wie folgt dar: Ich ignoriere den Umstand, dass vor unserem Haus keine Ladesäule steht. Dann erfüllt aus der oben genannten Liste nur der Tesla Model X 100 D unsere Forderung nach einer Reichweite von mindestens 400 km. Gemäß der zitierten Liste beträgt der Kilometerpreis dieses Vehikels 1,30 EUR. Alle anderen Wagen wären für uns kein Substitut unseres jetzigen Pkw. Die Subvention in Form der 4.000-Euro-Kaufprämie fiele bei uns nicht ins Gewicht, weil sie bei einer angenommenen Laufleistung von 100.000 km gerade einmal 4 Cent pro Kilometer sparen würde. Sie können sich leicht überzeugen, dass sich in diesem Fall CO_2-Vermeidungskosten in Höhe von 5.000 €/t ergeben. Dies ist der höchste Wert dieser Größe, der mir bei meinen Analysen je begegnet ist. Er zeigt an, dass für meine Frau und mich der Umstieg auf ein ebenbürtiges Elektroauto eine hochgradig ineffiziente Maßnahme des Klimaschutzes wäre. Um diesen ökonomischen Sündenfall an einer Analogie zu veranschaulichen, könnte man sagen: Die Maßnahme ist ungefähr so wirtschaftlich, als würde die vielzitierte schwäbische Hausfrau einen Rotweinfleck auf dem 400-Euro-Anzug ihres Mannes statt durch chemische Reinigung für 20 EUR in der Schwabengalerie Stuttgart-Vaihingen durch Anfertigung eines 4.000-Euro-Maßanzugs in der Savile Row in London beseitigen wollen.

Wollte man die CO_2-Vermeidungskosten für unser persönliches Beispiel bewusst kleinrechnen, so könnte man die modifizierte Annahme treffen, meine Frau und ich würden uns mit einem Modell mit geringerer Reichweite zufriedengeben. Dieses kostet pro Kilometer gemäß der oben zitierten Liste ungefähr fünfzig Cent. Wir hätten durch den Umstieg auf das Elektroauto dann Mehrkosten in Höhe von zwanzig Cent pro Kilometer. Die Stromkosten vernachlässige ich. Damit verschiebt sich meine Rechnung weiter zugunsten des Elektroautos, liefert aber immer noch einen Wert von tausend Euro pro Tonne. Es lohnt sich, diesen Wert mit den CO_2-Vermeidungskosten beim Ersatz eines Kohlekraftwerks durch ein Kernkraftwerk zu vergleichen, die ich im Epilog aus einer von Greenpeace finanzierten Studie abgeleitet habe.

Wir halten als Zwischenfazit fest: Für das Ehepaar Thess mit seinen jetzigen Produktansprüchen würde ein Umstieg vom vorhandenen Pkw auf ein Elektroauto CO_2-Vermeidungskosten in einem Korridor zwischen tausend und fünftausend Euro pro Tonne erzeugen.

Wenn Sie die Rechnungen für Ihr eigenes Fahrzeug durchführen, werden Sie vermutlich feststellen, dass die CO_2-Vermeidungskosten je nach Kosten für Ihren vorhandenen Pkw und Ihr gewünschtes Elektroauto eine noch größere Bandbreite nach oben und nach unten aufspannen. Tendenziell werden die Vermeidungskosten für Besitzer preiswerter Kleinwagen höher, für die Halter von Luxuswagen hingegen niedriger und im Extremfall sogar negativ sein. Wer einen Ferrari gegen einen Tesla tauscht, spart möglicherweise Geld und CO_2.

Falls Sie im Internet unter dem Stichwort „CO_2-Vermeidungskosten für Elektromobilität" recherchieren, werden Sie vermutlich feststellen, dass zahlreiche publizierte Daten deutlich unter Ihren und meinen Rechenergebnissen liegen. Dies hängt mit einem Effekt zusammen, den wir im Kap. 6 im Zusammenhang mit den Kosten der Energiewende näher beleuchten werden. Dort zitiere ich aus einem Buch des Oxford-Professors Bent Flyvbjerg über Megaprojekte. Daraus geht hervor, dass Befürworter von Großprojekten in der Regel Kosten schönrechnen.

Abschaffung der Pendlerpauschale
Wir kommen nun zur Analyse der zweiten Option. Welche CO_2-Vermeidungskosten würden im Falle einer Abschaffung der Pendlerpauschale entstehen?

Die Pendlerpauschale verbilligt den Weg zur Arbeit, weil sie dem Steuerzahler erlaubt, einen Teil seiner Fahrtkosten von der Steuer abzusetzen. Im komplizierten deutschen Steuersystem ist es nicht möglich, diesen finanziellen Vorteil in eine einzige Zahl zu gießen. Wäre die Bundesrepublik hingegen dem Vorschlag des Verfassungs- und Steuerrechtsprofessors Paul Kirchhof gefolgt, so hätten wir eine einheitliche Einkommenssteuer von 25 %. Dann ließe sich der Steuervorteil problemlos beziffern: Einem Pendler würde das Finanzamt für jeden Kilometer 30 Cent von seinem zu versteuernden Einkommen abziehen. Er würde hiervon einheitlich 25 % Steuern sparen und hätte somit einen finanziellen Gewinn von 7,5 Cent pro Kilometer oder 7,50 EUR pro 100 km. So sieht nach meiner Meinung ein einfaches und gerechtes Steuersystem aus.

Hätte das Auto des Pendlers einen Verbrauch von 8 L/100 km und läge der Benzinpreis bei 1,50 EUR/L, so würde er pro 100 km 12 EUR Benzingeld ausgeben. Die Steuerersparnis würde die Treibstoffausgaben dann auf 4,50 EUR verringern. Somit käme die Pendlerpauschale einem Tankrabatt in Höhe von über 60 % gleich.

Während bei einer einheitlichen Einkommenssteuer alle sozialen Schichten in gleichem Maße durch die Pendlerpauschale entlastet werden, profitieren im heutigen Steuersystem besonders Menschen mit hohen Einkünften. Sie zahlen nämlich – nicht nur absolut, sondern auch prozentual – höhere Einkommenssteuern und werden somit durch den Steuerrabatt stärker entlastet. Daraus leite ich ab, dass der im Bundestagswahlkampf 2005 als „Professor aus Heidelberg" titulierte Hochschullehrer in weitaus höherem Maße sozialen Ausgleich verkörpert als mancher lautstarke Gerechtigkeitstheoretiker.

Der Rabatt durch die Pendlerpauschale kann entweder als Mindereinnahme im Staatshaushalt oder als Zusatzbelastung jener Steuerzahler interpretiert werden, die nicht in den Genuss der Vergünstigung kommen. Das Umweltbundesamt schätzt den Steuerausfall durch die Pendlerpauschale für das Jahr 2012 auf ungefähr fünf Milliarden Euro. Man könnte deshalb meinen, eine Abschaffung der Pendlerpauschale würde dem Staat Zusatzeinnahmen in genau dieser Höhe bescheren. Man könnte weiterhin glauben, dass alle Pendler trotzdem weiter in gleichem Umfang pendeln und sich die CO_2-Emissionen des Autoverkehrs mithin um kein Gramm verringern würden.

Diese Vermutungen entpuppen sich bei Kenntnis volkswirtschaftlicher Zusammenhänge als falsch. Um dies zu verstehen, wollen wir einen Blick auf das ökonomische Konzept der *Preiselastizität* werfen. Diese ist für unsere weitere Analyse wichtig.

Preiselastizität

Die Preiselastizität einer Ware oder einer Dienstleistung gibt an, wie sich die verkaufte Menge ändert, wenn der Preis steigt. Man spricht von einem vollkommen unelastischen Konsumgut oder von einer Preiselastizität mit dem Wert Null, wenn die Nachfrage trotz Preiserhöhung konstant bleibt. Für mich ist Dresdner Weihnachtsstollen ein vollkommen unelastisches Gut. Unabhängig vom Preis liegt die von mir gekaufte Menge jedes Jahr bei sechs Stück. Unelastische Konsumgüter sind der Traum von Unternehmern und Finanzministern. Denn jedes Prozent einer Preis- oder Steuererhöhung schlägt sich eins zu eins als zusätzlicher Gewinn oder zusätzliche Steuereinnahme nieder.

Bei einer Preiselastizität von 0,5 sinkt die verkaufte Menge halb so schnell wie der Preis steigt. Steigt der Preis einer Ware beispielsweise um 10 %, so verringert sich die Menge um 5 %.

Eine Preiselastizität mit dem Wert Eins bedeutet hingegen, dass sich für jedes Prozent Preissteigerung der Umsatz um ein Prozent verringert. Das bedeutet, dass sich die Höhe der Gesamteinnahmen nicht ändert. Besäßen beispielsweise Zigaretten eine Preiselastizität von Eins, so würde eine Erhöhung der Tabaksteuer dem Staatshaushalt keine zusätzlichen Einnahmen bringen.

Eine Preiselastizität größer als Eins bedeutet, dass sich für jedes Prozent einer Preissteigerung die Verkaufsmenge um mehr als ein Prozent verringert. Dies hat zur Folge, dass die Preiserhöhung solcher Güter die Steuereinnahmen des Staates oder den Umsatz des Unternehmens verringert. Waren und Dienstleistungen mit Preiselastizitäten größer als Eins sind der Alptraum von Unternehmern und Finanzministern.

Aus der Fachliteratur sind empirische Werte zu den Preiselastizitäten wichtiger Konsumgüter wie etwa Lebensmittel, Genussmittel, Kleidung, Benzin, Restaurantbesuche und Urlaubsreisen bekannt. Verschaffen Sie sich durch eine Online-Recherche unter dem Stichwort *Preiselastizität* oder *Nachfrageelastizität* einen Überblick über typische Werte dieser Größe. Dabei werden Sie herausfinden, dass es für die Vollkosten des Autofahrens gar keine und für Benzin keinen einheitlichen Wert gibt. Die Verbrauchsgewohnheiten sind unterschiedlich, je nachdem ob es sich um kurz- oder langfristige Reaktionen auf Preiserhöhungen handelt. Jedoch werden Sie beim Recherchieren feststellen, dass Benzin kurzfristig eine relativ geringe Elastizität besitzt, die etwas unter 0,5 liegt.

Längerfristig liegt die Preiselastizität von Benzin hingegen etwas über 0,5. Dies drückt aus, dass sich Verbraucher auf steigende Benzinpreise durch den Kauf kleinerer Autos und durch sparsame Fahrweise einstellen. Für die folgenden Betrachtungen wollen wir einen Korridor von Preiselastizitäten zwischen 0,3 für finanziell unempfindliche und 0,7 für preissensible Pendler wählen. Angesichts des Fehlens von Preiselastizitäten für die Vollkosten des Autofahrens gehe ich von der Hypothese aus, die Preiselastizität des Autofahrens sei gleich der Preiselastizität für Benzin.

Würde der Staat die Pendlerpauschale abschaffen, so käme dies *de facto* einer Abschaffung des besprochenen Rabatts gleich. Dies können wir als Preiserhöhung für Benzin oder ebenso als Preiserhöhung der Vollkosten fürs Autofahren interpretieren. Unser Analyseergebnis ist von dieser Interpretation unabhängig. Zwar wird die Pendlerpauschale unabhängig vom Verkehrsmittel gewährt. Doch ist es statistisch belegt, dass der Löwenanteil der individuell zurückgelegten Kilometer in Deutschland von Pkw erbracht wird. Somit profitieren von den fünf Milliarden Euro in erster Linie die Autopendler.

Wie können wir aus der Preiselastizität die CO_2-Vermeidungskosten bei Abschaffung der Pendlerpauschale berechnen?

Die Kaffeebechervermeidungskostenformel
Diese Frage ist Spezialfall einer allgemeineren Aufgabe, die uns durch die Kap. 3, 5 und 7 begleiten wird: Man berechne für eine Ware oder Dienstleistung mit gegebenen spezifischen Kosten und gegebenen spezifischen CO_2-Emissionen die durch Preiserhöhung hervorgerufenen CO_2-Vermeidungskosten. Diese Aufgabe lässt sich für kleine Preissteigerungen mittels einer einfachen Formel lösen, die ich für mathematisch Interessierte im Anhang erläutere. Zur leichteren Verständlichkeit illustriere ich die Herleitung der Formel mit Kaffeebechern statt mit CO_2.

Um die vorliegende Aufgabe zu lösen, benötigen wir neben der Preiselastizität zwei weitere Zahlen: die spezifischen Kosten und die spezifischen CO_2-Emissionen des Autofahrens. Diese beiden Werte hatte ich für unser Auto mit dreißig Cent pro Kilometer und zweihundert Gramm CO_2 pro Kilometer berechnet. Falls Sie die Rechnung selbst durchführen, verwenden Sie für die erste Größe bitte das Symbol k und für die zweite e. Die Preiselastizität habe ich mit η (griechisches Eta) bezeichnet.

Mittels der im Anhang hergeleiteten Kaffeebechervermeidungskostenformel können wir auf der Basis dieser Zahlen ausrechnen, dass die CO_2-Vermeidungskosten durch Abschaffung der Pendlerpauschale für die Kostenstruktur meines Autos in einem Korridor zwischen knapp 650 €/t und knapp 2.500 €/t liegen würden. Die erste Zahl entspricht der Preiselastizität von 0,7 und die zweite dem Wert 0,3. (Die genauen Zahlenwerte lauten 645 und 2.446.)

CO_2-Vermeidungskosten: Variantenvergleich
Vergleichen wir nun die Berechnungsergebnisse. Für meine Frau und mich würden bei einem erzwungenen Ersatz unseres jetzigen Fahrzeugs durch ein *nach unseren Bedürfnissen* gleichwertiges Elektroauto CO_2-Vermeidungskosten zwischen 1.000 €/t (für stark reduzierte Bedürfnisse) und 5.000 €/t (für tatsächliche Bedürfnisse)

anfallen. Im Falle der Abschaffung der Pendlerpauschale würden unsere CO_2-Vermeidungskosten Werte zwischen 650 €/t (für hohe Preissensibilität) und 2.500 €/t (für niedrige Preissensibilität) annehmen. Die Breite des ersten Korridors bringt unsere hypothetische Kompromissbereitschaft beim Verzicht auf Reichweite zum Ausdruck. Die Breite des zweiten Korridors signalisiert, dass unsere Familie keine systematischen Untersuchungen dazu angestellt hat, wie preissensibel wir in unserem Mobilitätsverhalten sind.

Ungeachtet der großen Spannweiten dieser Zahlen lässt sich aus der Berechnung ableiten, dass für unser persönliches Mobilitätsverhalten bei gleicher finanzieller Belastung die Abschaffung der Pendlerpauschale eine höhere Einsparung an CO_2 zur Folge hätte als die Subventionierung von Elektroautos. Deshalb können wir in der ersten Zeile von Tab. 3.1 und 3.2 in die rechte Spalte eine 1 setzen. Ich möchte nochmals betonen, dass die CO_2-Vermeidungskosten für beide Fälle große Unsicherheiten beinhalten. Eine für politische Entscheidungen belastbare Aussage würde große Mengen statistischen Materials erfordern. Auf der anderen Seite lebe ich im Vergleich zu zahlreichen repräsentationsfreudigen Kollegen in geradezu prekären Motorisierungsverhältnissen. Unser Mittelklasse-Pkw ist deshalb vermutlich repräsentativ für die breite Masse der Bevölkerung, und der Tabelleneintrag würde deshalb mithin für eine große Zahl von Bürgern gelten.

Damit ist unter den von mir getroffenen Annahmen erwiesen, dass die Abschaffung bestehender Subventionen bei gleicher finanzieller Belastung das größere Potenzial zur Vermeidung von CO_2-Emissionen hätte.

Subventionsabbau gleich Steuererhöhung?
Bei dieser Gelegenheit sei auf einen verbreiteten Irrglauben über den Zusammenhang zwischen Subventionsabbau und Steuerlast hingewiesen. Oft wird kolportiert, die Abschaffung einer Subvention wie etwa der Pendlerpauschale hätte *automatisch* eine höhere Steuerbelastung für die Gesamtbevölkerung zur Folge. Dies ist nur bedingt der Fall. Denn der Staat kann die Abschaffung jeder Subvention an eine gleichzeitige Verringerung der Einkommenssteuer oder anderer Steuern koppeln. Im Fall der Streichung der Pendlerpauschale stünde es dem Staat frei, seinen Bürgern gleichzeitig eine Steuererleichterung in gleicher Höhe zu gewähren, beispielsweise durch Senkung der Einkommenssteuer. Daran können wir erkennen, dass Klimaschutzmaßnahmen wie etwa die Abschaffung von Subventionen oder die Einführung einer CO_2-Steuer nicht unbedingt die Steuerlast der Bevölkerung erhöhen. Sie können im Gegenteil sogar Anlass zu einer Steuersenkung sein, sofern der politische Wille hierfür vorhanden ist.

Ich halte es übrigens für unredlich, in der öffentlichen Diskussion Klimapolitik mit Sozialpolitik zu vermengen. Die Behauptung, staatliche Klimaschutzmaßnahmen würden mehr soziale Gerechtigkeit erzeugen, weil sie zu Mehreinnahmen des Staates führen, ist aus zwei Gründen nicht haltbar. Erstens führt die Erhöhung von Steuern nicht zwangsläufig zu sozialer Gerechtigkeit. Anderenfalls müsste die DDR mit ihren Einheitslöhnen, die einem hundertprozentigen Spitzensteuersatz gleichkamen, der Inbegriff sozialer

Gerechtigkeit gewesen sein. Es wäre dann das achte Welträtsel, wieso die Bürger der BRD nicht massenweise vor dem ungerechten Kapitalismus über die Berliner Mauer ins Arbeiterparadies geflüchtet sind. Zweitens verteuern manche Klimaschutzmaßnahmen wie etwa das Erneuerbare-Energien-Gesetz die Lebenshaltungskosten für sozial schwache Bürger in weitaus höherem Maße als für Gutverdiener und erzeugen somit soziale Ungleichheit.

Ladeinfrastruktur
Wenden wir uns nun der zweiten Zeile unserer Bewertungstabelle zu. In der zweiten Zeile haben wir die Ladeinfrastruktur eingetragen, analog zum Verbrennungsmotor im Kap. 1. Mit diesem Stichwort ist die Frage gemeint, für welche der beiden Handlungsoptionen höhere gesellschaftliche Aufwendungen für die Schaffung neuer Infrastruktur notwendig wären.

Es ist offensichtlich, dass im Falle der Abschaffung von Subventionen im Allgemeinen und der Pendlerpauschale im Besonderen keinerlei Neubau von Infrastruktur notwendig ist. Die Errichtung von Ladesäulen für Elektroautos ist hingegen eine aufwändige Infrastrukturaufgabe, deren Kosten wir bei der Analyse der CO_2-Vermeidungskosten nicht berücksichtigt hatten. Wir können deshalb der ersten Handlungsoption eine 0 und der zweiten Handlungsoption eine 1 zuordnen.

In der Öffentlichkeit sind oft Forderungen nach mehr staatlichen Investitionen in die Errichtung von Ladesäulen für Elektroautos zu hören. Ich halte das Elektroauto in der Tat für einen wichtigen Teil des Mobilitätssystems der Zukunft. Mir erscheint es jedoch widersprüchlich, wenn Autofahrer und Automobilkonzerne einerseits mit Augenzwinkern darauf hinweisen, Gottlieb Daimler habe das Auto entgegen der Skepsis von Kaiser Wilhelm II entwickelt. Im gleichen Atemzug fordern sie andererseits staatliche Investitionen und Förderprogramme für Elektroautos und Ladeinfrastrukturen.

Luftqualität
Kommen wir zum dritten Kriterium. Es ist klar, dass ein batteriebetriebenes Auto am Ort des Fahrens keine Rußpartikel und keine Stickoxide emittiert. Eine Subventionierung der Anschaffung von Elektroautos würde vermutlich einen größeren Beitrag zur Befreiung unserer Städte von Feinstaub und Stickoxiden leisten. Deshalb erhält die erste Handlungsoption in den Tab. 3.1 und 3.2 die 1.

Lärm
Ähnliches gilt für den Lärm, zumindest in den Städten, wo die Schallemissionen durch die Motorengeräusche dominiert werden. Aus diesem Grund erhält auch hier die erste Handlungsoption in den Tab. 3.1 und 3.2 eine 1 und die zweite Option eine 0.

Arbeitsplätze
In der letzten Zeile der Tabellen sind die Arbeitsplatzeffekte aufgeführt. Würde eine Steuererhöhung zur Finanzierung der Subvention von Elektroautos oder eine Steuererhöhung durch Abschaffung der Pendlerpauschale mehr Arbeitsplätze schaffen oder gar vernichten? Eine simple Klärung ist in diesem Fall nicht möglich, weil die Arbeitskräftebilanzen dieser Alternativen meines Wissens noch

nie vergleichend untersucht worden sind. Aus diesem Grund habe ich die entsprechenden Felder in den Tabellen mit einem Fragezeichen versehen. Es soll uns daran erinnern, dass es stets Fragen gibt, die die Wissenschaft noch nicht beantwortet hat.

3.4 Vergabe persönlicher Prioritäten

Bei den bisher behandelten Kriterien ist der Einsatz wissenschaftlicher Methoden möglich. Nun kommen wir zu den persönlichen Werturteilen, die im Ermessen jedes Bürgers liegen. Ich habe wie schon im Kapitel über den Verbrennungsmotor für zwei fiktive Personen Alice und Bob eine Priorisierung vorgenommen, die ich jeweils für repräsentativ halte. Alice sei auch in diesem Kapitel wieder eine Person, die den Klimaschutz für wichtig hält und deshalb die CO_2-Vermeidung mit der höchsten Priorität versieht. Als Autofahrerin möchte sie ihr Auto schnell betanken können und versieht die Nutzerfreundlichkeit der Ladeinfrastruktur mit der zweitgrößten Priorität. Die anderen zwei Kriterien Luftqualität und Lärm haben für Alice dann die niedrigeren Prioritäten 2 und 1.

Bob sei hingegen ein Mensch, dem die eigene Gesundheit und die anderer Menschen sehr am Herzen liegen. Er sieht deshalb in der Elektromobilität in erster Linie die Chance, die Luftqualität in Millionenstädten zu verbessern. Deshalb ordnet er der Zeile 3 die höchste Priorität zu, gefolgt von den CO_2-Emissionen. Aufgrund seines Gesundheitsbewusstseins ist ihm auch der Lärmschutz wichtig, weshalb er dieses Kriterium auf Platz 3 seiner Prioritätenliste setzt. Den erhöhten Aufwand zur Errichtung einer dichteren und nutzerfreundlicheren Ladeinfrastruktur betrachtet er als unkritisch und ordnet ihm deshalb den letzten Platz in seiner Priorisierung zu.

3.5 Berechnung des Bewertungsergebnisses

Führen wir nun wieder eine Berechnung der Gesamtpunktzahl durch, so kommen wir zu dem Schluss, dass die Abschaffung der Pendlerpauschale für Alice die höhere Punktzahl besitzt und deshalb besser zu ihrer politischen Überzeugung passt. Bei Bob ist es umgekehrt, er würde der Option Subvention von Elektroautos die höhere Punktzahl geben.

Am Ende unserer sozio-technischen Analyse stellen wir fest, dass sich aus wissenschaftlichen Erkenntnissen weder zwangsläufig die Notwendigkeit der Subvention von Elektroautos noch der Abschaffung der Pendlerpauschale herleiten lässt. Die von der Gesellschaft zu treffende Entscheidung beruht auch hier wieder auf persönlichen Werturteilen und ist alles andere als alternativlos. Wäre eine Entscheidung für oder wider die Subvention von Elektroautos das zentrale gesellschaftliche Problem eines Landes, so würde sich eine „Alice-Partei" für die

Abschaffung der Pendlerpauschale und eine „Bob-Partei" für die Subvention von Elektroautos bilden. Die von der Mehrheit der Bürger gewählte Partei würde dann darüber entscheiden, welchen Weg das Land geht.

Nach dieser Analyse möchte ich Ihnen ans Herz legen, die Untersuchung unter Hinzunahme weiterer Parameter wie etwa gesellschaftliche Akzeptanz oder soziale Gerechtigkeit zu verfeinern. Führen Sie die Betrachtungen im Kreise Ihrer Freunde, Verwandten und Bekannten durch und diskutieren Sie ausführlich jedes einzelne Kriterium. Sie werden dabei hoffentlich feststellen, dass Sie mit Ihren Kontrahenten in der Beurteilung der wissenschaftlichen Fakten übereinstimmen und dass Ihre unterschiedlichen Vorschläge lediglich Spiegelbild Ihrer verschiedenen Werturteile sind.

Subventionen im Verkehrswesen
Bevor wir im kommenden Abschnitt einen Blick auf die Elektromobilität der Zukunft werfen, sei mir noch eine allgemeine Bemerkung zur Subvention von Verkehrsmitteln gestattet. Der deutsche Staat hat in der Vergangenheit schon mehrfach die Entwicklung neuartiger Transportmittel mit hohen Beträgen subventioniert. Wie die folgenden zwei Beispiele zeigen, war die Treffsicherheit der Prognosen gering.

Die Magnetschwebebahn Transrapid galt in den späten Siebziger- sowie in den Achtzigerjahren als wichtige Zukunftstechnologie und wurde vom Staat intensiv gefördert. Experten schätzen, dass Bau und Betrieb einer Teststrecke sowie Technologieunterstützung den deutschen Steuerzahler rund 1,4 Mrd. Euro gekostet haben. Der Transrapid hat in Deutschland nie eine Anwendung gefunden. Die einzige in Betrieb befindliche Transrapid-Strecke ist der Zubringer vom Stadtzentrum Shanghai zum Flughafen Pudong in China. Diese Strecke ist inoffiziellen Angaben zufolge defizitär. Der Megaprojekt-Experte Bent Flyvbjerg, auf dessen Arbeiten ich im Kap. 6 im Detail eingehen werde, hat in einem ähnlichen Zusammenhang gesagt, dem Land – im vorliegenden Fall der alten Bundesrepublik – wäre es finanziell besser ergangen, hätte es das Projekt nie gegeben.

Im Februar 2019 hat Airbus das Ende der Produktion des Großraumflugzeugs A380 verkündet. Vor etwa zwanzig Jahren hatten Analysten von Airbus einen Bedarf von mehreren tausend dieser Flugzeuge prognostiziert und die Entwicklung des A380 als Projekt von europäischer Tragweite bezeichnet. Die Fachleute von Boeing, die dem A380 keine Zukunft gaben und eher einen Bedarf an Punkt-zu-Punkt-Verbindungen vorhersagten, wurden als Pessimisten bezeichnet. Die Bundesregierung hat die Entwicklung des A380 durch Kreditbürgschaften unterstützt, von denen Rückzahlungen in Höhe von knapp einer Milliarde Euro ausstehen. Es ist zum heutigen Zeitpunkt unklar, ob der deutsche Steuerzahler dieses Geld jemals wiedersehen wird.

Die Kette ließe sich durch Beispiele außerhalb des Verkehrs fortsetzen, genannt seien nur die Subventionen für die Kernenergie oder den Großrechner Suprenum. Angesichts dieser historischen Erfahrungen meine ich, dass das Instrument der staatlichen Subvention neuer Mobilitätskonzepte zurückhaltend eingesetzt werden sollte.

Mit dieser Rückschau in die deutsche Subventionsgeschichte ist unsere soziotechnische Analyse beendet. Ich werde nun die reine Wissenschaft verlassen und mich für den Rest des Kapitels auf das Feld der Spekulation begeben. Dabei möchte ich einen Blick in die Zukunft der Elektromobilität wagen. Allerdings soll es dabei nicht um Science-Fiction gehen, sondern um Technologien, die sich nach dem heutigen Stand des Wissens grundsätzlich realisieren lassen.

3.6 Blick in die Zukunft: Nanomobilität

Öffentliche Diskussionen über Elektromobilität widmen sich meistens technischen, ökonomischen oder klimapolitischen Fragen. Konkret geht es etwa um Reichweitenangst, Ladesäulen, Emissionen, Lithiumvorräte, Kinderarbeit, Kaufprämien, Batteriekosten oder kostenloses Parken in Innenstädten. Bei mir entsteht dabei der Eindruck, für die tatsächlichen Mobilitätsprobleme großer Bevölkerungsgruppen, insbesondere alter, behinderter und einkommensschwacher Menschen, sei in den intellektuellen Debatten urbaner Eliten kein Raum.

Louis Vuitton und die Altersmobilität

Ich trinke gelegentlich Kaffee mit meiner 85-jährigen Nachbarin Frau Ungeheuer. Dabei erfahre ich Aufschlussreiches über die Mobilitätsprobleme alter Menschen. Frau Ungeheuer ist geistig rege. Die ehemalige Waldorfschullehrerin interessiert sich für Religion, Kunst, Musik, Kochen und sogar für meine Forschung auf dem Gebiet der Energiespeicher. Doch sie ist nicht gut zu Fuß. Sie kann sich in ihrem Haus selbstständig bewegen. Aber für Fußmärsche benötigt sie einen Rollator. Treppensteigen ohne fremde Hilfe ist für sie nahezu unmöglich.

Bei einem Kaffeekränzchen habe ich Frau Ungeheuer einmal nach ihrer Meinung zur Elektromobilität gefragt. Sie lächelte verschmitzt und antwortete: „Mir ist es herzlich egal, ob mich mein Taxifahrer mit einem Benzin- oder einem Elektroauto abholt. Hauptsache, ich komme schnell und zuverlässig ans Ziel. Private Elektroautos sind Spielzeug für reiche Leute, die sich neben der Louis-Vuitton-Handtasche noch weitere Statussymbole zulegen wollen. Meine tatsächlichen Mobilitätsprobleme liegen ganz woanders." Sie erzählte mir dann eine persönliche Geschichte. Frau Ungeheuer meint, das Beispiel stünde stellvertretend für die Sorgen und Nöte Millionen älterer und gehbehinderter Menschen in ganz Deutschland.

Die S-Bahnhaltestelle Stuttgart Universität besitzt in jeder Fahrtrichtung nur einen Aufzug. Außerdem gibt es aufwärtsfahrende, aber keine abwärtsfahrenden Rolltreppen. Häufig ist ein Fahrstuhl kaputt, gelegentlich auch beide. Dann ist es für einen gehbehinderten Menschen mit Rollator oder Rollstuhl unmöglich, die S-Bahn zu benutzen. So verwandelt sich die geplante S-Bahnfahrt zum Stuttgarter Hauptbahnhof für knapp drei Euro in eine Taxifahrt für deutlich über zwanzig Euro. Solche finanziellen Belastungen aufgrund einer vernachlässigten Verkehrsinfrastruktur werden gern verschwiegen, wenn der private Pkw politisch verteufelt und öffentliche Verkehrsmittel gepriesen werden.

Eines Abends kam Frau Ungeheuer mit der letzten S-Bahn nach Hause. Der Aufzug war kaputt und sie nahm die Rolltreppe. Die S-Bahnstation Stuttgart Universität liegt so tief, dass drei Rolltreppen notwendig sind, um ans Tageslicht zu kommen. Nachdem Frau Ungeheuer die erste Rolltreppe überwunden hatte, stand sie vor der zweiten. Doch diese war kaputt. Nun konnte sie weder auf noch ab, denn es gab keine abwärtsfahrende Rolltreppe. In ihrer Verzweiflung setzte sich Frau Ungeheuer auf die Treppe und begann zu weinen. Nur durch Zufall kam kurz vor Mitternacht Rettung in letzter Minute. Nach der letzten S-Bahn fuhr noch ein außerplanmäßiger Zug ein, in dem sich einige nette junge Männer befanden. Sie hievten Frau Ungeheuer die Treppen hinauf und ersparten ihr eine Übernachtung auf einem Treppenabsatz in der Welthauptstadt der Mobilität.

Auf meine Frage, wie sich Frau Ungeheuer den Verkehr der Zukunft vorstellt, antwortete sie: „Ich brauche kein Auto. Ich wünsche mir einen Rollstuhl, mit dem ich ohne aufzustehen von meiner Haustür in die S-Bahn, mit der S-Bahn zum Hauptbahnhof, von dort im ICE nach Lüneburg und vom dortigen Bahnhof mit dem Bus zu meiner Freundin fahren kann. Die ganze Reise würde ich gern unternehmen, ohne Treppen oder ähnliche Hindernisse überwinden zu müssen und ohne auf die Hilfe fremder Leute angewiesen zu sein."

Senioren, Behinderte, Geschäftsleute – eine Interessengemeinschaft?
Bei diesen Worten wurde mir klar, dass Frau Ungeheuers Wunsch den Interessen einer ganz anderen Personengruppe gleicht. Geschäftsreisende hegen nämlich ähnliche Bedürfnisse; sie wissen lediglich nichts davon. Mein Urgroßvater verspürte schließlich auch kein Bedürfnis nach einem Smartphone.

Wenn ich von meinem Büro auf dem Campus der Universität Stuttgart eine Dienstreise an den Hauptsitz des DLR nach Köln-Porz unternehmen möchte, habe ich zwei Möglichkeiten. Entweder ich nutze ein Auto oder öffentliche Verkehrsmittel. Betrachten wir den ersten Fall. Hier muss ich für die Fahrt etwa vier Stunden einplanen. Die im Pkw verbrachte Zeit ist unproduktiv, weil ich weder lesen noch am Computer arbeiten kann. Telefonieren ist mittels einer Freisprechanlage zwar möglich, doch lenkt die Erörterung schwieriger Sachverhalte vom Geschehen auf der Straße ab. Selbst wenn der Pkw in Zukunft autonom fahren würde, müsste ich zu Fuß von meinem Büro ins Auto und nach meiner Ankunft aus dem Auto in den Besprechungsraum gehen. Dabei müsste ich allerlei wetterabhängige Utensilien wie Mantel, Schal, Regenschirm, Handschuhe oder Mütze mit mir herumschleppen. Ein Fußmarsch von einhundert Metern von meinem Büro zum Parkplatz eines Mietwagens stellt für mich heute keine körperliche Herausforderung dar. Vor dreißig Jahren empfanden es die meisten Menschen auch als unproblematisch, für ein Telefonat einhundert Meter bis zur nächsten Telefonzelle zu laufen. Werden kurze Fußwege in Zukunft womöglich ebenso aussterben wie der Gang zur Telefonzelle?

Die Alternative zur Autofahrt ist eine vierstündige Reise von Stuttgart nach Köln mit öffentlichen Verkehrsmitteln. Diese ist für mich ebenfalls mit Hindernissen verbunden. Während der Reisezeit kann ich im ICE von Stuttgart bis Siegburg etwa zwei Stunden lang arbeiten. Jedoch kann ich keine vertraulichen

Telefonate führen. Die restlichen zwei Stunden sind unproduktive Zeit. Ich verbringe sie mit dem Fußmarsch vom Büro zur S-Bahn Stuttgart Universität, mit dem Umstieg am Stuttgarter Hauptbahnhof, mit einem weiteren Umstieg in Siegburg in eine S-Bahn, mit einer quälend langen Busfahrt von Köln-Porz-Wahn zum DLR-Gelände und schlussendlich mit einem Fußmarsch zum betreffenden Gebäude.

Nachdem ich Frau Ungeheuers Wunsch nach einem individualisierten Rollstuhl verinnerlicht hatte, wurde mir klar, dass ein solches Mobil auch für Geschäftsreisende zahlreiche Vorteile bringen könnte. Daraufhin habe ich einmal versucht, meinen von Batterien, Wärmespeichern und synthetischen Kraftstoffen geprägten Forscherblick zu ignorieren und stattdessen die Mobilitätsbedürfnisse in den Mittelpunkt zu stellen. Ich habe nach diesem Perspektivwechsel lange darüber nachgedacht, wie das ultimative personalisierte Fortbewegungsmittel gestaltet werden müsste, sozusagen das Smartphone unter den Rollstühlen.

Schnell wurde mir klar, dass sich unsere Arbeit als Ingenieure nicht darin erschöpfen darf, vorhandene Verkehrsmittel wie etwa Pkw, S-Bahn, ICE oder Taxi zu verbessern. Unsere Aufgabe ist es meines Erachtens auch, neuartige Vehikel wie etwa maßgeschneiderte Kleinmobile zu ersinnen. Wie wäre es beispielsweise mit einem Gefährt, welches den Menschen wie ein Kokon umschließt und ihm erlaubt, in andere Verkehrsmittel hineinzuschlüpfen? Dann könnte man die gesamte Zeit von Tür zu Tür für produktive Arbeit nutzen. Ich versah mein Vehikel mit der Arbeitsbezeichnung *Nanomobil*.

Verbrennungsmotorenverbot unnötig
Ein Nanomobil ist ein Kleingefährt, ähnlich einem Rollstuhl, jedoch mit der Designqualität eines Stuttgarter Luxusautos. Es transportiert seine Fahrgäste autonom und abgeschirmt durch Gebäude, Verkehrsmittel und Straßenschluchten. Es bringt sie nahtlos von A nach B.

Das Nanomobil muss drei Eigenschaften besitzen: Es ist emissionsfrei, klimatisiert und selbstfahrend.

Soll das Nanomobil in Wohnungen und Büros fahren, darf es weder Abgase noch Rußpartikel ausstoßen. Daraus folgt von selbst, dass es nicht von einem Verbrennungsmotor angetrieben werden kann. Oder würden Sie in Ihrem Wohnzimmer einen Dieselmotor laufen lassen? Dies ist ein Anwendungsbeispiel, wo Verbrennungsmotoren von vornherein ausgeschlossen sind. Allerdings nicht aus politischen Erwägungen wie beim Pkw, sondern aufgrund von Sachzwängen. Das Nanomobil wird von einem batteriebetriebenen Elektromotor angetrieben. Gegebenenfalls wäre zur Reichweitensteigerung eine Brennstoffzelle mit einer kleinen Wasserstoffkartusche denkbar. Dank der Stubenreinheit, die Rollstühle schon heute besitzen, könnte sich das Nanomobil in Omas Wohnzimmer ebenso gut bewegen wie in einem ICE oder einem Flugzeug.

Da das Nanomobil nur in Gebäuden fährt oder kurze Wege zwischen Gebäuden und Verkehrsmitteln überbrücken muss, ist eine große Reichweite unnötig. Damit fällt ein Nachteil batteriebetriebener Autos sofort unter den Tisch. Nach meiner Einschätzung genügt für ein Nanomobil eine Reichweite von weniger als zehn

Kilometern und eine Geschwindigkeit von etwa sechs Kilometern pro Stunde, also Schritttempo. Höhere Geschwindigkeiten wären nicht nur unnötig, sondern sogar schädlich! Anderenfalls würden wir beim autonomen Fahren über eine gepflasterte Fußgängerpassage das Smartphone oder den Kaffeebecher aus der Hand verlieren. Auch die lange Ladezeit, ein weiterer Nachteil von Batterieautos, ist auf einen Schlag gegenstandslos. Denn während der Fahrt im ICE könnte sich das Nanomobil in aller Ruhe berührungslos nachladen.

Für ungestörte Büroarbeit ist es ungünstig, wenn der Besitzer des Nanomobils zwischen dem Verlassen eines Gebäudes und dem Eintauchen in ein Verkehrsmittel bei Kälte einen Mantel anziehen oder bei Regen einen Regenschirm aufspannen muss. Auch beim autonomen Transport alter oder behinderter Menschen wäre es von Vorteil, wenn diese in leichter und bequemer Kleidung verbleiben könnten. Um diese nahtlose Mobilität ohne Umkleiden zu gewährleisten, muss das Nanomobil mit einziehbaren Seitenwänden, Sichtscheiben und Dachelementen versehen sein. Diese könnten beim Verlassen eines Gebäudes oder eines Transportmittels automatisch geöffnet oder geschlossen werden. Dann ließe sich der Innenraum je nach Bedarf und Wetter lüften, heizen oder kühlen.

Falls die Nanomobilkonzerne der Zukunft ihre Klimaanlagen mit aktiven Filtern ausstatten, könnten Raucher im Nanomobil sogar während einer ICE-Fahrt ihrem Laster frönen. Dieses Ausstattungsmerkmal klang im Jahr 2019 wie eine Kuriosität. Zwischen Redaktionsschluss und Drucklegung dieses Buches hat uns jedoch die Corona-Pandemie auf eindrucksvolle Weise die hygienischen Vorzüge des Pkw gegenüber öffentlichen Verkehrsmitteln vor Augen geführt. Das individuell klimatisierte Nanomobil mit Luftfiltern könnte die Vorteile „gute Atemluft im Pkw" und „hohe Geschwindigkeit von ICE oder Flugzeug" kombinieren und zu einem gegenüber Epidemien stabileren Verkehrssystem beitragen.

Um im Nanomobil ununterbrochen einer Büroarbeit oder einer Freizeitbeschäftigung nachgehen zu können, ist es allerdings notwendig, dass sich das Nanomobil orientiert und selbstständig bewegt. Es muss durch Steuersignale veranlassen, dass sich Bürotüren, Fahrstuhltüren sowie Haustüren öffnen und Einstiegsrampen bei behindertengerechten Pkw herunterklappen. Für die Navigation des Nanomobils in Flughäfen, Behörden und Einkaufspassagen wäre in Zukunft eine Innenraumversion von Google Maps nötig.

Das Nanomobil müsste Hindernissen wie Fußgängern, Fahrzeugen oder herumstehenden Gegenständen ausweichen. Es müsste sich per Informationstechnologie mit den Reservierungssystemen von Taxis, Zügen und Flugzeugen vernetzen, Buchungen vornehmen und Taxiroboter an einen festgelegten Ort bestellen. Ferner müsste das Nanomobil mit anderen Nanomobilen kommunizieren, um Kollisionen zu vermeiden. Schlussendlich wäre eine freie Bewegung vorwärts, rückwärts und seitwärts erforderlich, um etwa an einen Schreibtisch heranfahren zu können.

Eine Dienstreise im Jahr 2064

Wie würde ein Geschäftsreisender meinen Weg von Stuttgart nach Köln im Jahr 2064 zurücklegen? Die Zahl ist nicht zufällig gewählt. In diesem Jahr wird der

3.6 Blick in die Zukunft: Nanomobilität

zahlenmäßig stärkste Geburtenjahrgang Deutschlands seinen 100. Geburtstag feiern.

Ich stelle mir eine Dienstreise von meinem Büro 403 im Gebäude E des DLR auf dem Campus Vaihingen der Universität Stuttgart zum Gebäude 1 des DLR in Köln-Porz-Wahn vor. Angenommen, man hätte mich als 99-jährigen Pensionär zu einer Besprechung am 18. Januar 2064 um 14:00 Uhr eingeladen. Am Morgen übertrage ich zu Dienstbeginn den Termin aus meinem Outlook-Kalender in die Steuer-App meines Nanomobils. Das System berechnet daraus eine optimale Kombination von Verkehrsmitteln und eine Abfahrtszeit, sagen wir 11:00 Uhr. Die optimale Reisekonfiguration könnte dann sein: S-Bahn von Stuttgart Universität nach Stuttgart Hauptbahnhof, ICE von Stuttgart Hauptbahnhof nach Siegburg, autonomes Taxi von Siegburg zum DLR Köln. Das Nanomobil würde Reservierungen und Buchungen für meinen Nanomobil-Stellplatz in der S-Bahn, im ICE sowie eine Taxireservierung vornehmen. Falls die Angestellten der Deutschen Bahn an diesem Tag kurzfristig streiken, bucht das System automatisch auf einen Flug von Stuttgart nach Köln-Bonn mit einem autonomen Elektroflugzeug um. Dann gestaltet sich die Reiseroute so: S-Bahn von Stuttgart Universität nach Stuttgart Flughafen, Flugzeug von Stuttgart Flughafen nach Köln-Bonn, autonomes Taxi vom Flughafen Köln-Bonn zum DLR.

Um 11:00 Uhr setzt sich mein Nanomobil in meinem Büro in Bewegung – derweil vertiefe ich mich in meine Arbeit. Ob es im Jahr 2064 noch E-Mails geben wird, wissen wir heute nicht. Wir werden jedoch auch in Zukunft mit Sicherheit lesen und fernsprechen. Während ich telefoniere, gibt das Nanomobil automatisch Signale zum Öffnen der Bürotür sowie zum Rufen des Aufzugs und fährt dorthin. Es gibt ein Signal zum Öffnen der Tür von Gedäude E und geht sogleich automatisch vom offenen in den geschlossenen, klimatisierten Modus über. So kann ich leicht bekleidet und ohne Mantel durch die DLR-Pforte fahren. Anschließend bringt es mich über den etwa 400 m langen Fußweg zur S-Bahnstation Universität.

Meine App sendet alsdann ein automatisches Rufsignal an den Aufzug, der – anders als im Jahr 2019 – mit der Zuverlässigkeit einer Schweizer Uhr arbeitet. Nun fährt das Nanomobil autark in die S-Bahn an den vorgesehenen Platz, nimmt am Stuttgarter Hauptbahnhof selbstständig den Aufzug zu Gleis 5, fährt automatisch in den ICE und wird am Boden fixiert. Wenn ich in Ruhe telefonieren möchte, verbleibt das Nanomobil im geschlossenen Modus. Falls ich einen Kaffee trinken will, schaltet es sich in den offenen Modus. Das tut es auch, sobald ich mit meinem Nachbarn spreche.

Bei Ankunft in Siegburg verlässt das Nanomobil eigenständig den ICE. Vorher geht es wieder in den klimatisierten Modus über. Autonom befördert es mich ins Taxi, welches mich zur DLR-Pforte in Köln und anschließend zum Gebäude 1 bringt. Dort fährt es im Aufzug in die vierte Etage. Die Besprechung beginnt. Während der gesamten Reise von meinem Stuttgarter Büro in den Kölner Besprechungsraum muss ich kein einziges Mal von meiner Arbeit aufblicken. Ich kann ungestört arbeiten oder ein Mittagsschläfchen halten. Im Falle einer ICE-Störung erfolgt eine automatische Buchung eines autonomen Pkw, der mich von Stuttgart nach Köln chauffiert.

Falls ich länger als einen Tag bleibe, fordere ich ein Trabant-Nanomobil an. Dies ist ein baugleiches Nanomobil, in dessen Innerem ich mein Gepäck befördern lasse und welches mir dann folgt. Ein Trabant ist ein Himmelskörper, der einen Planeten auf einer festen Bahn umkreist. Im Jahr 2064 werden vermutlich nur noch Babyboomer und Automobilhistoriker wissen, dass dieses Wort einst für die wichtigste DDR-Automobilmarke stand.

Menschenwürdiges Reisen für alte Menschen
Betrachten wir das Nanomobil aus der Perspektive eines älteren oder gebrechlichen Menschen. Gerade für diese Personengruppe ist das Nanomobil ein sehr bequemes Transportmittel. Will beispielsweise eine Oma aus dem Dorf ihren Enkel in der Stadt besuchen, so ist dies nach heutigem Stand der Technik ohne Hilfsperson in den meisten Fällen nicht möglich. Entweder hat die Oma keinen Führerschein oder sie kann nur mit Rollator gehen. Hoffentlich noch vor dem Jahr 2064 könnte die Lösung folgendermaßen aussehen: Der Enkel programmiert das Nanomobil seiner Oma auf eine bestimmte Abfahrtszeit. Zu diesem Zeitpunkt setzt sich die Oma in das Gefährt und wird wie im obigen Beispiel durch eine lückenlose Abfolge von Transportmitteln zur Wohnung des Enkels gebracht. Sie muss sich weder umziehen, noch muss sie umsteigen oder Erkundigungen über den Weg einholen.

Wenn Behinderte und Geschäftsleute die gleichen Transportmittel nutzen, wird zusätzlich ein wichtiger Beitrag zur Integration geleistet. Im Gegensatz zum jetzigen Zustand, bei dem ein Behinderter sofort an einem Rollstuhl erkennbar ist, gibt es keinen sichtbaren Unterschied mehr. Gleiches gilt für Senioren; dadurch leistet das Nanomobil einen Beitrag zur Mobilität in einer alternden Gesellschaft.

Wie viele Nanomobile würde die Menschheit im Jahr 2064 benötigen? Diese Frage klingt aus heutiger Perspektive skurril. Sie ist durchaus berechtigt, aber nicht leicht zu beantworten. Hätte jemand vor dreißig Jahren gedacht, dass heute auf jeden Bundesbürger fast zwei Mobiltelefone kommen? Es könnte sein, dass das Nanomobil ebenso zu einem Massenphänomen wird wie das Mobiltelefon.

Das Nanomobil ist nicht nur energieeffizient, weil das Verhältnis zwischen seinem und dem Gewicht der zu transportierenden Person ungefähr Eins zu Eins ist. Es könnte auch sehr vielseitig einsetzbar sein. Neben dem Personentransport sind der Fantasie kaum Grenzen gesetzt. Denkbar wäre die Nutzung des Nanomobils für den Transport und die Zustellung von Paketen, Blumen oder Pizza.

Zu guter Letzt muss ich fairerweise einräumen, dass das Konzept für Nanomobile weder einzigartig noch neu ist. Nach meinem Gespräch mit Frau Ungeheuer habe ich mich mit einem deutschen Automobilmanager über die Idee des Nanomobils ausgetauscht. Er vertraute mir an, dass sein Unternehmen schon vor längerer Zeit ein ähnliches Konzept analysiert hatte, allerdings ohne die hier geschilderte vollständige Autonomie. Das Unternehmen hatte jedoch beschlossen, das Konzept nicht weiterzuverfolgen, weil es zu einer Kannibalisierung der Marke hätte führen können. Dem Besitzer eines Nanomobils ist es nämlich weitgehend egal, wie sein Auto aussieht, und somit könnte die Faszination des Fahrens abhandenkommen.

Interessant ist schlussendlich, dass die Autoren des Trickfilms *WALL.E – Der Letzte räumt die Erde auf* in der vierzigsten Minute Außerirdische in Nanomobilen durch das Innere einer Raumstation fahren lassen. Die Außerirdischen sind menschenähnliche Wesen mit überdimensionalen Hinterteilen und kleinen Köpfen. Die Szene in WALL.E zeigt, dass Trickfilmkünstler die Zukunft möglicherweise besser vorhersagen als die Schöpfer des Ford Nucleon.

3.7 Fazit

Unsere eingangs formulierte Behauptung über das Elektroauto lässt sich im Ergebnis unserer Analyse durch die folgenden Thesen auf eine rationale Basis stellen.

1. *Batteriebetriebene Elektroautos wandeln elektrochemisch gespeicherte Energie in Antriebsenergie um. Wird der Strom für die Elektroautos teilweise oder vollständig aus fossilen Quellen gewonnen, so erzeugen Elektroautos CO_2-Emissionen und tragen dadurch mit hoher Wahrscheinlichkeit zum Klimawandel bei. Werden sie mit Strom aus erneuerbaren Quellen betrieben, so ist ihre Klimawirkung gering.*
2. *Batteriebetriebene Elektroautos produzieren beim Fahren weder Stickoxide noch Rußpartikel und besitzen deshalb das Potenzial, die Luftqualität in Städten zu verbessern. Sie verursachen jedoch im heutigen deutschen Strommix CO_2-Emissionen am Ort der Stromerzeugung in Kohle- und Gaskraftwerken.*
3. *Aufgrund ihrer gegenüber konventionellen Autos geringen Reichweite und ihrer relativ hohen Gesamtkosten stellen batteriebetriebene Elektroautos für weite Teile der Bevölkerung – insbesondere für Menschen mit niedrigen Einkünften – kein Substitut für konventionell betriebene Pkw dar. Ein aussagekräftiger allgemeingültiger Kostenvergleich zwischen konventionellem Pkw und Elektroauto ist deshalb nicht möglich.*
4. *Eine aus Steuergeldern finanzierte staatliche Kaufprämie für Elektroautos würde mit hoher Wahrscheinlichkeit zum Anstieg der Zahl verkaufter Elektroautos und zu einem Absinken der CO_2-Emissionen des Autoverkehrs führen.*
5. *Die CO_2-Vermeidungskosten durch Umstieg auf ein Elektroauto hängen stark von den Kilometerkosten des zu ersetzenden Autos, von der Kilometerleistung des Elektroautos und vom CO_2-Fußabdruck des Stroms ab. Für die Mobilitätsansprüche des Autors und seiner Frau ergeben sich CO_2-Vermeidungskosten zwischen 1.000 €/t und 5.000 €/t. Die Kosten sind deutlich höher als bei langsamem Fahren auf der Autobahn oder beim Umstieg auf schwach motorisierte Autos.*
6. *Eine Abschaffung der Pendlerpauschale würde zu einer Verteuerung von Autofahrten zwischen Wohnort und Arbeitsort führen. Sie würde mit hoher Wahrscheinlichkeit Vermeidungsmaßnahmen wie langsames Fahren und Bildung von Fahrgemeinschaften sowie den partiellen Umstieg auf öffentliche Verkehrsmittel nach sich ziehen und die CO_2-Emissionen des Autoverkehrs reduzieren.*

7. Die CO_2-Vermeidungskosten durch Abschaffung der Pendlerpauschale hängen vom Jahressteuersatz des Pendlers, vom Benzinpreis sowie von dessen Nachfrageelastizität ab und liegen mit hoher Wahrscheinlichkeit unter denen des Umstiegs auf Elektroautos.
8. Die beiden Optionen Kaufprämie und Abschaffung der Pendlerpauschale wurden in der internationalen Forschung noch nie umfassend vergleichend bewertet. Es ist jedoch wahrscheinlich, dass die letztere Option die niedrigeren CO_2-Vermeidungskosten aufweist und ein größeres Potenzial für die Verringerung der CO_2-Emissionen hat.
9. Die Abschaffung der Pendlerpauschale erhöht insgesamt die Steuerlast der Bevölkerung. Sie kann jedoch durch gleichzeitige Senkung von Einkommens- oder anderen Steuern aufkommensneutral gestaltet werden. In diesem Fall begünstigt sie den Umstieg auf CO_2-arme Mobilitätsformen.

Kapitel 4
Der einfältige Klimaforscher

Die Behauptung: „Klimaforscher nutzen untaugliche Computermodelle, um das Klima der Zukunft vorherzusagen. Die Modelle sind experimentell nicht überprüfbar und in ihnen fehlen wesentliche Effekte. Klimaforscher verunglimpfen Kritiker als Klimaleugner und vergiften damit die wissenschaftliche und politische Diskussionsatmosphäre. Sie stellen ihre Forderungen nach höchster politischer Priorität des Klimaschutzes als unumstößliche Konsequenz aus Naturgesetzen dar und verwehren den Wählern damit ihre demokratische Entscheidungsfreiheit über die Rangfolge gesellschaftlicher Aufgaben."

An einem warmen Sommerabend im Juni 2013 stand ich neben einer gut gelaunten Gruppe geselliger Professorinnen, die sich am Rande des Grillbuffets eine Zigarettenpause gönnten. Die Deutsche Forschungsgemeinschaft hatte an diesem Tag in Bad Godesberg eine Tagung ihrer Fachkollegiaten – der gewählten Vertreter aller Fachdisziplinen – veranstaltet, die mit einem gemeinsamen Abendessen ausklang. Ich gesellte mich ohne Zigarette zu den Raucherinnen und stellte fest, dass es sich um Medizinerinnen handelte. Auf meine mit Augenzwinkern vorgetragene Frage, ob nicht gerade forschende Ärztinnen durch Nichtrauchen Vorbild sein sollten, erhielt ich als Antwort: „Wir wissen genau um die Schädlichkeit des Rauchens und schätzen die einschlägigen Forschungsergebnisse sehr. Doch wie wir unser Privatleben gestalten, geht niemanden außer uns etwas an." Diese Antwort fand ich so überzeugend, dass ich mich kurzerhand auf eine Zigarette einladen ließ. Und genoss noch eine Weile die heitere Stimmung der fröhlichen Runde.

Später in meinem Hotelzimmer grübelte ich: Handelte es sich bei den lustigen Ärztinnen von Bad Godesberg womöglich um Wissenschaftsleugnerinnen?

In der Klimaforschung ist das Verhältnis zwischen Dienstaufgabe und Privatleben anscheinend nicht ganz so entspannt wie in der Medizin. Ein Kollege von einem deutschen Forschungsstandort erzählte mir kürzlich, Mitarbeiter eines Klimaforschungsinstituts hätten bei der Sitzung des örtlichen Kantinenausschusses eine vollständige Umstellung des Angebots auf vegane Speisen gefordert. Dieses

Ereignis nährt den Verdacht, einzelne Klimaforscher wollten der Allgemeinheit ihre persönliche Lebensphilosophie als alternativlose Schlussfolgerung aus ihren Forschungsergebnissen unterjubeln. Ungefähr so, als würden Mediziner ein flächendeckendes Rauchverbot auf ihrem Universitätscampus fordern.

Nicht selten wird in öffentlichen Diskussionen eine Analogie zwischen den Erkenntnissen über die Schädlichkeit des Rauchens und dem hieraus abgeleiteten Rauchverbot auf der einen Seite und den Forschungsergebnissen zum menschengemachten Klimawandel und den daraus hergeleiteten Klimaschutzmaßnahmen auf der anderen Seite hergestellt. Oft wird die Analogie ergänzt durch einen Vergleich zwischen dem Kampf von Tabakkonzernen gegen Werbeverbote einerseits und dem Widerstand von Bergbau- und Energieunternehmen gegen Klimaschutzmaßnahmen andererseits. Zuweilen münden die Analogiebetrachtungen in der Behauptung, Menschen, die sich gegen Zigarettensteuern aussprechen, würden den neuesten Stand medizinischer Forschung leugnen, und Menschen, die gegen Klimaschutzmaßnahmen auftreten, seien *Klimaleugner*. Mit diesem Spannungsfeld zwischen *allgemeingültigen* wissenschaftlichen Erkenntnissen zum Klimawandel und *persönlichen* Meinungen zur Klimapolitik wollen wir uns im vorliegenden Kapitel beschäftigen. Wir wollen dabei unter anderem der Frage nachgehen, ob es sich bei Klimaforschern um eine Berufsgruppe handelt, die besonders anfällig für die Vermengung wissenschaftlicher Erkenntnisse mit persönlichen Werturteilen ist.

Bevor wir jedoch auf Klimaforschung und Klimapolitik einschwenken, lohnt es sich, noch einen Moment in der Welt des Tabakrauchs zu verweilen.

Schockbilder: Fürsorge oder Bevormundung?
Ich bin Nichtraucher und genieße rauchfreie Flugzeuge, Gaststätten und Arbeitsplätze. Nur gelegentlich nach einem guten Essen lasse ich mich von Freunden oder Kollegen zu einer Zigarette einladen. Einmal im Jahr rauche ich mit einem Freund eine gute Zigarre. Ich halte es für richtig, Tabakkonsum moderat zu besteuern. An der Korrektheit der wissenschaftlichen Erkenntnisse über die Schädlichkeit des Rauchens, die Mediziner in den vergangenen Jahrzehnten gewonnen haben, hege ich nicht den geringsten Zweifel.

Gleichwohl entsteht bei mir in letzter Zeit der Eindruck, dass bei der öffentlichen Diskussion über das Rauchen die Grenzen zwischen Forschungsergebnissen und persönlichen Werturteilen immer öfter verschwimmen. So wird in den Medien zuweilen der Eindruck erweckt, aus der Schädlichkeit des Rauchens würde zwangsläufig die Notwendigkeit folgen, Zigarettenschachteln mit Schockbildern zu versehen. Dabei ist dies mitnichten der Fall. Aus keinem naturwissenschaftlichen oder juristischen Grundprinzip lässt sich zwingend herleiten, dass sich der Staat in die Kommunikation zwischen einem mündigen Bürger und einem Tabakkonzern einschalten muss. Die Forderung nach Schockbildern ist demzufolge kein wissenschaftliches Forschungsergebnis. Sie ist vielmehr Spiegelbild der persönlichen Meinung von Menschen, die der Aufklärung von Verbrauchern durch den Staat einen höheren Wert beimessen als dem Schutz freier Bürger vor staatlicher Gängelung.

4 Der einfältige Klimaforscher 85

Zahlreiche freiheitlich denkende Menschen, die nicht im Mindesten an der Schädlichkeit des Rauchens zweifeln, stehen hingegen auf dem Standpunkt, dass ein Konsument in einem freien Land keine staatlichen Ratschläge benötigt, um sich für oder gegen das Rauchen zu entscheiden. Sie betrachten Schockbilder als ästhetische Zumutung für Raucher wie für Nichtraucher und überdies als einen Eingriff in die unternehmerische Freiheit von Tabakherstellern. Von den abstoßenden Fotos fühlen sie sich umso mehr inkommodiert, als auf Bierflaschen keine Alkoholiker und auf Autos keine Verkehrstoten abgebildet sind.

Noch kritischer als die Vermengung wissenschaftlicher Erkenntnisse mit persönlichen Werturteilen bei öffentlichen Debatten sehe ich es, wenn sich anerkannte Forscher in ideologische Eiferer verwandeln. Ein Beispiel betrifft den Historiker Robert Proctor von der Stanford University. In seinem Artikel "The history of the discovery of the cigarette – lung cancer link: evidentiary traditions, corporate denial, global toll", auf Deutsch: „Die Geschichte der Entdeckung der Verbindung zwischen Zigarette und Lungenkrebs: überlieferte Traditionen, unternehmerische Leugnung, weltweite Schäden" in der Fachzeitschrift *Tobacco Control* (Jahrgang 2012, online frei verfügbar) schreibt er:

„Wenn Zigaretten Krebs verursachen, dann tun dies auch die Maschinen, die die Zigaretten rollen sowie die Unternehmen, die Filter, Aromastoffe und Papier liefern. Wir müssen uns darüber im Klaren sein, dass auch Werbung krebserregend sein kann ... Die Führungskräfte, die für Zigarettenfirmen arbeiten, verursachen Krebs, ebenso die Künstler, die Zigarettenpackungen entwerfen, und die PR- und Werbefirmen ... Landwirte, die Tabak anbauen, sind Teil dieses Netzwerks ebenso wie die Politiker, die Geld von ‚Big Tobacco' beziehen."

Solche Thesen haben mit sachlicher wissenschaftlicher Argumentation meines Erachtens nicht das Geringste zu tun. Sie wären in einem Fachartikel allenfalls gerechtfertigt, wenn sie der Autor in der ersten Person verfasst hätte, um sie als Meinung zu kennzeichnen. Die Argumentationskette verunglimpft Menschen, die einer legalen Tätigkeit nachgehen – in diesem Fall in der Zigarettenindustrie. Wenn sich die Wissenschaft mit einer solchen Vermengung von Erkenntnissen und Werturteilen gemeinmacht, öffnet sie der Diffamierung zahlreicher weiterer Berufsgruppen Tür und Tor. Wenn der Tabakbauer heute Krebs verursacht, sind dann womöglich morgen Winzer am Alkoholismus und übermorgen Automobilarbeiter an Verkehrstoten schuld? Dieses Beispiel zeigt, dass sich manche Wissenschaftler ungeachtet hoher fachlicher Reputation schwertun, die objektiven Erkenntnisse ihrer Forschung von ihren persönlichen Ansichten zu trennen.

Vom Rauchverbot zum Klimaschutz
Die öffentliche Kritik an Klimaforschern ist nicht auf fehlende Trennung von Erkenntnissen und Werturteilen beschränkt. Die Anschuldigungen sind wesentlich vielfältiger.

Eine deutsche Partei behauptet beispielsweise, Klimaforscher würden „untaugliche Klimamodelle" einsetzen. Häufig wird Klimaforschern Alarmismus vorgeworfen und die Behauptung aufgestellt, sie würden besorgniserregende neue Erkenntnisse gern punktgenau vor dem Beginn von Klimakonferenzen an die

Medien kommunizieren. Kritiker unterstellen Klimaforschern ferner, sie hätten in ihren Modellen Effekte vergessen oder ignoriert. Schlussendlich behaupten Kritiker, die Klimaforscher würden die Glaubens- und Meinungsfreiheit oder gar die Grundsätze der Demokratie infrage stellen.

Um Ordnung in die Vielfalt der Vorwürfe zu bringen, möchte ich diese nach ihrer Stellung im wissenschaftlichen Wertschöpfungsprozess einordnen. Hierbei komme ich zu dem Schluss, dass die meisten Kritikpunkte zu einer der folgenden fünf zentralen Thesen verdichtet werden können: (1) Die These vom untauglichen Klimamodell, (2) Die These von der fehlenden Überprüfbarkeit, (3) Die These vom vergessenen Einzeleffekt, (4) Die These von der verwehrten Glaubensfreiheit und (5) Die These vom fehlenden Demokratieverständnis. Diese Thesen wollen wir nun der Reihe nach unter die Lupe nehmen.

4.1 Die These vom untauglichen Klimamodell

Die am tiefsten im Erkenntnisprozess ansetzende Kritik an der Klimaforschung ist der Zweifel an der grundsätzlichen Möglichkeit einer computergestützten Vorhersage des Weltklimas.

Um die Frage zu erörtern, ob Klimamodelle tatsächlich „untauglich" sind, werfen wir zunächst einen Blick in ihre grundsätzliche Funktionsweise. Klimamodelle sind Computerprogramme. Sie werden mit Eingangsdaten gefüttert. Dazu gehören Gebirgsformen, Ozeantiefen und Waldbedeckung sowie Anfangsbedingungen wie die Wind- und Temperaturverteilung zu einem bestimmten Startzeitpunkt der Simulation. Das Klimamodell berechnet nach einem aufwändigen mathematischen Algorithmus die Strömungsgeschwindigkeiten und Temperaturverteilungen in Atmosphäre und Ozeanen, die Bilanzen der Sonneneinstrahlung sowie weitere Größen wie Luftfeuchtigkeit, Niederschläge und Salzgehalte in Ozeanen. Klimamodelle ähneln Computerprogrammen für Wettervorhersagen. Während sich jedoch Wetterprognosen auf kleinere Gebiete wie Baden-Württemberg, Deutschland oder Europa beschränken und für einige Tage im Voraus gerechnet werden, erfassen Klimamodelle das Wettergeschehen auf der ganzen Erde. Außerdem werden Klimaprognosen für längere Zeiträume berechnet, in der Regel über Jahre oder Jahrzehnte im Voraus. Klimamodelle sind hochkomplexe Softwarepakete. In ihnen steckt umfangreiches Wissen über Strahlungstransport, Wolkenbildung, Reflexionseigenschaften von Schnee, Wüste und Wäldern, über den Transport von gelöstem CO_2 in Ozeanen sowie zahlreiche andere physikalische Effekte.

Um Kritik an Klimamodellen fundiert beurteilen zu können, müssen wir nun einen etwas tieferen Blick in deren mathematische Grundlagen werfen. Ich konzentriere mich hier auf die Herausforderungen bei der Strömungsberechnung, weil sie einen zentralen Grund für die hohe mathematische Komplexität von Klimasimulationen darstellen.

4.1 Die These vom untauglichen Klimamodell

Kernproblem Strömungssimulation

Oberflächlich betrachtet könnte man meinen, die Simulation der Strömung von Atmosphäre und Ozeanen sei nicht schwierig. Man müsse lediglich einen leistungsfähigen Computer mit den Positionen und Geschwindigkeiten aller Luft- und Wassermoleküle füttern. Anschließend müsse man ihm die Bewegungsgesetze der Mechanik beibringen, speziell das Verhalten vor und nach dem Zusammenstoß zweier Moleküle. Zusätzlich noch etwas Strahlungsphysik, um die Energieströme der Sonne zu beschreiben. Auf dieser Basis würde der Computer die Lage und Geschwindigkeit jedes Moleküls für jeden gewünschten Zeitpunkt in der Zukunft berechnen und das Problem der Klimavorhersage wäre gelöst.

Die Strömung von Atmosphäre und Ozeanen umfasst allerdings eine so gigantische Menge an Molekülen, dass Computer weder heute noch in absehbarer Zeit in der Lage sein werden, deren Bewegung im Detail zu simulieren. Selbst wenn künftige Quantencomputer die Herkulesaufgabe lösen könnten, wäre der übergroße Teil der entstehenden Informationslawine für uns nutzlos. Am Ende der Berechnung interessiert den Forscher nämlich nicht, wo sich ein bestimmtes Luftmolekül gerade befindet, sondern wie groß die Mittelwerte von Windgeschwindigkeiten und Temperaturen in einem bestimmten Gebiet über einen bestimmten Zeitraum sind. Forscher sind deshalb bei Klimasimulationen auf Vereinfachungen angewiesen. Diese bestehen zuvorderst darin, die Individualität der Moleküle zu ignorieren und diese gedanklich zu einem *Kontinuum* zu verschmieren.

Die mathematischen Grundlagen der Kontinuumstheorie, speziell der Strömungsmechanik, wurden lange vor dem Computerzeitalter erarbeitet. Vor fast zweihundert Jahren haben die Mathematiker Claude Louis Marie Henri Navier und George Gabriel Stokes die später nach ihnen benannten *Navier-Stokes-Gleichungen* hergeleitet. Diese ermöglichen die Simulation der Strömung von Flüssigkeiten und Gasen ohne die Berücksichtigung von Einzelheiten der Molekülbewegung.

Für die Beurteilung der Möglichkeiten und Grenzen von Klimamodellen ist es wichtig einzusehen, dass die Navier-Stokes-Gleichungen zwar die Gesetze der Strömungsphysik präzise wiedergeben, jedoch bei bestimmten Strömungstypen nur eine begrenzte Vorhersagegenauigkeit besitzen. Dies hat weder etwas mit „Untauglichkeit" noch mit Unwissen zu tun. Die eingeschränkte Prognosekraft stellt vielmehr eine fundamentale mathematische Eigenschaft der Navier-Stokes-Gleichungen dar.

Um dies anschaulich zu erläutern, sind die Navier-Stokes-Gleichungen noch immer viel zu kompliziert – und das, obwohl sie gegenüber einer molekularen Betrachtung bereits starke Vereinfachungen enthalten. Ich greife deshalb aus Gründen der Verständlichkeit zu einer drastischen Maßnahme. Ich blende Strömung und Wärmetransport vollständig aus und illustriere das Vorhersageproblem der Strömungsmechanik anhand der Bewegung von Billardkugeln.

Anschauungsbeispiel Billardkugeln

Das Rollen von Kugeln auf einem Billardtisch wird durch die Gesetze der Mechanik in Gestalt der Newtonschen Gleichungen beschrieben. Im Gegensatz zu Flüssigkeiten, die unendlich viele Freiheitsgrade besitzen, handelt es sich beim Billard um ein System, bei dem die Zahl der Freiheitsgrade doppelt so groß wie die Zahl der Kugeln und damit endlich ist. Die Lage jeder Kugel ist nämlich durch zwei Ortsangaben auf dem Tisch eindeutig bestimmt. Wegen der endlichen Zahl an Freiheitsgraden lässt sich ein Billardspiel wesentlich einfacher mathematisch beschreiben und am Computer leichter simulieren als eine Strömung. Gleichzeitig haben Billardprobleme und Strömungsprobleme eine Reihe mathematischer Eigenschaften gemein. In einem stark vereinfachten Sinne können wir uns die zeitliche Prognose von Strömungen in etwa so vorstellen wie die Vorhersage der Positionen von Kugeln in einem leicht modifizierten Billardproblem. Zu Beginn liegen die Kugeln an zufällig verteilten Orten auf einem hypothetischen Tisch ohne Löcher. Zu einem Anfangszeitpunkt erhält eine von ihnen einen definierten Stoß und versetzt dann andere Kugeln in eine chaotisch anmutende Bewegung.

Die Prognose von Wetter und Klima besitzt mathematische Ähnlichkeiten mit der Aufgabe, die Lage und Geschwindigkeit aller Kugeln ab dem Zeitpunkt des Stoßes vorherzusagen. Während die Kugeln beim Billard allerdings nach einer Weile zum Stillstand kommen, gleichen Wetter und Klima einer Situation, bei der die Kugeln in regelmäßigen Abständen aufs Neue angestoßen werden und deshalb immerfort ihre Position ändern.

Die physikalischen Gesetze, nach denen sich Kugeln auf einem Billardtisch bewegen, lassen sich in der Sprache der Mathematik in Form sogenannter Differenzialgleichungen ausdrücken. Diese mathematischen Gebilde beschreiben im Wesentlichen folgende Erfahrungen aus unserem Alltagsleben: (1) Eine rollende Kugel wird durch Reibungsprozesse an den Filzfasern des Tisches abgebremst und kommt irgendwann zum Stehen. (2) Beim Auftreffen auf den Rand des Tisches wird die Kugel so reflektiert, dass Eintritts- und Austrittswinkel gleich sind. (3) Stoßen zwei Kugeln aufeinander, so kann man die Richtungen und Geschwindigkeiten ihrer Bewegung nach dem Stoß aus denen vor dem Stoß berechnen.

Auf dieser Basis lässt sich leicht ein Computerprogramm entwickeln, welches bei gegebener Anfangslage der Kugeln und bei gegebener Anfangsgeschwindigkeit einer vom Spieler angestoßenen Kugel die Position aller Kugeln für jeden beliebigen Zeitpunkt nach dem Stoß berechnet. Es ist wichtig, dass die genannten Bewegungsgesetze auf das Genaueste bekannt sind und alle Parameter wie etwa die Größen und Gewichte der Kugeln sowie die Dämpfungseigenschaften des Filzes mit hoher Präzision vermessen werden können. Deshalb liegt die Vermutung nahe, eine Computersimulation würde die Orte und Geschwindigkeiten der Kugeln für alle Zeiten genau prognostizieren können.

Das hier skizzierte Billardproblem und das Strömungsproblem besitzen drei wichtige gemeinsame Eigenschaften: Erstens beruhen beide auf den Gesetzen der Mechanik, zweitens handelt es sich um deterministische Modelle und drittens können bei beiden Problemen schwer vorhersagbare – im Fall des Billards *chaotische* und im Falle der Strömung *turbulente* – Bewegungszustände auftreten. Es sind diese drei Charakteristika, die uns nun erlauben, die Unsicherheiten der Strömungsvorhersage in Wetter- und Klimamodellen anhand des vereinfachten Billardproblems zu veranschaulichen.

4.1 Die These vom untauglichen Klimamodell

Grenzen der Vorhersagbarkeit

Schauen wir uns zunächst die Bewegung einer einzelnen Kugel an. In einer sehr holzschnittartigen Denkweise könnte man diese mit einem einfachen laminaren Strömungsproblem wie beispielsweise dem Fließen eines Honigtropfens auf einer Toastscheibe vergleichen. Geben wir die Anfangsposition der Kugel sowie ihre Anfangsgeschwindigkeit vor, so würde unsere Computersimulation die Position der Kugel als Funktion der Zeit bis zu ihrem Stillstand mit hoher Genauigkeit vorhersagen. Ich schätze, die Abweichung zwischen berechneter und tatsächlicher Endlage würde weniger als einen Zentimeter betragen. Die relative Unsicherheit der Simulation läge bei einer angenommenen Rolllänge von einem Meter also bei ungefähr einem Prozent. Für eine solch einfache Fragestellung ist unser Billard-Simulationsprogramm also „tauglich". Mit ähnlicher Präzision könnte ein Strömungssimulationsprogramm die Lage eines fließenden Honigtropfens in Abhängigkeit von der Zeit ermitteln.

Führen wir nun ein modifiziertes Gedankenexperiment mit mehreren Kugeln durch. Wir legen drei Stück an beliebige Stellen und geben einer einen Stoß, der stark genug ist, damit sie mit mindestens einer weiteren Kugel zusammenstößt. Nun lassen wir das Simulationsprogramm die Bewegung der drei Kugeln berechnen. In einer – wiederum holzschnittartigen – Interpretation lässt sich dieses Problem mit der Simulation von aufsteigendem Rauch einer Zigarre vergleichen. Einige Zentimeter oberhalb des Tabaks bilden sich chaotische Wirbelmuster, die sich weiter oben zu einer zeitlich und räumlich ungeordneten Strömungsstruktur, einer *turbulenten* Strömung, vereinigen.

Solange die erste Kugel mit nur einer weiteren Kugel kollidiert, ist die numerische Vorhersage der Bahnen noch einigermaßen möglich, das heißt mit einer Unsicherheit, die ich auf etwa zehn Prozent des zurückgelegten Rollweges schätze. Läuft jedoch die Simulation weiter, so wird die Prognose immer ungenauer, je öfter die Kugeln zusammenstoßen. Nach drei bis vier Stößen ist eine Vorhersage der Positionen der einzelnen Kugeln faktisch unmöglich, weil eine *mikrometerkleine* Ungenauigkeit in der Kenntnis ihrer Anfangslage sich zu einer *metergroßen* Abweichung in der Langfristvorhersage aufschaukelt. Führen wir das gleiche reale Experiment mehrmals mit identischen Anfangsbedingungen durch, stellen wir fest, dass sich die Bewegungsmuster der Experimente mit der Zeit immer stärker voneinander unterscheiden. Dies spiegelt eine empfindliche Abhängigkeit der Bewegung von den Anfangsbedingungen wider – eine mathematische Eigenschaft, die Billard-Gleichungen und Navier-Stokes-Gleichungen gemeinsam haben.

An den Beispielen mit einer und drei Kugeln ist erkennbar, dass ein und dasselbe mathematische Modell je nach Zahl der Freiheitsgrade in einem Fall eine hochpräzise Vorhersage erlaubt, während im anderen Fall eine Prognose vollkommen unmöglich ist. Dieser Umstand hat nichts mit „tauglichen" oder „untauglichen" Modellen zu tun, sondern mit einer mathematischen Eigenschaft von Billards und Strömungen, dem *deterministisch-chaotischen* Verhalten. So ist chaotische Dynamik beispielsweise dafür verantwortlich, dass eine genaue Wettervorhersage für mehr als zwei Wochen im Voraus grundsätzlich ausgeschlossen ist.

Ist es mithin gänzlich unmöglich, die Navier-Stokes-Gleichungen zur Langfristvorhersage des Klimas einzusetzen?

Um diese Frage zu beantworten, lassen wir unsere Billard-Software nun eine Situation rechnen, bei der eine Kugel auf eine große Zahl anderer Kugeln, sagen wir zehn oder zwanzig Stück, prallt. Dieses Problem entspräche – wieder in einer holzschnittartigen Denkweise – der Aufgabe, Wetter oder Klima auf Jahrzehnte im Voraus zu berechnen. Obwohl die Gesetze der Mechanik in diesem Fall ebenso gelten wie im Fall einer, zweier oder dreier Kugeln, ist es hier bereits nach einem Stoß ganz und gar ausgeschlossen, die genauen Kugelbahnen vorherzusagen. Dies spiegelt sowohl die empfindliche Abhängigkeit von den Anfangsbedingungen als auch die große Zahl an Freiheitsgraden wider. Es ist aus ebendiesen Gründen nicht vorherzusagen, ob am 22. Februar 2064 um 9:00 Uhr in Sankt Petersburg eine Temperatur von −5 °C oder +5 °C herrschen wird. Folgt daraus womöglich, dass Langzeitsimulationen von Billardkugeln und Atmosphärenströmungen gleichermaßen sinnlos sind?

Obwohl die Simulation zwanzig rollender Billardkugeln nicht den *exakten* Verlauf eines Experiments vorherzusagen vermag, liefert sie durchaus einen mit den Gesetzen der Mechanik *verträglichen* Verlauf. Ähnlich würde die erwähnte Wettersimulation für den 22. Februar 2064 zwar nicht das *exakte* Wettergeschehen in St. Petersburg an diesem Tag abbilden, jedoch ein mit den Gesetzen der Atmosphärenphysik *verträgliches* Wetter liefern. Deshalb lassen sich aus solchen Simulationen gewisse Details nicht ableiten. Gleichwohl könnte man durch mehrfache Wiederholung der Simulation mit ähnlichen Anfangsbedingungen – Fachleute sprechen von einem *Ensemble* an Experimenten – wichtige Durchschnittsgrößen prognostizieren. Würde zum Beispiel ein Fuß des Billardtisches um einen Zentimeter angehoben und dieser Effekt in das Simulationsprogramm eingebaut, so würde man nach Auswertung einer großen Zahl an Einzelsimulationen feststellen, dass die Aufenthaltswahrscheinlichkeit der Billardkugeln in dieser Ecke des Tisches abnimmt. Ähnlich können Klimasimulationen zwar keine Wetterdetails für die ferne Zukunft vorhersagen, jedoch die Änderung von Durchschnittstemperaturen oder Durchschnittswindgeschwindigkeiten unter dem Einfluss langsam veränderlicher Parameter wie etwa der globalen CO_2-Emissionen.

Zusammenfassend möchte ich formulieren, dass es aufgrund der methodischen Verwandtschaft von Klimasimulation mit Wettervorhersage und Aerodynamik nach meiner Einschätzung keine Anhaltspunkte für die Richtigkeit der These vom untauglichen Klimamodell gibt. Gleichwohl sollten an die Vorhersagekraft von Klimasimulationen besonders hohe Maßstäbe angelegt werden, weil im Fall unzutreffender Klimavorhersagen jährlich Billionenbeträge für Klimaschutz fehlinvestiert wären und diese Mittel für Armutsbekämpfung, Bildung und Gesundheitsmaßnahmen fehlen würden. Skeptiker, die Strömungssimulationen aufgrund unvermeidlicher intrinsischer Vorhersageungenauigkeiten für „untauglich" halten, dürften konsequenterweise kein Passagierflugzeug besteigen, weil dessen Design auf denselben Gleichungen beruht.

4.2 Die These von der fehlenden Überprüfbarkeit

Nehmen wir an, wir hätten durch unsere Argumentation zu These 1 alle Kritiker von ihren Zweifeln an der grundsätzlichen Eignung von Computersimulationen zur Vorhersage des Klimas abgebracht. Dann könnte ein nächster Einwand lauten: „Es mag durchaus sein, dass man das Klima im Prinzip mittels Computersimulationen vorhersagen kann. Jedoch sind Klimaforscher einfältig, wenn sie nicht erkennen, dass eine Simulation erst dann als zuverlässig betrachtet werden kann, wenn sie durch Vergleich mit einem Experiment überprüft worden ist. Da wir mit der Erde – anders als mit einem Flugzeugmodell im Windkanal – keine Experimente durchführen können, sind Klimasimulationen wertlos."

Validierung von Computersimulationen
Es gibt in der Tat einen grundlegenden Unterschied zwischen der Simulation eines Flugzeugs und der Simulation des Weltklimas, obwohl es sich bei beiden im Kern um Strömungssimulationen handelt. Eine Aerodynamik-Simulation lässt sich überprüfen, indem man ein verkleinertes Modell des Flugzeugs in einen Windkanal hängt und die Auftriebskraft sowie den Strömungswiderstand misst. Anschließend können die Versuchsergebnisse vom Miniaturexperiment auf den Originalmaßstab hochgerechnet werden. Eine solche experimentelle Überprüfung wird als *Validierung* bezeichnet.

Die Strömung von Atmosphäre und Ozeanen spielt sich auf der Oberfläche der Erdkugel unter dem Einfluss der Schwerkraft ab. Eine solche Strömung lässt sich im verkleinerten Maßstab nicht im Labor erzeugen. Es gibt nach dem heutigen Stand des Wissens keinen Weg, einer Bonsai-Erdkugel von der Größe eines Fußballs künstliche Gravitation in Richtung Kugelmittelpunkt einzuhauchen. Auch ist es unmöglich, Jahrhunderte während Transportprozesse wie etwa die Aufnahme von CO_2 durch die Ozeane im Experiment so zu beschleunigen, dass sie wie im Zeitraffer binnen weniger Stunden ablaufen. Zu guter Letzt sind die Wechselwirkungen zwischen Strahlung, Wolkenbildung und Strömung beim Klima so komplex, dass es selbst im Fall einer genäherten experimentellen Nachbildungsmöglichkeit keine Formeln, sogenannte *Skalierungsgesetze,* zum Umrechnen der Bonsai-Versuche auf die reale Welt gäbe.

Steht die Wissenschaft deshalb bei der Validierung von Klimasimulationen auf verlorenem Posten?

Es ist tatsächlich unmöglich, Klimamodelle im Ganzen zu validieren. Das gern zitierte Nachrechnen vergangener Eiszeiten ist keine Validierung im Sinn der Qualitätsstandards der Simulationswissenschaften. Zwar kann man etwa historische Eisproben analysieren und daraus Rückschlüsse auf einige Klimadaten aus der Vergangenheit ziehen. Auch lassen sich Klimasimulationen zu früheren Epochen durch geschicktes Justieren der Stellschräubchen von Simulationsprogrammen näherungsweise in Übereinstimmung mit vorhandenen Daten zur Erdgeschichte bringen – diese sind jedoch viel zu lückenhaft für eine seriöse Validierung.

Wissenschaft und Gesellschaft müssen akzeptieren, dass Klimamodelle nicht in dem gleichen Sinn zu validieren sind wie etwa Aerodynamik-Simulationen von Flugzeugen oder Crash-Simulationen von Autos. Dieser Umstand ist kein Makel der Klimasimulationen, denn er liegt in der Natur der Sache und entzieht sich dem Einfluss von Klimaforschern. Mit ihrer Situation stehen Klimamodelle keineswegs allein. Simulationen des Urknalls oder Simulationen der Bewegungsabläufe des *Tyrannosaurus Rex* lassen sich ebenso wenig validieren wie Klimamodelle.

In Situationen, wo eine regelgerechte Validierung grundsätzlich unmöglich ist, stellt die Validierung von Teilprozessen die beste Alternative dar.

Klimamodelle bestehen aus zahllosen mathematischen Bausteinen und ähneln somit einem Mosaik. Jeder Baustein verkörpert einen physikalischen, chemischen oder biologischen Einzeleffekt. An der Entwicklung von Klimamodellen sind somit neben Klimaforschern zahlreiche weitere Fachleute aus unterschiedlichsten Disziplinen beteiligt. Während Spezialisten jeweils einzelne Effekte untersuchen und ihre Erkenntnisse zu mathematischen Einzelmodellen destillieren, fügen Klimaforscher die einzelnen Mosaiksteinchen zum großen Ganzen zusammen. Für die Einzeleffekte lassen sich jeweils separate Computermodelle erstellen, die an speziell dafür aufgebauten Modellexperimenten validiert werden können. Schauen wir uns diesen partiellen Validierungsprozess anhand eines konkreten Beispiels an, welches ich aus eigener Forschungstätigkeit kenne.

Präzisionsexperimente zur Validierung von Einzeleffekten
In den Jahren 2007 bis 2013 war ich Gutachter des Projekts *Metström*. In diesem von der Deutschen Forschungsgemeinschaft finanzierten Schwerpunktprogramm SPP 1276 haben sich Strömungsmechaniker aus den Ingenieurwissenschaften mit Meteorologen und Mathematikern zusammengeschlossen. Gegenstand von Metström waren nicht etwa Klimamodelle im Speziellen – das Ziel bestand vielmehr darin, Computermodelle für Atmosphärenströmungen zu verbessern und hochgenaue Validierungsexperimente durchzuführen. Atmosphärenströmungen sind ein wichtiger, wenngleich nicht der einzige Bestandteil von Klimamodellen. Sie stellen gewissermaßen einen Riesenstein im Mosaik der Klimamodellierung dar.

Die Initiatoren des Projekts sahen einen Mangel der fachübergreifenden Zusammenarbeit darin, dass sowohl Ingenieure als auch Meteorologen zwar die Gleichungen der Strömungsmechanik auf Computern simulieren, jedoch kaum miteinander Erfahrungen austauschen. Dies ist auf den ersten Blick wenig verwunderlich. In den beiden Forschergemeinden stehen nämlich ganz unterschiedliche Strömungsprobleme auf dem Programm. Während Ingenieure die Umströmung kompliziert geformter Objekte wie Tragflügel, Triebwerkseinlässe, Seitenruder und Landeklappen simulieren, stehen in der Meteorologie und in der Klimaforschung Strömungen von Atmosphäre und Ozeanen auf der rotierenden Erdkugel unter dem Einfluss von Auftriebs- und Corioliskräften im Mittelpunkt. Diese Problemklassen besitzen – oberflächlich betrachtet – wenig Gemeinsamkeiten, außer dass es sich um Strömungen handelt, die mittels der Navier-Stokes-Gleichungen beschrieben werden können. Die Forschungsdisziplinen haben sich

4.2 Die These von der fehlenden Überprüfbarkeit

deshalb weitgehend unabhängig voneinander entwickelt. Im SPP 1276 wollten sie nun gemeinsam an der Verbesserung ihrer Simulationswerkzeuge arbeiten.

Als eine fachübergreifende Aktivität hatten sich die Initiatoren von Metström das Ziel gesetzt, ein hochgenaues Experiment zum Studium *barokliner Instabilitäten* in einem rotierenden Wassertank aufzubauen und die Messergebnisse allen Projektpartnern für die Validierung ihrer Computersimulationen zur Verfügung zu stellen. Barokline Instabilitäten sind Strömungserscheinungen, mit denen sich die Entstehung von Hoch- und Tiefdruckgebieten erklären lässt. Zwar können wir Zyklone und Antizyklone nicht ohne Weiteres im Labor untersuchen. Doch hat sich das Team meines Cottbuser Kollegen Christoph Egbers eines in den Fünfzigerjahren von dem britischen Geophysiker Raymond Hide erfundenen Tricks bedient, um die Atmosphärenwirbel zu domestizieren. Ebenso wie Genetiker gern das Erbgut der Fruchtfliege *Drosophila* als einfaches Modell für menschliche DNA studieren, bauten Egbers und seine Mitarbeiter ein Experiment auf, welches wir als die Drosophila der geophysikalischen Fluiddynamik betrachten können.

Hoch- und Tiefdruckgebiete entstehen, weil erwärmte Luft am Äquator aufsteigt, hin zu den Polen strömt und sich dort wieder abkühlt. Dieser Fließprozess wird jedoch stark von der Drehung der Erde beeinflusst. Die Corioliskräfte lenken den Wind in östliche oder westliche Richtung ab, je nachdem ob er auf der südlichen oder nördlichen Halbkugel bläst. Anstatt auf direktem Weg zum Nord- oder Südpol zu strömen, bilden die Luftmassen komplexe Strömungsmuster mit Ausdehnungen von tausenden Kilometern, die Zyklone und Antizyklone.

Auf Youtube können Sie unter dem Suchbegriff "baroclinic instability" Laborversuche anschauen, die diesen Prozess in vereinfachter Weise zeigen. Lehrreicher ist es jedoch, selbst zu experimentieren. Falls Ihre Kinder freitags auf der Suche nach sinnstiftenden Tätigkeiten sind, lassen Sie sie nach ordnungsgemäßer Erfüllung ihrer gesetzlichen Schulpflicht ein Experiment aufbauen, um sich fundiertes Wissen über die Funktionsweise des Weltklimas zu erarbeiten. Wenn Sie nämlich einen alten Schallplattenspieler besitzen, können Ihre Kinder in einem selbstgebastelten Versuch Hoch- und Tiefdruckwirbel im Mini-Format erzeugen. Bei dieser Gelegenheit dürfen Sie Ihrem Nachwuchs gern noch einen lehrreichen Blick in die analoge politische Vergangenheit gewähren, als Kinderaufmärsche der Pionierorganisation „Ernst Thälmann" mit Propagandaliedern von der Schallplatte untermalt wurden.

Versuchsanleitung: Zunächst befüllen Ihre Kinder eine Bratpfanne mit heißem Wasser und stellen in die Mitte eine leere Konservendose oder ein anderes metallisches Gefäß. Damit der Behälter nicht aufschwimmt, beschweren sie den Boden mit einem Gegenstand. Der entstandene ringförmige Wasserkanal ist unser Miniaturmodell eines Ausschnittes aus der Erdatmosphäre, sagen wir zwischen dem dreißigsten und dem sechzigsten Breitengrad. Das Wasser spielt jetzt für einen Moment die Rolle der Luft. Nun stellen die jungen Experimentatoren die Bratpfanne auf den Teller des Schallplattenspielers, schalten diesen ein und warten, bis das Wasser in der Pfanne die Drehgeschwindigkeit des Plattenspielers angenommen hat. Es empfiehlt sich, den Versuch mit einer Pfanne ohne Griff durchzuführen. (Falls Sie nur Aluminiumpfannen mit Griff besitzen, aber ansonsten meine Werturteile aus Tab. 1 teilen, empfehle ich Ihnen, den Griff für das Experiment abzusägen, die Pfanne anschließend zu entsorgen und durch eine Eisenpfanne zu ersetzen.)

Das rotierende warme Wasser spielt jetzt die Rolle der von der Sonne aufgeheizten Luft. Um einen künstlichen Nordpol zu erschaffen, sollten die Kinder den Metallbehälter als Nächstes vorsichtig mit einem Gemisch aus Wasser und Eiswürfeln befüllen. Nun kühlt sich das heiße Wasser beim Kontakt mit dem künstlichen Nordpol ab und sinkt an der Metallwand nach unten. Durch ein subtiles Wechselspiel von Auftriebs- und Corioliskräften bildet sich in diesem System eine Wirbelstraße, die abwechselnd aus links- und rechtsdrehenden Strukturen besteht. Tropfen Ihre Kinder vorsichtig etwas Milch in das Wasser, so können sie die Strömungsstrukturen gut sichtbar machen.

Der Cottbuser Wellentank

Das Egbers-Team aus Cottbus hat im Rahmen von Metström eine Hightech-Variante dieses Experiments aufgebaut. Das Pendant zum Schallplattenspieler war ein Tisch, dessen Drehgeschwindigkeit mit höchster Präzision eingestellt werden konnte. Statt der Eiswürfel übernahmen hochgenaue Thermostate die Kühlung. Und statt der Milchtropfen kam modernste Lasermesstechnik für die Strömungsmessung zum Einsatz. So konnten die Wissenschaftler im Sekundentakt für jeden Kubikmillimeter im Wassertank den Wert und die Richtung der Strömungsgeschwindigkeit messen. Diese Daten wurden für verschiedene Drehgeschwindigkeiten, Wasserhöhen, Heizleistungen sowie Kühltemperaturen aufgenommen und ausgewertet.

Die Daten im Umfang von einigen Terabyte wurden dann den Simulationsteams zur Verfügung gestellt, die so ihre Berechnungen überprüfen konnten. Die Ergebnisse der Experimente und der Simulationen wurden in begutachteten internationalen Fachzeitschriften veröffentlicht und erfüllen die Qualitätskriterien der Wissenschaft, über deren Wichtigkeit ich in Kap. 2 berichtet hatte. Zwar fließen die in Metström gewonnenen Daten nicht direkt in Klimamodelle ein. Doch verdeutlicht dieses kleine Beispiel, mit welcher Mühe und Sorgfalt Forscherteams weltweit an einer Vertiefung des Verständnisses von Einzelprozessen und an der Validierung von Computermodellen arbeiten.

Zahlreiche ähnliche Fälle lassen sich in anderen Nachbardisziplinen der Klimawissenschaften finden. Intensive Forschung wird beispielsweise weltweit betrieben, um den Einfluss von Aerosolen auf die Wolkenbildung besser zu verstehen. Da Letztere, quasi als Klimaanlage des Weltwetters, derzeit den größten Unsicherheitsfaktor in Klimamodellen verkörpert, sind solche Forschungen für die Verbesserung der Vorhersagegenauigkeit besonders wichtig.

Klimawissenschaftler und Teams aus benachbarten Fachgebieten investieren nicht nur viel Arbeit in die Erforschung von Elementarprozessen und die Validierung von Einzelerscheinungen. Sie führen auch umfangreiche vergleichende Analysen der Simulationen unterschiedlicher Projektgruppen durch. Bei der Interpretation von Klimasimulationen und der Kommunikation der Simulationsergebnisse an die Öffentlichkeit legen Klimaforscher überdies besonderen Wert auf eine präzise Wortwahl hinsichtlich der Verlässlichkeit ihrer Aussagen.

Terminologie in der Klimaforschung
So werden beispielsweise die Wahrscheinlichkeiten von Ereignissen wie etwa extremen Wetterverläufen in den Berichten des Weltklimarates sehr bewusst mit Vokabeln charakterisiert, die genau festgelegt werden. Im fünften Sachstandsbericht des Weltklimarates finden wir etwa die Erläuterung, dass Ereignisse nach der folgenden Systematik bezeichnet werden: Nahezu sicher (virtually certain) bei einer Wahrscheinlichkeit von 99–100 %, sehr wahrscheinlich (very likely) bei 90–100 %, wahrscheinlich (likely) bei 66–100 %, ebenso wahrscheinlich wie unwahrscheinlich (about as likely as not) bei 33–66 %, unwahrscheinlich (unlikely) bei 0–33 %, sehr unwahrscheinlich (very unlikely) bei 0–10 % und außerordentlich unwahrscheinlich (exceptionally unlikely) bei 0–1 %. Solch präzise Vereinbarungen über die Nomenklatur sind etwa in der Modellierung von Energiesystemen nicht gebräuchlich.

Fassen wir die Ergebnisse dieses Abschnitts zu einem Zwischenfazit zusammen: Die fehlende direkte Validierbarkeit von Klimamodellen ist kein Versäumnis von Klimawissenschaftlern, sondern eine dem Forschungsgegenstand innewohnende Eigenschaft. Klimaforscher unternehmen große Anstrengungen, die Bestandteile ihrer Modelle zu validieren. Da die Ergebnisse der Simulationsrechnungen jedoch als Legitimation für Klimaschutzmaßnahmen mit weltweiten Kosten im einstelligen Billionenbereich dienen, sollten an ihre Verlässlichkeit besonders hohe Maßstäbe angelegt werden. Ein starker Glaubwürdigkeitsbeweis wäre beispielsweise gegeben, wenn sich Staaten bei privaten Versicherungsunternehmen gegen unwirksamen Klimaschutz aufgrund fehlerhafter Klimavorhersagen versichern könnten.

4.3 Die These vom vergessenen Einzeleffekt

Nehmen wir als Nächstes an, wir hätten durch unsere Argumentation zu den Thesen 1 und 2 alle Kritiker von ihren Zweifeln an der grundsätzlichen Eignung von Computersimulationen zur Vorhersage des Weltklimas sowie von den Zweifeln an der Überprüfbarkeit der Einzelprozesse befreit. Dann könnte ein nächster Einwand lauten: „Es mag durchaus sein, dass man das Klima im Prinzip vorhersagen und die Simulationsprogramme portionsweise validieren kann. Jedoch haben die einfältigen Klimaforscher in ihren Simulationen den Einfluss von Sonnenflecken, die Präzession der Erdachse und die korrekte Strahlungsbilanz ignoriert. Da diese Effekte eine wichtige Rolle spielen, sind Klimasimulationen wertlos."

Bei den zitierten Kritikern wollen wir sorgfältig zwischen zwei Gruppen unterscheiden, die ich im Folgenden als *Forscher* und als *Denker* bezeichne.

Kampfbegriffe wie „Klimaprofis", „Hobbyforscher" oder „Klimaleugner" möchte ich zugunsten neutraler Bezeichnungen vermeiden.

Unter *Forschern* wollen wir Menschen verstehen, die nach den Regeln guter wissenschaftlicher Praxis aus Kap. 2 darum ringen, neue Erkenntnisse über das Klima zu gewinnen. Zur Erinnerung: Die DFG-Regeln lauten (1) fachgerecht forschen, (2) konsequent anzweifeln, (3) qualitätsgesichert veröffentlichen und (4) unabhängig bestätigen. *Kritische Forscher* im Sinne der vorliegenden Diskussion sind solche, die fehlende Einzeleffekte in Klimamodellen aufspüren wollen.

Unter *Denkern* wollen wir Menschen wie etwa fachfremde Wissenschaftler, Bildungsbürger, Publizisten, Politiker oder Unternehmer verstehen, die sich für das Klima interessieren und öffentlich über Klimaforschung urteilen, sich jedoch nicht den Regeln guter wissenschaftlicher Praxis verpflichtet fühlen. *Kritische Denker* im Sinne dieses Kapitels veröffentlichen im Internet Traktate, in denen sie vermeintliche Mängel von Klimamodellen aufdecken. Sie sind jedoch nicht bereit, ihre Ausarbeitungen bei einer internationalen Fachzeitschrift einzureichen, um sich dort einem innerwissenschaftlichen Begutachtungsprozess zu unterziehen. Zuweilen kündigen kritische Denker in Büchern an, die Theorie vom menschengemachten Klimawandel widerlegt zu haben. Sie halten außerdem gern öffentliche Vorträge und greifen Klimaforscher bei Podiumsdiskussionen mit ausgefeilten technischen Detailfragen an.

Wie hoch ist der Wahrheitsgehalt der von kritischen Forschern und kritischen Denkern oft aufgestellten These vom vergessenen Einzeleffekt? Sollten Klimaforscher in ihren Erkenntnisprozess nur die kritischen Forscher oder auch die kritischen Denker einbinden?

Kritische Denker
Beginnen wir mit den kritischen Denkern, denn diese sind in der Öffentlichkeit am stärksten sichtbar. Ich plädiere für einen intensiven und sachlichen Dialog zwischen Wissenschaft und Bürgern und gegen eine Verunglimpfung kritischer Denker. Doch bin ich gleichzeitig der Meinung, dass Gesprächsbereitschaft Grenzen hat. Ich vertrete im Besonderen die Ansicht, dass Klimaforscher mit kritischen Denkern grundsätzlich keine Diskussionen zu Detailfragen von Klimamodellen führen sollten.

Ein deutscher Klimaforscher hat in einem Interview einmal sinngemäß gesagt, er sei nicht bereit, mit Kritikern aus der Bevölkerung über methodische Einzelheiten von Klimamodellen zu diskutieren, denn Herbert von Karajan würde schließlich auch nicht im Musikantenstadl auftreten.

Manche mögen diese Verlautbarung als Ausdruck der Arroganz einer abgehobenen Gelehrtenkaste verdammen. Ich finde hingegen: Dieses Bonmot trifft den Nagel auf den Kopf. Denn das mühsame Ringen um Erkenntnisse und neue Methoden sind innerwissenschaftliche Vorgänge, vergleichbar mit Leistungssport. Kritische Denker, die sich den Qualitätsansprüchen der Wissenschaft nicht unterwerfen wollen, haben ebenso wenig Anspruch, in der Wissenschaft Gehör zu finden, wie ein Hobbyradler Anspruch auf eine Teilnahme an der Tour de France hat. Würden Sie, liebe Leserinnen und Leser, mit einem Aerodynamik-Experten des Deutschen Zentrums für Luft- und Raumfahrt eine Diskussion darüber führen, ob für die Berechnung der Strömung am Seitenleitwerk eines Airbus A350 die Methode der Large-Eddy-Simulation besser geeignet ist als eine Reynolds-Averaged-Navier-Stokes-Simulation? Aus dem gleichen Grund halte ich methodische Fachdebatten zwischen kritischen Denkern und Klimaforschern für fruchtlos und lese einschlägige Ausarbeitungen grundsätzlich nicht.

Hieraus lässt sich folgendes Zwischenfazit ableiten: Falls es vergessene Einzeleffekte geben sollte, die eine Berücksichtigung in Klimamodellen verdienen, werden sie wahrscheinlich nicht von kritischen Denkern, sondern von kritischen Forschern gefunden.

Wie wahrscheinlich ist es, dass kritische Forscher tatsächlich vergessene Einzeleffekte aufspüren, die in Klimamodellen berücksichtigt werden müssten?

Kritische Forscher und der Magnetfeldwandel
An einem Beispiel aus der Geophysik jenseits der Klimaforschung möchte ich verdeutlichen, dass in einem politisch unauffälligen Fachgebiet das Auffinden vergessener Einzeleffekte als innerwissenschaftlicher Prozess ohne das Zutun kritischer Denker problemlos funktioniert.

Die Entstehung des Erdmagnetfelds war bis zum Anfang des zwanzigsten Jahrhunderts ein Mysterium. In einem wegweisenden Artikel für die British Association for the Advancement of Science stellte der irische Physiker Joseph Larmor im Jahr 1919 die Hypothese auf, die Magnetfelder von Himmelskörpern entstünden durch die Strömung großer Massen elektrisch leitfähiger Substanzen wie etwa flüssigen Eisens im Erdinneren. Wir wissen heute, dass diese Hypothese richtig ist. Das Erdmagnetfeld wächst im Ergebnis eines Rückkopplungseffekts, ähnlich dem Pfeifton eines Lautsprechers, in dessen Nähe ein Mikrofon gehalten wird. Im Erdinneren erzeugt ein beliebig schwaches magnetisches *Saatfeld* durch Induktion im bewegten Flüssigmetall elektrische Ströme. Diese umgeben sich mit einem Magnetfeld, welches das Saatfeld anwachsen lässt, bis sich die Stärke des Erdmagnetfelds auf einen beständigen Wert einstellt. Dieser bleibt freilich nicht für alle Zeiten konstant, sondern kann über Jahrmillionen hinweg stark schwanken; das Magnetfeld hat sich in der Vergangenheit sogar regelmäßig umgepolt.

Geophysiker vermuten, dass das Erdmagnetfeld innerhalb der nächsten zehntausend Jahre seine Polarität wechseln wird. Die Auswirkungen auf die Menschheit werden möglicherweise dramatischer sein als beim Klimawandel, da das Magnetfeld während des Umklappprozesses seine Schutzfunktion gegenüber ionisierenden Strahlen aus dem Weltall verliert. Da der „Magnetfeldwandel", anders als der Klimawandel, jedoch in ferner Zukunft liegt, ist er politisch unergiebig und somit für Denker uninteressant. Er ist insbesondere für kritische Denker unattraktiv, weil für sein Verständnis neben den anschaulichen Gesetzen der Flüssigmetall-Strömungsmechanik noch die unanschaulichen Gesetze für Magnetfelder, elektrische Felder sowie elektrische Stromdichteverteilungen in Gestalt der abstrakten Maxwell-Gleichungen in Betracht gezogen werden müssen. Die Entwicklung von Magnetfeldsimulationen vollzieht sich deshalb als innerwissenschaftlicher Vorgang in unspektakulären Bahnen, unbehelligt von öffentlichen politischen Debatten und methodischen Kommentaren kritischer Denker. Wie die folgenden zwei Begebenheiten zeigen, haben in den vergangenen hundert Jahren kritische Forscher erfolgreich am Erkenntnisprozess zum Erdmagnetfeld mitgewirkt, ohne dass es dabei kritischer Denker bedurfte.

Nach der Formulierung der Larmor-Hypothese im Jahr 1919 unternahmen Physiker jahrelang erfolglos Versuche, *axialsymmetrische* Strömungsstrukturen zu finden, für die sich streng mathematisch die Entstehung eines Magnetfelds beweisen lässt. Sie untersuchten dabei Strömungsmuster in Form von Ringwirbeln, wie sie vom Zigarrerauchen bekannt sind. Ähnliche Strömungsmuster werden im flüssigen Erdkern vermutet. Doch der Mainstream der Geophysiker hatte einen wichtigen Effekt übersehen. Es dauerte ganze fünfzehn Jahre, bis der englische Astronom Thomas Cowling im Jahr 1934 nachweisen konnte, dass axialsymmetrische Strömungsstrukturen kein Magnetfeld erzeugen können. Erst wenn die Strömungen einen Drall besitzen, in der Fachsprache *Helizität,* so besagt das Cowling-Theorem, können Magnetfelder entstehen. Nach Einbau dieses übersehenen Effekts in den mathematischen Apparat der Dynamotheorie, wurde es möglich, das Erdmagnetfeld zunächst auf dem Papier und in jüngerer Zeit auch mittels Computersimulation umfassend zu verstehen. Der Fehler wurde in diesem Beispiel durch kritische Forscher im Rahmen des gewöhnlichen innerwissenschaftlichen Erkenntnisprozesses korrigiert und der vergessene Effekt ohne Zutun kritischer Denker in das Theoriegebäude der Geophysik eingebaut.

Später – in den Neunzigerjahren – versuchten Geophysiker zu verstehen, wieso sich das Erdmagnetfeld in unregelmäßigen Abständen von etwa einer Million Jahren umpolt. Als Ursache entpuppte sich ein Effekt, auf den kritische Denker vermutlich nie gekommen wären, schon allein weil den meisten von ihnen die Fachkenntnis für die Analyse der gekoppelten Navier-Stokes- und Maxwell-Gleichungen gefehlt hätte. Das Erdmagnetfeld übt auf die Strömungswalzen im Erdinneren eine winzige elektromagnetische Kraft aus, die als Lorentzkraft bezeichnet wird. Diese schubst die Strömungsstrukturen sanft in immer neue Richtungen und führt in unregelmäßigen Intervallen zu einer Umpolung. Die Geophysiker Gary Glatzmeier und Paul Roberts bauten diesen Effekt in ihr Simulationsprogramm ein und konnten im Jahr 1995 erstmalig im Computer eine Umpolung des Erdmagnetfelds nachweisen. Die Veröffentlichung mit dem Titel "A three-dimensional self-consistent computer simulation of a geomagnetic field reversal" in der Fachzeitschrift *Nature* sorgte im gleichen Jahr für großes Aufsehen. Die Simulationen des Erdmagnetfelds vollzogen sich innerhalb der Fachwelt und ohne Mitwirkung kritischer Denker. Die beiden Beispiele aus der Physik des „Magnetfeldwandels" zeigen meines Erachtens, dass die innerwissenschaftlichen Selbstheilungskräfte in der Regel stark genug sind, um vergessene Effekte und Denkfehler aufzuspüren und die Entwicklung einer Fachdisziplin zu korrigieren.

Kritische Forscher und der Klimawandel

Kehren wir zur Klimaforschung zurück. Nehmen wir an, ein kritischer Forscher findet einen *fundamentalen* methodischen Fehler in den mathematischen Grundlagen der Klimamodellierung. Als fundamental bezeichne ich einen Fehler oder einen vergessenen Effekt, wenn er die Aussagen sämtlicher heutigen Klimasimulationen auf einen Schlag entwertet. Nehmen wir weiterhin an, der kritische Forscher verfasst zu seiner Erkenntnis ein Manuskript und reicht es bei einer Fachzeitschrift ein. Würde das Papier den anonymen Begutachtungsprozess durch Fachkollegen überstehen und publiziert werden?

In meinem eigenen Forschungsgebiet, der Energieforschung, würde ich eine solche Frage tendenziell bejahen. Allerdings nicht uneingeschränkt. In einer idealen Welt sind Gutachter ausschließlich der Wahrheit verpflichtet und verhalten sich politisch neutral. (Anders als Gutachter vor Gericht, werden Gutachter für Fachzeitschriften allerdings weder rechtskräftig bestellt noch vereidigt. Forscher mit Publikationserfahrung werden von E-Mails mit Gutachtenanfragen regelrecht überflutet und erstellen ihre Gutachten ohne Bezahlung.) In der realen Welt fällt es hingegen vielen Forschern schwer, ihre persönlichen politischen Überzeugungen bei der Begutachtung fremder Manuskripte auf Distanz zu halten.

Zur fehlenden politischen Neutralität mancher Gutachter kommt nach meiner Erfahrung eine systematische Diskrepanz zwischen den Meinungsspektren in Wissenschaft und Bevölkerung hinzu. Es existieren Indizien, dass – im Vergleich zum Durchschnittsbürger – unter Energie- und Klimaforschern ökologisch-soziale Meinungsbilder über-, liberal-konservative hingegen unterrepräsentiert sind. Mir liegt ein vertrauenswürdiger Augenzeugenbericht über das Ergebnis einer anonymen Sonntagsumfrage in einer Personengruppe in einer Wissenschaftseinrichtung mit Bezug zu Energie und Klima vor, der diese These bestätigt.

Nach meinem Wissen gibt es keine vergleichenden Untersuchungen über die politischen Einstellungen von Klimaforschern einerseits und der Bevölkerung andererseits. Jedoch existiert eine von Anne Leipprand, Christian Flachsland und Michael Pahle in der Fachzeitschrift *Energy Policy* (Jahrgang 2017, Band 102) veröffentlichte Studie mit dem Titel "Advocates or cartographers? Scientific advisors and the narratives of German energy transition", auf Deutsch: „Anwälte oder Kartografen? Wissenschaftliche Berater und die Narrative der deutschen Energiewende". Die Autoren analysieren fünfzig Dokumente zur wissenschaftlichen Politikberatung zwischen 2000 und 2015 auf ihre Zugehörigkeit zu einer „proaktiven" (engl. *proactive,* vergleichbar mit meiner Bezeichnung „ökologisch-sozial") und einer „reaktiven" (engl. *reactive,* vergleichbar mit meiner Bezeichnung „liberal-konservativ") Denkweise. Die proaktive Strömung steht nach Definition der Autoren für eine Transformation des Energiesystems hin zu erneuerbaren Energien, die reaktive für eine Beibehaltung des Status quo. Auf Seite 227 zeigen die Autoren in Tabelle 2, dass 23 Dokumente der proaktiven, 15 der reaktiven und 12 keiner Richtung zugeordnet werden können. Dieses Ergebnis dient zwar nicht als Beweis, jedoch als Indiz, dass es im Kreise von Energie- und Klimawissenschaftlern eine Asymmetrie zwischen ökologisch-sozialer und liberal-konservativer Weltanschauung gibt.

Träfe nun das oben erwähnte hypothetische Manuskript eines kritischen Forschers auf eine Gutachtercommunity aus der realen Welt, die zum überwiegenden Teil aus Verfechtern ambitionierten Klimaschutzes besteht und überdies, ausweislich meiner Schilderung im folgenden Abschnitt, nur begrenzt in der Lage ist, unbeeinflusst von ihrer eigenen politischen Meinung zu urteilen, so halte ich es mit einer geringen Wahrscheinlichkeit für möglich, dass die Arbeit ungeachtet fachlicher Korrektheit abgelehnt werden könnte.

Als Zwischenfazit sei gesagt, dass die Qualitätssicherungsinstrumente innerhalb der Klimaforschung nach meiner Einschätzung das Auffinden vermeintlich vergessener Einzeleffekte und die Aufdeckung fundamentaler Fehler durch kritische Forscher mit hoher Wahrscheinlichkeit befördern würden. Mit Blick auf politische Interessenkonflikte sehe ich jedoch andererseits eine Restwahrscheinlichkeit dafür, dass Stimmen kritischer Forscher durch Ablehnung von Manuskripten aus sachfremden Gründen unterdrückt werden könnten.

4.4 Die These von der verwehrten Glaubensfreiheit

Nehmen wir als Nächstes an, wir hätten die Kritiker durch unsere Argumentation zu den Thesen 1, 2 und 3 von ihren Zweifeln an der Eignung von Computersimulationen zur Vorhersage des Weltklimas, von den Vorbehalten gegenüber der Validierbarkeit der Simulationsprogramme sowie von dem Verdacht der vergessenen Einzeleffekte befreit. Dann könnte der nächste Einwand lauten: „Es mag ja durchaus sein, dass man das Klima im Prinzip mit Computern vorhersagen, die Simulationen portionsweise validieren und das Vergessen von Einzeleffekten vermeiden und überwinden kann. Doch die Einfalt der Klimaforscher besteht darin, dass sie Menschen, die nicht an die Erkenntnisse der Klimaforschung *glauben*, für ihre Überzeugungen mit politischen Kampfbegriffen wie *Klimaleugner* anprangern. Sie erkennen damit die Standpunkte Andersdenkender und das Recht auf freie Meinungsäußerung nicht an." Mit der These über die vermeintlich verwehrte Glaubensfreiheit wollen wir uns jetzt befassen.

Ein Großteil der Klimatologen arbeitet nach meiner Erfahrung professionell und qualitätsbewusst an ihren Forschungsprojekten und wird von der Bevölkerung kaum wahrgenommen. Die folgende Betrachtung bezieht sich deshalb ausdrücklich *nicht* auf diese stille Mehrheit. Sie betrifft vor allem eine kleine Zahl von Klimaforschern, deren regelmäßige Präsenz in Fernsehen, Presse und den sozialen Medien das öffentliche Bild der Klimaforschergemeinde prägt. Wir wollen ihr Handeln am Beispiel einer besonders prominenten Persönlichkeit beleuchten.

Michael Mann und die Glaubensfreiheit
Der amerikanische Wissenschaftler Michael Mann ist einer der profiliertesten Klimatologen der Welt und insofern für den letztgenannten Personenkreis repräsentativ. Auf seine Forschungen geht das *Hockeyschläger-Diagramm* zurück. Es zeigt die Entwicklung der weltweiten Durchschnittstemperaturen der

4.4 Die These von der verwehrten Glaubensfreiheit

vergangenen eintausend Jahre und verdeutlicht den Temperaturanstieg aufgrund des menschengemachten Klimawandels.

Nebenbei betätigt sich Michael Mann als Publizist. In seinem Buch *Der Tollhauseffekt* erläutert er auf anschauliche Weise die Grundlagen der Klimawissenschaft und setzt sich mit Kritikern auseinander. Das Werk trägt den Untertitel: „Wie die Leugnung des Klimawandels unseren Planeten bedroht, unsere Politik zerstört und uns in den Wahnsinn treibt". Besonders hart geht der Autor mit den sogenannten *Klimaleugnern* ins Gericht.

Lassen wir für unsere Betrachtung die Tatsache außer Acht, dass dem Begriff Klimaleugner eine sprachliche Nähe zum *Holocaustleugner* innewohnt. Also zu einem Menschen, der durch öffentlich geäußerte Zweifel an der systematischen Vernichtung von Juden während der Zeit des Nationalsozialismus nach heutiger Rechtsprechung eine Straftat begeht. Ignorieren wir weiterhin den Umstand, dass der Wikipedia-Artikel zum Stichwort Klimaleugnung bei meinem Test am 29. Juli 2019 inklusive Marginalien 195.408 Zeichen umfasste und damit länger war als der Artikel zur Holocaustleugnung mit 177.581 Zeichen. Vernachlässigen wir schlussendlich für den Moment auch den Fakt, dass fast 90 % des für die Bearbeitung gesperrten Wikipedia-Eintrags von einem einzigen anonymen Nutzer namens Andol verfasst worden sind.

Dann finde ich es trotzdem aufschlussreich, ein wenig Hermeneutik mit dem Buchtitel zu betreiben.

Nehmen wir zunächst die Leitvokabel *Tollhauseffekt* unter die Lupe. Der Begriff Tollhaus ist ein Synonym für eine psychiatrische Klinik. Im englischen Original heißt das Buch *The Madhouse Effect*. Die englische Ausgabe von Wikipedia schreibt als Definition: "Madhouse, a colloquial term for a psychiatric hospital or other mental institution", auf Deutsch: „Tollhaus, ein umgangssprachlicher Begriff für eine psychiatrische Klinik oder eine andere Einrichtung für psychische Erkrankungen". Ich halte die im Buchtitel steckende Polemik grundsätzlich für einen legitimen Bestandteil der publizistischen Arbeit von Wissenschaftlern. Leser von Sachbüchern wollen schließlich nicht nur aufgeklärt, sondern auch unterhalten werden.

Gleichwohl sollten Autoren dabei stets die Frage im Blick behalten, wo die Grenzlinie zwischen Polemik und Verunglimpfung verläuft. Ausweislich seines Buchtitels vergleicht Michael Mann die Klimadebatte also mit dem Treiben in einer psychiatrischen Klinik. In einer solchen Einrichtung sind auf der einen Seite Patienten mit psychischen Problemen und auf der anderen Seite Ärzte mit hoher medizinischer Kompetenz anzutreffen. Die Assoziation zum Film „Einer flog über das Kuckucksnest" liegt nahe.

Man muss kein Verschwörungstheoretiker sein, um zu vermuten, dass Mann bei dieser Metapher die Klimaleugner in der Rolle von Patienten und sich selbst sowie seine Fachkollegen in der Rolle von Ärzten sieht. Falls diese Vermutung richtig ist, bin ich der Meinung, dass der Autor hier die Grenze zwischen Polemik und Verunglimpfung Andersdenkender überschritten hat. Durch die öffentliche Herabwürdigung von Menschen, die von ihrem Recht auf Glaubensfreiheit Gebrauch machen, verlässt der Autor den Boden demokratischer Debattenkultur.

Um die Analyse des Verhältnisses des Klimaforschers Mann zu demokratischen Grundrechten zu vertiefen, werfen wir einen Blick auf den Untertitel. Er enthält die Behauptung, die Leugnung des Klimawandels würde unsere Politik zerstören. Auch ich halte es für unangebracht, den durch Menschen verursachten Anteil am Klimawandel abzustreiten. Der moralisierende Ton des Untertitels erinnert mich jedoch an das Pflichtfach Marxismus-Leninismus während meines Physikstudiums in der DDR. Dort wurde mein leise vorgetragener Zweifel an der führenden Rolle der Arbeiterklasse im Kampf gegen den Kapitalismus als Indiz für eine feindselige Einstellung gegenüber der sozialistischen Staatsordnung gewertet. Zwar handelt es sich beim Klimawandel – anders bei der führenden Rolle der Arbeiterklasse – nach meiner Einschätzung um eine seriöse wissenschaftliche Erkenntnis. Die These, unwissenschaftliche Meinungen seien Ursache für die Zerstörung von Politik, stufe ich jedoch als unhaltbar ein.

Der amerikanische Philosoph John Stuart Mill formulierte in seinem Klassiker *On Liberty* schon im Jahr 1859 zum Thema Meinungsfreiheit: „Wenn die gesamte Menschheit außer einem einer Meinung und nur eine Person gegenteiliger Meinung wäre, hätte die Menschheit ebenso wenig das Recht, diese eine Person zum Schweigen zu bringen wie die Person das Recht hätte, im Fall ihrer Macht die Menschheit zum Schweigen zu bringen."

Wissenschaftsskepsis und Meinungsfreiheit
Ich wünsche mir als Forscher inständig, dass politische Entscheidungen auf wissenschaftlicher Basis erfolgen mögen. Als Staatsbürger räume ich jedoch ein, dass wir im Alltag von zahlreichen unwissenschaftlichen Praktiken umgeben sind, ohne dass daran unser Gemeinwesen zugrunde geht. Denn Glaubensfreiheit und freie Meinungsäußerung genießen – anders als die Hauptsätze der Thermodynamik – den Schutz unseres Grundgesetzes. Schauen wir uns zwei Beispiele an, die verdeutlichen, dass Unwissenschaftlichkeit gelegentlich ärgerlich und zuweilen sogar skurril sein kann, doch dass sie von einer funktionierenden Zivilgesellschaft problemlos verdaut wird.

So steht beispielsweise die Kostenerstattung für homöopathische Medikamente durch Krankenkassen im Widerspruch zu den Erkenntnissen evidenzbasierter Medizin. Wie die Autoren Simon Singh und Ezard Ernst in ihrem Buch *Trick or Treatment* (Titel der deutschen Übersetzung: *Gesund ohne Pillen*) durch Beschreibung zahlreicher qualitätskontrollierter Studien verdeutlichen, ist die Wirkung homöopathischer Medikamente zweifellos nachweisbar. Sie reicht jedoch nicht über Zuckerkügelchen hinaus und stellt deshalb einen Placeboeffekt dar.

Ich konnte freilich trotz sorgfältiger Recherche keinen Wikipedia-Eintrag mit dem Titel „Medizinleugner" finden, in dem die fein verästelten Glaubensrichtungen von Befürwortern der Homöopathie in einem ähnlich hohen Detaillierungsgrad beschrieben würden, wie die der Klimaleugner. (Ich habe, nebenbei bemerkt, nicht das Geringste am Vertrieb homöopathischer Medikamente auszusetzen. Ich bemängele lediglich die Abwälzung der Kosten für unwissenschaftliche Therapien auf die Solidargemeinschaft von Beitragszahlern.)

4.4 Die These von der verwehrten Glaubensfreiheit

Das Beispiel der Homöopathie verdeutlicht, dass unsere Gesellschaft in puncto Medikamentenwirksamkeit die persönliche Glaubens- und Meinungsfreiheit höher wichtet als die Erkenntnisse evidenzbasierter Medizin. Eine deutsche Partei betont zwar einerseits die Notwendigkeit wissenschaftsbasierten Klimaschutzes, erörtert jedoch in ihren Gremien andererseits Anträge von Homöopathiebefürwortern „für therapeutische Vielfalt … und für Methodenpluralismus". Dieser innere Widerspruch ist mit den Grundsätzen von Glaubensfreiheit und Demokratie voll und ganz vereinbar, auch wenn dies einen Wissenschaftler wie mich befremdet. Dieser Fall zeugt weiterhin vom professionellen Verhalten forschender Mediziner, die sich gegenüber der Homöopathieszene, unbeeindruckt von abfälligen Begriffen wie „Schulmedizin", tolerant benehmen. Es ist mir vor diesem Hintergrund unverständlich, wieso einige Klimaforscher für ihre Disziplin eine gesellschaftliche Immunität beanspruchen, die für andere Fachgebiete wie etwa die Medizin nicht gilt.

Ein zweites Exempel demonstriert, dass das Ignorieren wissenschaftlicher Erkenntnisse zuweilen entscheidend für den Erfolg politischer Projekte sein kann. So hat Bundeskanzler Helmut Kohl im Zuge der deutschen Wiedervereinigung bei der Festlegung des Umtauschkurses von DDR-Mark zu Deutscher Mark bei Gehältern und Bankguthaben die Ratschläge seiner Ökonomen in den Wind geschlagen und den volkswirtschaftlich unbegründeten Umtauschkurs 1:1 durchgesetzt. Damit hat er sich das Wohlwollen und die Unterstützung zahlreicher DDR-Bürger gesichert. Er hat überdies – nach internen Verlautbarungen *vorsätzlich* – die Bürger der alten Bundesländer über die tatsächlichen Kosten der deutschen Einheit im Dunkeln gelassen. Trotz, oder womöglich dank, dieser Ignoranz wissenschaftlicher Erkenntnisse ist die Wiedervereinigung nach meiner Überzeugung zum erfolgreichsten gesellschaftlichen Transformationsprojekt der jüngeren deutschen Geschichte geworden.

Die Beispiele zeigen, dass von einer Zerstörung der Politik durch das Leugnen von Forschungsergebnissen keine Rede sein kann, auch wenn diese Einsicht für einen Wissenschaftler schmerzhaft ist. Eine Demokratie lebt nun einmal von Meinungsvielfalt, die auch unwissenschaftliche Ansichten, Aberglauben und spinnerte Theorien einschließt. Wer ganz fest daran glaubt, dass $1 + 1 = 3$ oder dass „das Netz der Speicher" ist, darf dies selbstverständlich tun und diesen Unsinn, der nach meiner Kenntnis gegen kein Gesetz der Bundesrepublik Deutschland verstößt, uneingeschränkt äußern. Die Demokratie lebt jedoch gleichzeitig von der Überzeugung vieler Wissenschaftler, dass auf lange Sicht eine wissenschaftsbasierte Politik dem Wohl der Bürger am besten dient. Die von Klimaforscher Mann aggressiv verbreitete These, Zweifel an der Klimaforschung oder an der Klimapolitik würden die Politik zerstören, ist somit nach meiner Einschätzung nicht nur ausgrenzend, sondern undemokratisch.

Angriffe auf Andersdenkende
Während polemische Buchtitel Geschmackssache sind, herrscht in Demokratien weitgehende Einigkeit darüber, dass eine Verunglimpfung ganzer Menschengruppen aufgrund ihrer Rasse, ihres Geschlechts, ihres Glaubens oder ihrer

politischen Überzeugungen nicht akzeptabel ist. Vor diesem Hintergrund lohnt es sich, in Manns Buch die Passage über die „mächtigen Interessengruppen der fossilen Brennstoffindustrie" in Augenschein zu nehmen. In der deutschen Ausgabe gibt der Autor zu Protokoll: „Und sie vergiften bereitwillig jeden Brunnen, wann immer sich eine Gelegenheit dazu bietet, dies deutlich zu machen". Im englischen Original heißt es: "And they readily poison the well …".

Die Brunnenvergiftung ist im deutschen Sprachraum als eines der ältesten antisemitischen Vorurteile bekannt. Ein befreundeter Redakteur eines führenden Nachrichtenmagazins versicherte mir, professionell arbeitende deutsche Journalisten würden solches Vokabular nicht verwenden. Spätestens beim fachgerechten Lektorat durch einen deutschen Muttersprachler hätte eine solche Formulierung folglich verschwunden sein sollen. Im angelsächsischen Kulturkreis des Autors gilt die Redewendung als bedingt salonfähig. Doch weist der amerikanische Historiker und Journalist Walter Laqueur in seinem Buch *The Changing Face of Anti-Semitism: From Ancient Times to the Present Day* (*Das veränderliche Gesicht des Antisemitismus: Vom Altertum bis heute*) auf deren problematischen Kontext hin. Dass ein renommierter Klimaforscher grenzwertige Redewendungen benutzt und sich gleichzeitig über den Kommunikationsstil seiner Kritiker beklagt, finde ich befremdlich. Es bedarf überdies ein gerüttelt Maß an Naivität, zu glauben, die Interessengruppen der erneuerbaren Energieindustrie würden ihre Geschäftsmodelle mit weniger Vehemenz und mehr Wahrhaftigkeit vertreten als die von Mann kritisierten Interessengruppen der fossilen Brennstoffindustrie.

Zwischen Redaktionsschluss und Drucklegung dieses Buches verdeutlichte ein Ereignis, dass ambivalente Worte Michael Manns an die Adresse Andersdenkender nicht auf sein Buch beschränkt sind. Die Filmemacher Michael Moore und Jeff Gibbs stellten am 21. April 2020 ihr Video *Planet of the Humans* ins Internet. Der Streifen nimmt Tricksereien und Umweltsünden der erneuerbaren Energieindustrie aufs Korn. Ich halte den Film für mittelmäßig. Gleichwohl ist er von der Wahrheit keineswegs weiter entfernt als der im Prolog zitierte Correctiv-Artikel über Klimaschutzgesetze, als die in Kap. 6 erörterten Berichte von *Geo* und *taz* über das Windenergieprojekt auf der Kanareninsel El Hierro oder als das im Epilog erwähnte Atomenergie-Interview von Christian von Hirschhausen mit sich selbst. Doch es geht hier nicht um die Qualität eines Dokumentarfilms. Am 24. April 2020 schrieb der Regisseur Josh Fox in einem offenen Brief an Moore und Gibbs: "We are demanding an apology and an immediate retraction by the films producers, directors and advocates.", auf Deutsch: „Wir fordern eine Entschuldigung und eine sofortige Rücknahme durch die Produzenten, Regisseure und Unterstützer des Films." Der Brief wurde von drei Universitätsprofessoren mitgezeichnet: Michael Mann von der Penn State University, Anthony Ingraffea von der Cornell University und Mark Jacobson von der Stanford University.

Eine Aufforderung an Filmemacher *und Unterstützer* zu öffentlicher Abbitte und Selbstzensur ohne stichhaltige juristische Begründung ist in der Wissenschaftsgeschichte demokratischer Staaten meines Wissens beispiellos. Universitätsprofessoren, die sich für Eingriffe in das Recht auf freie

4.4 Die These von der verwehrten Glaubensfreiheit 105

Meinungsäußerung aussprechen und „Unterstützer" in Sippenhaft nehmen, sollten sich bewusst sein, dass der Duktus des oben zitierten Satzes dem Umgang mit Andersdenkenden in Diktaturen aufs Haar gleicht.

Werfen wir abschließend noch einen Blick darauf, wie die Kollegen aus meinem eigenen Arbeitsgebiet, der Technischen Thermodynamik, mit Ungläubigen und Andersdenkenden verfahren.

Über die Freiheit, an das Perpetuum mobile zu glauben
Albert Einstein hat über die Thermodynamik einmal gesagt: „Es ist die einzige physikalische Theorie allgemeinen Inhalts, von der ich überzeugt bin, dass sie im Rahmen der Anwendbarkeit ihrer Grundbegriffe niemals umgestoßen wird." Dennoch pflegen meine Thermodynamik-Kollegen und ich Gelassenheit gegenüber Misstrauischen und Zweiflern aller Couleur.

Noch heute kommt es gelegentlich vor, dass Tüftler ein *Perpetuum mobile* erfinden. Das Perpetuum mobile ist eine hypothetische Maschine, die Energie quasi aus dem Nichts erzeugt. Wir Thermodynamiker bezeichnen die Perpetuum-mobile-Enthusiasten allenfalls zum Spaß als „Thermodynamikleugner" und lassen sie ansonsten ihrer Wege gehen. Kein Mitglied unseres Wissenschaftlichen Arbeitskreises Technische Thermodynamik WATT e. V. ist bislang auf die Idee gekommen, diese Personen durch Schaffung einer Wikipedia-Seite „Leugnung der Hauptsätze der Thermodynamik" an den Pranger zu stellen.

Wir sind überzeugt, dass die Grundpfeiler unserer Wissenschaft korrekt sind. Von dieser Gewissheit würden wir uns selbst dann nicht abbringen lassen, wenn 99 % der uns umgebenden Menschen andere Meinungen äußerten. Würde ein Thermodynamiker die Unerschütterlichkeit seines Faches durch grüne Tortendiagramme mit 97 %-Konsenswerten untermauern wollen, so wie es auf der englischsprachigen Wikipedia-Seite zum Stichwort "climate change denial" geschieht, würde er sich in der Fachwelt der Lächerlichkeit preisgeben. Wir nehmen es übrigens sportlich, wenn jemand meint, den Zweiten Hauptsatz der Thermodynamik widerlegen zu können. In einem solchen Fall wäre der Thermodynamikleugnerin nicht nur der nächste Nobelpreis sicher. Sie hätte außerdem mit einem Schlag sämtliche Energieprobleme der Menschheit gelöst und wäre nebenbei zum reichsten Menschen der Welt aufgestiegen.

Das Deutsche Patentamt prüft grundsätzlich keine Patente für Perpetua mobilia. Jedoch weist die Behörde, die in der Öffentlichkeit nicht unbedingt für überschäumenden Humor bekannt ist, gern augenzwinkernd darauf hin, der Erfinder müsse dem Amt zur Erwirkung eines Patentschutzes lediglich das funktionstüchtige Modell eines Perpetuum mobile präsentieren. Wir sehen daran, dass eine freiheitlich eingestellte und qualitätsbewusst arbeitende Wissenschaftsgemeinde wie die Thermodynamik problemlos mit Unglauben und Pseudowissenschaft zurechtkommt, ohne deren Urheber zu verunglimpfen.

Zusammenfassend sei festgehalten, dass die meisten Wissenschaftlerinnen und Wissenschaftler, die in der Klimaforschung tätig sind, seriös arbeiten und von einem Großteil der Menschen kaum wahrgenommen werden. Doch einige in der Öffentlichkeit präsente Kollegen, die die Glaubens- und Meinungsfreiheit der Bevölkerung infrage stellen, begeben sich meines Erachtens in Widerspruch zu den Grundsätzen unserer Demokratie. Auf sie trifft die Bezeichnung vom einfältigen Klimaforscher meines Erachtens vollumfänglich zu.

4.5 Die These vom fehlenden Demokratieverständnis

Nehmen wir nun schlussendlich an, wir hätten die Kritiker durch unsere Argumentation zu den Thesen 1, 2, 3 und 4 von ihren Zweifeln an der grundsätzlichen Eignung von Computersimulationen zur Vorhersage des Weltklimas, von den Zweifeln an der Validierbarkeit der Simulationsprogramme sowie von der Vermutung des vergessenen Teileffekts befreit. Unterstellen wir ferner, ab sofort würde kein Klimaforscher das Recht einschlägiger Kritiker auf Glaubensfreiheit und freie Meinungsäußerung im Rahmen geltender Gesetze infrage stellen. Dann könnte der letzte Einwand lauten: „Es mag sein, dass man das Klima im Prinzip mit Computern vorhersagen, die Simulationen portionsweise validieren, das Vergessen von Einzeleffekten vermeiden kann und dass Klimaforscher ihren Kritikern Glaubens- und Meinungsfreiheit zugestehen. Doch die Einfalt der Klimaforscher besteht darin, dass sie in der politischen Debatte den Eindruck erwecken, aus ihren Forschungsergebnissen ließe sich herleiten, Klimaschutz habe eine höhere Priorität als alle anderen gesellschaftlichen Anliegen. Dadurch stellen sie den demokratischen Grundsatz infrage, wonach in letzter Instanz weder Klimaforscher noch Politiker, sondern Wähler über die Priorisierung gesellschaftlicher Ziele entscheiden."

Schauen wir uns auch hier einige repräsentative Verlautbarungen eines Exponenten der Klimawissenschaften an, um zu verstehen, inwieweit die Person die Grundsätze der Demokratie verinnerlicht hat.

„Kohlenstoffgesetz" – Wissenschaft oder Ideologie?
Der verdiente deutsche Klimaforscher Hans-Joachim Schellnhuber schreibt in einer Enzyklika unter der Überschrift „Naturgesetze bricht man nicht ungestraft!" für die Dezemberausgabe des Physikjournals im Jahr 2018: „Wir müssen uns also, um unserer selbst Willen, den Gesetzen der Natur unterwerfen. Hierbei ist die Politik gefragt, um die Regeln der Gesellschaft fortzuschreiben. Als Rahmen kann ein aus der wissenschaftlichen Analyse abgeleitetes „Kohlenstoffgesetz" dienen: Bis zur Klimaneutralität sind in jedem Jahrzehnt die globalen Emissionen zu halbieren."

Bei der Exegese dieser Verkündigung wollen wir der Frage nachgehen, ob das sogenannte Kohlenstoff*gesetz* tatsächlich auf einer Stufe mit den Naturgesetzen steht und ob eine Argumentation mittels imperativer Vokabeln wie „ungestraft" und „wir müssen" mit dem Leitbild eines demokratischen Entscheidungsprozesses vereinbar ist.

4.5 Die These vom fehlenden Demokratieverständnis 107

Das Zitat erweckt den Eindruck, als würde sich das vermeintliche Kohlenstoffgesetz in ähnlicher Weise aus den Naturgesetzen herleiten lassen wie etwa die Keplerschen Gesetze der Planetenbewegung aus den Grundgleichungen der Newtonschen Mechanik. Es ist in der Tat mit einiger Sicherheit wissenschaftlich belegbar, dass man das Zwei-Grad-Ziel in die zitierte *Formel* für die Verringerung des globalen CO_2-Ausstoßes umrechnen kann. Es handelt sich bei der *Formel* jedoch weder im physikalischen noch im juristischen Sinne um ein Gesetz. Die Formel „Halbierung der Emissionen in jedem Jahrzehnt" ist im physikalischen Sinne kein Gesetz, denn sie beruht auf der Annahme, 2 °C sei die maximal tolerierbare globale Erwärmung und nicht 1 °C oder 3 °C. Die Formel ist auch im juristischen Sinne kein Gesetz, denn dazu müssten die vom deutschen Volk gewählten Mitglieder des Bundestages es als solches verabschiedet haben. Dies ist jedoch mitnichten der Fall. Die Benutzung des Begriffes „Gesetz" ist in diesem Zusammenhang nicht nur irreführend, sondern erfüllt nach meinem Dafürhalten den Tatbestand der Demagogie. Zwischen der weichen Formel und dem harten Gesetz steht ein demokratischer Entscheidungsprozess, dessen Träger – die Wählerinnen und Wähler – Schellnhuber geflissentlich ignoriert.

Die Methode, politische Forderungen zu erhärten, indem man sie als alternativlose Konsequenzen aus unumstößlichen Naturgesetzen darstellt und somit in den Stand der Unantastbarkeit erhebt, ist keineswegs neu. Sie führt von der parlamentarischen Demokratie geradewegs in die Gelehrtendiktatur.

Kenner des Marxismus-Leninismus mit geschultem Blick für propagandistische Taschenspielertricks werden leicht die Analogie zur Diktatur des Proletariats erkennen. Kommunistische Machtapparate einschließlich der DDR-Regierung haben weder Kosten noch Mühen gescheut, ihren Untertanen die Gesetzmäßigkeit einer Diktatur des Proletariats als logische Folge aus der Theorie von der führenden Rolle der Arbeiterklasse im Klassenkampf gegen die Kapitalisten unterzujubeln. Dem unmündigen Volk wurde dabei eingetrichtert, dass es sich nicht etwa um eine Lehrmeinung der Philosophen Karl Marx und Friedrich Engels handle, sondern dass die beiden Gelehrten lediglich ein der menschlichen Gesellschaft innewohnendes fundamentales *Gesetz* entdeckt hätten. Die Einparteienherrschaft als Inkarnation der Diktatur des Proletariats sei dann nichts anderes als die alternativlose Konsequenz aus wissenschaftlichen Erkenntnissen. Durch Erhebung einer Lehrmeinung in den Rang eines Naturgesetzes wurde sie mit einer Aura der Unberührbarkeit versehen, um Ungläubige einzuschüchtern.

Niemand wird eine Pseudowissenschaft wie den Marxismus-Leninismus mit den seriösen Erkenntnissen der Klimaforschung gleichsetzen wollen. Das Beispiel lehrt jedoch, dass sich auch anerkannte Wissenschaftler wie Schellnhuber bei ihren politischen Verlautbarungen zuweilen der gleichen unsauberen Argumentationsschemata bedienen wie die Apologeten des Marxismus-Leninismus. Wir sollten uns stets vergegenwärtigen, dass die Erhebung wissenschaftlicher Erkenntnisse über die Entscheidungshoheit von Wählern hinaus mit den Grundsätzen der Demokratie nicht in Einklang steht. In einer Demokratie werden Grundsatzentscheidungen weder von Wissenschaftlern noch von Politikern, sondern in letzter Instanz von Wählerinnen und Wählern im Rahmen freier und geheimer

Wahlen getroffen. Dabei haben die Wähler das gute Recht, ihren persönlichen Lagebeurteilungen und Interessen zu folgen. Diesen Grundsatz infrage zu stellen, heißt, ans Wurzelwerk unserer freiheitlichen Demokratie die Axt anzulegen. Dabei spielt es im Übrigen keine Rolle, ob die ins Feld geführten wissenschaftlichen Erkenntnisse korrekt sind oder nicht.

Wer legt die Prioritäten fest?
Von Klimaforschern ist oft zu hören, es handle sich beim Kampf gegen den Klimawandel um das wichtigste Problem der Menschheit, und unsere Gesellschaft müsse diesem die höchste Priorität einräumen. So plausibel diese Aussage zunächst auch klingen mag, so wenig lässt sie sich wissenschaftlich herleiten und so sehr verstößt sie gegen die Leitgedanken unserer Demokratie. Klimaforscher sind zwar qualifiziert, die Frage nach der Erderwärmung und deren Konsequenzen zu beantworten. Ob es sich beim Klimawandel um die drängendste Herausforderung unserer Zeit handelt, ist nicht deren Entscheidung, sondern die von Wählern. Ein befreundeter Gymnasiallehrer aus Lübbecke brachte es einmal auf den Punkt, als er zu mir sagte: „Ich habe vor der Bildungskatastrophe mehr Angst als vor der Klimakatastrophe."

Das Wechselspiel wissenschaftlicher Erkenntnisse und persönlicher Werturteile bei der Priorisierung politischer Ziele lässt sich besonders klar anhand der siebzehn UN-Ziele für nachhaltige Entwicklung illustrieren. Diese wurden im Jahr 2016 von den Vereinten Nationen verabschiedet. Sie stellen politische Handlungsfelder dar, die nach Überzeugung ihrer Urheber am stärksten zu einer Verbesserung des Lebens der gesamten Menschheit beitragen. Für unsere Diskussion sind die Ziele Klimaschutz (13) und bezahlbare und saubere Energie (7) von Bedeutung. Weiterhin sind die Bekämpfung von Armut (1), ein leistungsfähiges Bildungssystem (5) und die Gleichberechtigung der Frau (6) von Interesse.

Stellen wir uns nun der Einfachheit halber vor, die Entscheidung der Wähler bei einer hypothetischen, abgewandelten Bundestagswahl würde sich darauf reduzieren, eine Rangfolge dieser Ziele festzulegen. Beschränken wir uns auf die fünf oben genannten Ziele. Jeder Wähler müsste dann auf seinen Wahlzettel die von ihm gewählte Reihenfolge der Ziele schreiben. Ein Klimaforscher würde sich möglicherweise zu der Rangfolge 13-1-7-6-5 entschließen, bei der die 13 vorn steht. Ein Energieforscher hätte eventuell den Favoriten 7-13-1-5-6. Einer zwangsverheirateten Frau, die unter der Gewalt ihres Ehemannes leidet, dürfte der Klimaschutz egal sein. Bei ihrer Wahlentscheidung würde die Gleichberechtigung der Frau mit Sicherheit an erster Stelle stehen. Sie könnte etwa 6-1-5-7-13 wählen.

Nach der Wahl würden dann die Stimmenanteile für die Ziele ausgezählt und daraus eine nationale Prioritätenliste aufgestellt. Das erstplatzierte Ziel würde dann, vereinfacht gesprochen, aus dem Bundeshaushalt beispielsweise mit fünfzig Milliarden Euro, das zweitplatzierte Ziel mit vierzig Milliarden Euro und so weiter ausgestattet. Es ist offensichtlich, dass die Rangfolge der Ziele nicht die Überzeugungen einer einzelnen Interessengruppe wie etwa der Klimaforscher abbilden, sondern die Überzeugungen aller Wähler widerspiegeln würde.

Gibt es eine wissenschaftliche Methode, die Rangfolge gesellschaftlicher Ziele allgemeingültig und ohne Berücksichtigung persönlicher Werturteile herzuleiten?

Nein, dies ist nach meinem Wissen nicht der Fall. Vielmehr ist es in einer Demokratie das Recht aller Bürger, ihre Prioritäten im politischen Entscheidungsprozess frei zu wählen. Dabei sind sie weder an die Erkenntnisse von Wissenschaftlern noch an Verkündigungen von Glaubensvertretern gebunden. Käme etwa die Mehrheit aller Wählerinnen zu dem Schluss, die wichtigste Zukunftsaufgabe Deutschlands bestünde im landesweiten Verbot von Vokuhila-Frisuren, so würde die Partei gewählt, die im Bundestag genau dieses Ziel in Gesetzesform bringt und deren Bundeskanzler es dann mit seinem Kabinett umsetzt. Jeder Bürger hat bei seiner Wahlentscheidung das Recht, seinen Lagebeurteilungen und Interessen zu folgen. Ob der Bürger zu seiner Wahlentscheidung durch Münzwurf, durch Analyse der Berichte des Weltklimarates, durch Audienzen bei Hans-Joachim Schellnhuber, Rüdiger Weida oder Joseph Ratzinger, durch vergleichendes Studium von Parteiprogrammen oder durch das Lesen des Alten Testaments kommt, ist ganz allein seine Sache.

Oft ist von Klimaforschern die Aussage zu hören: „Es ist Aufgabe der Politik, die notwendigen Klimaschutzmaßnahmen nun endlich umzusetzen." Sehen wir einmal davon ab, dass die Verwendung von Worthülsen wie „die Politik" zur Politikverdrossenheit der Bevölkerung beiträgt, verbirgt sich hinter einem solchen Ausspruch meines Erachtens ein Mangel an Respekt gegenüber den Wählern. In einer Demokratie obliegt die politische Willensbildung dem Volk unter Zuhilfenahme von Parteien. Die gewählten Parlamentarier haben – so einst Ernst Fraenkel, einer der Gründerväter bundesdeutscher Politikwissenschaft – den „empirisch vorfindbaren Volkswillen" zunächst einmal – wie ein Gärtner einen Obstbaum – zu jenem „hypothetischen Gemeinwillen" zu „veredeln", den die Bürger hätten, wenn sie sich ebenso sorgfältig und umfänglich über bestehende Probleme sowie zu entscheidende Fragen informieren könnten, und diesen anschließend umzusetzen.

Die jüngst in Mode gekommene Verkündung von Klimanotständen in deutschen Städten ist meines Erachtens Spiegelbild einer Gefahr für die Demokratie. Denn sie zielt darauf ab, den Wählern die Hoheit über gewisse Entscheidungen zu entziehen.

Fassen wir die Erkenntnisse dieses Abschnitts zusammen, so können wir sagen, dass einige prominente Klimaforscher mit ihren zuweilen ultimativen Forderungen den Respekt vor der Entscheidungsfreiheit der Wähler vermissen lassen und mit dieser Einfalt unsere Demokratie beschädigen.

4.6 Fazit

Unsere eingangs formulierte Behauptung über Klimaforscher können wir im Ergebnis unserer Analyse durch die folgenden Thesen auf eine rationale Basis stellen.

1. *Klimamodelle beruhen auf den Grundgleichungen der Strömungsmechanik, auf den Gesetzen des Strahlungstransports sowie auf Transportgleichungen für Wasserdampf in der Atmosphäre und für Salz in den Ozeanen. Sie sind für die Vorhersage von Strömungsgeschwindigkeiten und Temperaturverteilungen in Atmosphäre und Ozeanen grundsätzlich geeignet. Da das Verhalten der Modelle jedoch von einer Vielzahl nichtlinearer Rückkopplungseffekte bestimmt wird, ist die Frage nach deren Vorhersagegenauigkeit heute nicht mit Sicherheit zu beantworten.*
2. *Eine direkte Validierung von Klimamodellen durch Vergleich mit einem umfassend instrumentierten Experiment, analog zu Windkanalversuchen in der Aerodynamik, ist nicht möglich. Partielle Validierungen von Klimamodellen durch Vergleich einzelner Programmmodule mit spezialisierten Experimenten zu Elementarprozessen wie etwa der Wolkenbildung werden in großem Umfang praktiziert und stellen wesentliche Mechanismen der Qualitätssicherung von Klimasimulationen dar.*
3. *Da politische Entscheidungen über Klimaschutz in weltweitem Umfang von mehreren Billionen Euro allein auf Simulationen beruhen, sind an deren Vertrauenswürdigkeit mindestens so hohe Anforderungen zu stellen wie an solche für Passagierflugzeuge oder Kernkraftwerke. In Übereinstimmung mit den DFG-Prinzipien guter wissenschaftlicher Praxis ist es nötig, dabei stets die Möglichkeit einer Fehlprognose in Betracht zu ziehen und deren Konsequenzen zu analysieren.*
4. *Die Frage, welche Einzeleffekte in welcher Rangfolge und in welcher Modellierungstiefe in Klimamodelle zu integrieren sind, ist Teil eines innerwissenschaftlichen Erkenntnis- und Qualitätssicherungsprozesses. Eine Information der Öffentlichkeit hierüber in Form von Publikationen ist Bestandteil guter wissenschaftlicher Praxis, zu der alle Wissenschaftler staatlich finanzierter Forschungseinrichtungen verpflichtet sind. Eine Notwendigkeit, die Bevölkerung am Modellbildungsprozess teilhaben zu lassen oder mit ihr methodische Einzelheiten zu erörtern, lässt sich aus den geltenden Regeln guter wissenschaftlicher Praxis nicht herleiten.*
5. *Manche Klimaforscher bezeichnen Menschen, die Zweifel am menschengemachten Klimawandel äußern, als Klimaleugner. Indem sie deren legale Meinungsäußerungen mit herabwürdigenden Bezeichnungen wie „Tollhaus" und „Zerstörung der Politik" versehen oder anderweitig moralisch bewerten, stellen sie die Grundrechte auf Glaubensfreiheit und freie Meinungsäußerung infrage.*
6. *Einzelne Klimaforscher erwecken in ihren öffentlichen Stellungnahmen den Eindruck, aus den Erkenntnissen über den menschengemachten Klimawandel ließe sich die Alternativlosigkeit bestimmter klimapolitischer Maßnahmen wissenschaftlich herleiten. Indem sie ihre Wünsche mit Suggestivbegriffen wie „Kohlenstoffgesetz" versehen, die eine Ebenbürtigkeit mit Naturgesetzen oder Gesetzestexten vortäuschen, stellen sie das Grundrecht von Wählerinnen und Wählern infrage, in einer Demokratie über die Priorisierung gesellschaftlicher Probleme frei zu entscheiden.*

Kapitel 5
Das genügsame Haus

Die Behauptung: „Ein großer Teil unserer Primärenergie wird für das Heizen von Gebäuden aufgewendet. Wenn wir die Klimaziele erreichen wollen, muss der Gebäudesektor schnell dekarbonisiert werden. Hierzu müssen wir Energieeffizienzstandards von Gebäuden verschärfen und die Sanierungsrate von Häusern anheben. Energiesuffizienz – die freiwillige Begrenzung des Energiebedarfs – sollte neben Effizienzmaßnahmen als zusätzliches Klimaschutzinstrument von der Politik gezielt gefördert werden."

Das Medikament Sildenafil, besser bekannt unter dem Markennamen *Viagra*, wurde Anfang der Neunzigerjahre durch Zufall entdeckt. Als der Pharmakonzern Pfizer einen Wirkstoff gegen Herzbeschwerden testete, blieb der gewünschte Effekt zwar aus. Eine besondere Nebenwirkung erwies sich jedoch als so standhaft, dass sich einige Probanden weigerten, die Medikamente zurückzugeben. Die Forscher von Pfizer entschlossen sich daraufhin, das Medikament als Mittel gegen erektile Dysfunktion neu zu positionieren.

Schon nach diesen wenigen Zufallstests war klar: Das Medikament schien gut zu wirken, Nebenwirkungen gab es allem Anschein nach keine, und die Patienten waren begeistert. Wäre Pfizer mit seinem Produkt so hemdsärmelig umgegangen wie die Allianz der Dämmstoff-Protagonisten mit ihren „Medikamenten" gegen den Energiehunger von Häusern, so hätte der Pharmariese sein Produkt gleich nach den ersten Tests in den Markt gedrückt. Doch in der Pharmaindustrie gelten andere Spielregeln als bei der Erarbeitung von Dämmvorschriften und der Markteinführung von Isolierplatten. Ein neues Medikament muss in strengen und aufwändigen Tests seine Wirkung zweifelsfrei nachweisen, bevor es auf die Menschheit losgelassen werden darf.

Wie Irvin Goldstein und seine Mitautoren in dem Artikel "The Serendipitous Story of Sildenafil: An Unexpected Oral Therapy for Erectile Dysfunction", auf Deutsch: „Die zufällige Geschichte von Sildenafil: Eine unerwartete orale Therapie für erektile Dysfunktion" in der Fachzeitschrift *Sexual Medicine Review* (Band 7, Seiten 115–128, 2019, im Internet frei verfügbar) berichten, führte Pfizer nach den ersten vielversprechenden Vorversuchen Ende 1993 einen placebokontrollierten Doppelblindtest an 16 Männern durch. Hierunter sind Versuchsreihen zu verstehen, bei denen ein Teil der Probanden das echte Medikament erhält, während eine Kontrollgruppe ein gleich aussehendes Medikament ohne Wirkstoffe einnimmt. Bei Doppelblindtests weiß keiner der Probanden, ob er das richtige Medikament oder das Placebo erhalten hat.

In den Jahren 1994 und 1995 folgten bei Pfizer Tests an 12 beziehungsweise 17 Männern. In späteren Versuchen, die sich auf die USA, England und Europa erstreckten, wurden insgesamt über 4.500 Männer getestet, davon mehr als 3.000 in placebokontrollierten Doppelblindtests. Am 27. März 1998, also nach etwas mehr als fünf Jahren aufwändiger Tests, gab die amerikanische Arzneimittelbehörde FDA dem Medikament ihre Zulassung. Erst nach diesem Zulassungsmarathon konnte Sildenafil seinen Siegeszug um die Welt antreten.

Pharmaunternehmen werden oft mit moralisierenden Attributen wie „profitgierig" und „rücksichtslos" beschrieben. Sehen wir einmal davon ab, dass es rätselhaft ist, wieso das Gewinnstreben in der Pharmaindustrie stärker ausgeprägt sein sollte als etwa bei Herstellern von Windkraftanlagen oder Dämmplatten, bleibt festzuhalten, dass Arzneimittel zu den Produkten mit den strengsten und teuersten Zulassungsverfahren gehören. Ähnliches gilt übrigens für die Zulassung von Passagierflugzeugen. Gehen wir von der Prämisse aus, dass Klimaschutz nicht weniger wichtig ist als die Gesundheit von Patienten und die Sicherheit von Fluggästen, dann kommen wir zu der Frage, ob wir von Medikamententests etwas über die Qualitätssicherung bei Zulassungsverfahren für Klimaschutzmaßnahmen an Gebäuden lernen können.

Allgemeiner gefasst, wollen wir uns in diesem Kapitel mit der Dekarbonisierung des Gebäudesektors beschäftigen. Uns sollen dabei insbesondere drei Fragen interessieren: Ist die vom Staat verordnete Dämmung von Häusern tatsächlich ein unersetzliches Instrument zur Reduktion von CO_2-Emissionen? Welche Alternativen zur Dämmung sind denkbar? Welche Rolle wird die Energieeffizienz in Zukunft bei Gebäuden spielen?

Wir werden unsere Analyse nach dem gleichen fünfstufigen Schema durchführen, wie wir es bereits im Einführungskapitel für die Bratpfannen, im Kap. 1 für den Verbrennungsmotor und im Kap. 3 für das Elektroauto praktiziert haben.

Bevor wir uns an die Analysearbeit machen, möchte ich zwei Aspekte der Gebäudeklimatisierung erläutern, die für das grundsätzliche Verständnis besonders hilfreich sind. Dabei handelt es sich zum einen um das Wechselspiel zwischen der CO_2-Intensität und dem Energiebedarf und zum anderen um eine Abschätzung des Heizbedarfs für ein Einfamilienhaus. Falls Sie schnell zum Analyseteil gelangen wollen, empfehle ich Ihnen, die folgenden Zeilen zu überspringen und beim Abschn. 5.1 weiterzulesen.

Klimaschutz durch Energieeffizienz?

Ziel der Klimapolitik für den Gebäudesektor ist es, die CO_2-Emissionen des Heizens und des Kühlens zu minimieren. Diese Aussage klingt wie eine Binsenweisheit. Doch lohnt es sich, ein Detail, nämlich die physikalische Maßeinheit der CO_2-Emissionen, etwas genauer unter die Lupe zu nehmen. Der zu minimierende CO_2-Ausstoß pro Einwohner besitzt die Einheit Kilogramm pro Jahr, oder kurz kg/a. In diesem Ausdruck steckt weder die Energieeinheit Joule, noch die Leistungseinheit Watt. Heißt das etwa, unsere CO_2-Emissionen hätten nichts mit dem Energieverbrauch zu tun?

Um diesen scheinbaren Widerspruch aufzulösen, dröseln wir die Maßeinheit kg/a in ihre Bestandteile auf. Wir können nämlich die jährlichen CO_2-Emissionen für das Heizen und das Klimatisieren als Produkt aus zwei Größen mit den Maßeinheiten (kg/kWh) und (kWh/a) schreiben. Die erste Größe ist die CO_2-Intensität der Energiebereitstellung. Sie gibt an, wie viel Kilogramm CO_2 bei der Erzeugung einer Kilowattstunde Heiz- oder Kühlenergie emittiert werden. Der zweite Wert zeigt, wie viele Kilowattstunden eine Person pro Jahr verbraucht. Wir können diese Zerlegung in Worten in der Form

$$\text{Jahresemission} = CO_2\text{-Intensität} \times \text{Jahresenergieverbrauch}$$

schreiben. Aus dieser Formel lassen sich zwei Schlüsse ziehen.

Erstens: Ist die CO_2-Intensität von Heizung und Kühlung gleich Null, weil eine Nation etwa ausschließlich mit Solar- oder Atomstrom heizt und kühlt, dann ist auch die Jahresemission gleich Null. Dabei ist es egal, wie viel Energie verbraucht wird. Null multipliziert mit jedem beliebigen Jahresenergieverbrauch ergibt wieder Null. Das bedeutet, je geringer die durchschnittliche CO_2-Intensität der Energieerzeugung einer Volkswirtschaft ist, desto kleiner wird der Proportionalitätsfaktor zwischen Energieverbrauch und CO_2-Emissionen und desto unbedeutender die Energieeffizienz. Heißt das womöglich, dass Effizienz nur eine Übergangserscheinung ist, die wir in einer CO_2-freien Zukunft nicht mehr brauchen? Auf diese Frage werden wir gegen Ende dieses Kapitels zurückkommen.

Zweitens: Geht der Jahresenergieverbrauch gegen Null, weil die Bewohner eines Hauses – angenommen – nur noch in der Küche heizen möchten, dann gehen auch die CO_2-Emissionen gegen Null. Dies ist keine sonderlich spektakuläre Erkenntnis. Sie zeigt aber, dass für den Klimaschutz der Jahresenergieverbrauch die zweite entscheidende Größe ist. Meine deutschen Großeltern hatten einen mit Kohlebriketts befeuerten Badeofen, der einmal pro Woche in Betrieb genommen wurde. Das war freitags, am sogenannten Badetag. Ich schätze, dass sie trotz der CO_2-intensiven Braunkohlefeuerung für ihre Körperpflege weniger CO_2 emittiert haben als wir es tun – bei täglichem Duschen. Daraus folgt, dass die CO_2-Emissionen auch ohne Effizienzmaßnahmen zurückgehen können, falls der Energieverbrauch sinkt.

An diesen Ausführungen können wir erkennen, dass uns für die Dekarbonisierung des Heizens und des Kühlens zwei Hebel zur Verfügung stehen. Zum einen die Verringerung der CO_2-Intensität und zum anderen die Reduktion des Energiekonsums.

Wie viel Wärme braucht mein Haus?
Unsere zweite Überlegung vor Beginn der Analyse dient dazu, uns über die Größenordnung unseres Energieverbrauchs für Heizen und Kühlen im Klaren zu werden.

Um diese Zahl genau zu bestimmen, müssten wir eigentlich auf umfangreiche statistische Daten zum Heizöl- und Heizgasbedarf, zum Bauzustand von Gebäuden, zu Zahl und Leistung installierter Wärmepumpen und vieles andere zugreifen. Jedoch hatte ich Ihnen, liebe Leserinnen und Leser, in der Einleitung versprochen, Ihnen in Form von Vorlesungsaufgaben zum Selbstrechnen das Rüstzeug zur eigenständigen Analyse ausgewählter Energie- und Klimafragen an die Hand zu geben. Das Selbstrechnen mit vereinfachten Werten ist zwar nicht so präzise wie die professionelle Recherche oder das Lesen seriöser Studien. Es hat jedoch den Vorteil, dass Sie die vollständige Kontrolle über Rechenweg und -ergebnis besitzen.

Um den Heizaufwand für Gebäude in Deutschland zu verstehen, möchte ich Sie zu unserer ersten Vorlesungsaufgabe dieses Kapitels einladen. Schätzen Sie bitte für ein Einfamilienhaus in Deutschland den jährlichen Energiebedarf für das Heizen ab. Ich stelle die Aufgabe bewusst unscharf, also ohne Vorgabe von Wohnfläche und Wandbeschaffenheit, damit Sie eigene Werte einsetzen und variieren können. Bevor Sie beginnen, möchte ich Ihnen eine kleine Hilfestellung geben.

Falls Sie bei Ihrer Analyse den Wärmestrom zwischen dem Inneren des Hauses und der Umwelt berechnen möchten, benötigen Sie die *Wärmeleitfähigkeit* des Wandmaterials. Diese Zahl besitzt die Maßeinheit Watt pro Meter und Kelvin, also W/(mK), und ist eine Eigenschaft des betreffenden Materials. Für klassische Baumaterialien wie Ziegel oder Natursteine liegt diese Zahl in der Nähe von einem Watt pro Meter und Kelvin. Für Dämmstoffe besitzt sie die Größenordnung ein Zehntel. Die genauen Wärmeleitfähigkeiten für Bau- und Dämmmaterialien finden Sie in Wikipedia. Multipliziert man diese Zahl mit der Temperaturdifferenz zwischen den Stirnflächen und dividiert sie durch die Wanddicke, so erhält man den Wärmestrom aus dem Inneren des Hauses an die Umgebung. Wollten wir zum Beispiel den Wärmestrom durch die einen Meter dicke Wand der vom Thüringer Physiker und Bauunternehmer Wulf Bennert bewohnten Windmühle Hopfgarten im Winter bei einer Außentemperatur von minus zehn Grad Celsius und einer Innentemperatur von zwanzig Grad Celsius berechnen, so müssten wir die Wärmeleitfähigkeit klassischer Baumaterialien (ungefähr Eins) mit der Temperaturdifferenz dreißig Grad Celsius multiplizieren und durch die Wanddicke von einem Meter teilen. Es ergäbe sich dann ein Wärmestrom von dreißig Watt pro Quadratmeter.

Schätzen Sie nun auf dieser Basis den Wärmebedarf des Einfamilienhauses ab. Treffen Sie dazu Annahmen über die Temperaturdifferenz zwischen Wohnraum und Umwelt, über die Wärmeübertragungsfläche und über die Häufigkeit des Heizens. Dabei gibt es weder „richtige" noch „falsche" Annahmen, denn Sie sind in der Wahl der Parameter frei. Rechnen Sie dann bitte den Energieverbrauch des Hauses in der Einheit Kilowattstunden pro Jahr aus.

5 Das genügsame Haus

Albert Einstein hat einmal gesagt, ein gutes physikalisches Modell müsse so einfach wie möglich sein, aber nicht einfacher. In diesem Sinne sieht meine einfachste Beispiellösung folgendermaßen aus: Ich nehme an, in Deutschland würde das ganze Jahr eine konstante Außentemperatur von zehn Grad Celsius herrschen. Das Innere des Hauses befinde sich Tag und Nacht auf einer Temperatur von zwanzig Grad Celsius. Die angenommene Außentemperatur entspricht ungefähr der Durchschnittstemperatur in Deutschland. Dann beträgt unsere Temperaturdifferenz zehn Grad Celsius. Ich nehme weiterhin an, es handle sich um ein unsaniertes Haus aus herkömmlichen Baumaterialien mit der Wärmeleitfähigkeit Eins und einer Wanddicke von einem Meter. Bitte erschrecken Sie nicht über diese Zahl. Wir werden unser Ergebnis am Ende auf beliebige Wanddicken umrechnen. Aus meinen Annahmen ergibt sich ein Wärmestrom von zehn Watt pro Quadratmeter oder in Zahlen: $1\,W/(mK) \times 10\,K/1\,m = 10\,W/m^2$.

Weiterhin nehme ich an, der Wärmeverlust erfolge überwiegend durch die Seitenwände des Hauses, die eine Oberfläche von 100 Quadratmetern haben. (Ein quadratisches Haus mit einer Grundfläche von 100 Quadratmetern besitzt einen Umfang von 40 m und bei einer Höhe von 2,50 m eine Seitenfläche von 100 Quadratmetern.) Die Wärmeverluste durch Dach und Fußboden vernachlässige ich. Wir erhalten für unser Haus, oder genauer gesagt für unseren Bunker, einen Wärmestrom von 1.000 W, also von 1 kW. Um den jährlichen Heizbedarf zu ermitteln, multiplizieren wir diese Leistung mit der Zahl der Stunden eines Jahres, die wir von eigentlich 8.760 großzügig auf 10.000 aufrunden. Unsere vorliegende Theorie ist ohnehin so grob, dass der Unterschied zwischen den Zahlen 8.760 und 10.000 nicht ins Gewicht fällt. Somit erhalten wir einen jährlichen Heizbedarf in Höhe von 10.000 kWh oder 10 MWh.

Häuser mit meterdicken Wänden sind in Deutschland rar. Näher am Durchschnitt für ältere Häuser dürften Wanddicken um die dreißig Zentimeter sein. Nehmen wir der Einfachheit halber eine Wanddicke von einem drittel Meter statt einem Meter an, so wird der Wärmewiderstand der Wand nur ein Drittel so groß sein und der Wärmestrom steigt auf das Dreifache. Damit kommen wir zu dem Schluss, dass ein unsaniertes Haus einen jährlichen Wärmebedarf von ungefähr dreißig Megawattstunden besitzt. Dies entspricht dem Energiegehalt von etwa drei Kubikmetern Heizöl und erzeugt ungefähr neun Tonnen CO_2.

Um den berechneten Wert auf einen Tagesverbrauch herunterzurechnen, nehmen wir an, unser Haus sei von drei Personen bewohnt. Dann entfielen auf jede Person pro Jahr zehn Megawattstunden und pro Tag etwa dreißig Kilowattstunden oder drei Liter Heizöl. Das Heizen macht somit im Durchschnitt ungefähr ein Viertel unseres täglichen Energieverbrauchs von hundertzwanzig Kilowattstunden aus und bildet so einen signifikanten Teil unseres Energiebudgets.

Nachdem Sie diese Rechnung nachvollzogen haben, recherchieren Sie bitte im Internet nach dem Jahresverbrauch von Heizenergie unsanierter Einfamilienhäuser. Sie werden feststellen, dass für derlei Gebäude ein Heizbedarf in der Größenordnung zwischen zweihundert und dreihundert Kilowattstunden pro Quadratmeter und Jahr angegeben wird, was bei hundert Quadratmetern Wohnfläche einer Spanne zwischen zwanzig und dreißig Megawattstunden entspricht.

Unsere einfache Theorie hat uns also in die Lage versetzt, auf der Basis nur einer einzigen Größe, der Wärmeleitfähigkeit, sowie einiger plausibler Annahmen den Wärmebedarf eines Einfamilienhauses recht gut abzuschätzen. An diesem Beispiel können wir erkennen, dass für das Grundverständnis wichtiger Effekte weder komplizierte Rechnungen noch umfangreiche statistische Daten nötig sind.

Fassen wir die Ergebnisse unserer Vorüberlegungen zusammen, so können wir resümieren, dass die beiden Hebel zur Senkung der CO_2-Emissionen im Gebäudesektor die Verringerung der CO_2-Intensität bei der Energiebereitstellung sowie die Reduktion des Energieverbrauchs sind. Weiterhin haben wir ermittelt, dass unser jährlicher Energiebedarf für das Heizen etwa ein Viertel unseres Gesamtenergiekonsums darstellt. Mit diesem Vorwissen können wir die Analysearbeit beginnen.

5.1 Festlegung der Handlungsalternativen

Wir legen in einem ersten Schritt die beiden Entscheidungsoptionen fest. Da die Dämmung von Gebäuden regelmäßig für politischen Streit sorgt, wählen wir als erste Möglichkeit die „Verschärfung von Dämmvorschriften" aus. In Deutschland gelten schon heute strenge Bauvorschriften, die geringe Wärmeverluste und hohe Energieeffizienz zum Ziel haben. Befürworter begrüßen diese gesetzlichen Regelungen als Beitrag zum Klimaschutz. Sie argumentieren, die dadurch erwirkten Investitionen würden sich im Laufe der Zeit durch Einsparungen bei den Heizkosten amortisieren. Kritiker bezeichnen die Gesetzgebung als bürokratisches Monstrum und bemängeln, dass sich der Staat in die Entscheidungen von Hausbesitzern einmische. Zudem äußern sie Zweifel an der Wirksamkeit der Dämmungen und mutmaßen, dass Dämmmaterialien am Ende ihrer Lebenszeit kostspielig als Sondermüll entsorgt werden müssten. Schlussendlich verweisen die Kritiker darauf, die ausufernden staatlichen Bauvorschriften hätten zum Anstieg der Mietpreise in Deutschland geführt.

Wir fassen unter dem Stichwort „Verschärfung von Dämmvorschriften" alle Maßnahmen zusammen, die der Staat zusätzlich zu den bereits existierenden Gesetzen ergreifen könnte, um die Energieeffizienz von Gebäuden zu erhöhen. Hierzu zählt jegliche Verschärfung der Vorgaben zu Wärmeverlusten bei Wänden, Türen, Fenstern, Fußbodenmaterialien und Dächern. Theoretisch würde eine Abschaffung des Bestandsschutzes in die gleiche Kategorie gehören. Dies würde dazu führen, dass ein Hausbesitzer eines nicht isolierten Hauses dazu gezwungen werden könnte, sein Haus zu dämmen. Eine solche Regelung würde die Sanierungsrate des Gebäudebestandes erhöhen und den Heizenergiebedarf möglicherweise verringern. Allerdings gibt es einen nennenswerten Anteil von Wohngebäuden, in deren Ästhetik keine Eingriffe zulässig sind, weil sie unter Denkmalschutz stehen. Um diesen Konflikt zu lösen, wäre es theoretisch auch denkbar, Denkmalschutzvorschriften aufzuweichen.

5.1 Festlegung der Handlungsalternativen

Wie könnte unsere zweite Handlungsoption aussehen?

Wir wollen nun als Alternative die Einführung einer CO_2-Steuer auf alle fossilen Brennstoffe, also Heizöl, Erdgas und Kohlebriketts untersuchen. Doch bevor wir über die Einführung neuer Steuern nachdenken, halte ich es für sinnvoll, erst einmal einen kritischen Blick auf unser bereits bestehendes Steuersystem zu werfen. Im Mai 2019 habe ich bei einer Recherche über deutsche Energiesteuern auf Brennstoffe die folgenden Zahlen gefunden: Benzin 7,4 Cent/kWh, Diesel 4,8 Cent/kWh, Erdgas 3,2 Cent/kWh, Heizöl 1,2 Cent/kWh. Würde ein Marsmensch in Deutschland landen und der Tatsache gewahr werden, dass der Steuersatz auf ein- und dieselbe Energiemenge um 617 % streut, würden ihn vermutlich schwere Zweifel an der Zurechnungsfähigkeit deutscher Erdlinge beschleichen.

Statt neue Steuern herbeizureden, wollen wir annehmen, die existierenden Energiesteuern würden harmonisiert und auf einen einheitlichen Wert gesetzt. Damit eine Lenkungswirkung entsteht, wäre beispielsweise eine Anhebung aller Steuern auf das Niveau der Mineralölsteuer für Benzin in Höhe von 7,4 Cent/kWh denkbar. Dies käme ungefähr einer Verdopplung der Heizölpreise gleich. Um jeglicher Empörung vorzubeugen, möchte ich anmerken, dass es im Ermessen des Staates liegt, durch eine gleichzeitige Senkung der Einkommenssteuern oder der Mehrwertsteuer in gleichem oder sogar größerem Umfang alle Bürger steuerlich zu entlasten. Unsere zweite Option bezeichnen wir in den Tab. 5.1 und 5.2 demnach als „Besteuerung fossiler Heizmaterialien" mit der Nebenabrede der Aufkommensneutralität.

Tab. 5.1 Die Anatomie des Entscheidungsproblems über die Gebäudedämmung aus Perspektive einer fiktiven Person Alice. Die Zahlen in der Spalte „Persönliche Werturteile" geben an, welche Priorität Alice jeder der vier Eigenschaften bei ihrer Kaufentscheidung beimisst. Für Alice besitzt die Handlungsfreiheit die höchste Priorität (4), gefolgt von der Ästhetik (3) und so weiter. Multipliziert man die Prioritätszahlen mit den Zahlen in den Spalten „Wissenschaftliche Erkenntnisse", dann ergibt sich jeweils die in den Spalten „Bewertung" angegebene Punktzahl. Die Summe der Punkte steht in der Zeile „Gesamtwertung". Die Option mit der höheren Punktzahl – Besteuerung fossiler Heizmaterialien – passt besser zu den persönlichen Werturteilen von Alice

Verschärfung von Dämmvorschriften			Alice	Besteuerung fossiler Heizmaterialien		
Kriterien	Bewertung	Wissenschaftliche Erkenntnisse	Persönliche Werturteile	Wissenschaftliche Erkenntnisse	Bewertung	Kriterien
CO_2-Emissionen	-	?		?	-	CO_2-Emissionen
Ästhetik	0 Punkte	0	3	1	3 Punkte	Ästhetik
Energieeffizienz	2 Punkte	1	2	0	0 Punkte	Energieeffizienz
Handlungsfreiheit	0 Punkte	0	4	1	4 Punkte	Handlungsfreiheit
Arbeitsplätze	1 Punkt	1	1	0	0 Punkte	Arbeitsplätze
Gesamtwertung	3 Punkte				7 Punkte	Gesamtwertung

Tab. 5.2 Die Anatomie des Entscheidungsproblems über die Gebäudedämmung aus Perspektive einer fiktiven Person Bob. Die Zahlen in der Spalte „Persönliche Werturteile" geben an, welche Priorität Bob jeder der vier Eigenschaften bei seiner Kaufentscheidung beimisst. Für Bob besitzt Energieeffizienz die höchste Priorität (4), gefolgt von der Sicherung von Arbeitsplätzen (3) und so weiter. Multipliziert man die Prioritätszahlen mit den Zahlen in den Spalten „Wissenschaftliche Erkenntnisse", dann ergibt sich jeweils die in den Spalten „Bewertung" angegebene Punktzahl. Die Summe der Punkte steht in der Zeile „Gesamtwertung". Die Option mit der höheren Punktzahl – Verschärfung von Dämmvorschriften – passt besser zu den persönlichen Werturteilen von Bob

Verschärfung von Dämmvorschriften			Bob	Besteuerung fossiler Heizmaterialien		
Kriterien	Bewertung	Wissenschaftliche Erkenntnisse	Persönliche Werturteile	Wissenschaftliche Erkenntnisse	Bewertung	Kriterien
CO_2-Emissionen	-	?		?	-	CO_2-Emissionen
Ästhetik	0 Punkte	0	1	1	1 Punkt	Ästhetik
Energieeffizienz	4 Punkte	1	4	0	0 Punkte	Energieeffizienz
Handlungsfreiheit	0 Punkte	0	2	1	2 Punkte	Handlungsfreiheit
Arbeitsplätze	3 Punkte	1	3	0	0 Punkte	Arbeitsplätze
Gesamtwertung	7 Punkte				3 Punkte	Gesamtwertung

5.2 Auswahl der Bewertungskriterien

Im zweiten Schritt legen wir die Kriterien fest, nach denen wir unsere Entscheidungsalternativen bewerten wollen.

Da es um die Dekarbonisierung unseres Energiesystems geht, verwenden wir als erstes Kriterium wie gehabt das Potenzial zur Verringerung der CO_2-Emissionen. Da Architektur unsere Kultur prägt, betrachte ich als zweites Merkmal das äußere Erscheinungsbild der Häuser, was in den Tabellen mit dem Stichwort „Ästhetik" gekennzeichnet ist. Manche Menschen betrachten Energieeffizienz als einen eigenständigen Wert. Deshalb wähle ich dieses Charakteristikum als drittes aus. Zahlreiche Bürger empfinden die deutschen Bauvorschriften als Einschränkung ihrer persönlichen Freiheit. Wir wollen deshalb das Kriterium „Entscheidungsfreiheit" hinzufügen. Als fünften und letzten Parameter betrachten wir die Schaffung oder Erhaltung von Arbeitsplätzen.

5.3 Vergleichende wissenschaftliche Analyse

Beginnen wir mit der Frage, ob die Verschärfung von Dämmvorschriften die CO_2-Emissionen im Gebäudesektor effizienter eindämmen würde als eine Besteuerung fossiler Heizmaterialien. Um diese Frage zu beantworten, müssten wir ermitteln, welche der beiden Varianten bei gleicher finanzieller Gesamtbelastung von Hauseigentümern und Mietern die CO_2-Emissionen stärker reduzieren würde. Eine solche Analyse wurde meines Wissens noch nie angestellt. Gerade deshalb lohnt es sich jedoch, darüber nachzudenken, wie diese nach den Qualitätskriterien guter wissenschaftlicher Praxis gestaltet werden müsste.

5.3 Vergleichende wissenschaftliche Analyse

Beginnen wir mit der Bestimmung der CO_2-Vermeidungskosten im Falle einer Verschärfung von Dämmvorschriften. Hierzu müssen wir den Nutzen sowie die Kosten der Maßnahme ermitteln und zueinander ins Verhältnis setzen. Das klingt auf den ersten Blick einfach.

Nutzen der Dämmung

Wenn Sie „Sparen durch Dämmung" in Ihre Internetsuchmaschine eintippen, erhalten Sie in der Tat über drei Millionen Treffer. Bei genauerem Hinsehen werden Sie jedoch schnell feststellen, dass Sie mitten im Sündenpfuhl der Scheinwissenschaften gelandet sind. Sie finden nämlich „Dämmrechner" und ähnlichen pseudowissenschaftlichen Hokuspokus. Dort werden Kostenbilanzen schöngerechnet, indem sämtliche Risiken unter den Teppich gekehrt werden. Es ist vor diesem Hintergrund lehrreich, sich für die Bewertung des Nutzens der Dämmung ein Beispiel an der Pharmaindustrie und für die Bewertung der Kosten des Dämmens ein Beispiel an der Luftfahrtindustrie zu nehmen.

Knöpfen wir uns einmal den Nutzen der Dämmung vor. Es ist physikalisch unstrittig, dass der Heizbedarf für ein Haus, dessen Wände und Dachflächen mit Isolationsmaterial versehen worden sind, bei *gleichbleibenden* Innenraumtemperaturen abnimmt. Diesen Sachverhalt können Sie im einfachsten Fall selbst überprüfen, indem Sie die soeben durchgeführte Berechnung Ihres Heizbedarfs für ein Wandmaterial mit geringerer Wärmeleitfähigkeit oder für dickere Wände wiederholen. Eine solche theoretische Zahl wird Ihnen von Dämm- und Heizkostenrechnern ausgegeben. Sie hat gleichwohl aus zwei Gründen mit dem tatsächlichen Nutzen in Form einer CO_2-Einsparung wenig zu tun. Der erste Grund liegt im Rebound-Effekt. Der zweite Grund liegt darin, dass die Reduktion der CO_2-Emissionen und die Verringerung des Energieverbrauchs nicht das Gleiche sind.

Kürzlich fiel mir zu Hause beim Aufräumen eine Telefonrechnung aus dem Jahr 1993 in die Hände. In dieser Zeit kostete eine Minute Mobiltelefonie über eine Mark. Festnetztelefonate in die USA schlugen mit einem ähnlichen Betrag zu Buche und daheim hatten wir noch kein Internet. Heute gibt es Handy-Flatrates, Telefonate in die USA über das Internet sind faktisch kostenlos und das häusliche Internet gehört zum Standard. Obwohl sich seit 1993 alle Minutengebühren drastisch verringert hatten, musste ich jedoch zu meinem Erstaunen feststellen, dass sich die absolute Höhe unserer Telekommunikationsgebühren keineswegs reduziert hat, im Gegenteil. Dieser Effekt wird als *Rebound* bezeichnet: Sinkende Kosten werden durch stärkere Nutzung zunichtegemacht. Ähnlich kann es sich mit Heizkosten verhalten.

Um den Rebound-Effekt sowie mögliche andere Einflüsse der Dämmung auf Verbrauchsgewohnheiten zu berücksichtigen, müsste ein Experiment zu den CO_2-Emissionen des Heizens eigentlich nach den Qualitätsstandards der Pharmaindustrie in Form einer placebokontrollierten randomisierten Doppelblindstudie durchgeführt werden. Wie müsste eine solche Studie aussehen?

Wir wählen an einem Universitätsstandort zwei benachbarte unsanierte Studentenwohnheime aus. Die Gebäude müssten eine identische Bauweise sowie den gleichen Erhaltungszustand aufweisen und sollten denselben Witterungsbedingungen ausgesetzt sein. Beide Häuser wären vom gleichen Bauunternehmen zu sanieren. Bei Gebäude A wird die Fassade fachgerecht gedämmt und verkleidet. Bei Gebäude B wird eine Scheinsanierung durchgeführt. An ihm wird keine Dämmung installiert, sondern nur eine Fassadenverkleidung, die dem Haus ein Äußeres verleiht, das dem fachmännisch isolierten exakt entspricht. Rein optisch gleichen sich die beiden Wohnheime wie ein Ei dem anderen. Gebäude A spielt nun die Rolle des zu testenden Medikaments, Gebäude B übernimmt die Funktion des Placebos.

Nach erfolgter Sanierung werden zweihundert Studenten per Los in zwei Gruppen zu je einhundert Studenten aufgeteilt. Eine Gruppe siedelt in das sanierte Gebäude um, während die andere in das scheinsanierte Haus zieht. Die Heizkostenabrechnung erfolgt monatlich und die Studienteilnehmer dürfen miteinander nicht über ihre Heizkosten sprechen. Nach Ablauf eines Jahres werden Energieverbrauch und Heizkosten in jeder Gruppe gemittelt und zwischen den beiden Gruppen verglichen. Die sich hieraus ergebende Differenz spiegelt den Einfluss der Dämmung, den Rebound-Effekt sowie weitere mögliche Faktoren wider. Sie verrät jedoch noch nicht die gesuchte CO_2-Einsparung.

Um hierfür den tatsächlichen Wert zu bestimmen, müsste der Versuch auf die gesamte Lebenszeit des Dämmstoffes, wenigstens zwanzig Jahre, ausgedehnt oder zumindest hochgerechnet werden. Sowohl die CO_2-Intensität durch Wärmeproduktion als auch die CO_2-Emissionen durch die Herstellung des Dämmstoffes sind hierbei für das jeweilige Wohnheim über die betrachteten zwanzig Jahre zu berücksichtigen. Letzteres lässt sich per *Life Cycle Assessment* herausfinden. Am Ende kämen wir zu den echten CO_2-Einsparungen in Tonnen. Die erste Hälfte der Kosten-Nutzen-Rechnung für die erste Spalte von Tab. 5.1 und 5.2 wäre damit zumindest im Prinzip erledigt. Mir ist aus der internationalen Fachliteratur kein einziges Experiment bekannt, welches nach diesen strengen Qualitätskriterien durchgeführt worden ist.

Kosten der Dämmung

Nachdem wir den Nutzen immerhin im Prinzip ermittelt haben, kommen wir nun zur Bestimmung des finanziellen Aufwands. Üblicherweise werden Dämmkosten bilanziert, indem man pro Quadratmeter zu dämmender Außenfläche eine pauschale Investitionssumme ansetzt und sie auf eine Lebensdauer von typischerweise zwanzig Jahren aufteilt. Von diesem Investitionsbetrag werden die eingesparten Energiekosten abgezogen. Die erwähnten Dämmrechner liefern dann in der Regel beeindruckende Zahlen für die Höhe der vermeintlichen Ersparnis.

Solche Zahlenspielereien sind mathematisch nicht zu beanstanden. Sie entpuppen sich jedoch aufgrund des Fehlens jeglicher Risikobetrachtung in der Regel als Taschenspielertricks. Denn in ihnen kommen weder Entsorgungs- noch Reparaturkosten während der Lebensdauer vor. Diese Risiken werden geflissentlich verschwiegen und damit auf gutgläubige Hausbesitzer und ahnungslose Mieter abgewälzt. Dass dies nicht alternativlos ist, verrät ein Blick in die Luftfahrt.

Der Triebwerkshersteller Rolls-Royce bietet unter dem Werbespruch *Power by the Hour* Triebwerke für Verkehrsflugzeuge an. Das eingetragene Markenzeichen lautet *TotalCare*. Dabei kauft die betreffende Fluggesellschaft nicht das Triebwerk – dieses bleibt Eigentum des Herstellers. Sie bezahlt vielmehr einen festgelegten Kostensatz pro Flugstunde. Hierin sind Bereitstellung, Überwachung, Wartung und Reparatur enthalten. Dadurch werden die Kunden von nahezu allen finanziellen Risiken entlastet und ihre Betriebskosten werden in hohem Maße planbar. Allerdings nicht zum Nulltarif.

Falls Sie einen ausgeprägten Sinn für Humor haben, versuchen Sie bitte, vom Bauunternehmer Ihres Vertrauens oder vom Dämmstoffhersteller Ihrer Wahl ein verbindliches schriftliches Angebot für eine TotalCare-Dämmung Ihres Eigenheims zu erhalten. Das Angebot müsste zu einem fest vereinbarten monatlichen Preis und für eine verbindliche Vertragslaufzeit von zwanzig Jahren (1) die Dämmung Ihres Hauses, (2) die Reparatur der Dämmung im Schadensfall, (3) den Abbau der Dämmung nach Ende der Vertragslaufzeit sowie (4) deren fachgerechte, verifizierbare und ökologisch unbedenkliche Entsorgung umfassen. Mit einem solchen Angebot hätten Sie eine verlässliche und risikofreie Zahl für die Kosten Ihrer Dämmung.

Ergebnis eines erfolglosen Berechnungsversuchs
Aus der CO_2-Einsparung, den Betriebskosten des randomisierten Doppelblindexperiments sowie aus den Kosten des TotalCare-Dämmvertrags könnten wir in einer idealen Welt eine belastbare Zahl für die CO_2-Vermeidungskosten unserer Handlungsoption „Verschärfung von Dämmvorschriften" berechnen. Auf der Basis der uns heute vorliegenden Daten ist es leider nicht möglich, diese Zahl zu bestimmen. Ich vermute, dass die so ermittelten CO_2-Vermeidungskosten eine große Streubreite haben würden und sowohl negativ als auch positiv sein könnten. Wir befinden uns hier in einer Situation, in der die aktuelle Forschung auf eine wichtige Frage keine mit den Qualitätsstandards aus Medizin und Luftfahrt vergleichbare Antwort geben kann. Weiße Flecken auf der Landkarte des Wissens sind nichts Ungewöhnliches. Ich finde es jedoch bemerkenswert, dass sich viele Wissenschaftler gegenüber Bürgern und Politikern so schwertun, ihr Unwissen in diesem Fall einzugestehen.

Nutzen der Energiesteuer
Wir wollen nun die CO_2-Vermeidungskosten berechnen, die bei einer Besteuerung fossiler Heizmaterialien entstehen. Zur Erinnerung: Wir waren von der Annahme ausgegangen, dass die Steuern auf Erdgas, Heizöl und Kohle so angepasst werden, dass jeweils für die Emission eines Kilogramms CO_2 die gleiche Steuer gezahlt wird. Im Gegenzug könnten sämtliche Einkommenssteuern im gleichen Umfang gesenkt werden, sodass dem Staat unterm Strich keine zusätzlichen Steuergelder zufließen. Wie groß wären bei einer solchen Besteuerung die CO_2-Vermeidungskosten?

Für die Berechnung der CO_2-Vermeidungskosten durch Verteuerung fossiler Brennstoffe benötigen wir drei Zahlen, die spezifischen Kosten des Heizens k, die CO_2-Intensität des Heizens e sowie die Nachfrageelastizität der Brennstoffe η. Eine ähnliche Rechenaufgabe ist uns bereits im Kap. 3 bei der Bestimmung der CO_2-Vermeidungskosten durch die Abschaffung der Pendlerpauschale begegnet. Sie können das Ergebnis selbst ausrechnen, indem Sie die Kosten sowie die Emissionen vor und nach der Steuererhöhung unter Berücksichtigung der sich verringernden Nachfrage ermitteln und die Differenzbeträge durcheinander teilen. Für den Fall, dass Sie den Rechenweg abkürzen wollen, habe ich im Anhang die „Kaffeebechervermeidungskostenformel" hergeleitet. Mit dieser einfachen Näherungsformel können Sie bei gegebenen Werten von k, e, und η die CO_2-Vermeidungskosten für kleine Preissteigerungen in einem einzigen Schritt berechnen.

Schauen wir uns die Zahlenwerte für eine Verteuerung von Heizöl an. Ein Liter Heizöl enthält ungefähr zehn Kilowattstunden an chemischer Energie und kostete im Sommer 2019 in Deutschland reichlich sechzig Cent. Daraus folgt, dass die spezifischen Heizkosten für Heizöl ungefähr sechs Cent pro Kilowattstunde, also k = 0,06 €/kWh, betragen. Ein Liter Heizöl emittiert beim Verbrennen etwas weniger als drei Kilogramm CO_2. Somit betragen die spezifischen Emissionen beim Heizen mit Heizöl näherungsweise dreihundert Gramm CO_2 pro Kilowattstunde oder e = 0,3 kg/kWh.

Die Bestimmung der Preiselastizität ist etwas aufwändiger. Wir erinnern uns, dass die Preiselastizität das Verhältnis zwischen dem Rückgang der verkauften Menge eines Produkts und seiner Preissteigerung angibt. Steigt der Preis eines Produkts um 10 % und nimmt die Nachfrage um 3 % ab, so ergibt sich die Preiselastizität 0,3.

Leider gibt es zu den Preiselastizitäten von Heizmaterialien nur wenige Daten in der Literatur. Eine im Internet frei zugängliche Literaturquelle ist die von Gang Liu verfasste Arbeit "Estimating Energy Demand Elasticities for OECD Countries, A Dynamic Panel Data Approach" *Discussion Papers* (No. 373, March 2004 Statistics Norway, Research Department). In diesem Papier werden für die langfristigen Preiselastizitäten von Erdgas und Heizöl die Werte 0,36 beziehungsweise 0,32 angegeben. Das heißt, ein Preisanstieg bei Erdgas in Höhe von 10 % würde einen Nachfrageeinbruch in Höhe von 3,6 % auslösen, während ein Preisanstieg bei Heizöl in Höhe von 10 % die Nachfrage um 3,2 % absinken lassen würde. Da die Werte mit großen Unsicherheiten behaftet sind, können wir für die Preiselastizität von Heizöl den gerundeten Wert $\eta = 0,3$ annehmen. Für Briketts liegen mir keine Werte für Nachfrageelastizitäten vor.

Wenden wir nun unsere im Anhang angegebene Formel an, so erhalten wir aus den angenommenen Werten bei einer Heizöl-Verteuerung CO_2-Vermeidungskosten in Höhe von etwa 470 €/t. Für Erdgas liegen die Werte von k und e in der gleichen Größenordnung wie die für Heizöl. Nehmen wir den aufgerundeten Wert von $\eta = 0,4$, so ergeben sich CO_2-Vermeidungskosten für Erdgas von etwa 300 €/t. Da die spezifischen Energiekosten bei Briketts unter denen von Heizöl

5.3 Vergleichende wissenschaftliche Analyse

und Erdgas und die spezifischen Emissionen höher liegen, dürften die CO_2-Vermeidungskosten beim Heizen mit Briketts unter 300 €/t liegen. An den Zahlen ist interessant, dass die CO_2-Vermeidungskosten nicht von der Höhe der Preissteigerungen abhängen. Je höher die Preissteigerung aber ausfällt, desto stärker reduziert sich der Verbrauch und somit auch die CO_2-Emission.

Zusammenfassend können wir sagen, dass die CO_2-Vermeidungskosten durch Besteuerung fossiler Heizmaterialien unterhalb von fünfhundert Euro pro Tonne liegen. Trotz dieser für unsere Verhältnisse aufwändigen Rechnungen sind wir nicht in der Lage, Zeile 1 unserer Tabelle zu befüllen, denn wir haben bei der ersten Entscheidungsoption keine zuverlässigen Werte für die Vermeidungskosten.

Ich habe die Vermutung, dass die zweite Variante etwas kostengünstiger ist. Und zwar aus Gründen der Technologieoffenheit, die wir bereits bei der Analyse des Verbrennungsmotors kennengelernt hatten. Bei der Option „Verschärfung von Dämmvorschriften" hat der Konsument nur die Möglichkeit der Häuserdämmung. Bei der Option „Besteuerung fossiler Heizmaterialien" hat er hingegen sowohl die Option, eine Dämmung anzubringen als auch sein Haus ungedämmt zu lassen, jedoch weniger Heizöl zu verbrauchen oder mehr Geld zu bezahlen. Ihm stehen in diesem Fall mehr Wahlmöglichkeiten zur Verfügung. In einer Situation mit vielen Wahlmöglichkeiten sind die Anpassungskosten in der Regel niedriger als in einer Situation mit nur einer Wahlmöglichkeit.

Mit Blick auf diese Unsicherheiten müssen wir in diesem Fall die erste Zeile in den Tab. 5.1 und 5.2 mit einem Fragezeichen versehen.

Ästhetik
Wenden wir uns nun dem zweiten Kriterium, der Ästhetik zu. Isolationsvorschriften schränken die Freiheitsgrade bei der architektonischen Gestaltung von Häusern erheblich ein. Meine Frau und ich wohnen in einem sanierten Mehrfamilienhaus aus dem Jahr 1900. Die vielfältigen Verzierungen, Erker, Veranden und Fassadenelemente wären mit den heutigen Bauvorschriften vermutlich nicht vereinbar. Zahlreiche Menschen empfinden die mit den Dämmungsvorschriften einhergehende Uniformierung von Bauwerken als unschön. Zwar gibt es meines Wissens keine repräsentativen vergleichenden Umfragen zum Schönheitsempfinden der Deutschen bezüglich gedämmter und ungedämmter Häuser. Ich halte es jedoch für sehr wahrscheinlich, dass eine entsprechende Umfrage ein klares Bild zugunsten architektonischer Gestaltung ohne Dämmvorschriften ergeben würde. Aus diesem Grund tragen wir in die zweite Zeile bei der Option „Besteuerung fossiler Heizmaterialien" eine 1 und bei der Option „Verschärfung von Dämmvorschriften" eine 0 ein.

Energieeffizienz
Wie bereits eingangs beschrieben, gibt es keinen Zweifel, dass ein gedämmtes Haus eine höhere Energieeffizienz als ein ungedämmtes Haus aufweist. Es steht deshalb außer Frage, dass wir in der Zeile „Energieeffizienz" eine 1 für die Option „Verschärfung von Dämmvorschriften" und eine 0 für die Option „Besteuerung fossiler Heizmaterialien" vergeben.

Arbeitsplatzeffekte
Bei den Arbeitsplatzeffekten scheint die Situation auf den ersten Blick klar zu sein. Dämmvorschriften schaffen Arbeitsplätze in Unternehmen, die Dämmmaterialien herstellen. Überdies entstehen Jobs im Baugewerbe, welches die Effizienzmaßnahmen umsetzt. Dieser Aussage ist entgegenzuhalten, dass Dämmvorschriften zu steigenden Bau-, Sanierungs- und Mietkosten führen können, die von Mietern getragen werden müssen. Den Mietern stehen dann für andere Ausgaben wie etwa Ernährung, Kleidung, Urlaubsreisen, Autokäufe, Altenpflege weniger Mittel zur Verfügung. Der Effekt wäre ein Arbeitsplatzabbau in anderen Sektoren der Volkswirtschaft. Nehmen wir dennoch an, dass der Arbeitsplatzeffekt im Fall einer Verschärfung der Dämmvorschriften günstiger wäre, so könnten wir in die entsprechende Zeile eine 0 für die Option „Besteuerung fossiler Heizmaterialien" eintragen und eine 1 für die Option „Verschärfung von Dämmvorschriften" vergeben.

Entscheidungsfreiheit
Das Kriterium der Entscheidungsfreiheit spielt in der öffentlichen Diskussion um Energiepolitik keine zentrale Rolle. Ich halte es trotzdem für wichtig, es in unsere Betrachtung einzubeziehen.

Menschen empfinden nach meiner Erfahrung regulatorische Maßnahmen als umso störender, je kleinteiliger sie in unsere Freiheitsrechte eingreifen. Während die meisten Bürger die Zahlung von Einkommenssteuer, Mehrwertsteuer, ja sogar Mineralölsteuer als notwendigen Beitrag zur Finanzierung des Gemeinwesens anerkennen, reagieren viele Europäer mit Unverständnis auf selektive Verbote wie etwa die EU-Verordnung Nr. 666/2013 vom 8. Juli 2013 über die Begrenzung der Leistung von Staubsaugern. Solche Verbote oder Verbotsdiskussionen erzeugen – ob zu Recht oder zu Unrecht – bei zahlreichen Bürgern den Eindruck einer ausufernden EU-Bürokratie und tragen dazu bei, das aus meiner Sicht lobenswerte Projekt einer europäischen Integration infrage zu stellen.

Die Erhöhung der Preise fossiler Heizmaterialien durch CO_2-Besteuerung oder durch Harmonisierung der deutschen Energiesteuern würde zwar in Deutschland keine Begeisterung auslösen. Immerhin ließe eine solche Maßnahme jedoch dem Bürger die Wahl, entweder weniger Heizöl, Heizgas oder Briketts zu verbrauchen oder in die Dämmung seines Hauses zu investieren oder seine Heizgewohnheiten beizubehalten und an anderer Stelle zu sparen. Im Fall einer Verschärfung der Dämmvorschriften hat der Bürger hingegen keine Wahl, als der selektiven Vorschrift nachzukommen. Es ist deshalb klar, dass die Besteuerung fossiler Heizmaterialien ein wesentlich milderer Eingriff in die Freiheitsrechte von Bürgern wäre als eine Verteuerung von Brennstoffen.

Aus den genannten Gründen bewerten wir die Option „Verschärfung von Dämmvorschriften" in Tab. 5.1 und 5.2 mit einer 0 und die Option „Besteuerung fossiler Heizmaterialien" mit einer 1.

5.4 Vergabe persönlicher Prioritäten

Wie schon in den Kap. 1 und 3 versehen wir zwei fiktive Personen – Alice und Bob – mit Meinungsbildern, die jeweils für eine möglichst breite Klasse von Bürgern repräsentativ sind.

Alice sei ein Mensch mit einer konservativen Lebenseinstellung und einem ausgeprägten Sinn für Freiheit. Sie möchte sich nicht vom Staat vorschreiben lassen, wie sie ihr Haus zu bauen, zu dämmen, zu heizen oder zu klimatisieren hat. Aus diesen Gründen besitzt bei ihr die Eigenschaft der Handlungsfreiheit die höchste Priorität. Alice liebt alte Gebäude mit vielfältigen Fassaden und findet die Eintönigkeit isolierter Neubauten unschön. Deshalb liegt das ästhetische Erscheinungsbild in ihrer Prioritätenliste auf Platz zwei. Auf den hinteren Plätzen folgen bei ihr die Kriterien Energieeffizienz und Arbeitsplätze. Diese Prioritätenreihenfolge ist in der mittleren Spalte in Tab. 5.1 dargestellt.

Bob hingegen ist ein Mensch, der sein Leben auf Nachhaltigkeit ausgerichtet hat. Bob legt aus Gründen des Umwelt- und Klimaschutzes viele Wege mit dem Fahrrad zurück. Er ernährt sich auf der Basis regionaler Produkte, isst wenig Fleisch und fühlt sich wohl, wenn sein Haus wenig Heizenergie verbraucht. Für ihn besitzt Energieeffizienz die höchste Priorität. Bob vertritt ferner die Auffassung, der Weg in ein nachhaltiges Energiesystem der Zukunft besitze mit Blick auf die Daseinsvorsorge für kommende Generationen einen so hohen Stellenwert, dass er punktuell ästhetische Opfer sowie die Einschränkung der Entscheidungsfreiheit rechtfertige. Aus diesem Grund sind bei ihm die Kriterien Ästhetik und Handlungsfreiheit mit niedriger Priorität versehen.

5.5 Berechnung des Bewertungsergebnisses

Wie in den Kap. 1 und 3 berechnen wir nun das Bewertungsergebnis, indem wir für jede der beiden Tab. 5.1 und 5.2 die Punkte in den Spalten 2 und 6 summieren. Bei Alice kommen wir für die Variante „Verschärfung von Dämmvorschriften" auf 3 Punkte, während die Option „Besteuerung fossiler Heizmaterialien" mit 7 Punkten bewertet wird. Daraus wird klar, dass auf der gegebenen wissenschaftlichen Basis Alice die technologieneutrale Lösung des Problems bevorzugt.

Das Ergebnis bei Bob ist entgegengesetzt. Bei ihm erhält die Variante „Verschärfung von Dämmvorschriften" 7 Punkte, während er die Alternative „Besteuerung fossiler Heizmaterialien" mit 3 Punkten bewertet. Hieraus ergibt sich, dass Bob unter Berücksichtigung der wissenschaftlichen Voraussetzungen eine technologiespezifische Lösung des Problems vorzieht.

Wir kommen bei beiden Varianten zu dem Schluss, dass sich die unterschiedlichen Entscheidungen der Protagonisten auf unterschiedliche persönliche Werturteile zurückführen lassen, während sie sich bei den wissenschaftlichen Grundlagen einig sein dürften.

Nachdem wir unsere sozio-technische Analyse für die Gebäudedämmung beendet haben, möchte ich Sie, liebe Leserinnen und Leser, zu zwei Abstechern abseits bekannter Pfade einladen. Ich möchte zum einen begründen, warum eine marktwirtschaftliche Dekarbonisierung des Energiesystems eine Wiederauferstehung natürlicher Baumaterialien einleiten könnte. Zum anderen möchte ich dafür plädieren, die Energieeffizienz von Gebäuden als eine gegenüber der Dekarbonisierung und der Kosteneffizienz nachrangige Eigenschaft zu betrachten und durch das Konzept der Energieopulenz zu erweitern.

5.6 Blick in die Zukunft: Naturmaterialien

Zunächst möchte ich der Frage nachgehen, wie sich unsere Wohngebäude im Fall einer allmählichen Verteuerung der Rohstoffe Gas, Öl, Kohle und Kalk ändern würden. Ich werde im Epilog die *Hypothese von der unsichtbaren Hand* formulieren. In diesem Gedankenexperiment gibt es statt des heutigen Flickenteppichs staatlicher Gesetzeskonvolute aus 194 Ländern der Welt nur eine einzige Klimaschützerin – die unsichtbare Hand. Sie verteuert die genannten Materialien unerbittlich von Tag zu Tag. Die Hypothese zeigt die Richtung eines Gewaltmarsches der Menschheit in eine CO_2-neutrale Welt. Dieser ist zwar politisch nicht umsetzbar, zumindest nicht in einer Demokratie. Das Gedankenexperiment eignet sich jedoch, um die Effizienz realer Klimaschutzentscheidungen zu bewerten.

Eine Verteuerung von Gas, Öl, Kohle und Kalk durch die unsichtbare Hand würde zweierlei bewirken. Ein offensichtlicher Effekt wären steigende Gas-, Öl- und Kohlekosten für Heizung und Klimatisierung. Ein weniger offensichtlicher bestünde hingegen im Preisanstieg von Baumaterialien. Wir wollen den ersten Effekt kurz ansprechen und uns dann in der Hauptsache dem zweiten zuwenden.

Wie stark steigen meine Heizkosten?
Um sich mit dem Heizkostenanstieg vertraut zu machen, möchte ich die nächste Vorlesungsaufgabe formulieren. Rechnen Sie bitte aus, wie stark Ihre Heizkosten steigen würden, wenn Erdgas, Heizöl und Kohlebriketts mit einem Aufschlag belegt würden, der einem CO_2-Preis von 100 €/t CO_2 entspricht. Dieser liegt deutlich höher als die derzeitigen Preise europäischer CO_2-Zertifikate von etwa 25 €/t. Gleichzeitig ist er wesentlich niedriger als der von Klimaexperten für eine tief greifende Dekarbonisierung für erforderlich gehaltene CO_2-Preis von bis zu 500 €/t.

Als Hilfestellung möchte ich Ihnen mit auf den Weg geben, dass bei der Verbrennung von einem Kilogramm Erdgas oder Erdöl etwa drei Kilogramm CO_2 entstehen, während ein Kilogramm Kohlebriketts beim Verfeuern ungefähr anderthalb Kilogramm CO_2 erzeugt. Ein Kubikmeter Erdgas wiegt bei Normaldruck näherungsweise ein Kilogramm. Daraus folgt, dass sich der Erdgastarif um etwa dreißig Cent pro Kubikmeter, der Heizöltarif um etwa dreißig Cent pro Liter und der Brikettpreis um etwa fünfzehn Cent pro Kilogramm erhöhen würden.

Wenn Sie die Vorlesungsaufgabe erfolgreich erledigt haben, kommen Sie vermutlich zu dem Schluss, dass ein CO_2-Preis von hundert Euro pro Tonne Ihre Erdgas- und Heizölrechnungen pro Jahr um etwa dreißig bis vierzig Prozent ansteigen lassen würde. Falls Sie zu den wenigen Haushalten gehören, die mit Briketts heizen, würde Ihre Rechnung vermutlich um sechzig bis siebzig Prozent steigen. Daran können wir erkennen, dass bereits ein moderater CO_2-Preis eine spürbare Verteuerung des Heizens bewirken würde. Bei fünfhundert Euro pro Tonne würden die Preissteigerungen hingegen drastisch ausfallen.

Wichtig ist ferner die Erkenntnis, dass die prozentuale Preissteigerung bei Kohle aufgrund ihrer niedrigen absoluten Kosten deutlich höher ausfallen würde als bei Gas und Öl. Dies zeigt, dass unter marktwirtschaftlichen Bedingungen eine Verteufelung von Kohle durch Kampfbegriffe wie „Klimakiller" unnötig ist. Das starke Preissignal würde beim Kohlenutzer automatisch einen finanziellen Anreiz erzeugen, auf andere Heiztechnologien umzusteigen.

Als Antwort auf steigende Heizkosten stehen den Bürgern grundsätzlich drei Wege offen. Entweder sie behalten ihre Gewohnheiten bei und bezahlen mehr Geld. Oder sie reduzieren ihren Bedarf an Heizung und Warmwasser aus fossilen Energieträgern so weit, dass die Kosten gleich bleiben. Eine solche Einschränkung ist weniger dramatisch als sie klingt. Schülern mit Interesse an Klimaschutz möchte ich an dieser Stelle zurufen, dass ein hygienisches und langes Leben auch ohne tägliches Langzeitduschen möglich ist. Meine beiden Großmütter der Jahrgänge 1900 und 1916 haben sich täglich mit kaltem Wasser gewaschen und pro Woche einmal gebadet. Ihrer Gesundheit scheint die klimaschonende Körperhygiene nicht geschadet zu haben – beide sind 89 Jahre alt geworden. Eine dritte Antwort auf steigende Heizkosten ist die Nutzung CO_2-sparender Technologien. Dies können Wärmedämmung, Wärmepumpen auf Ökostrombasis oder CO_2-neutrale Brennstoffe sein. Damit sind die Überlegungen zum direkten Effekt einer Verteuerung fossiler Heizmaterialien unter dem Einfluss der unsichtbaren Hand abgeschlossen.

Wie verteuern sich Baumaterialien?
Unser zweiter Gedankengang betrifft die Frage, wie sich die Verteuerung von Gas, Öl, Kohle und Kalk auf den Preis von Baumaterialien und somit auf das Erscheinungsbild unserer Städte und Dörfer auswirken würde.

Beton, Stahl und Glas haben das Erscheinungsbild unserer Umgebung in den vergangenen einhundert Jahren dramatisch verändert. Sie ermöglichen Milliarden von Menschen ein komfortables Wohnen und Arbeiten in klimatisierter Umgebung zu geringen Kosten. Gleichwohl spotten die Nachhaltigkeitsbilanzen zahlreicher jüngerer Gebäude jeglicher Beschreibung.

Der Palast der Republik und das Internationale Congress Centrum Berlin, im Volksmund besser bekannt als „Erichs Lampenladen" beziehungsweise „Panzerkreuzer Charlottenburg", wurden in den Siebzigerjahren mit erheblichem Aufwand an Steuergeldern errichtet. Der Palast der Republik wurde nach offiziellen

Angaben für 485 Mio. DDR-Mark erschaffen, nach inoffiziellen Schätzungen für 1 Mrd. Er wurde 14 Jahre lang genutzt und 30 Jahre nach seiner Fertigstellung abgerissen. Das Internationale Congress Centrum Berlin wurde für 924 Mio. Deutsche Mark gebaut, 35 Jahre lang genutzt und 2014 geschlossen. Während diese und zahlreiche andere Stahlbetonbauwerke nach wenigen Jahrzehnten abrissreif waren, durchschreiten Architekturveteranen aus Natur- und Ziegelsteinen wie das Reichstagsgebäude (Baujahr 1894) oder das Rote Rathaus (Baujahr 1869) quicklebendig ihr zweites Lebensjahrhundert. Nichts deutet auf deren baldiges Lebensende hin.

Wie würde sich eine Verteuerung kohlenstoffhaltiger Rohstoffe auf die gebaute Umgebung auswirken?

Mit der gleichzeitigen Verteuerung von Kalk und Kohle würde Beton deutlich kostspieliger. Denn bei der industriellen Herstellung von Branntkalk aus Naturkalk in Drehrohröfen unter Einsatz von Kohlestaub werden große Mengen an CO_2 emittiert. Mit der Verteuerung von Kohle würden auch die Preise für die Herstellung von Baustahl signifikant steigen. Mit der Verteuerung von Gas würden sich die Kosten für Glas sowie Dämmstoffe aus Steinwolle erhöhen, weil beides in gasbefeuerten Öfen hergestellt wird. Mit der Verteuerung von Erdöl würden Dämmmaterialien aus Kunststoff im Preis anziehen.

Zwar lassen sich die genannten Industrieprozesse im Prinzip dekarbonisieren, beispielsweise durch innovative Hochofenprozesse auf der Basis von Wasserstoff. Mit Blick auf die Realisierungsgeschwindigkeit großer Infrastrukturprojekte in Deutschland wie etwa Stuttgart 21 halte ich jedoch eine Einführung solcher neuartiger Technologien vor 2050 im großen Maßstab für unwahrscheinlich. Wir wollen uns die Preissteigerung für die beiden wichtigen Baumaterialien Beton und Stahl in den zwei folgenden Vorlesungsaufgaben etwas genauer anschauen.

Verteuerte Baumaterialien
Für die erste Vorlesungsaufgabe recherchieren Sie bitte zunächst, wie viel heute eine Tonne Beton und eine Tonne Natursteine kosten. Rechnen Sie dann in einem zweiten Schritt aus, wie sehr sich der Beton bei einem CO_2-Preis von hundert Euro pro Tonne verteuern würde. Betrachten Sie in einem dritten Schritt gern noch einen CO_2-Preis von fünfhundert Euro pro Tonne, den Fachleute für eine „tiefe" Dekarbonisierung empfehlen.

Folgende Hilfestellung möchte ich für die Rechnungen geben. Beton besteht jeweils etwa zur Hälfte aus Sand und Zement, Letzterer wiederum zur Hälfte aus Branntkalk, CaO. Beim Kalkbrennen wird Kalk, $CaCO_3$, durch Wärmezufuhr in Branntkalk und CO_2 verwandelt. Ein Mol Branntkalk wiegt 56 g, ein Mol CO_2 wiegt 44 g. Pro Kilogramm Branntkalk entstehen somit $44/56 = 0{,}79$ kg CO_2. Grob gesagt, können wir mithin jedem Kilogramm Branntkalk einen CO_2-Fußabdruck von einem Kilogramm CO_2 zuordnen. Selbst durch erneuerbare Energie lässt sich diese Emission beim Betonherstellen nicht vermeiden.

Meine Beispiellösung – wie immer mit stark gerundeten Zahlen – liefert folgendes Ergebnis. Eine Tonne Beton kostet ungefähr 100 EUR. Eine Tonne Natursteine ohne spezielle Qualitätsmerkmale hat etwa den gleichen Preis. Für den Bau langlebiger Natursteinmauern benötigt man in der billigsten Variante gesägten Sandstein ohne Scharrierung. Dieser kostet etwa das Vierfache. Pro Tonne Beton wird eine viertel Tonne Branntkalk benötigt, bei deren Herstellung etwa eine viertel Tonne CO_2 emittiert wird. Bei CO_2-Kosten von 100 €/t bedeutet das einen Aufschlag von 25 EUR. Somit würde sich der Preis von Beton von 100 €/t auf 125 €/t erhöhen. Bei einem CO_2-Preis von 500 €/t steigen die Betonkosten pro Tonne von 100 EUR auf etwa 225 EUR also auf mehr als das Doppelte.

Berechnen Sie nun in der zweiten Vorlesungsaufgabe die Preissteigerung für Stahl. Beschaffen Sie sich die Zahlen für den CO_2-Fußabdruck von konventionell hergestelltem Stahl und führen Sie dann wieder die Rechnung für die beiden CO_2-Preise durch.

Meine Beispiellösung sieht folgendermaßen aus. In Hochöfen wird Eisenoxid mittels Koks zu Roheisen reduziert. Entscheidend ist dabei die Reaktion von Eisenerz, im Wesentlichen Hämatit Fe_2O_3, mit 3 + CO zu 2 Atomen Eisen und 3 Molekülen CO_2. Ein Mol Eisen wiegt 56 g. Also ist das Verhältnis von 3 Molekülen CO_2 zu 2 Molekülen Eisen gleich $132/112 = 1,2$. Somit entsteht pro Kilogramm Eisen etwas mehr als 1 kg CO_2. Bei einem CO_2-Preis von 100 €/t würde sich somit der Preis von Stahl von derzeit etwa 100 €/t auf 200 €/t erhöhen. Bei einem CO_2-Preis von 500 €/t steigen die Stahlkosten grob von 100 €/t auf 600 €/t also auf das Sechsfache!

Ähnliche Überlegungen könnten wir auch für Glas und Aluminium anstellen. Wir kämen dann zu dem Schluss, dass im Ergebnis einer Verteuerung von Gas, Öl, Kohle und Kalk nicht nur das Heizen teurer wird. Auch die Baustoffe Beton, Stahl, Glas, Aluminium und Dämmmaterialien würden einen deutlichen Preissprung erfahren.

Renaissance von Naturbaustoffen?
Der Preisanstieg bei Baumaterialien würde dazu führen, dass das heutige Kostengefälle zwischen Stahl, Beton, Glas und synthetischem Dämmstoff einerseits und den natürlichen Baumaterialien Naturstein, Holz, Lehm und Stroh andererseits sich verringern oder gar umkehren würde. Dies würde bei Bauherren Anreize schaffen für den Einsatz natürlicher Baumaterialien oder historischer Strukturelemente wie Backsteine. Ich halte dies mit Blick auf die architektonische Monotonie gedämmter Häuser für eine großartige Perspektive. Zumal wir über deren Langzeitverhalten nur wenig wissen. Um meine Wertschätzung historischer Baumaterialien zu verstehen, müssen Sie nicht gleich bis zu den Trockensteinmauern von Machu Piccu reisen. Begeben Sie sich einfach in die Hamburger Hafencity mit ihren stilvollen Backsteinspeichern und lassen das Flair der ehrwürdig gealterten Mauern auf sich wirken. Anschließend betrachten Sie die gesichtslosen Neubauten im Umfeld des Berliner Hauptbahnhofs und stellen sich deren vermutlich jämmerliches Erscheinungsbild in einhundert Jahren vor.

Wir wollen noch ein wenig bei den historischen Werkstoffen verweilen. Deren relative Verbilligung könnte in Kombination mit Digitalisierung und Robotertechnik nach meiner Überzeugung einen Innovationsschub im Bauwesen auslösen; von der ästhetischen Renaissance ganz zu schweigen. Das händische Mauern von Gebäuden wie dem Sockel der Hamburger Elbphilharmonie oder dem Roten Rathaus in Berlin wäre mit den heutigen Personalkosten vermutlich schwer zu finanzieren. Für das Ewigkeitsmauerwerk der Inka in Machu Piccu gilt das erst recht – mörtellose Hartsteinmauern, deren riesige Blöcke dreidimensional millimetergenau aneinander angearbeitet wurden. So etwas kann sich aber nur eine Gesellschaftsordnung leisten, in der menschliche Arbeit den Wert Null hat. Hingegen könnten Bauroboter in einer digitalisierten Zukunft Natursteinmauern, Backsteinmauern, Fachwerkkonstruktionen, Holzhochhäuser und Lehmböden zu deutlich geringeren Kosten errichten als Bauarbeiter. Solche Gebäude wären zwar möglicherweise weniger energieeffizient als heutige Niedrigenergiehäuser. Doch könnten sie jahrhundertelang leben, in Würde altern oder aufgrund ihres kleinen CO_2-Fußabdrucks jederzeit CO_2-neutral entsorgt oder die Materialien wiederverwendet werden. Der Einheitsbrei heutiger Bunkerarchitektur könnte der Vergangenheit angehören. Oder etwas bildhafter ausgedrückt: Der Weg in eine Deutsche Dämmokratische Republik ist vermeidbar.

Fassen wir den ersten Teil unseres Blicks in die Zukunft zusammen, so können wir sagen, dass in einem dekarbonisierten Energiesystem Heizen und Klimatisieren gegenüber heute wahrscheinlich teurer würden. Darüber hinaus bewirkt die Verteuerung von CO_2 mit hoher Wahrscheinlichkeit auch einen Preisanstieg von Baumaterialien. Dies würde die Chance auf eine Renaissance von Naturbaustoffen und maschinell gemauerten ästhetisch ansprechenden Häusern eröffnen.

5.7 Blick in die Zukunft: Energieopulenz

Der zweite Abstecher soll uns auf das Gebiet der Energieeffizienz führen. Diese wird in der Öffentlichkeit oft als eigenständige Säule der Energiewende bezeichnet. Ich bezweifle, dass eine so weitgehende Behauptung wissenschaftlich haltbar ist, und möchte das begründen.

Überschätzte Effizienz?
Effizienz spielt für die Dekarbonisierung des Energiesystems in der Tat eine wichtige Rolle. Dabei gilt es jedoch, sorgfältig zwischen drei Effizienzbegriffen zu unterscheiden – der Energieeffizienz, der CO_2-Effizienz und der Kosteneffizienz. Während es sich bei den zwei Letztgenannten um eindeutig bestimmte Größen handelt, gibt es für die Energieeffizienz keine allgemeingültige mathematische Definition.

Die CO_2-Effizienz einer Klimaschutzmaßnahme ist der Quotient aus der eingesparten Menge an CO_2 und den dafür aufgewendeten Kosten. Sie besitzt die Maßeinheit Tonne CO_2 pro Euro (t/€) und ist uns bereits in ähnlicher Form begegnet. Wir haben nämlich den Kehrwert dieser Größe mit der Maßeinheit Euro pro Tonne CO_2 (€/t) schon mehrfach unter dem Namen CO_2-Vermeidungskosten benutzt. Eine hohe CO_2-Effizienz entspricht niedrigen CO_2-Vermeidungskosten

5.7 Blick in die Zukunft: Energieopulenz

und gibt an, dass mit einem Euro viel CO_2 vermieden werden kann. Die CO_2-Effizienz ist die entscheidende Kenngröße zur Bewertung der Wirtschaftlichkeit einer Klimaschutzmaßnahme und zieht sich wie ein roter Faden durch die Technologiekapitel 1, 3, 5 und 7.

Die Kosteneffizienz einer Energietechnologie ist der Quotient aus der bereitgestellten Energie in Form von Strom, Wärme oder Brennstoff und den dafür aufgewendeten Kosten. Sie besitzt die Maßeinheit Kilowattstunde pro Euro (kWh/€). Der Kehrwert dieser Größe mit der Maßeinheit Euro pro Kilowattstunde (€/kWh) ist uns aus dem Alltagsleben beispielsweise in Form des Strompreises gut bekannt. Eine hohe Kosteneffizienz entspricht einem niedrigen Energiepreis und gibt an, dass mit einem Euro viel Energie erworben werden kann. Die Kosteneffizienz ist die entscheidende Kenngröße zur Bewertung der Wettbewerbsfähigkeit einer Energietechnologie.

CO_2-Effizienz und Kosteneffizienz sind nicht nur eindeutig definiert. Sie tragen überdies die Maßeinheit Euro in sich. Der Volksmund bezeichnet den Geldbeutel als das empfindlichste Sinnesorgan des Menschen – anscheinend nehmen wir diese Größen wegen ihres Eurogehalts besonders intensiv wahr. Wir können mit deren Hilfe Ideen, die auf den ersten Blick durch herausragende politische Schönheit bestechen, schnell und gnadenlos auf ihre klimapolitische und wirtschaftliche Wirksamkeit prüfen.

Bei der Energieeffizienz liegen die Dinge hingegen anders. Für Kraftwerke wie etwa ein Kohlekraftwerk, ein Solarturmkraftwerk oder ein Kernkraftwerk wird die Energieeffizienz durch den thermodynamischen Wirkungsgrad beschrieben. Er ist als Quotient aus erzeugter elektrischer Energie in Kilowattstunden und eingesetzter Wärme in Kilowattstunden definiert und somit dimensionslos. Für das Heizen von Gebäuden wird die Effizienz hingegen durch den Wärmebedarf mit der Maßeinheit Kilowattstunden pro Quadratmeter und Jahr angegeben. Für Autos wiederum wird die Energieeffizienz in Litern Benzin oder Diesel pro hundert Kilometer ohne Berücksichtigung der Passagierzahl ausgewiesen. Flugzeugbauer geben die Energieeffizienz in Litern Kerosin pro Passagierkilometer an. Kurzum: Die Energieeffizienz verfügt über keine universelle Maßeinheit und ist meines Erachtens deshalb für Debatten außerhalb von Wissenschaft und Technik ungeeignet.

Würde Energieeffizienz einen gesellschaftlichen Wert an sich verkörpern, wie EU-Funktionäre mit dem Motto „efficiency first" insinuieren, so dürften, um nur einige Beispiele zu nennen, Verbrennungsmotoren nur noch mit Diesel betrieben werden, weil dieser Motorentyp die höhere Energieeffizienz besitzt. Solarenergie müsste verboten werden, weil sie bei Verstromung im Vergleich zur Windenergie den niedrigeren Wirkungsgrad und damit die geringere Energieeffizienz aufweist. Und das ungeachtet der Tatsache, dass sie wesentlich besser speicherbar ist. Das Höchsttempo auf Autobahnen müsste auf neunzig Kilometer pro Stunde festgelegt werden, da der Treibstoffverbrauch bei dieser Geschwindigkeit besonders niedrig ist. Der Vertrieb von stillem Mineralwasser in Flaschen müsste eingestellt werden, weil der Transport von Trinkwasser durch Wasserleitungen energieeffizienter ist als der Transport von Flaschen auf der Straße.

Glücklicherweise musste Thomas Newcomen im Jahr 1712 für den Bau der ersten Dampfmaschine kein Fördergesuch bei der EU einreichen. Hätte er im Antragsformular den Wirkungsgrad wahrheitsgemäß auf ein bis zwei Prozent beziffert, so wäre das Projekt mit Verweis auf „efficiency first" abgelehnt worden. Die erste industrielle Revolution wäre ausgefallen. Gleiches gilt übrigens für Gottlieb Daimler, das erste Auto und die Mobilitätsrevolution.

Ein nüchterner Blick verdeutlicht indessen, dass das Alltagsleben in einer Marktwirtschaft nicht von Energieeffizienz, sondern von Kosteneffizienz bestimmt ist. Ich komme somit zu dem Schluss, dass die Energieeffizienz tatsächlich eine wichtige Kenngröße für Techniker bei der Optimierung von Kraftwerken, Gasturbinen und Kälteaggregaten verkörpert. Ich halte jedoch die Verwendung dieses Begriffes in der öffentlichen Diskussion um Energie- und Klimapolitik für irreführend. Deshalb rate ich von seinem politischen Einsatz ab – zugunsten dem der CO_2-Effizienz und der Kosteneffizienz.

Um die Rolle der Energieeffizienz in der Gebäudeenergieversorgung zu illustrieren, möchte ich zwei Beispiele anführen. In beiden spielt die CO_2-Effizienz die entscheidende Rolle. In einem dritten Beispiel will ich zeigen, dass für Gebäudetechnologien, die ihrem Wesen nach bereits klimaneutral sind, ausschließlich die Kosteneffizienz von Belang ist. Abschließend werde ich der *Energiesuffizienz,* einer von Beschränkung und Entsagung geprägten Denkrichtung, das lebensbejahende Konzept der *Energieopulenz* entgegenstellen.

Böse Ölheizung?

Mein erstes Beispiel betrifft eine Klimaschutzmaßnahme, bei der die Energieeffizienz gegenüber der CO_2-Effizienz eine nachrangige Rolle spielt. Dies ist beim Heizen von Gebäuden mittels synthetischer Brennstoffe der Fall. Entgegen dem weit verbreiteten Irrglauben, wonach ein Verbot von Gasthermen, Ölheizungen und Kohleöfen im Zuge der Energiewende alternativlos sei, gibt es für die Gebäudeheizung eine an gedanklicher Einfachheit nicht zu übertreffende CO_2-Vermeidungsstrategie.

Der subversive Weg zu klimafreundlichem Heizen besteht darin, Gasthermen, Ölheizungen und Kohleöfen so zu lassen, wie sie sind, sie jedoch nicht mit fossilen, sondern mit CO_2-neutralen Brennstoffen zu betreiben. Ähnlich zur Situation beim Verbrennungsmotor ist nämlich nicht die Ölheizung für den Klimawandel verantwortlich, sondern das Verbrennen von fossilem Heizöl. Ersetzt man Erdgas durch synthetisches Methan, Heizöl durch klimaneutrale E-Fuels und fossile Kohle durch „grüne" Kohle, so können Hausbesitzer sämtliche Heizgeräte nach Herzenslust weiter betreiben, ohne das Klima zu beeinflussen.

Wir können uns an diesem Beispiel leicht davon überzeugen, dass für die klimapolitische Beurteilung dieser Maßnahme die Frage der Energieeffizienz von untergeordneter Bedeutung ist. Über die Kosten der Energiewende werde ich im Kap. 6 darlegen, dass ein realistisches Preisspektrum für nachhaltig hergestellte synthetische flüssige Brennstoffe – sogenannte E-Fuels oder Biofuels – heute zwischen einem und drei Euro pro Liter liegt. Dies bedeutet, dass die Dekarbonisierung des Heizens durch den Einsatz von synthetischem Heizöl

CO_2-Vermeidungskosten in der Größenordnung zwischen dreihundert Euro pro Tonne und tausend Euro pro Tonne hervorrufen würde. Das entspricht einer CO_2-Effizienz zwischen einem Kilogramm pro Euro und etwa drei Kilogramm pro Euro. Diese Zahlen besagen, dass es sich bei den heutigen Herstellungskosten um eine Maßnahme mit relativ hohen CO_2-Vermeidungskosten und niedriger CO_2-Effizienz handelt. Würde es jedoch in Zukunft durch billigen erneuerbaren Wasserstoff gelingen, E-Fuels zu Literpreisen unter einem Euro herzustellen, könnte der Einsatz synthetischer Brennstoffe für die Gebäudeheizung zu einem effizienten Instrument des Klimaschutzes werden. Dabei spielt es überhaupt keine Rolle, mit welcher Effizienz das synthetische Heizöl aus Windenergie, Sonnenenergie oder Biomasse entsteht, sofern dies zu einem wettbewerbsfähigen Preis geschieht.

Während für die Energiepolitik die CO_2-Effizienz entscheidet, interessieren sich die meisten Hausbesitzer und Mieter ausschließlich für die Heizkosten. Das Heizen mit heutigen synthetischen Brennstoffen würde nach den genannten Zahlen zwischen 0,10 und 0,30 €/kWh kosten und damit teurer als fossiles Heizen sein. Für die Geldbeutel von Mietern und Hausbesitzern ist somit nicht die Steigerung der Energieeffizienz, sondern die Kosteneffizienz entscheidend. Ich halte es deshalb für eine zentrale Herausforderung der Energieforschung der nächsten Jahrzehnte, die Herstellungskosten synthetischer Brennstoffe zu reduzieren.

Limestone Economy
Eine zweite Möglichkeit zur Dekarbonisierung der Gebäudeheizung ist ein Konzept, welches ich als *Limestone Economy* bezeichne. Auch hier spielen CO_2-Effizienz und Kosteneffizienz die zentrale Rolle. Mein auf diesem Gebiet arbeitender Kollege Marc Linder und ich sind bezüglich der künftigen Rolle der Energieeffizienz unterschiedlicher Meinung. Wir sind jedoch beide überzeugt, dass Kalk zu einer Schlüsseltechnologie bei der Wärmeversorgung der Zukunft werden könnte.

Kalk ist ein bemerkenswertes Material. In der Urform $CaCO_3$ liegt es als Rohstoff in der Erde. Zur Anwendung kommt es als Branntkalk CaO und als Löschkalk $Ca(OH)_2$. Bei der Wandlung zwischen diesen beiden Formen kann Kalk entweder Wärme speichern oder Wärme freisetzen. Und das beliebig oft. Bringt man ein Kilogramm Branntkalk in Kontakt mit flüssigem Wasser, so verwandelt er sich in Löschkalk und es entstehen etwa dreihundert Wattstunden Wärme. Das ist etwa dreimal so viel, wie in einem Kilogramm flüssigem Wasser bei der Erwärmung von null Grad Celsius auf hundert Grad Celsius gespeichert ist. Erhitzt man das entladene Material, den Löschkalk, anschließend wieder auf Temperaturen in der Größenordnung von vierhundert Grad Celsius, verwandelt er sich zurück in beladenes Material, Branntkalk. Dabei entweicht Wasserdampf. Wir können uns vorstellen, Branntkalk hätte Wärme in chemischer Form gebunden. Das Besondere an dieser *thermochemischen Wärmespeicherung* besteht darin, dass die Wärme bei Raumtemperaturen in chemischer Form gespeichert ist. Sie bleibt somit beliebig lange im Branntkalk erhalten und lässt sich überdies verlustfrei transportieren.

Wir können somit Branntkalk nutzen, um Wärme für das Heizen im Winter zu speichern. Mit dieser Zielsetzung analysiert mein Institut sowohl die Möglichkeit einer lokalen als auch einer globalen Kreislaufwirtschaft des Kalks. In beiden Fällen müsste ein Hausbesitzer statt des alten Kohlekellers einen modernen Kalkkeller mit zwei Behältern einrichten. Ein Behälter dient der Lagerung der wärmebeladenen Substanz Branntkalk, in einem zweiten Behälter wird die wärmeentladene Substanz Löschkalk aufbewahrt. Da die volumetrische Energiespeicherdichte von Branntkalk nur etwa ein Zehntel der von Kohlebrikettschüttungen beträgt, müsste das zehnfache Kalkvolumen gelagert werden. Dies ist weniger dramatisch, als es klingt. Da die dritte Wurzel aus 10 gleich 2,15 ist, müsste der Kalkbehälter nicht die zehnfache, sondern nur reichlich die doppelte Abmessung eines Kohlebehälters besitzen.

Im Winter würde man sowohl in einer lokalen als auch in einer globalen Kreislaufwirtschaft Branntkalk aus dem Vorratsbehälter entnehmen, mit Wasser oder Wasserdampf in Kontakt bringen und die entstehende Wärme zum Heizen und Duschen einsetzen. Am Ende der Heizsaison wäre der gesamte Branntkalk in Löschkalk verwandelt und der thermochemische Energiespeicher entladen. Die Rückverwandlung des Löschkalks in Branntkalk, die sogenannte *Regeneration,* geschieht dann entweder lokal oder global. Beide Varianten wollen wir uns kurz anschauen.

Bei der lokalen Limestone Economy entnimmt ein kleiner Reaktor im Keller Löschkalk aus dem ersten Vorratsbehälter und regeneriert ihn unter Verwendung von erneuerbarem Strom aus einer eigenen Solaranlage zu Branntkalk. Dieser wird dann in den zweiten Vorratsbehälter eingespeist. Am Ende der Sommersaison ist der Branntkalkbehälter wieder gefüllt und somit mit Wärme beladen. Diese Option stellt bei der typischen Größe privater Fotovoltaik-Anlagen nur bei geringem Energieverbrauch oder gut gedämmten Gebäuden genügend Energie zum Heizen bereit. Will man dieses Defizit kompensieren, müsste man Branntkalk hinzukaufen. Die fehlende Autarkie ist nach meiner Auffassung jedoch nicht weiter dramatisch. Schließlich bauen wir Bananen für unseren täglichen Bedarf auch nicht im Vorgarten an, sondern importieren sie. Das Gleiche können wir ebenso gut mit Branntkalk tun.

Im Rahmen einer globalen Limestone Economy kann die Regeneration an einem anderen Ort erfolgen. Dies würde bevorzugt dort passieren, wo Energie besonders preiswert ist. Das Grundprinzip einer Limestone Economy könnte beispielsweise darin bestehen, große Mengen Löschkalk in Industrieanlagen wie etwa Zementfabriken, in Solarkraftwerken in Nordafrika oder in Kernkraftwerken zu Branntkalk zu regenerieren. Anschließend würde die mobile Wärme zum Verbraucher transportiert. Während früher der Kohlehändler mit seinem schwarzen Lastwagen anrollte, würde womöglich morgen der *Limestone Service Operator* per App die Ankunft des schicken weißen Limestone-Trucks ankündigen.

Um die Eignung der Limestone Economy als potenziellen Beitrag zum Klimaschutz zu untersuchen, müssten wir die CO_2-Effizienz der Technologie umfassend quantifizieren. Da sich die Technologie jedoch noch in der Entwicklung befindet und keine verlässlichen Kostenberechnungen vorliegen, ist dies heute noch nicht möglich. Allerdings ist schon jetzt klar, dass die Energieeffizienz der Technologie gegenüber der CO_2-Effizienz und der Kosteneffizienz allenfalls eine Nebenrolle spielt.

Eine weitere Frage, die die Wissenschaft noch nicht beantwortet hat, lautet: Wird sich der Transport von Wärme über weite Strecken je lohnen? Dies wirft wieder die Frage nach der Kosteneffizienz auf. Heutzutage wird Kohle zu Preisen von etwa 10 \$/t verschifft, das entspricht ungefähr 0,2 Cent an Transportkosten pro Kilowattstunde Heizenergie. Da Branntkalk nur ein Zehntel der volumetrischen Energiespeicherdichte von Kohleschüttungen besitzt, würden dann auf eine Kilowattstunde Wärme Transportkosten in Höhe von etwa 2 Cent entfallen. Ob sich auf dieser Basis tragfähige Geschäftsmodelle für den globalen Wärmehandel aufbauen lassen, wird die Zukunft zeigen. Die Regeneration könnte allerdings auch in Europa vorgenommen werden, wo mit preiswerter Wasserkraft oder günstiger Kernenergie CO_2-neutrale Energiequellen zur Verfügung stehen.

Am Beispiel des Heizens mit synthetischen Brennstoffen beziehungsweise Branntkalk haben wir zwei Technologien identifiziert, für deren künftige Verbreitung nicht die Energieeffizienz, sondern die CO_2-Effizienz und die Kosteneffizienz entscheidend sind. Wer sein Haus mit einer dieser beiden Technologien heizt, lebt heizungstechnisch klimaneutral. In einem solchen Fall gibt es meines Erachtens keinen Grund, mit dem der Staat einen Bauherren gesetzlich zu Effizienzmaßnahmen wie Dämmung zwingen könnte. Wenn es durch technischen Fortschritt gelingt, CO_2-neutrale Wärme so preiswert zu machen wie Speicherplatz auf Festplatten, könnten wir eines Tages grüne Wärme im Überfluss genießen. Der Weg in eine energieopulente Zukunft wäre dann frei.

Das energieautarke Haus
Mein drittes Beispiel betrifft Energieautarkie – ein Konzept, bei dem nicht Energie- sondern Kosteneffizienz die entscheidende Rolle spielt. Wir wollen uns mit der Frage auseinandersetzen, wie in einem Haus nicht nur die Wärme-, sondern auch die Kälte- und Stromversorgung CO_2-neutral und autark gestaltet werden können. Wir stellen uns dazu ein Einfamilienhaus vor, auf dessen Dach oder in dessen Vorgarten sich Fotovoltaik-Anlagen befinden. Diese könnten eventuell durch kleine Windkraftanlagen ergänzt werden. Der zeitlich schwankende Bedarf an Strom, Wärme und Kälte sei vorgegeben. Wie können die Bewohner ihren Energiebedarf autark decken?

Energetische Autarkie bedeutet, dass ein Haus keinen Anschluss an das Stromnetz besitzt. Oft wird durch Begriffe wie „bilanzielle Autarkie" oder „bilanzielle CO_2-Neutralität" der Stromversorger durchs Hintertürchen eingeschmuggelt. Ein beliebter Argumentationstrick lautet, man könne sich bei Dunkelflaute ein wenig Energie vom Stromversorger leihen, sofern man später die gleiche Menge an Ökostrom ins Netz zurückspeist. Eine solche Argumentation ist energietechnisch wie ökonomisch unseriös. Selbst wenn ein „bilanziell CO_2-neutrales Haus" für eine einzige der 8.760 Stunden eines Jahres ein Kilowatt aus dem Stromnetz zapft, muss der Energieversorger für diese Kilowattstunde seinen Kraftwerkspark vorhalten. Dürfte er dem Hausbesitzer diese Dienstleistung zu ihren Vollkosten in Rechnung stellen, würde sich bilanzielle Autarkie schnell als Luxus entpuppen. Um es etwas volkstümlicher auszudrücken: Echte CO_2-Neutralität verhält sich zu bilanzieller CO_2-Neutralität ungefähr wie echter Zölibat zu bilanziellem Zölibat, bei dem sich Sünde und Beichte kompensieren.

Leben in echter Energieautarkie schildert der Thüringer Physiker und Bauunternehmer Wulf Bennert in seinen unterhaltsamen „Windmühlengeschichten". In Ermangelung angemessenen Wohnraums erwarb Bennert in den Siebzigerjahren eine alte Windmühle in Hopfgarten bei Weimar und baute sie unter den Bedingungen der DDR-Mangelwirtschaft zu einem Domizil für sich und seine Familie um. An einen Anschluss ans Stromnetz war damals nicht zu denken. So bastelte er einen Savonius-Windrotor und kaufte für zehn Mark einen ausgemusterten sowjetischen Magnetbandmotor des Rechners BESM-6, der als Generator ähnlich zuverlässig arbeitet wie ein T34. Das Ganze wurde durch ein Fahrradkettengetriebe sowie einen Bleiakku vervollständigt und lieferte bei frischem Wind hundert Watt elektrische Leistung. Es ist leicht zu erkennen, wo Familie Bennert im vielzitierten Zieldreieck zwischen Umweltverträglichkeit, Bezahlbarkeit und Versorgungssicherheit Abstriche hinnehmen musste. Obwohl an Waschmaschinen und Elektroherde nicht zu denken war, bereitete es dem Ehepaar Bennert Freude, im Dezember 1978 Westfernsehen schauen zu können, während der Rest der DDR im Katastrophenwinter unter Stromabschaltungen litt.

Verschaffen Sie sich bitte nun in unserer nächsten Vorlesungsaufgabe eine Vorstellung von den Kosten tatsächlicher Energieautarkie. Berechnen Sie dazu die Größe einer Solaranlage, mit der Sie auch im ungünstigsten Fall für Ihr Einfamilienhaus jeden Tag genügend Strom produzieren, um den gesamten Energiebedarf zu decken. Geben Sie sich hierzu je nach Ihren Komfortbedürfnissen einen Energiebedarf für den dunkelsten und kältesten Tag des Jahres in Kilowattstunden vor. Finden Sie durch Internetrecherche heraus, wie viel Kilowattstunden pro installierter Peak-Leistung (in der Regel bezeichnet als kW_p) eine Fotovoltaik-Anlage in einem sonnenarmen Winter liefert und ermitteln Sie dann Größe sowie Kosten der Anlage.

Vielleicht werden Sie erstaunt sein, warum Sie den kältesten und dunkelsten Tag des Jahres annehmen sollen. Bei einer fachgerechten Auslegung eines technischen Systems ist stets der Worst Case zu berücksichtigen. Verkehrsflugzeuge werden so konzipiert, dass sie im vollbeladenen Zustand beim Start von einem hoch gelegenen Flughafen bei Ausfall eines Triebwerks sicher notlanden können. Es ist beruhigend, dass Flugzeughersteller ihre Produkte für diesen Fall auslegen. Was für die zivile Luftfahrt gut ist, kann für ein lebenswichtiges System wie die Stromversorgung nicht schlecht sein.

Wenn Sie beim Rechnen einen auskömmlichen Energieverbrauch für sich und Ihre Familie voraussetzen, werden Sie wahrscheinlich einige hundert Quadratmeter Fläche für Ihre Solaranlagen ermittelt haben. Ich habe diese Aufgabe ohne Internetrecherche so gerechnet: Ich nehme für das Haus einen Gesamtenergiebedarf in der Größenordnung des Wärmebedarfs bei unserem einführenden

Zahlenbeispiel für das nicht isolierte Haus an, der bei dreißig Megawattstunden liegt. Um den Strombedarf einzubeziehen und außerdem mit runden Zahlen zu rechnen, gehe ich von 36,5 MWh Energiebedarf pro Jahr aus. Das sind hundert Kilowattstunden pro Tag.

An einem Sommertag liefert die Sonne pro Quadratmeter ungefähr ein Kilowatt. Daraus kann eine Solaranlage etwa zehn Prozent, also hundert Watt, an Strom erzeugen und zwar an einem sonnigen Tag für etwa zehn Stunden. Dies ergibt für einen sonnigen Sommertag eine Tagesausbeute von rund einer Kilowattstunde Strom pro Quadratmeter Fotovoltaik-Fläche. An einem dunklen Wintertag ernten wir hingegen höchstens ein Zehntel dieser Energie, also hundert Wattstunden pro Quadratmeter. Um auf hundert Kilowattstunden für den täglichen Energiebedarf zu kommen, benötigen wir somit im ungünstigsten Fall eine Fotovoltaik-Anlage mit einer Fläche von eintausend Quadratmetern.

Bei Kosten von 100 EUR pro Quadratmeter müssten wir mithin für ein energieautarkes Haus mit Investitionskosten in der Größenordnung von 100.000 EUR rechnen. Wir sehen an dieser Zahl, dass der Preis für die eigenständige Energieversorgung und echten Klimaschutz beträchtlich ist. An diesem Beispiel wird erneut deutlich, dass in erster Linie Kosteneffizienz über die kommerzielle Tragfähigkeit neuer Energiekonzepte entscheidet.

An den drei Beispielen Heizung mit synthetischen Brennstoffen, Heizung mit Kalk und autarke Energieversorgung via Solarstrom haben wir gesehen, dass ein Haus auf unterschiedliche Arten mit CO_2-neutraler Energie versorgt werden kann, ohne auf Strom vom Energieversorger angewiesen zu sein. Jede einzelne Technologie hat Vor- und Nachteile. Nun wollen wir die Technologien so miteinander kombinieren, dass die Gesamtlösung sowohl CO_2-effizient als auch kosteneffizient werden könnte.

Energieopulenz
Das Ergebnis meiner Überlegungen ist die *energieopulente* Villa. Unter Energieopulenz möchte ich im Folgenden die reichliche Verfügbarkeit CO_2-neutraler Energie und ihre freigiebige Nutzung für ein angenehmes Leben frei von Entsagung verstehen. Die energieopulente Villa besteht aus einem Wohnhaus sowie einem Energiepavillon. Im Energiepavillon werden die unterschiedlichen Energieformen wie etwa Solarenergie aus einer Fotovoltaik-Anlage oder in Branntkalk gespeicherte Wärme eingesammelt, gespeichert und bei Bedarf als Wärme, Kälte oder Strom an die Villa abgegeben.

Während heutige Hausenergietechnik in Gestalt von Warmwasserspeichern, Heizkesseln und grau isolierten Rohren in der Regel hässlich ist, wäre der *Energiepavillon* Schlüssel zu einem ästhetischen Paradigmenwechsel. Er könnte aus Granit oder Natursandstein und Massivholz bestehen, mit Glasfronten ausgestattet sein und ein haltbares Schieferdach besitzen.

Im seinem Inneren befänden sich unterschiedliche Energiespeichertechnologien. Je ein Vorratsbehälter würde Branntkalk und Löschkalk beherbergen, zwischen ihnen wäre eine Heizkammer untergebracht, wo der Branntkalk durch Zugabe von Wasser die Heizwärme erzeugt. Das Ganze ließe sich ebenso ästhetisch aus Metall gestalten wie Braukessel in Erlebnisbrauereien oder alte Dampfmaschinen.

Für die Speicherung von Strom würde der Energiepavillon über eine Carnot-Batterie verfügen. Hier wird elektrischer Strom mittels innovativer Hochtemperaturwärmepumpen in Wärme umgewandelt, die Wärme in Behältern gespeichert und bei Bedarf zurückverstromt. Die Speicherung des Stroms in Form von Wärme besitzt gegenüber herkömmlichen Batterien den Vorteil, dass hierzu preiswerte Materialien wie Wasserdampf, Natursteine und Salzschmelze verwendet werden können. Diese lassen sich beliebig oft erwärmen und abkühlen. Das Konzept der Carnot-Batterie wurde bereits im Jahr 1924 von dem deutschen Ingenieur Marguerre vorgeschlagen, lag aber über Jahrzehnte brach. Erst in den vergangenen zehn Jahren erwachte das Interesse an dieser Technologie aufs Neue. Mehrere Forschungseinrichtungen und Industrieunternehmen arbeiten derzeit an einer technischen Demonstration von Carnot-Batterien. Falls die Wissenschaft einen Weg findet, sie auch zu miniaturisieren, ist es realistisch, dass sie in künftigen Energiepavillons Einzug halten. Carnot-Batterien könnten auch Kälte produzieren und mit Eisspeichern gekoppelt werden.

Das energieopulente Einfamilienhaus würde zur Dekarbonisierung der Volkswirtschaft beitragen, denn es benötigt keinen Schatten-Kraftwerkspark im Hintergrund. Wenn es durch ansprechendes Design und überzeugende Werbung gelingt, Energiepavillons mit dem gleichen elitären Image zu versehen wie Stuttgarter Luxusautos, wird es mit Sicherheit Käufer geben, die sich ein solches Energieprodukt zulegen. Der Nutzen wäre meines Erachtens sowohl für die Hausbesitzer als auch für die Innovationskraft Deutschlands immens. Zwar würde der Energiepavillon eines Hauses bei Dunkelflaute bis an die Grenzen seiner Speicherfähigkeit belastet, dafür könnte er an anderen Tagen Energie im Überfluss liefern.

An windigen Wintertagen wäre es möglich, alle Räume auf wohlige 25 °C hochzuheizen – und der Windstrom würde überdies noch für die hauseigene Sauna reichen. Klimasensible Jugendliche müssten nicht länger unter Heizscham leiden und könnten sich stattdessen auf Dönerverzicht fokussieren. An sonnigen Sommertagen ließe die solarbetriebene Freiluft-Klimaanlage eine erfrischende Brise über die Terrasse wehen. Kein Villenbesitzer hätte Anlass, sich zu grämen, denn dieser energieopulente Lebensstil erzeugt kein CO_2.

Wir wären allerdings gezwungen, für luxuriöse Energieprodukte mehr Geld auszugeben als bisher. Wenn sich Deutschland auch weiterhin als Exportnation behaupten und seinen Wohlstand sichern will, sollten wir dies auch mit der Entwicklung solcher *lifestyle energy systems* tun. Doch was ist mit deren Kosteneffizienz? Ist das Ganze nicht viel zu teuer? Wo sollen wir das Geld für diese Energieprodukte hernehmen?

Digitalisierung für den Klimaschutz
Stellen wir uns vor, die Arbeitsproduktivität würde in den kommenden Jahren stärker wachsen als bisher. In den vergangenen 30 Jahren hatte Deutschland eine Wachstumsrate der Arbeitsproduktivität von etwa 1,5 % pro Jahr. Um daraus die Steigerung der Arbeitsproduktivität der vergangenen Jahre zu berechnen, müssten

wir die Zahl 1,015 30-mal mit sich selbst multiplizieren. Das Ergebnis ist 1,56. Das heißt, wir stellen im Jahr 2020 mit dem gleichen Einsatz wie vor 30 Jahren das 1,56-Fache der Waren und Dienstleistungen her.

Würde es der Menschheit gelingen, die Wachstumsrate der Arbeitsproduktivität durch Digitalisierung auf 3 % pro Jahr zu steigern, so würde sich die Arbeitsproduktivität in den nächsten 30 Jahren auf $(1{,}03)^{30} = 2{,}43$ erhöhen. Würde der Zuwachs an Arbeitsproduktivität bei 1,5 % pro Jahr verbleiben und keine andere Umverteilung stattfinden, dann würde sich die Spanne zwischen 1 EUR und 3 EUR im Jahr 2050 wie eine heutige Kluft zwischen 0,64 EUR und 1,92 EUR anfühlen. Im Fall des stärkeren Wachstums gar wie die zwischen 0,41 EUR … 1,23 EUR. Daran erkennen wir, dass die Digitalisierung dazu beitragen kann, das Energiesystem der Zukunft und insbesondere die Energieopulenz bezahlbar zu machen.

Wenn Energieopulenz zur Realität wird, ist es nicht auszuschließen, dass Singapur und Dubai eines Tages um die Austragung der Olympischen Spiele 2064 wetteifern. Wohlgemerkt, um die Winterspiele.

5.8 Fazit und Bewertungstabellen

Unsere eingangs formulierte Behauptung über Gebäude lässt sich im Ergebnis unserer Analyse durch die folgenden Thesen auf eine rationale Basis stellen.

1. *Das Heizen und Klimatisieren von Gebäuden macht einen signifikanten Anteil des deutschen sowie des weltweiten Energieverbrauchs aus. Sofern die hierfür erforderliche Energie entweder durch Strom aus fossilen Quellen oder durch Verbrennen fossiler Brennstoffe wie Erdgas, Heizöl oder Kohlebriketts bereitgestellt wird, trägt die Gebäudeenergieversorgung zur globalen CO_2-Bilanz und mit hoher Wahrscheinlichkeit zum menschengemachten Klimawandel bei.*
2. *Das Heizen und Klimatisieren von Gebäuden mit Strom aus erneuerbaren Energiequellen beziehungsweise aus Kernenergie oder durch Verbrennung synthetischer CO_2-neutraler Brennstoffe hat keinen Einfluss auf die globale CO_2-Bilanz und ist insofern klimaneutral.*
3. *Je geringer die CO_2-Intensität der Erzeugung von Wärme und Kälte ist, desto weniger trägt die Steigerung der Energieeffizienz von Gebäuden zur Reduktion der CO_2-Emissionen bei. In einem CO_2-neutralen Energiesystem reduziert sich die Rolle der Energieeffizienz auf ein Instrument zur Kostenminimierung.*
4. *Eine Verschärfung gesetzlicher Regelungen zur Gebäudedämmung führt in Deutschland mit hoher Wahrscheinlichkeit zur Reduktion der CO_2-Emissionen im Gebäudesektor. Sie würde gleichzeitig von zahlreichen Bürgern als Eingriff in ihre persönliche Freiheit empfunden.*
5. *Eine vermehrte Besteuerung fossiler Brennstoffe führt mit hoher Wahrscheinlichkeit ebenfalls zu einer Reduktion der CO_2-Emissionen im Gebäudesektor. Sie ist technologieneutral und lässt dem Hauseigentümer die Entscheidungs-*

freiheit zwischen der Beibehaltung der Verbrauchsgewohnheiten zu höheren Kosten, einem verringerten Heizenergieverbrauch zu konstant bleibenden oder niedrigeren Kosten, einem Ausweichen auf CO_2-neutrale Brennstoffe und einer Investition in Gebäudedämmung.

6. *Eine umfassende vergleichende Bewertung der CO_2-Vermeidungskosten zwischen einer Verschärfung von Dämmvorschriften und einer Besteuerung fossiler Heizmaterialien ist bislang noch nie erfolgt.*
7. *Im Fall einer weltweiten Verteuerung der Rohstoffe Gas, Öl, Kohle und Kalk würden sich die Preise für die Baumaterialien Beton und Stahl erhöhen und der Kostenabstand zu Baumaterialien wie Natursteinen, Holz, Lehm und Stroh verringern. Diese Effekte könnten in Kombination mit einer Digitalisierung und Automatisierung des Bauwesens zu einer Renaissance natürlicher Baustoffe führen und einen Trend auslösen – hin zu ästhetisch ansprechenden, nachhaltigen Gebäuden.*
8. *Im Falle einer deutlichen Steigerung der Arbeitsproduktivität durch Digitalisierung und Automatisierung könnte in Zukunft CO_2-neutrale Energie zu einem preiswert verfügbaren Gut werden, für welches die gegenwärtigen Kriterien der Energieeffizienz gegenstandslos werden.*

Kapitel 6
Die billige Energiewende

> Die Behauptung: „Der gefährliche Klimawandel wird in den kommenden Jahren mit hoher Wahrscheinlichkeit weltweit große Schäden verursachen. Es ist billiger, jetzt in Klimaschutzmaßnahmen und speziell in erneuerbare Energien zu investieren, als in späteren Jahren die Schäden des Klimawandels zu beheben. Ein effektiver Klimaschutz erzeugt überschaubare Kosten in der Größenordnung einiger weniger Prozente des globalen Bruttosozialprodukts. Überdies spart er Kosten für Energieimporte. Kurzum: Die Rettung des Klimas kostet nicht die Welt."

Die *Frankfurter Allgemeine Zeitung* berichtete in ihrer Ausgabe vom 19. Februar 1990 unter der Überschrift „Die Kosten der deutsch-deutschen Währungsunion": „Den Bedarf für einen Umbau der DDR auf westdeutschen Standard hatte der wirtschaftspolitische Sprecher der CDU/CSU-Bundestagsfraktion, Matthias Wissmann, auf rund 890 Milliarden DM (bezogen auf 10 Jahre) beziffert. Es fehlten 3,6 Mio. Kraftwagen, 8 Mio. Telefonanschlüsse und rund 600 Mrd. DM für Wohnraum. Die Entstickung und Entschwefelung der Kohlekraftwerke koste 14 Mrd. DM; auch sei über einen Neubau für etwa 39 Mrd. DM nachzudenken. Dem stellte Wissmann mögliche Einsparungen bei Berlin- und Zonenrandförderung sowie bei Leistungen an Übersiedler gegenüber." Die prognostizierten Wiedervereinigungskosten in Höhe von 890 Mrd. Deutsche Mark entsprechen ohne Inflationsausgleich somit einer Summe von knapp 450 Mrd. Euro.

Die tatsächlichen Kosten der deutschen Wiedervereinigung sind umstritten.

Der *Spiegel* titelte im Heft 15/2004: „1250 Mrd. Euro – Wofür?". Der Ökonom Klaus Schroeder von der Freien Universität Berlin taxiert die Vereinigungskosten im Jahr 2009 auf brutto zwei Billionen Euro mit steigender Tendenz. Mithin sind die tatsächlichen Kosten bis zu viermal so hoch wie die prognostizierten. Dabei waren sämtliche „Technologien" für das Transformationsprojekt deutsche Wiedervereinigung vorhanden. Sie hatten sich in vierzig Jahren alter Bundesrepublik auf das Beste bewährt. Nach der Wiedervereinigung galt es, Straßen, Autobahnen, Schienen, Betriebe und Häuser zu modernisieren oder neu zu bauen sowie die funktionierende parlamentarische Demokratie, das Verwaltungssystem und das Steuersystem der alten Bundesrepublik auf die neuen Bundesländer zu übertragen. Nichts musste neu ersonnen werden.

Wie ist es zu erklären, dass trotzdem ein Faktor 4 zwischen berechneten und tatsächlichen Kosten klafft? Und was hat dieser Faktor mit der Energiewende zu tun?

Letzteres ist die Kernfrage dieses Kapitels. Ich möchte mich hier mit den Kosten des weltweiten Transformationsprojekts Energiewende befassen. Dabei werde ich nicht nur Bezüge zum erfolgreichen Megaprojekt deutsche Wiedervereinigung, sondern auch zu erfolgreichen oder erfolglosen kleineren Projekten wie dem Bau von Tunneln sowie dem Umbau kleiner Energiesysteme herstellen.

Schauen wir uns zunächst zwei Beispiele für die Kosten der Transformation komplexer Energiesysteme aus der fossilen in die erneuerbare Welt an.

6.1 Transformationskosten: Theorie und Praxis

In der Öffentlichkeit werden oft steil abfallende Kostenkurven für Solar- und Windstrom sowie für andere Energietechnologien präsentiert. Solche Darstellungen sind in den meisten Fällen wissenschaftlich nicht zu beanstanden. Sie verdeutlichen eine dynamische technologische und ökonomische Entwicklung, etwa von Solarkraftwerken in sonnenreichen Regionen wie Nordafrika, Westchina, Nordchile oder dem Südwesten der USA. Möglicherweise wird Las Vegas eines Tages die erste CO_2-neutrale Großstadt der Welt sein.

Oft werden aus fallenden Kostenkurven weitreichende Schlüsse gezogen und die Kosten für die Dekarbonisierung der Welt auf einen kleinen einstelligen Prozentsatz des globalen Bruttosozialprodukts taxiert. Der Klimaökonom Ottmar Edenhofer kommt in seinem Buch *Klimapolitik* gar zu dem Schluss: „Es kostet nicht die Welt, den Planeten zu retten." Diese Aussage klingt ehrenwert. Sie lässt sich politisch gut verkaufen. Sie mag auf deutsche Professoren vielleicht sogar zutreffen, deren auskömmliche Gehälter und Pensionen vom Steuerzahler erarbeitet werden. Ich halte sie jedoch nicht nur für unzutreffend, sondern – mit Verlaub – für eine Respektlosigkeit gegenüber Krankenschwestern, Busfahrern und Verkäuferinnen. Für Menschen mit geringen Einkünften sind die hohen deutschen Stromkosten schon jetzt deutlich schmerzhafter als für beamtete Hochschullehrer.

Fallende Kostenkurven dürfen nicht darüber hinwegtäuschen, dass die Ermittlung der Dekarbonisierungskosten vernetzter Energiesysteme wie etwa eines Universitätscampus, einer Stadt, eines Industriestandorts oder einer ganzen Industrienation wie Deutschland weitaus mehr umfasst als das Auflisten einzelner Energieanlagen und das Summieren ihrer Kosten in Excel-Tabellen. Wir wollen uns deshalb jetzt zwei Transformationsbeispiele aus dem realen Leben anschauen. Die Beispiele verdeutlichen, dass Kosten und Risiken beim Umbau von Energiesystemen weitaus höher sein können als die Summe ihrer Bausteine vermuten lässt.

Der Stanford-Campus und die Eiskugel

Die Stanford University hat im Rahmen des Projekts „Stanford Energy Systems Innovations" (SESI) ihr Heizkraftwerk abgerissen und die gesamte Wärme- sowie Kälteversorgung auf erneuerbare Energie umgestellt. Der Investitionsaufwand betrug 485 Mio. Dollar. Durch SESI reduziert die Universität nach eigenen Aussagen die Treibhausgasemissionen des sonnenreichen Campus um 68 %. Fahmida Ahmed Bangert, Direktorin für Sustainability and Business Services teilte mir mit, dass durch SESI derzeit pro Jahr das Äquivalent von 139.449 Tonnen CO_2 eingespart wird. Bezogen auf eine Investitions-Jahresscheibe in Höhe von knapp 14 Mio. Dollar ergeben sich CO_2-Vermeidungskosten von ungefähr 100 Dollar pro Tonne CO_2 – ein sehr wettbewerbsfähiger Wert. Bangerts Mitarbeiter Joseph Stagner schrieb mir, dass das Projekt aufgrund der Einsparung von Brennstoffkosten nach seiner Meinung sogar negative CO_2-Vermeidungskosten erreichen könnte. Eine Informationsbroschüre über das Projekt finden Sie, wenn Sie in Ihre Internet-Suchmaschine „SESI Stanford University" eingeben.

Auf dem Stanford-Campus arbeiten und lernen knapp 30.000 Menschen. Die Investitionssumme beträgt somit reichlich 15.000 Dollar pro Person. Bei einer angegebenen Amortisationszeit der Investition von 35 Jahren kostet dies pro Person und Jahr knapp 500 Dollar und pro Monat etwa 40 Dollar.

Von dieser Summe könnte sich jeder Angehörige der Stanford-University jeden Monat etwa zwanzig Kugeln Eis kaufen. Dabei erstreckt sich SESI nur auf Heizung und Klimatisierung; die Stromversorgung des Campus ist von dem Projekt unberührt, ebenso wie die Mobilität. Außerdem herrschen in Kalifornien verglichen mit Deutschland sehr vorteilhafte Bedingungen für die Nutzung von Sonnenenergie. Überdies wurde das Projekt sehr kosteneffizient geplant und umgesetzt, weil Stanford eine Privatuniversität ist. In der Gremienwirtschaft des deutschen Hochschulwesens wären die Kosten mit Sicherheit deutlich höher ausgefallen.

Wieso ist diese Zahl trotz der vorteilhaften klimatischen und administrativen Randbedingungen in Stanford zwanzigmal so hoch wie die Kosten der sprichwörtlichen *einen* Eiskugel pro Person und Monat, mit der ein deutscher Politiker einst die Kosten der gesamten deutschen Energiewende taxiert hat?

Während das privat finanzierte Stanford-Projekt hinsichtlich Kosteneffizienz und Entscheidungsstruktur im Spitzenfeld angesiedelt sein dürfte, lohnt sich als Nächstes der Blick auf ein Projekt aus dem Mittelfeld. Hier sind Steuergelder sowie Entscheidungen von Kommunalpolitikern im Spiel.

CO_2-neutrale Inseln: Dichtung …

El Hierro ist die kleinste der sieben Kanarischen Inseln. Auf ihr leben knapp zehntausend Menschen. Es gibt keine Industrie mit hohem Energiebedarf. Der Strom wurde bis zum Jahr 2013 ausschließlich mittels Dieselgeneratoren erzeugt. Dafür waren etwa sechstausend Tonnen Diesel pro Jahr notwendig.

Befürworter erneuerbarer Energie und Lokalpolitiker kritisierten bereits in den Neunzigerjahren, die Stromversorgung auf El Hierro sei „schmutzig" und „teuer". Außerdem sei der Transport des Diesels auf die Insel „umständlich". An dieser

Stelle sei eine kleine Nebenbemerkung eingeflochten. Die öffentliche Schmähung des Dieseltransports und deren ungeprüftes Nachplappern in den Medien ist nach meiner Meinung ein typisches Beispiel für unsachliche Argumentation und mangelhafte journalistische Sorgfalt bei der Werbung für erneuerbare Energieprojekte.

Würde es sich bei der Anlieferung von sechstausend Tonnen Diesel pro Jahr auf eine Kanareninsel um ein ernst zu nehmendes gesellschaftliches Problem handeln, so käme es einem Wunder gleich, dass die spanische Zivilisation nicht längst unter der logistischen Last der Treibstoffversorgung ihrer Inselflughäfen zusammengebrochen ist. Sie, liebe Leserinnen und Leser, können sich durch eine kleine Recherche anhand der Passagierzahlen, der Flugdistanz zum europäischen Festland sowie zum Kerosinverbrauch pro Passagierkilometer leicht davon überzeugen, dass die spanischen Inselflughäfen Palma de Mallorca, Gran Canaria, Teneriffa, Lanzarote und Fuerteventura mehr als sechstausend Tonnen Kerosin verbrauchen – allerdings nicht pro Jahr, sondern pro Tag. Eine Lieferung der oben genannten Mengen stellt demzufolge nicht einmal ansatzweise ein logistisches Problem dar.

Die Initiatoren des erneuerbaren Kraftwerksprojekts auf El Hierro verwiesen auf die günstigen Windverhältnisse und meinten, durch Kombination aus Windenergie und einem Pumpspeicherwerk ließen sich die Dieselgeneratoren vollständig ersetzen. El Hierro könne so zu hundert Prozent mit CO_2-freiem Strom versorgt werden. Überdies ließen sich durch das neue Energiesystem nach Überzeugung der Protagonisten die Stromkosten senken. Die Werbeaussagen der Initiatoren des El-Hierro-Projekts lassen sich zu den folgenden vier Thesen verdichten: (1) Die Dieselgeneratoren werden überflüssig. (2) Die Insel wird sich zu hundert Prozent selbst mit erneuerbarem Strom versorgen. (3) Die Stromversorgung wird billiger als bisher. (4) Mit dem eingesparten Geld können weitere ökologische Projekte wie etwa die Anschaffung von Elektroautos finanziert werden.

Mit einem Investitionsvolumen von mehr als 80 Mio. Euro, davon ein großer Teil aus Steuergeldern, wurden auf der Insel unter dem Namen „Gorona del Viento" 5 Windturbinen des Typs Enercon E70 mit einer Gesamtleistung von 11,5 MW installiert und ein Pumpspeicherwerk mit einer Leistung von 11,3 MW errichtet. Schon vor der Eröffnung des Komplexes verteilte die Presse Vorschusslorbeeren und ließ dabei jegliche journalistische Distanz zum Gegenstand ihrer Berichterstattung vermissen. So schrieb die Augustausgabe 2013 von *Geo:* „… doch die Kombination mit Windkraft und Meerwasserentsalzung macht die mit Umweltpreisen ausgezeichnete El-Hierro-Anlage einmalig – und weltweit übertragbar." Das Magazin mit dem umweltsensiblen Image erwähnte mit keiner Silbe, dass die Windturbinen und das Speicherbecken in einem UNESCO-Biosphärenreservat gebaut worden waren.

CO_2-neutrale Inseln: … und Wahrheit

Am 27. Juni 2014 startete Gorona del Viento den Probebetrieb. Ein Jahr später begann die reguläre Energieversorgung. Lobenswert ist nach meiner Einschätzung die Tatsache, dass der Kraftwerksbetreiber auf den Webseiten www.goronadelviento.es die Stromproduktion aus Windenergieanlage, Pumpspeicherwerk und Dieselgenerator in Form zeitaufgelöster Messreihen publik macht. Damit kann sich jeder interessierte Bürger ein Bild über die Leistung des Systems verschaffen. Diese Transparenz ist keineswegs selbstverständlich, wie wir im Kap. 7 bei der Diskussion um Energieprojekte zur CO_2-Kompensation von Flugreisen feststellen werden.

Kritisch sehe ich hingegen die Tatsache, dass bis zum Redaktionsschluss dieses Buches keine qualitätskontrollierte Fachpublikation vorlag, die auf der Grundlage einer systematischen Kosten-Nutzen-Analyse eine faktenbasierte Bewertung des Projekts erlaubt. Die beiden Artikel "Sustainable Energy System of El Hierro Island" (Godin und Co-Autoren, *International Conference on Renewable Energies and Power Quality*, La Coruña, 2015, im Internet frei verfügbar) und "El Hierro Renewable Energy Hybrid System: A Tough Compromise" (Frydrychowicz-Jastrzebska, *Energies*, 2018, Band 11, 2812) sind unvollständig, teilweise inkonsistent und enthalten keine Messergebnisse. Sie hätten mit ihrer minderwertigen Methodik niemals veröffentlicht werden dürfen und verkörpern nach meiner Einschätzung zwei Beispiele für das Versagen wissenschaftlicher Qualitätssicherung.

Auch nach der Inbetriebnahme gab es in der überregionalen Presse keine Anzeichen differenzierter Berichterstattung. So schrieb etwa die Zeitung *taz* in ihrer Online-Ausgabe vom 17. August 2014: „Am 27. Juni ist auf El Hierro vor der Küste Afrikas das Pumpspeicherkraftwerk Gorona del Viento in Betrieb gegangen, das auf global einmalige Weise Windstrom und Trinkwasser gleichzeitig produziert und damit die Insel zur Energie-*Selbstversorgerin* macht" [Hervorh. d. Verf.]. Es handelt sich hier nachweislich um eine Falschmeldung. Durch einen Klick auf die Produktionsdaten hätten die Autoren mit wenig Aufwand herausfinden können, dass *am Vortag* des Erscheinens ihres Artikels 93,48 % des Stroms aus Dieselgeneratoren und nur 6,52 % aus Windenergie stammten. Von Selbstversorgung konnte am Erscheinungstag des Energiewendemärchens nicht annähernd die Rede sein. In späteren Jahren lag der Selbstversorgungsanteil bei knapp 50 %. Unbändiger Wille zu investigativer Recherche bei politisch korrekten Themen scheint bei den Autoren keine Einstellungsvoraussetzung gewesen zu sein.

Obwohl es aufgrund der unvollständigen Datenlage nicht möglich ist, eine umfassende Kosten-Nutzen-Analyse durchzuführen, habe ich versucht, die CO_2-Vermeidungskosten für einen günstigen und einen ungünstigen Verlauf hochzurechnen. Bei optimistischer Einschätzung wären keine Zinsen auf die Finanzierung der 80-Mio.-Euro-Investition fällig, und hohe Weltmarktpreise für Erdöl während der zwanzigjährigen Amortisationszeit des Projekts würden den Windstrom billiger machen als den Dieselstrom. Für diesen Best Case komme ich unter der Annahme eines Dieselpreises von einem Euro pro Liter auf CO_2-Vermeidungskosten in der Größenordnung von minus 100 €/t. Bei ungünstigem Verlauf wären 7 % Zinsen auf die Investition fällig und niedrige Weltmarktpreise für Erdöl würden den Dieselstrom bei angenommenen fünfzig Cent pro Liter billiger machen als den Windstrom mit Speicher. In diesem Fall würden die CO_2-Vermeidungskosten in Gegend von plus 300 €/t liegen. Dabei handelt es sich wohlgemerkt *nicht* um den Worst Case.

Nehmen wir im Sinne eines *most likely development* den Mittelpunkt dieses Kostenkorridors als Richtwert, dann können wir die CO_2-Vermeidungskosten für Gorona del Viento auf etwa hundert Euro pro Tonne taxieren. Diese gleichen ungefähr den Kosten der CO_2-Vermeidung durch Modernisierung von Kohlekraftwerken, auf die ich im Epilog eingehe. Wir sehen an diesem Beispiel, dass Projekte mit atemberaubender politischer Schönheit nicht unbedingt effizienter in der Vermeidung von CO_2 sein müssen als unspektakuläre Maßnahmen wie die Ertüchtigung vermeintlicher Schmuddelkinder der Energiewirtschaft. Allerdings ist mir kein Kohlekraftwerk bekannt, dessen Bau mitten in einem UNESCO-Biosphärenreservat genehmigt worden wäre.

Würde man die Investition in Gorona del Viento übrigens ganz nüchtern als eine Geldanlage betrachten, als die sie von den Initiatoren in Punkt (4) oben angepriesen wurde, so hätte vermutlich jeder seriöse Analyst das Finanzprodukt als eine riskante Wette auf die Ölpreise der bevorstehenden zwanzig Jahre enttarnt und auf Ramschniveau eingestuft.

CO_2-neutrale Inseln: Die Bilanz
Die vier Werbeaussagen lassen sich nun im Lichte der Tatsachen wie folgt korrigieren: (1) Die Dieselgeneratoren sind nicht überflüssig geworden, sondern nach wie vor alle in Betrieb. (2) Die Insel versorgt sich nicht zu 100 % mit erneuerbarem Strom, sondern etwa zur Hälfte. Über die Lebenszeit bis zum Redaktionsschluss 2019 gerechnet, liegt der Anteil sogar unter 50 %. (3) Die Kosten der erneuerbaren Stromversorgung lassen sich anhand veröffentlichter Daten nicht genau beziffern. Auf der Basis der im zitierten Papier von Godina angegebenen jährlichen Abschreibungen in Höhe von 7,74 Mio. Euro und eines erneuerbaren Stromanteils von 50 % liegen nach meiner Schätzung die Ökostromkosten über denen des Dieselstroms. (4) Anstatt mit dem vermeintlich eingesparten Geld ökologische Projekte wie etwa Elektromobilität zu finanzieren, erzeugt das Projekt Mehrkosten. Diese werden sozialisiert, das heißt von europäischen Steuerzahlern und spanischen Stromkunden bezahlt.

Die beiden Beispiele zeigen, dass hochwertige Dekarbonisierungsprojekte wie Stanford-SESI viel Geld kosten und möglicherweise negative CO_2-Vermeidungskosten erreichen, während durchschnittliche Dekarbonisierungsprojekte wie El Hierro beachtliche finanzielle Risiken in sich bergen. Ich möchte Universitätspräsidenten, Bürgermeistern und Firmenvorständen ans Herz legen, vor der lautstarken öffentlichen Ankündigung CO_2-neutraler Universitäten, Städte und Firmenstandorte einen aufmerksamen Blick in die Kostenstruktur von Stanford und El Hierro zu werfen. Dabei gilt es zu bedenken, dass die vielzitierte bilanzielle CO_2-Neutralität mit echter CO_2-Neutralität ungefähr so viel zu tun hat wie bilanzieller Zölibat mit echtem Zölibat. Näheres dazu ist im Kap. 5 ausgeführt.

Ich verzichte hier auf die Behandlung von Dekarbonisierungsprojekten aus dem Schlussfeld. Ich verweise jedoch auf das Solarkraftwerk *India One* im Kap. 7.

Dessen geplante und tatsächliche Stromproduktion liegen um den Faktor 5 auseinander.

Wissenschaftlich betrachtet, werfen die genannten Beispiele drei Fragen auf: Wie werden die Kosten für den weltweiten Umbau des Energiesystems auf eine CO_2-neutrale Versorgung nach dem heutigen Stand des Wissens eigentlich berechnet? Woher kommt der Unsicherheitsfaktor in solchen Prognosen und inwieweit lässt er sich verkleinern? Was können wir aus anderen Großprojekten über das Verhältnis zwischen Kosten und Nutzen der Transformation unseres Energiesystems lernen?

Wir wollen uns als Nächstes der Beantwortung der ersten Frage zuwenden. Hierfür werfen wir einen Blick in die mathematische Struktur von Energiesystemmodellen.

6.2 Energiesystemmodelle und Energieszenarien

Für die Berechnung der Umbaukosten von Energiesystemen auf eine CO_2-arme Betriebsweise existieren zahlreiche Methoden. Diese untergliedern sich ganz grob in Top-down- und in Bottom-up-Ansätze. Beim Top-down-Ansatz werden ausgehend von globalen volkswirtschaftlichen Randbedingungen schrittweise immer feinere technologische und ökonomische Details von Energieszenarien herausgearbeitet und auf deren Basis die Kosten berechnet. Bei Bottom-up-Ansätzen hingegen wird ein Energiesystem ausgehend von seinen einzelnen technologischen Bestandteilen zusammengebaut und die Gesamtkosten ermittelt.

Energiesystemmodelle unterscheiden sich außerdem durch ihre räumliche und technologische Auflösung. Modelle mit vielen geografischen Details sind regional beschränkt, beispielsweise auf Deutschland. Weltmodelle bilden hingegen weniger Einzelheiten ab, erlauben dafür aber globale Aussagen, die ihren Weg in die Berichte des Weltklimarates IPCC finden. Technologisch hochaufgelöste Modelle bieten zahlreiche Spezifika. Sie können beispielsweise unterschiedliche Stromspeichertechnologien wie Batterien, Wärmespeicher und Pumpspeicherwerke enthalten. Ich möchte zunächst die Grundzüge globaler Modelle mit niedriger technologischer Auflösung und anschließend die mathematische Funktionsweise eines Optimierungsmodells mit hoher technologischer Auflösung skizzieren.

Integrierte Bewertungsmodelle
Die Berichte des Weltklimarates enthalten Szenarien, die nicht nur beschreiben, wie sich die Durchschnittstemperaturen auf der Erde und die CO_2-Konzentration in der Atmosphäre künftig entwickeln könnten. Sie treffen auch eine Prognose für die Kosten, die der Umbau des Energiesystems verursacht. Diese Berechnungen werden auf der Grundlage sogenannter *Integrated Assessment Models* (integrierter Bewertungsmodelle) durchgeführt.

Im Kap. 4 haben wir uns mit der Funktion eines Klimamodells vertraut gemacht. Wir hatten gesehen, dass es sich hierbei um ein Simulationsprogramm handelt, welches die Zirkulation von Atmosphäre und Ozean unter dem Einfluss vorgegebener menschlicher CO_2-Emissionen berechnet und daraus die Durchschnittstemperatur ermittelt. Bei einem reinen Klimamodell werden die CO_2-Emissionen der Menschheit als Funktion der Zeit vorgegeben.

Bei einem Integrated Assessment Model wird ein Klimamodell mit einem Modell für die Bevölkerungsentwicklung sowie mit ökonomischen Modellen, Landwirtschaftsmodellen und optional Energietechnologiemodellen gekoppelt. Das Modell liefert dann auch Szenarien für die Bevölkerungsentwicklung und die Kosten der Transformation des Energiesystems. Wir können uns dies als eine perfektionierte Version des Rechenmodells vorstellen, welches wir im Kap. 2 im Zusammenhang mit dem Buch *Grenzen des Wachstums* diskutiert hatten. In die Integrated Assessment Modelle gehen zahlreiche Annahmen über techno-ökonomische Parameter heutiger und künftiger Technologien ein, beispielsweise die Entwicklung der Kosten etwa für Solarstrom oder Batteriespeicher. Einige Quellen dieser Unsicherheiten werde ich im nächsten Unterabschnitt erörtern.

Optimierungsmethoden

Wir wollen uns nun mit der Analyse des finanziellen Aufwands für die Energiewende vertraut machen. Dazu kann man beispielsweise Optimierungsmethoden einsetzen, die eine hohe technologische Auflösung ermöglichen. Deren mathematische Struktur wie auch deren Unsicherheiten werden am besten deutlich, wenn ich sie an einem Beispiel aus dem Alltag erkläre, das mit Energie- und Klimaforschung nichts zu tun hat.

Stellen Sie sich bitte vor, Sie sollten heute für dreißig Jahre im Voraus alle Ihre Autokäufe planen und für sämtliche Pkw, die Sie bis dahin fahren wollen, sofort verbindliche Bestellungen auslösen. Wie würden Sie die kostengünstigste Kaufstrategie ermitteln?

Sie müssten zunächst für jedes der Jahre zwischen 2020 und 2050 Ihren Mobilitätsbedarf in Kilometern spezifizieren. Außerdem wäre die notwendige Passagierkapazität festzulegen, beispielsweise fünf Passagiere für die Familienautos von 2020 bis 2035 und zwei Passagiere für das Rentnerehepaar von 2035 bis 2050. Sie könnten weitere Anforderungen angeben wie etwa Kleinwagen, Mittelklassewagen, Sportwagen, SUV, Benzinauto oder Elektroauto.

Alsdann hätten Sie die Aufgabe, eine Datenbasis zu erstellen, die für jedes zwischen 2020 und 2050 denkbare Auto – sowohl Neuwagen als auch Gebrauchtwagen – die entsprechenden Anschaffungs- und Betriebskosten berücksichtigt. Und schließlich wären Sie aufgefordert, eine Formel zu wählen, die für jegliche Autokaufstrategie die über dreißig Jahre anfallenden Gesamtkosten ermittelt. Nun würde Ihr Simulationsprogramm alle potenziellen Kombinationen aus Kaufdaten, Verkaufsdaten und Automarken berechnen und daraus die billigste Variante heraussuchen.

Ähnlich funktioniert ein Simulationsprogramm für Energiesysteme. Statt des Mobilitätsbedarfs spezifizieren die Nutzer den Bedarf an Strom, eventuell auch den an Wärme und Kraftstoffen; zusätzlich können CO_2-Emissionsziele eingegeben werden. Statt der Pkw-Datenbank benötigt das Energiesystemmodell eine Datenbank mit den Investitions- und Betriebskosten für Kohlekraftwerke, Fotovoltaikanlagen, Windkraftanlagen und Stromnetze für die nächsten dreißig Jahre. Anschließend legt der Nutzer eine Formel fest, mit der ein Computer die Gesamtkosten des Systems über die betrachteten dreißig Jahre kalkuliert. Das Optimierungsprogramm berechnet daraus die preiswerteste Investitionsstrategie. Diese Strategie entspricht dann einem bestimmten Energieszenario.

Unabhängig von der gewählten Methode sind Energiesystemmodelle also Simulationsprogramme, die mit Eingangsdaten über Energietechnologien und deren Kosten gefüttert werden und als Ergebnis Szenarien für Investitionen einschließlich deren Kosten ausspucken. Wie Sie an unserem Autobeispiel sehen, kann die Vorhersagekraft einer solchen Simulation nicht besser sein als unser Wissen über den Autopark oder den Kraftwerkspark der Zukunft.

Wenn dem so ist – warum liegen dann Kostenprognosen wie etwa bei El Hierro weit unter den tatsächlichen Kosten und warum zeitigen Projekte oft einen geringeren Nutzen als zu Beginn versprochen? Die Antwort hierfür geht weit über Energie- und Klimaforschung hinaus. Sie hängt mit finanziellen Risikobetrachtungen zusammen.

6.3 Megaprojekte

Der Umbau des weltweiten Energiesystems ist ein komplexes Unterfangen, für das es in der Geschichte der Menschheit keine Vorbilder gibt. Zu den Kosten der globalen Energiewende existieren zahlreiche Schätzungen. Gleichwohl ist es mir ein Rätsel, wieso die umfangreiche internationale Fachliteratur auf dem Gebiet der Energie- und Klimaforschung wenig Interesse von Forschern und Geldgebern an einer vertieften Analyse der finanziellen Risiken erkennen lässt. Die Fakten- und Erkenntnislage zu potenziellen Kostenfallen bei Großprojekten ist nämlich keineswegs so hoffnungslos, wie es auf den ersten Blick scheint. Wir müssen lediglich über den Tellerrand schauen.

Es gibt eine große Zahl an Infrastrukturprojekten ohne Bezug zu Energie, deren Kosten, Umsetzungszeiten und Nutzeffekte zunehmend ins Blickfeld der Wissenschaft rücken. Ein Vorreiter auf diesem aufstrebenden Forschungsgebiet ist Bent Flyvbjerg. Der Oxford-Professor beschäftigt sich seit über einem Jahrzehnt mit *Megaprojekten*. Dabei handelt es sich um Infrastrukturvorhaben mit Investitionskosten im Milliardenbereich. In den Studien von Flyvbjerg geht es um Brücken, Tunnel, Eisenbahnstrecken und Autobahnen, kurzum um Großanlagen, die sich neben den „Kathedralen des Klimaschutzes" geradezu wie Inkarnationen der Banalität ausnehmen. Da für die Realisierung der von Flyvbjerg analysierten Megaprojekte keine neuen Technologien entwickelt werden müssen, eignen sich diese meines Erachtens sehr gut als Vergleichsfälle für Energiewendeprojekte.

Flyvbjergs Fachveröffentlichungen sowie sein Sachbuch *Megaprojects and Risk* sind eine Goldgrube an aufschlussreichen empirischen Daten. Dabei dient das

Buch keineswegs dazu, gescheiterte Großprojekte durch den Kakao zu ziehen. Die Dreifaltigkeit aus Berliner Flughafen, Hamburger Elbphilharmonie und Stuttgarter Hauptbahnhof, die das weltweite Ansehen Deutschlands in Sachen Infrastrukturentwicklung nachhaltig beschädigt haben dürfte, spielt in dem Buch übrigens keine Rolle. Flyvbjerg stellt vielmehr akribisch gesammelte statistische Daten vor, anhand derer sich tatsächliche Kosten, tatsächliche Bauzeiten und tatsächlicher Nutzen Dutzender Megaprojekte mit den geplanten Größen vergleichen lassen. Flyvbjerg identifiziert in seinem Buch weiterhin die Ursachen für systematische Abweichungen zwischen Theorie und Praxis und formuliert Empfehlungen für die Planung und Umsetzung künftiger Großprojekte.

Um der Wahrheit die Ehre zu geben: Neben wissenschaftlicher Nüchternheit machen einige Bonmots das Buch besonders lesenswert. So fasst Flyvbjerg seine Beobachtungen in Form des *Iron Law of Megaprojects,* des Eisernen Gesetzes der Megaprojekte, wie folgt zusammen: "Over budget, over time, over and over again", frei übersetzt: immer teurer, immer später, immer wieder. Da Flyvbjergs Erkenntnisse nach meiner Einschätzung in hohem Maß auf Energie- und Klimaprojekte übertragbar sind, schauen wir uns einige Eckdaten dazu an.

Megaprojekte: Zahlen und Fakten
Beginnen wir mit den konkreten Zahlen. Flyvbjerg weist anhand der Analyse von 258 Infrastrukturmaßnahmen wie Kanaltunnel, Großer-Belt-Bahntunnel und Öresundbrücke nach, dass bei Megaprojekten „regelmäßig Kostenüberschreitungen über 40 % auftreten und Kostenüberschreitungen über 80 % nichts Ungewöhnliches sind". Diese Zahlen sind in Abb. 2.3 seines Buches zusammengefasst. Es sei hier nochmals darauf hingewiesen, dass es sich größtenteils um Projekte handelt, bei denen keine technologischen Neuentwicklungen notwendig waren. Das Buch listet auch Vorhaben wie die Golden Gate Bridge, das Mondlandeprogramm und die TGV-Verbindung Paris–Lyon, die innerhalb vorgesehener Budgets realisiert worden sind, obwohl bei diesen Projekten neue Technologien zum Einsatz kamen. Es handelt sich jedoch nach Aussage des Autors hierbei um seltene Ausnahmen.

Eine besonders lehrreiche Zahl findet sich in Tabelle II.ii des Buches. Dort wird für das mit massiver staatlicher Unterstützung entwickelte Überschallflugzeug Concorde eine Kostenüberschreitung von 1.100 %, in Worten eintausendeinhundert Prozent, angegeben. Die Zahl ist aufschlussreich, weil sie sich auf ein kommerzielles Produkt bezieht, für dessen Entwicklung die technischen Grundlagen aus der Militärfliegerei bekannt waren. Beim Passagierflugzeug handelte es sich nach Überzeugung damaliger Protagonisten lediglich um das Derivat einer militärischen Blaupause. Der pädagogische Wert dieses Beispiels für erneuerbare Energieprojekte besteht darin, dass für die weltweite Umsetzung oft kolportiert wird, es sei „alles im Prinzip bekannt" und müsse mit politischer Hilfe „nur noch" im großen Maßstab ausgerollt werden.

Die zitierten statistischen Daten umfassen nicht nur Investitionskosten, sondern auch Bauzeiten sowie den Nutzen von Megaprojekten. Die Informationen zeigen, dass die Bauzeiten systematisch über den Prognosen und die Benefits systematisch

6.3 Megaprojekte

unter den Erwartungen liegen. Da es sich oft um Verkehrsinfrastrukturen handelt, ist der Nutzen ausgedrückt in Passagierzahlen oder Tunnelbenutzungsgebühren leicht zu quantifizieren. So zeigt beispielsweise Tabelle III.i, dass für die jeweils betrachteten Referenzjahre der Kanaltunnel nur 18 % und der Denver International Airport nur 55 % des prognostizierten Verkehrsaufkommens und damit auch der Einnahmen aufweisen.

Die Ergebnisse lassen sich laut Flyvbjerg dahin gehend zusammenfassen, dass bei Megaprojekten (1) eine Überschreitung der Kosten, (2) eine Überschreitung der Bauzeit und (3) ein Verfehlen des prognostizierten Nutzens nicht Ausnahme, sondern Regel sind. Wir werden weiter unten sehen, dass es keinen Grund zu der Annahme gibt, die Situation bei Energiewende- und Klimaschutzprojekten im Multimilliarden-Euro-Maßstab sei grundlegend anders als bei klassischer Infrastruktur. Dies steht nicht im Widerspruch zu dem Umstand, dass es heute eine Reihe erfolgreicher großer Solarkraftwerksprojekte gibt.

Megaprojekte: Ursachen der Ineffizienz
Als zentrale Ursache für die Ineffizienz von Megaprojekten machen die einschlägig tätigen Forscher mangelndes Bewusstsein für finanzielle und organisatorische Risiken bei Planung und Umsetzung aus.

Bei Verkehrsinfrastrukturprojekten wurden beispielsweise folgende Risiken identifiziert: (1) Kostenüberschreitungen, verursacht durch Regierungen, Kunden, Manager, Unterauftragnehmer oder Unfälle, (2) gestiegene Finanzierungskosten aufgrund von Änderungen bei Zinssätzen und Wechselkursen sowie von Verzögerungen, (3) geringere Umsätze als erwartet, aufgrund von geänderten Verkehrsmustern sowie Zahlungen pro Fahrzeug.

Blättern Sie bitte zum Abschn. 6.1. zurück und vergegenwärtigen sich die Ausführungen über die Performance des El-Hierro-Projekts. Dort hatten wir gesehen, dass im Gegensatz zur öffentlichen Verlautbarung „hundert Prozent erneuerbar" nur etwa 50 % des Strombedarfs der Insel durch erneuerbaren Strom abgedeckt wird. Wir sehen an diesem Beispiel, dass sich Merkmale von Megaprojekten aus dem Verkehrsbereich auch in Energieprojekten wiederfinden.

Für die weit verbreitete Ignoranz gegenüber finanziellen Risiken bei Verkehrsprojekten können wir auf der Basis des von Flyvbjerg gesammelten Datenmaterials zwei Ursachen identifizieren. Dabei handelt es sich zum einen um die einseitige Fokussierung auf Best-Case-Szenarien und zum anderen auf Interessenkonflikte bei der Kostenberechnung.

Bei der Planung von Megaprojekten lassen sich Geldgeber und Planer oft von der Annahme eines bestmöglichen Projektverlaufs leiten. Anstatt einen weiten Korridor an Möglichkeiten zwischen einem günstigsten Fall, dem Best-Case-Szenario, und einem ungünstigsten Fall, dem Worst-Case-Szenario zu betrachten, geben sich Planer in ihren Analysen oft mit dem Ersteren zufrieden. So wird in zahlreichen Projekten das EGAP-Prinzip (everything goes as planned) zugrunde gelegt. Flyvbjerg plädiert stattdessen dafür, aus einem Korridor zwischen Best Case und Worst Case ein MLD-Szenario (most likely development) abzuleiten und die Planung auf dieser Basis voranzutreiben.

Eine zweite Ursache für die Ignoranz gegenüber finanziellen Risiken von Megaprojekten liegt darin, dass Personen und Institutionen, die Megaprojekte initiieren und planen, in der Regel ein hohes Eigeninteresse an deren tatsächlicher Umsetzung besitzen. Sie neigen deshalb dazu, die Kosten gegenüber den Geldgebern systematisch kleinzurechnen und den Nutzeffekt zu überhöhen. Dies ist umso mehr der Fall, wenn die Treiber keine persönliche Verantwortung für Erfolg oder Misserfolg des Projekts tragen. Wären beispielsweise die Altersbezüge des Bürgermeisters von El Hierro an die Erfüllung des Versprechens einer hundertprozentigen Dekarbonisierung der Insel gekoppelt gewesen, hätte das Projekt Gorona del Viento mit hoher Wahrscheinlichkeit niemals das Licht der Welt erblickt.

Dieser Interessenkonflikt lässt sich nach Einschätzung von Flyvbjerg durch eine strenge personelle und institutionelle Trennung von Projektdefinition einerseits und Projektevaluation andererseits vermeiden. Davon sind die meisten real existierenden Megaprojekte einschließlich der deutschen Energiewende freilich weit entfernt. Mit einem Anflug von Pessimismus zieht Flyvbjerg dann auch das Fazit: „Es muss die Frage gestellt werden, ob eine Regierung gleichzeitig effektiv als Initiator eines Projekts und als Anwalt öffentlicher Interessen wie dem Naturschutz und der Sicherheit der Steuerzahler gegenüber unnötigen finanziellen Risiken agieren kann. Die Antwort ist negativ." Gleichwohl findet sich in dem Werk eine Reihe konstruktiver Vorschläge für ein verbessertes Risikomanagement bei Megaprojekten, die sich sowohl für Verkehrsprojekte als auch für Energie- und Klimaprojekte anwenden lassen.

Wir wollen nun auf empirischer Basis eine Typologie der Kostenrisiken bei Energiewendeprojekten vornehmen und an konkreten Beispielen veranschaulichen. Die Überlegungen sollen insbesondere verständlich machen, warum manche Kostenrechnungen einerseits mathematisch korrekt, aber andererseits praktisch wertlos sein können.

6.4 Typologie der Kostenrisiken: bekannte Bekannte

Die finanziellen Risiken bei der Berechnung der Transformationskosten des Energiesystems sind vielfältig. Wir können sie im einfachsten Fall in die drei Kategorien „bekannte Bekannte", „bekannte Unbekannte" und „unbekannte Unbekannte" einteilen.

Am leichtesten fassbar sind kalkulierbare Risiken vom Typ „bekannte Bekannte". Im Englischen werden sie als „known knowns" bezeichnet. Es handelt sich dabei um Risiken, deren Herkunft klar ist und deren Höhe mit qualifiziertem Personal, vorhandenen Werkzeugen und verfügbaren Daten berechnet werden kann. Die Berechnung dieser Risiken setzt freilich sowohl bei Auftraggebern als auch bei Auftragnehmern den entsprechenden Willen voraus. Das Ignorieren solcher Risiken bei Energiewendeprojekten kann unterschiedliche Ursachen haben – von fehlender Qualifikation und oberflächlicher Arbeitsweise über vorauseilenden Gehorsam bis hin zu vorsätzlicher Täuschung.

Die Kosten der deutschen Einheit
Ein anschauliches Beispiel für das Ignorieren bekannter Bekannter bieten die Kosten der deutschen Einheit. Das im Eingangszitat beschriebene schematische Aufrechnen einzelner Kostenblöcke galt schon damals unter Ökonomen als Dilettantismus. Aufschlussreicher ist allerdings die Tatsache, dass ein Volkswirt im Bundesfinanzministerium schon im ersten Halbjahr 1990 mit einfachen Mitteln eine präzise Schätzung der jährlichen Vereinigungskosten vorgenommen hatte. Der inzwischen pensionierte Beamte erläuterte mir, dass er „auf der Basis volkswirtschaftlicher Grundkenntnisse und eines einfachen Dreisatzes" die jährlich notwendige Kapitalzuführung auf 170 Mrd. Deutsche Mark geschätzt hatte. Diese Zahl sollte später ziemlich genau den tatsächlichen Transferleistungen in die neuen Bundesländer entsprechen. Da sie jedoch im Moment ihres Entstehens politisch nicht opportun war, „wurde die Vorlage weggeschlossen". Sie ist nach Vermutung meines Gesprächspartners weder dem damaligen Finanzminister Theo Waigel noch Bundeskanzler Helmut Kohl zur Kenntnis gelangt. Multiplizieren wir die 85-Mrd.-Euro-Jahresscheiben mit einer 20-jährigen Wiedervereinigungszeit, so erhalten wir einen Betrag von 1,7 Billionen Euro. Dieser kommt den tatsächlichen Kosten erstaunlich nahe.

Dieses Beispiel verdeutlicht, dass im Falle der Fehleinschätzung der Kosten für die deutsche Einheit weder unvorhergesehene Kostensteigerungen noch Unsicherheiten über die Privatisierungserlöse des DDR-Volkseigentums oder andere Ausreden bemüht werden müssen. Die Fehlprognose ist schlicht das Spiegelbild des Unwillens, einem charakterlich standfesten und ergebnisoffen arbeitenden Fachmann Gehör zu schenken und die „bekannten Bekannten" zur Kenntnis zu nehmen.

Die Kosten des Stanford-Projekts
Das Stanford-Projekt bietet hingegen ein positives Beispiel – der professionelle Umgang mit bekannten Bekannten hat sich buchstäblich ausgezahlt und dem Unterfangen Erfolg beschieden. Stanford ist eine wohlhabende Privatuniversität, die sich durch personalisierte Verantwortung und klare Entscheidungsstrukturen auszeichnet. Baumaßnahmen werden dort effizienter als an deutschen Universitäten abgewickelt. Entscheidend für den sachgerechten Umgang mit bekannten Bekannten war jedoch die Tatsache, dass das Projekt von Anbeginn wissenschaftlich durch eigene professionelle Expertise begleitet wurde. Dies umfasste etwa umfangreiche Computersimulationen, bei denen die aus langjähriger Erfahrung vorliegenden Bedarfsprofile für Kälte und Wärme realistischen Daten über das Potenzial an Solarenergie vor Ort gegenübergestellt wurden. Daraus konnten nicht nur die optimale Größe der Kälte- und Wärmespeicher berechnet, sondern auch die Investitions- und Betriebskosten zuverlässig beziffert werden.

Der Umgang mit bekannten Bekannten war in diesem Beispiel kein Hexenwerk – die Projektpartner haben lediglich von qualifizierten Fachleuten, zeitgemäßen Simulationsmethoden und vorhandenem Datenmaterial konsequent und umfänglich Gebrauch gemacht. Im Zuge der wissenschaftlichen Begleitung des Projekts wurden sogar Patente angemeldet. Im Ergebnis dieses professionellen Vorgehens waren die finanziellen Risiken des Projekts minimal und die tatsächlichen Kosten lagen in der Nähe der prognostizierten. Im September 2019 schrieb mir Fahmida Ahmed Bangert sogar, als nächster Schritt sei bis 2022 auch die Dekarbonisierung der Stromversorgung des Campus geplant. Es darf an dieser Stelle nicht verschwiegen werden, dass der Erfolg des Stanford-Projekts auch durch die Verfügbarkeit öffentlicher Solardaten des National Renewable Energy Laboratory NREL möglich war, deren Gewinnung das Department of Energy finanziert hatte.

Als Nächstes schauen wir uns mit dem El-Hierro-Projekt ein Exempel für den unprofessionellen Umgang mit bekannten Bekannten an. Um dem Trugschluss vorzubeugen, es handle sich um einen bedauerlichen Einzelfall, der womöglich nicht verallgemeinerungswürdig sei, wollen wir einen Abstecher in die Welt der Optimierung machen. Anhand einer Situation aus dem Alltagsleben möchte ich darlegen, dass eine mathematisch korrekte Rechnung bei Vernachlässigung bekannter Bekannter wertlos sein kann.

Abstecher: Die Kosten für unser täglich Brot
Das folgende Beispiel hat nichts mit Energie und Klima zu tun, ist aber anschaulich und leicht verständlich. Stellen Sie sich bitte vor, Sie wollten Ihre täglichen Ausgaben für Lebensmittel auf ein Minimum absenken. Für dessen Ermittlung würden Sie ein Optimierungsverfahren einsetzen. Dieses soll für unser Gedankenexperiment nicht ganz so kompliziert sein wie im Abschn. 6.2 – insbesondere muss es keine Szenarien über mehrere Jahre berechnen.

Unser Modell beruhe auf einigen wenigen grundlegenden Ernährungsrichtlinien der Weltgesundheitsorganisation, sagen wir auf einem Kalorienbedarf von 3.000 kcal pro Tag. Die Mindestzufuhr von 100 g Fett und 60 g Eiweiß sollte hierin enthalten sein. Das Computerprogramm möge auf eine Datenbank mit Nährwerten und Preisen aller Lebensmittel sowie auf Kochrezepte Zugriff haben. Durch Auswürfeln einer Vielzahl möglicher Kombinationen möge es dann den preiswertesten täglichen Einkaufsplan berechnen, der den genannten Anforderungen genügt. Wie viel würde eine solche kostenminimale Grundversorgung wohl kosten?

Falls wir auf eine centgenaue Antwort verzichten, lässt sich die Aufgabe näherungsweise auch ohne Computer und Optimierungsalgorithmus lösen. Meine Internetrecherche hat ergeben, dass der genannte Bedarf an Nährstoffen, Fett und Eiweiß mit 500 g Mehl, 100 g Sonnenblumenöl und 500 g Quark gedeckt ist. Nachforschungen bei Lebensmitteldiscountern haben mir im April 2019 zudem Folgendes geliefert: 1 kg Mehl erhält man für 40 Cent, 1 L Sonnenblumenöl kostet 1 EUR und 1 Pfund Quark gibt es beim Discounter für 70 Cent. Rechnen wir alles zusammen, so kommen wir im Ergebnis dieser händischen Optimierung zu dem Schluss, dass sich ein Mensch in Deutschland für 1 EUR pro Tag ernähren kann.

Dieses Resultat mag mathematisch durchaus korrekt sein. Aus einem Pfund Mehl lassen sich in Handarbeit Nudeln, Spätzle, Brötchen, Fladenbrot und Knödel zubereiten. Öl und Quark decken den Fett- beziehungsweise Eiweißbedarf. Die Speisepläne unserer Vorfahren haben über Jahrhunderte hinweg so ähnlich ausgesehen. Hätte diese Menge an Lebensmitteln den unter dem Joch von Stalin und Mao leidenden Menschen während der Hungersnot *Holodomor* in der Ukraine 1931 und während des *Großen Sprungs nach vorn* in China 1961 zur Verfügung gestanden, wäre Millionen von Menschen der sozialistische Hungertod erspart geblieben. Wenn diese Menge an Lebensmitteln heute einer Milliarde unterernährter Menschen zur Verfügung stünde, wäre die Welt vermutlich weitgehend von Hunger befreit.

Trotzdem ist eine solche Rechnung aus heutiger Sicht nicht nur irreführend, sondern wertlos. Für eine zeitgemäße, gesunde und abwechslungsreiche Ernährung ist nämlich weitaus mehr notwendig als Mehl, Öl und Quark. Wir benötigen die „bekannten Bekannten" Fleisch, Fisch, Eier, Gemüse, Obst, Ballaststoffe und das in einer gewissen Vielfalt. Dies führt dazu, dass die notwendige Summe zur Ernährung eines Menschen nach heutigen Maßstäben wesentlich höher ist als der berechnete eine Euro. Wie weit ist unsere Analyse von der Wahrheit entfernt?

Die Wahrheit beträgt mindestens 400 % unseres Optimierungsergebnisses.

Vor einigen Jahren wurde ein deutscher Politiker für vermeintliche Herzlosigkeit kritisiert, weil er in einem mehrtägigen Selbstversuch nachgewiesen hatte, ein Erwachsener könne sich für ungefähr vier Euro pro Tag gesund und abwechslungsreich ernähren. Dieser Betrag entsprach damals dem Hartz-IV-Regelsatz. Das Beispiel illustriert, dass eine Optimierungsanalyse mathematisch korrekt sein mag, jedoch aufgrund ignorierter Kostenrisiken vom Typ „bekannte Bekannte" um Größenordnungen von einer realistischen Schätzung entfernt sein kann.

Kehren wir nun zurück zum El-Hierro-Projekt.

Die Kosten des El-Hierro-Projekts
Gemäß den Ankündigungen sollte das über achtzig Millionen Euro teure Kraftwerksprojekt den Strombedarf der Insel in Höhe von jährlich etwa fünfzig Gigawattstunden durch eine Kombination aus reichlich zehn Megawatt Erzeugungskapazität aus Windkraft und knapp dreihundert Megawattstunden an Energiespeicherkapazität im Pumpspeicherwerk decken. Der Strom sollte dabei vollständig erneuerbar sein und die Dieselgeneratoren überflüssig machen.

Um die Abwegigkeit dieser Verlautbarung zu begreifen, muss man kein Energieexperte sein. Schüler der gymnasialen Oberstufe dürften nach meiner Einschätzung ohne Weiteres in der Lage sein, im Leistungskurs Physik im Rahmen einer Hausarbeit die notwendigen Recherchen innerhalb eines Tages zu erledigen und die Berechnung durchzuführen. Ich habe die Zahlen oben bewusst in gerundeter Form angegeben, damit Sie oder Ihre Schulkinder die Rechnung möglicherweise sogar im Kopf vornehmen.

Die Gymnasiasten müssten hierzu lediglich zwei Zahlen in Erfahrung bringen – den täglichen Strombedarf der Insel und die maximale Dauer einer Windflaute. Aus diesen beiden Zahlen folgt die Mindestkapazität des Pumpspeicherwerks. Der durchschnittliche Stromverbrauch pro Tag lässt sich aus dem Jahresbedarf in Höhe von 50 GWh in einem ersten Schritt zu 137 MWh berechnen. Um bei einfachen Zahlen zu bleiben, runden wir auf 100 MWh ab. Somit kann das installierte Pumpspeicherwerk 3 Tage Windstille überbrücken.

Die Schüler würden nun in einem zweiten Schritt anhand öffentlich zugänglicher Informationen die Windstärken auf El Hierro recherchieren und die maximale Dauer einer Windflaute in Erfahrung bringen. Eine kluge Gymnasiastin würde im Internet das Wetterarchiv des Flughafens von El Hierro https://rp5.ua/Weather_archive_in_El_Hierro_%28airport%29 finden und aus den dort hinterlegten Daten die Dauer von Windflauten ermitteln. Bei einem weniger begnadeten Gymnasiasten dürfte es zumindest für die Erkenntnis reichen, dass in der betreffenden Region Schwachwindperioden mit einer Dauer von zwei bis drei Wochen in den Frühlingsmonaten April und Mai sowie in den Herbstmonaten September und Oktober keine Seltenheit sind. Daraus folgt, dass für eine vollständige Versorgung der Insel mit erneuerbarer Energie eine Speicherkapazität von drei Wochen notwendig wäre. Das Speichersystem müsste somit statt 0,3 GWh eine Kapazität von 2,1 GWh besitzen. Das wäre siebenmal mehr als vorhanden. Um auf der sicheren Seite zu sein, müsste man statt sieben besser zehn einplanen, also drei Gigawattstunden. Für ein Pumpspeicherwerk dieser Kapazität sind die geologischen Bedingungen auf El Hierro nicht einmal ansatzweise vorhanden. Rein rechnerisch würde ein solches etwa 300 Mio. Euro kosten. Das Gesamtprojekt wäre dann statt 80 Mio. über 350 Mio. Euro teuer. Die Kostensteigerung auf reichlich 400 % wäre der Preis für den Sprung von erträumter zu tatsächlicher Klimaneutralität. Ein Kollege von mir bezweifelt selbst diese Zahl, weil die installierte Windkapazität nach seiner Einschätzung zu klein ist und die Speicherverluste nicht berücksichtigt sind.

Wäre das El-Hierro-Projekt so professionell vorbereitet worden wie das Stanford-Projekt, hätte eine Systemsimulation zu dem Schluss geführt, dass eine vollständig erneuerbare Versorgung in der vorgesehenen Kombination aus Windkraft und Pumpspeicher nicht möglich ist. Sie hätte vermutlich gezeigt, dass ein preiswerterer Weg der CO_2-Reduktion im Ersatz des fossilen Diesels durch Biodiesel bestanden hätte, ergänzt durch Fotovoltaik als *fuel saver*. Die Variante hätte zwar nicht die politische Schönheit gehabt, um in einschlägigen Presseartikeln gefeiert zu werden. Sie hätte dem UNESCO-Biosphärenreservat aber fünf Windkraftanlagen und zwei Pumpspeicherbecken erspart. Mein Kollege Hans-Christian Gils hat mittels der DLR-Optimierungssoftware ReMix eine weitere Alternative identifiziert, bei der Wasserstoff durch Elektrolyse erzeugt und zur Energiespeicherung eingesetzt werden könnte. Diese Variante hätte nach seiner Simulation zwischen hundert und hundertfünfzig Millionen Euro gekostet. Bemerkenswerterweise betrug der Arbeitsaufwand für diese Grobanalyse bei einem Energiesystemexperten wie Gils weniger als einen Arbeitstag. Daran wird ersichtlich, dass eine fachgerechte Simulation während der Projektentwicklung problemlos möglich gewesen wäre.

An diesem Beispiel erkennen wir, dass schon die einfachste Sorte von Kostenrisiken, nämlich vom Typ „bekannter Bekannter", Kostensteigerungen von mehreren hundert Prozent erzeugen kann. Dies liegt deutlich über den Werten bei den Infrastrukturprojekten aus dem Verkehr, die wir im Abschnitt über Megaprojekte erörtert hatten. Ist das Kostenrisiko von El Hierro repräsentativ? Oder handelt es sich um einen bedauernswerten Ausrutscher?

Ich komme zu dem Schluss, dass Gorona del Viento einige wiederkehrende Merkmale erneuerbarer Energieprojekte aufweist. Erstens stützt sich die öffentliche Argumentation teilweise auf Scheinprobleme konventioneller Energiesysteme, wie etwa auf die vermeintliche Schwierigkeit des Dieseltransports. Zweitens erfolgt bei der Voruntersuchung ohne sachliche Begründung eine Beschränkung auf eine kleine Teilmenge möglicher technischer Lösungen wie etwa Wind und Pumpspeicher. Anderenfalls hätte man bei der Projektvorbereitung den Einsatz von Biodiesel oder Wasserstoff in Erwägung gezogen. Drittens wird das Potenzial zeitgemäßer Computersimulationen für die Abschätzung finanzieller Risiken, in unserem Fall einer langen Periode der Windstille, nicht eingesetzt. Diese Charakteristika sind bei zahlreichen Energieprojekten zu finden.

Blicken wir abschließend in Sachen Risikoanalyse noch kurz über den Tellerrand und schauen uns an, welch strenge Regeln für „bekannte Bekannte" in der Luftfahrt gelten. Bevor ein Flugzeug zugelassen wird, muss der Hersteller nachweisen, dass kein *einzelner* Zwischenfall zu einem Absturz der Maschine führt. So muss ein startendes Passagierflugzeug selbst bei widrigsten Bedingungen wie dem Start bei über dreißig Grad Celsius auf einem hoch gelegenen Flughafen wie La Paz vollgetankt und vollbeladen mit Passagieren und Fracht bei Triebwerksausfall mit dem noch funktionierenden Antriebsaggregat eine Platzrunde drehen und sicher landen. Die meisten Piloten werden in ihrem Berufsleben nie mit einer solchen Situation konfrontiert; und selbst diese strengen Regeln konnten zwei Abstürze von Passagiermaschinen des Typs Boeing 737 MAX 8 nicht verhindern. Ich finde es als Vielflieger trotzdem beruhigend, dass Flugzeuge nach anderen Regeln zertifiziert werden als das erneuerbare Energiesystem von El Hierro.

6.5 Typologie der Kostenrisiken: bekannte Unbekannte

Wir kommen nun zur zweiten Sorte von Kostenrisiken. Es handelt sich hierbei um Unsicherheiten, die wir zwar kennen, aber für die Zukunft noch nicht genau berechnen können. Diese „bekannten Unbekannten" werden im Englischen als "known unknowns" bezeichnet. Eine wichtige bekannte Unbekannte ist die Entwicklung der Kosten von Windenergieanlagen, Solarkraftwerken, Batteriespeichern, synthetischen Treibstoffen und weiteren Schlüsseltechnologien in den kommenden dreißig Jahren. Um die Größenordnung dieser Unsicherheiten zu verdeutlichen, möchte ich ein Beispiel aus eigener Forschungstätigkeit anführen – die Herstellung synthetischer flüssiger Kohlenwasserstoffe. Dabei möchte ich mich speziell auf synthetisches Kerosin für den Flugverkehr konzentrieren.

Kerosinkosten im IPCC-Bericht

Schauen wir uns zunächst den Bericht des Weltklimarates aus dem Jahr 2014 an. Das Dokument trägt den Titel und „Climate Change 2014 – Mitigation of Climate Change" ist im Internet frei verfügbar. Das aktuelle Kapitel handelt von der Dekarbonisierung des Verkehrs. Ein Teil der Ausführungen widmet sich speziell dem Flugverkehr. Der Langstreckenflugverkehr wird auch in absehbarer Zukunft mit hoher Wahrscheinlichkeit auf der Basis flüssiger Treibstoffe abgewickelt. Wie wir im Kap. 7 sehen werden, könnten auf Kurz- und Mittelstrecken zwar Brennstoffzellenantriebe mit Wasserstoff eine Rolle spielen, auf Kurzstrecken eventuell sogar Batterieantriebe. Doch für Langstreckenflüge wird Kerosin aufgrund seiner unangefochtenen Energiedichte vermutlich konkurrenzlos bleiben. Eine Herausforderung besteht deshalb in der Entwicklung preiswerter Verfahren zur Herstellung von synthetischem klimaneutralem Kerosin.

Der Weltklimarat zitiert für synthetisches Kerosin CO_2-Vermeidungskosten in Höhe von 80 \$/t. Er kommentiert diese Zahl auf Seite 624 mit den Worten „Die Vermeidungskosten sind so empfindlich, dass beispielsweise die CO_2-Vermeidungskosten ungefähr 80 \$/t CO_2-Äquivalent betragen, wenn eine Energieeinheit von Biotreibstoff die CO_2-Emissionen um 80 % verringert, jedoch 20 % mehr kostet als Benzin, während die CO_2-Vermeidungskosten auf 0 \$/t CO_2-Äquivalent absinken, wenn der Preis des Biotreibstoffs auf den Wert abfällt, an dem er Parität zu Benzin hat" [wörtliche Übersetzung d. Verf.]. Als Quelle wird eine Studie der Internationalen Energieagentur IEA aus dem Jahr 2009 zitiert. Übersetzen wir den Satz aus der Fachsprache in verständliches Deutsch, so würde er besagen, dass sich die CO_2-Vermeidungskosten für Fliegen mit synthetischem Kerosin im Bereich zwischen 0 \$/t und 80 \$/t bewegen.

Diese beiden Zahlen sind mathematisch nicht zu beanstanden, ähnlich wie unsere oben ermittelten Lebensmittelkosten in Höhe von einem Euro pro Tag. Wie diese Werte genau zustande kommen, lässt sich zwar ansatzweise, aber nicht vollumfänglich anhand der IEA-Studie "Transport, Energy and CO_2" nachvollziehen. Dieses Dokument ist im Internet frei verfügbar. Das Kapitel 2 widmet sich den „transport fuels", den Brennstoffen für den Transport.

Die IEA-Studie gibt in Tab. 2.21 auf Seite 110 die CO_2-Vermeidungskosten für unterschiedlich hergestellte Biotreibstoffe an. Die Kosten bewegen sich dabei zwischen minus 200 \$/t und plus 800 \$/t. Der für die Luftfahrt angegebene Wert liegt zwischen 30 und 200 \$/t. Damit sind die Aussagen von IPCC und IEA zwar ähnlich, aber nicht identisch. Die im IPCC angegebene Preisspanne ist niedriger als die in der zitierten Originalarbeit.

Die Zahlen gelten unter der stillschweigenden Voraussetzung, dass für die Produktion von Biotreibstoffen ein unbegrenztes Potenzial an preiswerter Biomasse zur Verfügung steht. Das mag regional für den nicht-nachhaltigen Anbau von Energiepflanzen in brasilianischen Monokulturen gelten, ist aber ansonsten wenig realistisch. Würde man beispielsweise sämtlichen in Deutschland produzierten Weizen in Kerosin umwandeln, könnte man damit gerade einmal ein Drittel des jährlichen Kerosinbedarfs decken. An diesen Überlegungen wird deutlich, dass die Zahlen aus den Berichten von IPCC und IEA zwar mathematisch korrekt sind, für Kerosin jedoch Kostenrisiken vom Typ bekannte Unbekannte unberücksichtigt lassen.

Um die Kostenrisiken für die Herstellung synthetischer Treibstoffe im globalen Maßstab zu beziffern, ist es notwendig, neben Biokraftstoffen auch solche aus Herstellungsverfahren zu betrachten, die von der Verfügbarkeit von Biomasse unabhängig sind. Wir haben hierzu am DLR-Institut für Technische Thermodynamik eine Methodik entwickelt, mit der die Kostenunsicherheiten sowohl für Biotreibstoffe als auch für E-Fuels nachvollziehbar analysiert werden können.

Kerosinkosten und die Dissertation König
Um die Methodik zu erproben, habe ich vor einigen Jahren gemeinsam mit meinem Kollegen Ralph-Uwe Dietrich den Doktoranden Daniel König betreut. Herr König trat mit der Zielsetzung an, die Kosten für erneuerbares Kerosin zu berechnen, welches nicht aus Biomasse, sondern aus regenerativ erzeugtem Wasserstoff unter Zuhilfenahme von CO_2 aus Industrieprozessen hergestellt wird. Solche synthetischen Kraftstoffe heißen E-Fuels, weil der Wasserstoff durch Elektrolyse gewonnen wird.

Herr Dietrich und ich haben Herrn König keinerlei Vorgaben über wünschenswerte Treibstoffkosten gemacht. Wir haben ihm vielmehr signalisiert, dass seine Promotionsnote nur von der Qualität seiner Analysemethode und nicht von der politischen Opportunität seiner Zahlen abhängen würde. Unsere Maßgaben bestanden vielmehr darin, dass Herr König seine Berechnungen erstens anhand realistischer und aktueller Kosten von Windstrom und CO_2 durchführen sollte. Zweitens sollte er die Berechnungsmethode so transparent gestalten, dass sich die Abhängigkeit des Kerosinpreises von den unterschiedlichen Parametern in Form sogenannter Sensitivitätskurven leicht darstellen ließe.

Herr König hat seine Dissertation mit der Note „Sehr gut" abgeschlossen und die Ergebnisse in mehreren referierten internationalen Fachzeitschriften veröffentlicht. Ein zentrales Resultat seiner Analysen besteht darin, dass erneuerbares Kerosin aus deutschem Windstrom und CO_2 aus Industrieprozessen im Jahr 2016 reichlich drei Euro pro Liter kosten würde. Es wäre damit etwa fünfmal teurer als fossiles. Der größte Hebel zur Preissenkung liegt nach Königs Erkenntnissen in der Verringerung der Kosten für Windstrom. An der Größenordnung der Zahlen hat sich seit Veröffentlichung der Dissertation nichts Grundlegendes geändert.

Um aus den Herstellungskosten von E-Fuels die CO_2-Vermeidungskosten zu ermitteln, müssen wir die Differenz zwischen dem Preis für fossiles Kerosin in Höhe von 0,60 €/L und dem für CO_2-neutralen Treibstoff in Höhe von 3 €/L berechnen. Die Preisdifferenz von 2,40 €/L entspricht den Mehrkosten für die Vermeidung von etwas mehr als 2 kg CO_2. Wir erhalten somit CO_2-Vermeidungskosten von knapp 1.000 €/t. Dies liegt etwas über der oberen Grenze im Bericht der IEA und um den Faktor 10 über der oberen Zahl aus dem Bericht des Weltklimarates. Der Faktor 10 quantifiziert das Kostenrisiko durch die „bekannte Unbekannte" in Gestalt des begrenzten Biomassepotenzials.

Das Beispiel der synthetischen Flugtreibstoffe verdeutlicht, dass Kostenrisiken durch bekannte Unbekannte wie etwa die Kosten von Windstrom und das globale Biomassepotenzial zu erheblichen Steigerungen der Kosten für die Dekarbonisierung des Energiesystems gegenüber Schätzungen aus dem Bericht des Weltklimarates führen können.

Bei der Vorhersage der Kosten des Energiesystems der Zukunft existieren noch zahlreiche andere bekannte Unbekannte. Zwei davon seien kurz beleuchtet.

Kosten des Rohstoffs CO_2
Eine wichtige bekannte Unbekannte ist die Frage, wie wir in einer künftigen Welt ohne fossile Rohstoffe preiswert Kohlenstoff für die Herstellung synthetischer Kraftstoffe gewinnen. Eine Abscheidung von CO_2 aus der Luft ist zwar technisch möglich. Ich halte es jedoch für unwahrscheinlich, dass diese Technologie jemals so günstig wird, dass sie gegenüber CO_2 aus Biomasse konkurrenzfähig wäre. Eine originelle Diskussion dazu präsentiert der Nobelpreisträger Robert Laughlin in seinem Buch *Der Letzte macht das Licht aus*. Eine Erzeugung von CO_2 – oder genauer gesagt CO für Synthesegas – aus Biomasse könnte unsere Biosphäre an die Grenzen ihrer Belastbarkeit bringen. Die Wissenschaft sollte deshalb meines Erachtens herausfinden, ob es möglich ist, die Biomasseerzeugung vom Landverbrauch abzukoppeln. Dies könnte entweder durch *vertical farming,* also den Anbau von Pflanzen in speziell errichteten Bauwerken, oder durch großflächige Algenproduktion im Meer erfolgen. Die Kostenrisiken hierfür sind noch weitgehend unerforscht.

Kosten von Stromspeichern
Eine andere bekannte Unbekannte ist die langfristige Entwicklung der Kosten für Stromspeicher. Hierzu gehören sowohl Batterien als auch die in der Öffentlichkeit noch weitgehend unbekannten Carnot-Batterien. Bei konventionellen Batterien ist zu klären, in welchen Mengen und zu welchen Preisen sie unter der Randbedingung nachhaltiger Herstellung und Wiederverwertung auf lange Sicht verfügbar sein werden. Von dieser bekannten Unbekannten hängt ab, ob sich das Verkehrssystem tatsächlich so preiswert durch Elektromobilität ergänzen lässt, wie manche Energieszenarien nahelegen. Davon hängt auch ab, welche Zukunft die Kopplung von Fotovoltaik- und Windkraftwerken mit großen Batteriespeichern hat.

Carnot-Batterien können elektrische Energie in vergleichbarem Umfang wie Pumpspeicherwerke speichern, allerdings an jedem beliebigen Ort der Welt. Wir hatten diese Technologie für dezentrale Anwendungen bereits im Kap. 5 kurz angesprochen. Carnot-Batterien sind nach dem Begründer der Thermodynamik Sadi Carnot benannt. Sie speichern elektrische Energie in Form von Wärme, beispielsweise in flüssigem Salz bei Temperaturen zwischen 250 und 550 °C in Behältern von der Größe eines Gasometers. Die Umwandlung von Strom in Wärme erfolgt durch Elektroheizer oder künftige Hochtemperaturwärmepumpen. Für die Rückverstromung können Dampfturbinen oder Gasturbinen eingesetzt werden.

Der Nobelpreisträger Robert Laughlin von der Stanford University hat einen maßgeblichen Anteil an der Entwicklung dieser Technologie. Ob sich in Zukunft das Laughlin-Konzept auf der Basis von Gasturbinenprozessen oder das DLR-CHEST-Konzept meines Instituts auf der Basis von Dampfkraftprozessen als das preiswertere erweist, ist eine bekannte Unbekannte, an der wir gemeinsam forschen. In seinem Buch *Der Letzte macht das Licht aus* schreibt Laughlin hoffnungsvoll: „Die beste Alternative zum Pumpspeicherwerk ist die Stromspeicherung über Wärme". Als Laughlin im Herbst 2018 bei uns im DLR und an der Universität Stuttgart zu Besuch war, hat er mit seinem Optimismus siebenhundert Zuhörer im überfüllten Hörsaal inspiriert. Ob er mit seiner Vision recht hat, wird die Zukunft zeigen.

6.6 Typologie der Kostenrisiken: unbekannte Unbekannte

Die am schwierigsten fassbare Kategorie sind die „unbekannten Unbekannten". Im Englischen spricht man von "unknown unknowns". Wir wissen heute noch nicht, welche erfreulichen oder unerfreulichen Überraschungen uns in den nächsten dreißig Jahren bis zum vielzitierten Jahr 2050 erwarten. Aus diesem Grund ist es hier – anders als in den vorherigen Abschnitten – nicht möglich, ein verlässliches Beispiel für diese Kostenrisiken vorzustellen.

Wir können uns jedoch eines Kunstgriffs bedienen und uns gedanklich in die Vergangenheit begeben. Blicken wir aus unserem heutigen Alltagsleben in das gestrige, so stellen wir fest, dass wir stets von unbekannten Unbekannten umgeben waren. Aus der Perspektive des Jahres 1989 waren Alkoholgenuss, Bewegungsmangel und Drogensucht Gesundheitsrisiken für Jugendliche. Es handelte sich schon damals um *Bekannte,* weil die Laster seit Menschengedenken unser Leben begleiten. Es handelt sich überdies um *bekannte* Bekannte, weil deren Gesundheitsrisiken schon damals vor dreißig Jahren umfassend verstanden waren.

Hätten wir im Jahr 1989 vorhersehen können, dass heute Smartphones und Computerspiele zu einer weiteren Suchtgefahr für Jugendliche werden würden? Das Smartphone war im Jahr 1989 eine Unbekannte. Für Computerspiele gilt Ähnliches, obwohl diese Form des Zeitvertreibs damals schon in Ansätzen existierte. Da Smartphones und Computerspiele *Unbekannte* waren, gab es auch niemanden, der über deren Risiken nachdenken konnte. Somit waren die Risiken von Smartphones und Computerspielen im Jahr 1989 *unbekannte* Unbekannte.

Wie können wir die finanziellen Risiken unbekannter Unbekannter bei der Prognose von Energiewendekosten berücksichtigen? Wir können heute nicht ahnen, ob erneuerbare Energien morgen vor ähnlichen Problemen stehen werden wie die gestrigen Zukunftstechnologien Kernenergie oder Magnetschwebebahnen heute. Wir können jedoch auch hier versuchen, aus einem Blick in die Technikgeschichte Lehren für den künftigen Umgang mit unbekannten Unbekannten abzuleiten.

Soziale Kosten erneuerbarer Energie

Als Beispiel möchte ich die sozialen Kosten erneuerbarer Energien aus meiner Perspektive als Doktorand in den Jahren 1987 bis 1990 beschreiben. Aus heutiger Sicht gehören diese finanziellen Risiken zwar in die Kategorie *bekannte* Unbekannte, doch damals waren sie für mich *unbekannte* Unbekannte.

Im Spätherbst 1989, kurz nach dem Mauerfall, hörte ich als Doktorand am Zentralinstitut für Kernforschung Rossendorf, dem heutigen Helmholtz-Zentrum Dresden-Rossendorf, den Gastvortrag eines Professors von der Universität Oldenburg. Der Referent hieß Joachim Luther. Er sprach von externen Kosten der Kernenergie und der Kohleverstromung, einem Begriff, den die meisten Zuhörer bis dahin nie gehört hatten. Luthers Rede hat mich tief beeindruckt. Ich könnte weite Teile des Inhalts noch heute aus dem Gedächtnis wiedergeben.

Um den Bezug zu den unbekannten Unbekannten herzustellen, muss ich kurz die DDR-Energiepolitik erläutern. Die wichtigste Säule der Stromversorgung waren Braunkohlekraftwerke. Am Ausbau der Kernenergie wurde in Kooperation mit der Sowjetunion gearbeitet. Zwar gab es in der DDR unter dem Einfluss der westdeutschen Anti-Atomkraft-Bewegung zaghafte Aktionen gegen den Ausbau der Kernenergie. Doch handelte es sich dabei um keine prägende gesellschaftliche Strömung. Für erneuerbare Energie interessierte sich in der DDR so gut wie niemand. Das Thema war im damaligen Alltagsleben ungefähr so bedeutsam wie heute die Suche nach Exoplaneten. Kurzum: Erneuerbare Energie war in meiner einstigen Welt eine *Unbekannte*.

Vor dem Hintergrund des damals entspannten Verhältnisses zu Kohle und Kernenergie fand ich es bemerkenswert, wie der spätere Direktor des Freiburger Fraunhofer-Instituts für Solare Energiesysteme ausführte, in den Preisen für Kohle- und Atomstrom seien zahlreiche Kosten unberücksichtigt. Er nannte als Beispiele die medizinische Versorgung von Menschen, die in der Nähe von Kohlekraftwerken an Lungenkrankheiten litten, die Rekultivierungskosten für Tagebaue sowie die Kosten für die Folgen des Reaktorunfalls in Tschernobyl.

Luther forderte, diese externen Kosten zu *internalisieren,* also in den Strompreis einzurechnen. Dann würden sich nach seiner Meinung diese beiden Arten der Stromerzeugung deutlich verteuern. Am Ende erläuterte Luther, dass Strom aus erneuerbaren Ressourcen – bezogen auf 1989 – noch spürbar kostspieliger sei als aus fossilen und atomaren Quellen. Im Fall einer konsequenten Internalisierung der externen Kosten würde sich jedoch die Preisdifferenz schrittweise verringern und dazu führen, dass sich die Kostenverhältnisse eines Tages zugunsten der erneuerbaren Energien umkehren. Der Begriff *Internalisierung externer Kosten* wird heute selten verwendet. Wir sprechen vielmehr von sozialen Kosten – die für Kohle- und Atomstrom sind heute, dreißig Jahre nach Luthers Vortrag, wissenschaftlich gut untersucht und gelten als umfassend verstanden.

Aus meiner Sicht als Doktorand im Wendeherbst 1989 waren die sozialen Kosten, die Kohle- und Atomstrom ebenso wie erneuerbare Energien hervorriefen, *Unbekannte* – bis zu jenem Vortrag. Doch wo waren zuvor die *unbekannten* Unbekannten, also die Unbekannten, von denen ich nicht einmal wusste, dass ich über sie nichts wusste? Die Antwort liegt in der Verknüpfung von sozialen Kosten mit erneuerbarer Energie.

Soziale Kosten der Windenergie
Dreißig Jahre nach Luthers Vortrag schilderte mir mein Kollege Franz Trieb seine neue Hypothese. Trieb ist ein weltweit anerkannter Energieanalyst, der mit seinen Arbeiten die theoretische Grundlage für künftige Solarstromimporte aus Nordafrika nach Europa geschaffen hat. Auf einem Workshop der Deutschen Physikalischen Gesellschaft hatte er über seine Untersuchungen zum Einfluss von Windkraftanlagen auf Insekten vorgetragen. Neben seiner Beschäftigung mit Solarkraftwerken, Flüssigsalzspeichern sowie dem Umbau von Kohlekraftwerken zu CO_2-armen Wärmespeicherkraftwerken hatte sich Trieb der Frage zugewandt, ob Windkraftanlagen eine der Ursachen für den Rückgang der Insektenpopulation sein könnten.

Mit akribischer Sorgfalt hatte Trieb dutzende Fachveröffentlichungen zur Insektendichte in der Atmosphäre, zur Strömungsstruktur in bodennahen Grenzschichten, zur Aerodynamik von Windkraftanlagen sowie zur Überlebensrate von Insekten bei der Wechselwirkung mit dem Rotor eines Windrades durchforstet. Auf der Basis seiner Erkenntnisse stellte er eine konzeptionell sehr einleuchtende Hypothese auf, die nicht nur in Fachartikeln, sondern sogar in einem Sachbuch wie diesem im Detail vermittelbar gewesen wäre.

Die Hypothese liefert eine Schätzung für die Masse der pro Jahr in deutschen Windkraftanlagen getöteten Insekten. Sie beruht auf drei Eingangsparametern: (1) der Insektendichte in den bodennahen Luftschichten, ausgedrückt in Insekten pro Kubikkilometer, (2) der pro Jahr durch alle deutschen Windkraftanlagen fließenden Luftmenge, ausgedrückt in Kubikkilometern und (3) der Wahrscheinlichkeit, dass ein Insekt beim Durchfliegen einer Windkraftanlage zu Tode kommt. Jeder dieser drei Parameter lässt sich im Prinzip experimentell bestimmen. Durch deren Kombination gelangt Trieb zu einer einfachen Formel, die die Insektenverluste pro Jahr beschreibt. Triebs wissenschaftliche Leistung liegt in der Herleitung dieser Formel, nicht im Einsetzen spezieller Zahlenwerte.

Obwohl alle drei Parameter mit großen Unsicherheiten behaftet sind, kommt Trieb zu dem Schluss, dass Windkraftanlagen *möglicherweise* zum Insektenrückgang beitragen. Seine Hauptaussage lautet, dass diese Fragestellung einer fundierten Untersuchung bedarf. Ich halte es für beschämend, dass dem weltbekannten Wissenschaftler Trieb trotz unwiderlegter Korrektheit seiner Formel und trotz seines sachlichen und zurückhaltenden Auftretens eine Welle öffentlicher Aggression entgegengerollt ist. Von den Kommentaren gehört „Die DLR-Studie ist eine Luftnummer" zu den harmloseren. Was die Wortwahl der zitierten Politikerin gegenüber einem renommierten Forscher allerdings brisant macht, ist die allgegenwärtige Klage ihrer Partei über die Verrohung der Sprache im politischen Diskurs.

Dabei ist die Trieb-Hypothese aus theoretischer Sicht nichts anderes als eine Aussage über mögliche soziale Kosten der Windenergie und eine Empfehlung, diese weiter zu untersuchen. Wenn Kohle- und Atomstrom soziale Kosten erzeugen, warum nicht auch Ökostrom? Die sozialen Kosten der erneuerbaren Energien sind aus der Perspektive eines Doktoranden im Jahr 1989 die unbekannten Unbekannten. Aus heutiger Sicht handelt es sich bei den sozialen Kosten erneuerbarer Energien um bekannte Unbekannte.

Kehren wir zurück zur Gegenwart. Aus unbekannten Unbekannten werden Kostenrisiken für die Transformation des Energiesystems entstehen, die sowohl positive als auch negative Vorzeichen besitzen können. Wie diese Variablen in künftige Kostenschätzungen einzubauen sind, ist eine offene Frage an die Forschung. Bis zu deren Beantwortung kann eine Übergangslösung darin bestehen, dass wir für die Kostenrisiken der Transformation des Energiesystems ebenso großzügige Sicherheitsfaktoren ansetzen wie bei der Risikobewertung von Passagierflugzeugen und Kernkraftwerken.

Zwischen Redaktionsschluss und Drucklegung dieses Buches hat uns die Corona-Epidemie – eine bislang unbekannte Unbekannte für medizinische und volkswirtschaftliche Kostenrisiken – anschaulich vor Augen geführt, wie hilfreich Vorratswirtschaft, Redundanz und hohe Sicherheitsfaktoren für die Bewältigung von Krisen sein können. Während sich die vielgepriesenen öffentlichen Verkehrsmittel als Infektionsbeschleuniger entpuppten und ihren Betrieb teilweise einstellten, erwies sich der von Mobilitätswendetheoretikern oft gescholtene Pkw mit Verbrennungsmotor als verlässliche Hygieneinsel und Retter in der Not. Niemand weiß heute, wie die künftigen Risiken vom Typ unbekannte Unbekannte für das Energiesystem aussehen. Denkbar wären ein Blackout im deutschen Stromnetz, ein internationaler Blackout durch Sonnenwindfluktuationen, eine Überflutung von Megacities durch Tsunamis sowie eine globale Abkühlung infolge regionaler Atomkriege oder durch Vulkanausbrüche. Um auf solche seltenen unbekannten Ereignisse vorbereitet zu sein, ist ein robustes, redundantes und durch technologische Diversität mit hohen Sicherheitsfaktoren gekennzeichnetes Energiesystem nach meiner Ansicht die beste Vorsorge. Ich sehe es deshalb kritisch, die Vielfalt unseres Energiesystems per Dekret zu reduzieren. Anders als bei der Corona-Epidemie, die alle Länder schädigt, hätte ein deutscher Blackout für die Wettbewerbsfähigkeit und den Wohlstand Deutschlands unabsehbare Folgen.

6.7 Fazit

Unsere eingangs formulierte Behauptung über die Energiewende lässt sich im Ergebnis unserer Analyse durch die folgenden Thesen auf eine rationale Basis stellen.

1. *In zahlreichen Veröffentlichungen werden Berechnungen präsentiert, die für die Dekarbonisierung des weltweiten Energiesystems Kosten in der Größenordnung weniger Prozente des globalen Bruttosozialprodukts angeben. Diese Berechnungen enthalten weder technische noch ökonomische Risikoanalysen und stellen insofern Best-Case-Szenarien dar.*

6.7 Fazit

2. *Optimierungsprogramme liefern mathematisch korrekte und konsistente Energieszenarien mit minimalen Kosten. Ohne Risikoanalyse lässt sich jedoch nicht angeben, wie groß die Wahrscheinlichkeit ist, dass solche kostenminimalen Szenarien tatsächlich realisiert werden.*
3. *Anhand einer quantitativen Analyse von 258 Großprojekten aus dem Bereich Verkehrsinfrastruktur hat Flyvbjerg nachgewiesen, dass Budgetüberschreitungen von mehr als 40 % die Regel und über 80 % keine Seltenheit sind. Gegenüber den Planungen sind die Projekte meist gekennzeichnet durch höhere Kosten, langsamere Umsetzung und geringeren Nutzen.*
4. *Für Großprojekte aus dem Bereich CO_2-freier Energieinfrastruktur existieren weltweit keine vergleichbar umfassenden Untersuchungen. Eine unabhängige und statistisch repräsentative Kosten-Nutzen-Analyse bereits realisierter Projekte ist nach dem derzeitigen Wissensstand somit nicht möglich.*
5. *Eine techno-ökonomische Risikoanalyse der Dekarbonisierung des globalen Energiesystems erfordert zusätzlich zu den existierenden Best-Case-Szenarien die Analyse von Worst-Case-Szenarien. Aus dem entstehenden Kostenkorridor lässt sich ein Szenario maximaler Wahrscheinlichkeit (Most-Likely-Development-Szenario, MLD) ableiten.*
6. *Risiken aus der Kategorie „bekannte Bekannte" umfassen bei Energieprojekten beispielsweise zu geringe erneuerbare Energiepotenziale, zu schwache erneuerbare Energieerzeugungskapazitäten, zu niedrige Energiespeicherkapazitäten, zu schwache Übertragungskapazitäten, zu optimistische Realisierungszeitprognosen und zu optimistische Nutzenprognosen. Diese Risiken führen gegenüber dem Best-Case-Szenario zu deutlich höheren Kosten und geringeren Einnahmen.*
7. *Risiken aus der Kategorie „bekannte Unbekannte" umfassen bei Energieprojekten beispielsweise Unsicherheiten über die Herkunft von nicht-fossilem Kohlenstoff, über die Rolle von Wärmespeichern in einem künftigen Energiesystem, über die Ressourcenfrage bei der globalen Batterieproduktion sowie über künftige Kostendegressionen bei Energieerzeugungs-, Energiespeicher- und Energieverteilungssystemen. Diese Unwägbarkeiten können gegenüber heutigen Szenarien sowohl zu einer Kostensenkung als auch zu einer Kostensteigerung führen.*
8. *Risiken aus der Kategorie „unbekannte Unbekannte" lassen sich naturgemäß nicht prognostizieren. Zu ihnen gehören jedoch künftige Erfindungen sowie die sozialen Kosten erneuerbarer Energien, die heute noch nicht umfassend verstanden sind.*

Kapitel 7
Das stubenreine Flugzeug

Die Behauptung: „Die zivile Luftfahrt ist nur für einen Bruchteil der weltweiten CO_2-Emissionen verantwortlich. Dennoch unternimmt sie durch Investitionen in Energieeffizienz und Biotreibstoffe große Anstrengungen, um zum Klimaschutz beizutragen. Sie verpflichtet sich, ab 2020 klimaneutral zu wachsen und danach ihre CO_2-Emissionen zu reduzieren. Die Herausforderung besteht darin, Klimaschutzmaßnahmen so zu gestalten, dass sie das Wachstum der Branche nicht gefährden. Dies soll durch das marktwirtschaftliche Instrument der CO_2-Kompensation erreicht werden. Eine weltweite Besteuerung von Kerosin ist hingegen kontraproduktiv, denn sie hätte dramatische Konsequenzen für Arbeitsplätze in der Luftfahrtindustrie sowie im internationalen Tourismus."

Ex-Bundeskanzler Gerhard Schröder soll bei einer Chinareise einmal gesagt haben: „Ich würde mich freuen, wenn jeder Bürger der Volksrepublik China einmal unser schönes Deutschland besucht."

Jedes Jahr reisen vier Millionen Deutsche nach Mallorca, also fünf Prozent der Bevölkerung der Bundesrepublik. Wäre Deutschland für die Chinesen so populär wie die Baleareninsel für die Deutschen, dann flögen pro Jahr etwa siebzig Millionen chinesische Gäste auf deutschen Airports ein und aus. Hierzu müsste Deutschland seine Flughafenkapazität fast verdoppeln und die CO_2-Emissionen würden deutlich steigen.

Das Beispiel ist fiktiv. Es zeigt aber, vor welchen Herausforderungen die internationale Luftfahrt steht, wenn sich die Menschen aus Entwicklungs- und Schwellenländern in den kommenden Jahrzehnten die deutschen Reisegewohnheiten aneignen werden. Denn für viele ist Fliegen die faszinierendste Art der Fortbewegung und für manche sogar Inbegriff der Freiheit. Wir beobachten derzeit im Weltmaßstab ein Wachstum des Flugverkehrs von etwa fünf Prozent pro Jahr. Ist in Anbetracht eines solchen Wachstums CO_2-neutrales Fliegen überhaupt denkbar? Diese Leitfrage soll uns im vorliegenden Kapitel beschäftigen.

Bei Diskussionen über das Fliegen ist oft zu hören, die CO_2-Emissionen der Luftfahrt würden nur einen kleinen Anteil von zwei Prozent am Gesamtausstoß der Menschheit ausmachen. Die Aussage ist sachlich korrekt. Sie ist jedoch zugleich irreführend, weil sie zwischen den Zeilen suggeriert: „Deshalb sollten sich erst einmal andere Branchen um den Klimaschutz kümmern." Ähnliche Aussagen höre ich, wenn ich mit Vertretern der Stahlindustrie, der Aluminiumindustrie, der Zementindustrie, der Papierindustrie, der chemischen Industrie und der Lebensmittelindustrie spreche. An dieser langen Liste ist erkennbar, dass Vertreter zahlreicher Branchen geneigt sind, ihren Handlungsbedarf beim Klimaschutz mit Verweis auf die Kleinheit ihrer Emissionsanteile zu relativieren. Wir werden uns deshalb in diesem Kapitel unter anderem mit der Grundsatzfrage auseinandersetzen, welchen Einfluss energie- und klimapolitische Instrumente auf Industriebranchen haben, die einen kleinen prozentualen Anteil an den globalen CO_2-Emissionen repräsentieren.

Im Mittelpunkt dieses Kapitels werden jedoch drei aus unserer Leitfrage abgeleitete Spezialfragen stehen: Welche technischen, ökonomischen und politischen Möglichkeiten stehen uns für die Dekarbonisierung des weltweiten Luftverkehrs zur Verfügung? Welche Vor- und Nachteile haben die derzeit besonders intensiv diskutierten Maßnahmen CO_2-Kompensation und Besteuerung von Kerosin? Wie würde sich der Luftverkehr im Fall einer weltweiten Verteuerung von CO_2 entwickeln?

Wir wollen die beiden ersten Fragen nach der gleichen Methode analysieren, die wir schon im Einführungskapitel sowie in den Kap. 1, 3 und 5 eingesetzt hatten. Bevor wir uns jedoch in die Analyse vertiefen, möchte ich die Vielzahl der Wege zu einem CO_2-neutralen Flugverkehr etwas systematisieren.

Wege zur CO_2-Reduktion im Flugverkehr

Die Instrumente zur Beeinflussung der CO_2-Emissionen gliedern sich nicht nur für die Luftfahrt, sondern für jede Branche in zwei Gruppen. Dies sind die CO_2-Kompensation und die CO_2-Reduktion.

Unter CO_2-Kompensation verstehen wir Maßnahmen *außerhalb* der Luftfahrt wie etwa die Installation von Solaranlagen in Namibia oder das Pflanzen von Bäumen in Nepal. Diese werden durch Spenden von Fluggästen sowie durch Zahlungen von Firmen oder Fluggesellschaften finanziert und stellen nach Aussage ihrer Befürworter ein effizientes marktwirtschaftliches Instrument des Klimaschutzes dar. Nebenbei bemerkt, ließen sich nach der gleichen ökonomischen Logik auch das Fleischessen, das Fahren mit SUV und Kreuzfahrten kompensieren. Diese Aktivitäten sind bei Umweltschützern und Kompensationsanbietern allerdings mit Verweis auf unwissenschaftliche Begriffe wie „fehlende Notwendigkeit" schlecht beleumundet. Unstrittig ist hingegen, dass Kompensationsmaßnahmen die CO_2-Emissionen der Luftfahrt nicht verringern, sondern die Emissionsminderung auf andere Wirtschaftszweige auslagern. Wir werden Vor- und Nachteile der Kompensation im Laufe dieses Kapitels ausführlich erörtern.

Unter der zweiten Gruppe von Maßnahmen, der CO_2-Reduktion, wollen wir sämtliche Vorkehrungen zur Verringerung des CO_2-Ausstoßes *innerhalb* der Luftfahrtbranche verstehen. In der Öffentlichkeit werden hierzu Myriaden von Ideen erörtert. Hierzu gehören das Verbot oder die Rationierung von Kurzstreckenflügen, sparsamere Triebwerke, leichtere Flugzeuge, optimierte Verkehrsführung, Besteuerung von Kerosin, Ersatz von Gasturbinen durch elektrische Antriebe und der Ersatz von fossilem Kerosin durch synthetisches. Bevor wir uns an unsere sozio-technische Bewertung machen, ist es hilfreich, etwas Ordnung in diese Vielfalt zu bringen. Dies können wir tun, indem wir die Emissionen der Luftfahrt in einer ähnlichen Weise zerlegen, wie wir es im Kap. 5 für das Heizen getan haben. Die jährlichen weltweiten CO_2-Emissionen des Flugverkehrs können wir in der Form

$$\text{Jahresemission} = CO_2\text{-Intensität} \times \text{Passagierkilometer}$$

ausdrücken. Die Glieder dieser Gleichung besitzen die Maßeinheiten Tonnen/Jahr = Tonnen/Kilometer × Kilometer/Jahr, wobei sich die Tonnenangabe auf CO_2 bezieht. Die Gleichung besagt, dass die globalen CO_2-Emissionen umso höher sind, je höher die CO_2-Emission pro Passagierkilometer ist und je mehr Passagierkilometer weltweit pro Jahr zurückgelegt werden.

Anhand dieser Formel können wir nicht nur die genannten Maßnahmen einordnen. Aus ihr lässt sich ohne tiefschürfende Analyse ein erster wichtiger Schluss ziehen. Gelingt es nämlich langfristig, die CO_2-Intensität des Fliegens durch synthetisches Kerosin oder durch Fliegen mit Wasserstoff auf null zu reduzieren, dann ist es für die CO_2-Bilanz unseres Planeten bedeutungslos, ob die Menschheit viel oder wenig fliegt. Denn eine CO_2-Intensität von null, multipliziert mit jeder beliebigen Zahl an Passagierkilometern, ergibt wieder null. Diese einfache Tatsache zeigt, dass die öffentliche Verunglimpfung des Fliegens wissenschaftlich nicht haltbar ist. Ein Bekannter von mir hat es etwas volkstümlicher auf den Punkt gebracht: „In einem CO_2-neutralen Energiesystem kann ich fliegen, bis die Schwarte kracht."

Im Ergebnis der einfachen Formel kommen wir zu dem Schluss, dass die beiden Hebel für die Reduktion der CO_2-Emissionen des Flugverkehrs zum einen die Minderung der CO_2-Intensität und zum anderen die Verringerung der weltweit geflogenen Passagierkilometer sind. Von den bereits genannten Strategien tragen die Effizienzmaßnahmen, die Umstellung auf CO_2-neutrale Treibstoffe und die Elektrifizierung zum Absinken der CO_2-Intensität bei, während das Verbot von Kurzstreckenflügen und die Rationierung direkt auf die zurückgelegten Passagierkilometer einwirkt. Die Besteuerung von fossilem Kerosin spielt eine Doppelrolle. Sie wirkt über die Preiserhöhung von Flugtickets zunächst unmittelbar auf die Reisefreudigkeit. Langfristig aktiviert sie jedoch auch Handlungen zur Reduktion der CO_2-Intensität des Fliegens.

Nebenbei sei bemerkt, dass in der obenstehenden Formel nur die CO_2-Emissionen des Fliegens berücksichtigt sind. Der Luftverkehr emittiert weitere klimawirksame Gase sowie Rußpartikel. Diese Effekte werden häufig durch einen Umrechnungsfaktor pauschal in äquivalente CO_2-Emissionen umgerechnet – eine von manchen Experten als unwissenschaftlich kritisierte Praxis.

Um zu verdeutlichen, um welche Größenordnungen es sich bei den Emissionen des Flugverkehrs überhaupt handelt, möchte ich Sie zur ersten Vorlesungsaufgabe dieses Kapitels einladen. Bitte berechnen Sie die CO_2-Intensität des Fliegens, also die pro Passagierkilometer durchschnittlich ausgestoßene Menge an CO_2. Zwar findet man dazu vielfältige Zahlen in Studien sowie auf den Webseiten von CO_2-Kompensationsanbietern. Doch werden diese oft durch Marketing-Hokuspokus vernebelt. Deshalb halte ich es für das Beste, selbst zu rechnen.

Zuvor möchte ich eine kleine Begebenheit einflechten. Sie verdeutlicht, wie hilfreich ein Verständnis der CO_2-Emissionen beim Fliegen im Vergleich zu anderen Tätigkeiten ist.

Im Jumbo-Jet zur Öko-Lodge

Vor einigen Jahren wurde ich Zeuge eines Verhörs. Es trug sich zu an der Rezeption einer Lodge, in der meine Frau und ich während eines Namibia-Urlaubs übernachteten. Eine deutsche Touristin war gerade dabei, einen bemitleidenswerten Hotelangestellten zu vernehmen, wieso die Hotelanlage zur Deckung ihres Strombedarfs keine Solarenergie nutzen würde. Es sei doch aus Gründen der Nachhaltigkeit von immenser Bedeutung, dass gerade Luxusquartiere mit gutem Beispiel vorangingen, so die Urlauberin. Die Dame pflegte den Gestus ökologisch-moralischer Überlegenheit, den wir Deutschen so vollendet beherrschen.

Ich mische mich normalerweise nie in fremde Gespräche ein. Doch in diesem Fall musste ich eine Ausnahme machen. Ich fragte die Frau höflich, ob sie wisse, wie viel Kerosin sie bei der Reise von Deutschland nach Namibia insgesamt verflogen habe, wie viel CO_2 dabei entstanden sei und in welchem Verhältnis die Energiebilanz ihrer Anreise zum Energieverbrauch ihrer Lodge stünde. Die Dame ließ sich auf das Gespräch ein. Der Rezeptionist atmete erleichtert auf und flüchtete in sein Büro. Die Dame sagte mir, es müsse sich um etwa hundert Liter Kerosin und tausend Tonnen CO_2 gehandelt haben. Von der Höhe ihres Stromverbrauchs in der Lodge hatte sie keine Ahnung. Auch der Unterschied zwischen Kilowatt und Kilowattstunde war ihr nicht geläufig. Für sie war Haltung anscheinend wichtiger als Wissen.

Ich klärte sie auf, dass es sich für Hin- und Rückflug statt um hundert eher um tausend Liter Kerosin gehandelt haben dürfte. Ich ergänzte, dass die CO_2-Emissionen bei etwa drei Tonnen und der Energiegehalt dieser Treibstoffmenge bei ungefähr zehn Megawattstunden lägen. Mit diesem Treibstoff könne ein Dieselgenerator den Strombedarf ihrer Unterkunft ohne Klimaanlage ein Jahr lang decken oder die Klimaanlage ein Jahr lang mehrere Stunden pro Tag bei voller Leistung laufen. Ich beendete meine Kurzvorlesung mit der Bemerkung, wer sich einmal für einen Flug nach Namibia entschieden habe, müsse sich keine Sorgen über die CO_2-Bilanz seines Hotelzimmers machen. Mein Fazit – Öko-Urlaub zehntausend Kilometer jenseits von Deutschland ist ungefähr so glaubwürdig wie eine Entzugsanstalt im Winzerhof – habe ich aus Höflichkeit verschwiegen. Unser Gespräch endete friedlich und wir gingen auseinander.

7 Das stubenreine Flugzeug

Kommen wir nun zur Vorlesungsaufgabe und berechnen den Kerosinverbrauch sowie den CO_2-Fußabdruck des Fliegens. Falls Sie nicht am Rechnen interessiert sind, springen Sie bitte direkt zum Abschn. 7.1.

Vier Liter selbst berechnet
Wir beginnen die Vorlesungsaufgabe mit einem Gedankenexperiment. Um die Frage zu beantworten, wie viel Liter Kerosin ein Flugzeug pro Kilometer benötigt, führen wir uns vor Augen, dass der Antrieb eines Flugzeugs im Reiseflug dazu dient, den Strömungswiderstand der Luft zu überwinden. Wir stellen uns ein Flugzeug hierzu als ein zigarrenförmiges Gebilde vor, welches in etwa zwölf Kilometern Höhe geradlinig mit Schallgeschwindigkeit dahingleitet. Bildlich gesprochen, hinterlässt das Flugzeug einen turbulenten zylindrischen Schlauch. Da jedes Luftteilchen irgendwann von dem bewegten Rumpf zur Seite geschleudert worden ist, muss es kurzzeitig auf die Reisegeschwindigkeit des Flugzeugs beschleunigt worden sein. Wir können deshalb von der vereinfachten Vorstellung ausgehen, dass die Antriebsenergie auf einer Strecke von hundert Kilometern vollständig in die Bewegungsenergie von Luft in einem hundert Kilometer langen Schlauch umgesetzt worden ist.

Um auf dieser Basis den Treibstoffverbrauch zu ermitteln, berechnen Sie bitte die kinetische Energie, die sich in einem Zylinder mit einer Länge von hundert Kilometern und dem Durchmesser des Flugzeugs befindet. Dividieren Sie diese Energie durch die Passagierzahl und berechnen daraus den Kerosinverbrauch pro Passagier und hundert Kilometer. Die kinetische Energie ist gleich dem halben Produkt aus der Masse der Luft und dem Quadrat der Strömungsgeschwindigkeit – oder als Formel ausgedrückt: „Emmhalbevauquadrat". Sie können die Rechnung alternativ auch unter Verwendung des Widerstandsbeiwerts eines bewegten Körpers vornehmen.

Meine Beispiellösung mit stark gerundeten Zahlen sieht folgendermaßen aus. Das Volumen der Luft in einem hunderttausend Meter langen Zylinder mit einer Querschnittsfläche von zehn Quadratmetern, die der angenommenen Stirnfläche eines Kurzstreckenflugzeugs entspricht, beträgt eine Million Kubikmeter. In einer Höhe von zwölf Kilometern herrscht ein Fünftel des normalen Luftdrucks. Somit wiegt ein Kubikmeter Luft in dieser Höhe etwa ein fünftel Kilogramm. Mithin beläuft sich das Gewicht der bewegten Luft in dem gedachten Schlauch auf ungefähr 200.000 kg. Bei einer Reisegeschwindigkeit von 1.000 km/h legt man 280 m/s zurück. Sind wir etwas großzügig, so können wir das Quadrat dieser Größe als 100.000 Quadratmeter pro Quadratsekunde ansetzen. Dann erhalten wir für die kinetische Energie 10^{10} J. Nehmen wir nun an, in dem Flugzeug würden sich hundert Personen befinden, so erhalten wir pro Person einen Energieeinsatz von hundert Millionen Joule. Somit ergibt sich pro Person eine Antriebsenergie von ungefähr dreißig Kilowattstunden. Da der Wirkungsgrad von Gasturbinen bei etwa einem Drittel liegt, muss das Flugzeug pro Fluggast das Dreifache – also neunzig Kilowattstunden – an chemischer Energie mitführen. Das sind ungefähr neun Liter pro hundert Kilometer. Trotz ihrer holzschnittartigen Einfachheit liefert unsere Rechnung mit neun Litern eine Zahl, die in der gleichen Größenordnung wie die tatsächliche Zahl von vier Litern liegt. Für die Berechnung des CO_2-Fußabdrucks rechnen wir mit der korrekten Zahl vier weiter.

Ein Kilogramm Kerosin erzeugt beim Verbrennen etwa drei Kilogramm CO_2. Vier Liter Kerosin wiegen etwas mehr als drei Kilogramm. Somit emittiert ein Passagier beim Fliegen ungefähr zehn Kilogramm CO_2 pro hundert Kilometer oder hundert Gramm pro Kilometer.

Wir wollen nun die Möglichkeiten der Dekarbonisierung des Flugverkehrs nach der gleichen Methodik untersuchen, wie wir es in den Kap. 1, 3 und 5 getan haben. Hierzu müssen wir uns in einem ersten Schritt zwei gleichwertige Handlungsalternativen überlegen.

7.1 Festlegung der Handlungsalternativen

Als Erstes wählen wir die Option „CO_2-Kompensation". Damit ist die Einführung einer verpflichtenden CO_2-Kompensation gemeint. Wenn Sie heute im Internet ein Flugticket kaufen, bekommen Sie in der Regel die Möglichkeit angeboten, das emittierte CO_2 durch die Zahlung von etwa dreißig Euro pro Tonne zu kompensieren. Von dem Geld werden nach Aussage der Anbieter Aktivitäten finanziert, die anderswo in der Welt die CO_2-Emissionen reduzieren. Wir stellen uns für unsere Analyse vor, ab einem bestimmten Stichtag würde jeder Passagier gezwungen, zusätzlich zum Flugticket ein CO_2-Kompensationsprodukt zu kaufen. Im Rahmen des Programms CORSIA haben zahlreiche Fluggesellschaften weltweit zugesichert, ab dem Jahr 2020 das Wachstum ihrer CO_2-Emissionen durch den Kauf von Kompensationsprodukten auszugleichen.

Welche zweite Entscheidungsoption haben wir noch? Wir wählen die Alternative „Besteuerung von Kerosin" aus. Kerosin ist gemäß dem Chicagoer Abkommen seit dem Jahr 1944 von der Mineralölsteuer befreit. Gegen Ende des Zweiten Weltkriegs hatte man diese Subvention eingeführt, um den Flugverkehr zu fördern. Sie teilt damit das Schicksal zahlreicher Subventionen, die die Ursache ihrer Einführung überlebt haben. Während Autofahrer Mineralölsteuern in der Größenordnung von fast einem Euro pro Liter bezahlen müssen, ist der Flugverkehr davon freigestellt. Wir nehmen nun im Sinne einer Harmonisierung von Steuern an, dass ab einem Stichtag auf jeden Liter Kerosin eine bestimmte Steuer erhoben werden würde. Die meisten Luftfahrtforscher sind sich einig, dass eine solche Regel nur wirksam und akzeptabel ist, wenn sie weltweit eingeführt wird.

7.2 Auswahl der Bewertungskriterien

Nachdem wir die beiden Handlungsalternativen formuliert haben, wollen wir entscheiden, nach welchen Kriterien wir sie bewerten. Wie schon in den vergangenen Kapiteln beurteilen wir jede Option zuerst nach ihrem jeweiligen

7.2 Auswahl der Bewertungskriterien

Potenzial zur Reduktion der CO_2-Emissionen. Im Unterschied zur bisherigen Analyse müssen wir im vorliegenden Fall jedoch zwei Fälle unterscheiden. Für die Charakterisierung des Reduktionspotenzials der CO_2-Kompensationsprodukte ist eine einzige Zahl nicht ausreichend. Das liegt daran, dass die Wirkung der angebotenen Maßnahmen nicht immer verifizierbar ist. Wir werden deshalb zwischen einem theoretischen und einem überprüfbaren CO_2-Reduktionspotenzial unterscheiden. Aus diesem Grund finden sich in den Tab. 7.1 und 7.2 zwei Zeilen – statt bisher einer.

Neben CO_2 stößt der Flugverkehr Stickoxide, Wasserdampf und Rußpartikel aus, die in großen Höhen in der Regel stärkere Klimawirkungen entfalten als am Boden. Aus diesem Grund wählen wir als drittes Bewertungskriterium die Frage aus, inwieweit die einzusetzenden Strategien auch diese Emissionen reduzieren.

Tab. 7.1 Die Anatomie des Entscheidungsproblems über das Flugzeug aus der Perspektive einer fiktiven Person Alice. Die Zahlen in der Spalte „Persönliche Werturteile" geben an, welche Priorität Alice jeder der vier Eigenschaften bei ihrer persönlichen Entscheidung beimessen würde. Für Alice besitzt die überprüfbare Reduktion der CO_2-Emissionen („CO_2 überprüfbar") die höchste Priorität (4), gefolgt von den Arbeitsplätzen (3) und so weiter. Multipliziert man die Prioritätszahlen mit den Zahlen in den Spalten „Wissenschaftliche Erkenntnisse", dann ergibt sich jeweils die in den Spalten „Bewertung" angegebene Punktzahl. Die Summe der Punkte steht in der Zeile „Gesamtwertung". Die Option mit der höheren Punktzahl – Besteuerung von Kerosin – passt besser zu den persönlichen Werturteilen von Alice

	CO_2-Kompensation		Alice	Besteuerung von Kerosin		
Kriterien	Bewertung	Wissenschaftliche Erkenntnisse	Persönliche Werturteile	Wissenschaftliche Erkenntnisse	Bewertung	Kriterien
CO_2 theoretisch	1 Punkt	1	1	0	0 Punkte	CO_2 theoretisch
CO_2 überprüfbar	0 Punkte	0	4	1	4 Punkte	CO_2 überprüfbar
Sonstige Emiss.	0 Punkte	0	2	1	2 Punkte	Sonstige Emiss.
Arbeitsplätze	3 Punkte	1	3	0	0 Punkte	Arbeitsplätze
Gesamtwertung	**4 Punkte**				**6 Punkte**	Gesamtwertung

Tab. 7.2 Die Anatomie des Entscheidungsproblems über das Flugzeug aus der Perspektive einer fiktiven Person Bob. Die Zahlen in der Spalte „Persönliche Werturteile" geben an, welche Priorität Bob jeder der vier Eigenschaften bei seiner persönlichen Entscheidung beimessen würde. Für Bob besitzt die theoretische Reduktion der CO_2-Emissionen („CO_2 theoretisch") die höchste Priorität (4), gefolgt von den Arbeitsplätzen (3) und so weiter. Multipliziert man die Prioritätszahlen mit den Zahlen in den Spalten „Wissenschaftliche Erkenntnisse", dann ergibt sich jeweils die in den Spalten „Bewertung" angegebene Punktzahl. Die Summe der Punkte steht in der Zeile „Gesamtwertung". Die Option mit der höheren Punktzahl – CO_2-Kompensation – passt besser zu den persönlichen Werturteilen von Bob

	CO_2-Kompensation		Bob	Besteuerung von Kerosin		
Kriterien	Bewertung	Wissenschaftliche Erkenntnisse	Persönliche Werturteile	Wissenschaftliche Erkenntnisse	Bewertung	Kriterien
CO_2 theoretisch	4 Punkte	1	4	0	0 Punkte	CO_2 theoretisch
CO_2 überprüfbar	0 Punkte	0	2	1	2 Punkte	CO_2 überprüfbar
Sonstige Emiss.	0 Punkte	0	1	1	1 Punkt	Sonstige Emiss.
Arbeitsplätze	3 Punkte	1	3	0	0 Punkte	Arbeitsplätze
Gesamtwertung	**7 Punkte**				**3 Punkte**	Gesamtwertung

Die Verteuerung des Fliegens hätte Einfluss auf Arbeitsplätze in der Luftfahrtindustrie und in der Tourismusindustrie. Deshalb wählen wir als viertes Kriterium den Einfluss der beiden Optionen auf Arbeitsplätze.

7.3 Vergleichende wissenschaftliche Analyse

Wir kommen zum dritten Schritt unserer sozio-technischen Analyse. Wir vergleichen für jedes der vier festgelegten Entscheidungskriterien die beiden zur Auswahl stehenden Optionen. Den größten Aufwand werden wir für die ersten beiden Zeilen treiben müssen.

CO_2-Vermeidung: Die Theorie
Wir beginnen mit dem theoretischen CO_2-Vermeidungspotenzial in der ersten Zeile von Tab. 7.1. Für die Analyse ist es entscheidend, den Mechanismus der CO_2-Kompensation auf das Genaueste zu verstehen. Wir haben in den vergangenen Kapiteln schon mehrfach mit diesem Begriff gearbeitet. Jetzt ist es jedoch notwendig, dass ich das Einführungsbeispiel noch einmal aufgreife. Im Kap. 1 hatte ich als Metapher Schmutzbeseitigungskosten beim Reinigen von Wohnungen erläutert. Ein wirtschaftlich denkender Mensch wird für das Reinigen der Wohnung bei der Auswahl zwischen einer Putzfrau mit einem Stundensatz von zehn Euro, einem Ingenieur mit einem Stundensatz von hundert Euro und dem Vorstand eines DAX-Konzerns mit einem Stundensatz von tausend Euro in aller Regel die Variante mit den niedrigsten Kosten wählen. Um die CO_2-Kompensation zu begreifen, müssen wir dieses Gedankenexperiment noch etwas weitertreiben.

Stellen Sie sich nun bitte vor, Schmutz sei kein lokales, sondern ein globales Problem, so ähnlich wie CO_2. Stellen Sie sich weiterhin vor, es sei für Ihr persönliches Wohlbefinden gleichgültig, ob eine Reinigungskraft *Ihre* oder eine gleich große Wohnung irgendwo auf der Welt von Schmutz befreit. Entscheidend sei lediglich, dass bei Entstehen Ihres Sauberkeitsbedürfnisses sofort irgendwo auf der Welt eine Wohnung gereinigt würde. In einem solchen Fall würde ein wirtschaftlich denkender Mensch die Schmutzbeseitigung nicht in Deutschland für zehn Euro pro Stunde vornehmen lassen. Er würde stattdessen eine Reinigungskraft in Indien für einen Stundensatz von nur einem Euro pro Stunde anheuern. Dann würden die Schmutzbeseitigungskosten nur ein Zehntel betragen.

Kehren wir nun zu den CO_2-Vermeidungskosten beim Fliegen zurück. Wie wir im Kap. 6 bei der Erörterung finanzieller Risiken vom Typ bekannter Unbekannter gesehen haben, ist die Reduktion von CO_2 im Flugverkehr mittels synthetischer Treibstoffe durch relativ hohe CO_2-Vermeidungskosten gekennzeichnet. An dieser Stelle kommt die Analogie zum Fußbodenreinigen ins Spiel. CO_2-Emissionen sind ein globales Problem, ebenso wie die Fußbodenreinigung in meinem hypothetischen Beispiel. Die Idee der CO_2-Kompensation besteht darin, dass es der Erdatmosphäre gleichgültig ist, ob eine Tonne CO_2 durch teures synthetisches Kerosin oder durch preiswertes Pflanzen von Bäumen eingespart wird.

7.3 Vergleichende wissenschaftliche Analyse

CO_2-Kompensation bedeutet, eine teure CO_2-Vermeidungsmaßnahme durch eine billige zu ersetzen und damit den gleichen Einspareffekt an CO_2 zu erzielen. In der Theorie funktioniert das Modell wie folgt.

Nach dem Buchen erwirbt der Fluggast durch seine Spende ein Zertifikat, dessen Preis nach der Menge des erzeugten CO_2 festgesetzt wird. Die Anbieter von Kompensationsprodukten berechnen pro Tonne CO_2 in der Regel zwischen zwanzig Euro und dreißig Euro. Die Kompensationspreise hängen zusätzlich noch von der Buchungsklasse ab, da ein Passagier in der Business Class anteilig mehr Kerosin verbrennt als ein Reisender in der Economy Class. Da beim Verbrennen von ungefähr dreihundert Kilogramm Kerosin eine Tonne CO_2 emittiert wird, entspricht ein Kompensationstarif von dreißig Euro ungefähr einem Preisaufschlag von zehn Cent pro Kilogramm oder etwa acht Cent pro Liter Kerosin. Berücksichtigen wir, dass ein Liter fossiles Kerosin etwas über fünfzig Cent kostet, so kommen wir zu dem Schluss, dass es sich im Vergleich zu den Schwankungen von Rohölpreisen am Weltmarkt um eine relativ geringe finanzielle Belastung handelt. Dies erzeugt bei gutgläubigen Flugreisenden den Eindruck, man könne das beim Fliegen erzeugte CO_2 anstrengungslos kompensieren.

Ich finde es bemerkenswert, dass wir Deutschen uns einerseits um jedes Milligramm an Zusatzstoffen in Lebensmitteln sorgen, andererseits jedoch kein Interesse an der Rezeptur von Kompensationsprodukten an den Tag legen. Durch Nachfragen in meinem Freundeskreis habe ich festgestellt, dass es weiten Teilen der Bevölkerung egal ist, ob für dreißig Euro pro Tonne CO_2 überhaupt seriöse Klimaschutzmaßnahmen erfolgen können. Ich habe vielmehr den Eindruck, viele Zeitgenossen lassen sich beim Kompensieren vom wohligen Gefühl der Absolution einlullen.

Welche Klimaschutzmaßnahmen sind für zwanzig bis dreißig Euro pro Tonne CO_2 eigentlich realisierbar?

Ich lade Sie, liebe Leserinnen und Leser, herzlich ein, sich durch eine Internetrecherche unter dem Stichwort „CO_2-Vermeidungskosten" oder "CO_2 avoidance costs" ein Bild über diese Frage zu verschaffen. Dabei werden Sie feststellen, dass bekannte Maßnahmen wie etwa die Installation von Windkraft- oder Solaranlagen die genannten Beträge bei Weitem übersteigen.

Damit ist freilich keineswegs gesagt, für zwanzig oder dreißig Euro pro Tonne seien keine Klimaschutzmaßnahmen umzusetzen. Das ist durchaus möglich. Ökonomisch effiziente CO_2-Vermeidungsstrategien wie etwa die Modernisierung von Kohlekraftwerken oder der Bau von Kernkraftwerken sind jedoch in weiten Teilen der deutschen Öffentlichkeit unpopulär.

Ich möchte ungeachtet möglicher Vorbehalte in unserer nächsten Vorlesungsaufgabe die Probe aufs Exempel machen und die CO_2-Vermeidungskosten einer Kompensationsmaßnahme der besonders subversiven Art berechnen.

CO_2-Vermeidung durch Kernkraft
Um die CO_2-Emission des Flugverkehrs *nachweisbar* und effizient zu kompensieren, wäre es denkbar, ein in China in Planung befindliches Kohlekraftwerksprojekt zu stoppen und stattdessen an gleicher Stelle ein Atomkraftwerk zu

bauen. Recherchieren Sie nun bitte die Investitionskosten pro Kilowatt elektrischer Leistung für ein Kohle- und ein Kernkraftwerk und bringen Sie anhand der Kosten für Kohle und Kernbrennstoff die Betriebskosten in Erfahrung. Berechnen Sie dann aus den Mehrkosten des Kernkraftwerks gegenüber dem Kohlekraftwerk unter der Annahme einer vierzigjährigen Laufzeit die CO_2-Vermeidungskosten.

Meine Beispiellösung dazu sieht folgendermaßen aus. Ich setze für das Atomkraftwerk Investitionen in Höhe von zehntausend Euro pro Kilowatt installierter elektrischer Leistung an. Diese Zahl ist konservativ kalkuliert. In dem MIT-Bericht" The Future of Nuclear Energy in a Carbon-Constrained World" aus dem Jahr 2018 (frei im Internet verfügbar) stellt diese Zahl in Abb. 2.4 die obere Grenze seriöser Schätzungen dar. Die Betriebs- und Brennstoffkosten eines Kernreaktors nehmen nur etwa 20 % des Investitionsvolumens in Anspruch. Deshalb möchte ich sie vernachlässigen. In der 40-jährigen Laufzeit entstehen aus jedem installierten Kilowatt mithin ungefähr 400.000 kWh Strom.

Um den finanziellen Mehraufwand für das Atomkraftwerk gegenüber dem Kohlekraftwerk zu berechnen, nehme ich an, die Investitionskosten für das Kohlekraftwerk seien 0. Dies ist eine Annahme zu Ungunsten der Nuklearenergie. Ich nehme ferner an, das Kohlekraftwerk emittiere pro Kilowattstunde 1 Kilogramm CO_2. In seinem 40-jährigen Leben erzeugt es pro installiertem Kilowatt somit ungefähr 400 Tonnen CO_2. Diese sparen wir durch das Atomkraftwerk ein. Dividieren wir die Differenz von 10.000 EUR durch die eingesparten 400 Tonnen, so erhalten wir als CO_2-Vermeidungskosten 25 EUR pro Tonne.

Falls Ihnen das Investitionsvolumen von 10.000 €/kW zu niedrig erscheint und Sie gern Kosten für Endlagerung, Versicherung und Unvorhergesehenes einpreisen wollen, multiplizieren Sie diese Zahl mit einem Sicherheitsfaktor. Selbst bei einem großzügig bemessenen Faktor 4, also bei 40.000 €/kW, würden wir immer noch wettbewerbsfähige CO_2-Vermeidungskosten in Höhe von 100 €/t erhalten. Dieser Betrag ist kleiner als etwa beim Übergang von Verbrennungsmotoren zu Elektroautos, wie wir im Kap. 3 gesehen haben. Dieser Wert ist auch vergleichbar mit der CO_2-Vermeidung durch große Solarkraftwerke. Falls selbst diese großzügige Rechnung Ihnen nicht vertrauenswürdig erscheint, blättern Sie bitte weiter zum Epilog. Dort finden Sie Zahlen aus einer Studie, deren Auftraggeber der Sympathie für Atomenergie unverdächtig sein dürfte.

Wir sehen an diesem Beispiel, dass der Ersatz von Kohlekraftwerken durch Kernkraftwerke CO_2-Vermeidunsgskosten in der Höhe erzeugt, die Kompensationsanbieter für ihre Maßnahmen angeben. Diese Unternehmen lehnen Kompensation durch Kernkraft jedoch ohne wissenschaftliche Begründung ab, obwohl diese vom Weltklimarat IPCC als CO_2-Vermeidungstechnologie anerkannt ist. So ist bei atmosfair in den Richtlinien für unzulässige Projekttypen auf Seite 3 zu lesen: „Unter dem CDM [Clean Development Mechanism der UN, Anm. d. Verf.] ist lediglich Atomkraft als Technologie ausgeschlossen."

Besteuerung von Kerosin
Um die Klimawirksamkeit der CO_2-Kompensation mit der Besteuerung von Kerosin zu vergleichen, müssen wir die Vermeidungskosten durch Kompensation

7.3 Vergleichende wissenschaftliche Analyse

denen durch Besteuerung gegenüberstellen. Dies können wir durch Anwendung der „Kaffeebechervermeidungskostenformel" tun, die im Anhang erläutert ist. Zur Berechnung benötigen wir drei Zahlen, die CO_2-Intensität, die Kilometerkosten und die Preiselastizität von Flugreisen.

Aus einem Kerosinverbrauch von knapp vier Litern pro hundert Passagierkilometer folgt eine Emission von etwa zehn Kilogramm, was einem Ausstoß von rund hundert Gramm CO_2 pro Passagierkilometer entspricht. Um die Kilometerkosten zu ermitteln, suchen Sie bitte die Rechnungen für Ihre letzten Flugreisen und teilen den jeweiligen Flugpreis durch die geflogenen Kilometer. Für Flüge in der Economy Class werden Sie dabei vermutlich auf eine Größenordnung von zehn Cent pro Kilometer kommen.

Weiterhin benötigen wir die Preiselastizität von Flugreisen. Diese Zahl ist mit großen Unsicherheiten behaftet und hängt überdies von der Buchungsklasse sowie vom Reisezweck ab. Eine Kollegin aus dem DLR hat mir nach der Auswertung von 16 einschlägigen Studien mitgeteilt, dass die Preiselastizität für eine Mischkalkulation aus Urlaubsflügen und anderen Flügen mit hoher Wahrscheinlichkeit in einem Korridor zwischen 0,70 und 2,10 liegt.

Nehmen wir den Wert 0,7 für Kunden mit geringer Preisempfindlichkeit und führen eine Rechnung analog zu unserem Beispiel steigender Heizölpreise aus dem Kap. 5 durch. Dann erhalten wir CO_2-Vermeidungskosten in Höhe von plus 430 €/t. Betrachten wir hingegen den Wert 2,10 für preissensible Kunden, ergeben sich CO_2-Vermeidungskosten in Höhe von minus 520 €/t. Der Mittelwert dieses Kostenkorridors ist mit minus 45 €/t unter den genannten 30 €/t für die CO_2-Kompensation anzusiedeln. Doch müssen wir berücksichtigen, dass es weltweit viele Geschäftsreisende gibt, bei denen die Preiselastizität nach Aussage meiner Kollegin etwa 0,4 bis 1,2 beträgt. Der Wert 0,4 entspricht CO_2-Vermeidungskosten in Höhe von 1.500 €/t. Ich halte es mit Blick auf den relativ hohen Anteil an Geschäftsreisenden im Flugverkehr für sehr wahrscheinlich, dass eine umfassende statistische Analyse für den Fall einer Besteuerung von Kerosin die Information liefern würde, dass positive CO_2-Vermeidungskosten entstünden, die deutlich über 30 €/t lägen.

Somit können wir trotz der Unsicherheit hinsichtlich der Nachfrageelastizitäten bei Zeile 1 in die Spalte „CO_2-Kompensation" eine 1 und in die Spalte „Besteuerung von Kerosin" eine 0 setzen. Zusammenfassend stellen wir fest, dass im Falle eines perfekt funktionierenden Kompensationssystems, welches Klimaschutzmaßnahmen zum Preis von dreißig Euro pro Tonne garantiert, die CO_2-Kompensation gegenüber der Besteuerung von Kerosin mit hoher Wahrscheinlichkeit die Klimaschutzmaßnahme mit den niedrigeren CO_2-Vermeidungskosten wäre.

Die CO_2-Kompensation im Flugverkehr ist ein Paradebeispiel für die zeitlose Gültigkeit des Mephisto-Spruchs: „Grau, teurer Freund, ist alle Theorie. Und grün des Lebens goldner Baum." Es ist deshalb unerlässlich, dass wir uns nach der Einsicht in die holde Theorie dem prallen Leben zuwenden. Um Sie auf den bevorstehenden Praxisschock einzustimmen, lade ich Sie, liebe Leserinnen und Leser, jedoch zunächst auf ein kleines Gedankenexperiment ein.

Nichtrauchen durch Tabakkompensation
Stellen Sie sich bitte vor, es gäbe in Deutschland keine Tabaksteuer und Sie seien Finanzministerin. Eine Packung unversteuerter Zigaretten gäbe es zum Schnäppchenpreis von drei Euro. Der Tabakkonsum sei hoch und wachse. Die Zahl der durch Rauchen hervorgerufenen Erkrankungen steige und belaste die Krankenkassen in zunehmendem Maße. Auf der Webseite https://www.who.int/tobacco/mpower/raise_taxes/en/ der Weltgesundheitsorganisation WHO lesen Sie: "Increasing the price of tobacco through higher taxes is the single most effective way to encourage tobacco users to quit., auf Deutsch: „Die Erhöhung des Tabakpreises durch höhere Steuern ist der effektivste Weg, um Tabakkonsumenten zum Nichtrauchen zu bewegen."

Würden Sie in Anbetracht dieser klaren Beweislage etwas anderes in Erwägung ziehen als die Einführung einer Tabaksteuer? Die Welt um uns herum spiegelt genau diese Einsicht wider. Wir bezahlen für eine Schachtel Zigaretten nicht drei, sondern etwa sechs Euro, wovon die Hälfte als Steuer an den Staat fließt. Der Fiskus nimmt auf diesem Weg pro Jahr etwa vierzehn Milliarden Euro an Tabaksteuern ein und die Steuer übt eine Lenkungswirkung in Richtung eines niedrigeren Zigarettenkonsums aus.

Stellen Sie sich nun bitte vor, ein Berater käme mit der folgenden Idee zu Ihnen: „Für die Verringerung der Gesundheitskosten ist es aus volkswirtschaftlicher Perspektive unerheblich, ob es weniger Lungenkrebs bei Rauchern oder weniger Herzinfarkte bei übergewichtigen Menschen gibt. Statt die Raucher mit hohen Steuern zu belasten, könnten wir einen volkswirtschaftlich effizienteren Weg wählen. Jeder Raucher würde beim Kauf einer Schachtel Zigaretten an der Kasse aufgefordert, eine freiwillige Nikotin-Kompensationsabgabe in Höhe von dreißig Cent zu leisten. Mit dieser Spende wären Sportkurse für dicke Kinder und Wandertage für übergewichtige Männer finanzierbar. Die Maßnahmen reduzieren die Krankheitskosten preiswerter und in stärkerem Maße als die Einführung einer Tabaksteuer, denn hartgesottene Raucher werden trotz Steuer das Rauchen nicht aufgeben. Außerdem fördert das gemeinsame Wandern das gesellige Miteinander und erzeugt positive soziale Nebeneffekte. Die Teilnahme an den Sportkursen und an den Wandertagen wird im Rahmen des Tabakkompensations-Goldstandards von unabhängigen Gutachtern streng überwacht."

Würden Sie sich als Finanzministerin auf eine solche Idee einlassen?

Die Idee ist im Grundsatz korrekt. Doch würden die meisten Menschen vermutlich trotzdem einen weiten Bogen um sie machen. Ihr Bauchgefühl würde sie sofort auf die beiden entscheidenden Schwächen hinweisen. Dem Tabakkompensationssystem mangelt es nämlich an *Verifizierbarkeit*. Außerdem ist die *Zusätzlichkeit* nicht beweisbar. Unter Verifizierbarkeit versteht man die Möglichkeit, die Wirkung einer Maßnahme zweifelsfrei zu belegen und von Dritten prüfen zu lassen. Bei der direkten Besteuerung könnte eine Finanzministerin durch Analyse zweier Zahlen die Wirkung ihrer Maßnahme sofort auf das Genaueste verifizieren: die abnehmende Zahl verkaufter Zigaretten und die Höhe der eingenommenen Tabaksteuer. Sie benötigt dazu weder Goldstandards für das Tabakkompensationswesen noch Inspektoren zur Überwachung von Leibesübungen

7.3 Vergleichende wissenschaftliche Analyse

und erst recht keine Internetseiten mit bunten Werbefotos. Es genügt vielmehr – unromantisch, aber wirkungsvoll – ein strenges und zuverlässig funktionierendes System der Steuererhebung.

Unter Zusätzlichkeit ist der Nachweis zu verstehen, dass beispielsweise der übergewichtige Mann die mittels Tabakkompensation finanzierte Wanderung nicht auch ohne Förderung angetreten hätte. Ein zweifelsfreier Beleg für die Zusätzlichkeit einer Kompensationsmaßnahme ist in der Regel schwierig und in vielen Fällen unmöglich.

Der Exkurs in die Welt der von mir erfundenen Tabakkompensation lehrt, dass für ein *praktisches* Funktionieren eines theoretischen Kompensationssystems die Verifizierbarkeit und die Zusätzlichkeit zwingend beweisbar sein müssen. Ich werde mich im Folgenden auf die Analyse der Verifizierbarkeit konzentrieren, weil dies die notwendige Voraussetzung für die Klimawirksamkeit von Kompensationssystemen ist.

Damit sind wir bei unserer zweiten Analysefrage. Welche der beiden betrachteten Maßnahmen – die CO_2-Kompensation oder die Besteuerung von Kerosin – ist besser verifizierbar?

Verifikation der CO_2-Kompensation

Um Werbeaussagen von Kompensationsanbietern wie atmosfair oder myclimate sowie der internationalen Zivilluftfahrtorganisation ICAO mit dem Kompensationssystem CORSIA interpretieren zu können, ist es hilfreich, ein wenig Hermeneutik zu betreiben: Was ist mit dem Wort *Kompensation* eigentlich genau gemeint?

In der physikalischen Messtechnik existieren *Kompensationsmessverfahren*. Etwa die Balkenwaage ist so ein Fall. Auf eine Waagschale wird ein Apfel platziert, auf die andere Waagschale werden Gewichte gelegt, bis sich beide Waagschalen im Gleichgewicht befinden. Dieses einfache Beispiel verdeutlicht, dass der Begriff Kompensation den *vollständigen* Ausgleich eines physikalischen Effekts meint, in diesem Fall die auf den Apfel wirkende Erdanziehungskraft. In diesem Sinne wird auch der juristische Kompensationsbegriff verstanden, nämlich als vollständiger finanzieller Ausgleich für einen entstandenen Schaden.

Hieraus können wir schließen, dass jeder Fluggast bei CO_2-Kompensation nicht nur erwarten darf, dass das ausgestoßene CO_2 vollumfänglich ausgeglichen wird. Er muss sich überdies darauf verlassen können, dass der Ausgleich zu dem in der Werbung angegebenen Preis pro Tonne CO_2 erfolgt. Positive Nebeneffekte wie etwa die Verbesserung der Lebensbedingungen in afrikanischen Dörfern oder der Beitrag gepflanzter Bäume zur Biodiversität sind zweifellos ehrenwert. Sie sollten jedoch meines Erachtens nicht dazu führen, dass die klimapolitische Beurteilung der CO_2-Kompensation nach dem harten Qualitätskriterium – vollständige Kompensation zum angegebenen Preis – verwässert wird.

Damit kommen wir zu der Frage, welche Kompensationsmaßnahmen eigentlich von den einschlägigen Anbietern finanziert werden. Ich lade Sie, liebe Leserinnen und Leser, nun ein, sich im Internet über Projekte zu informieren, die durch Ihre Spenden entstehen. Lassen Sie sich dabei weder von schönen Worten noch von

Ergebnissen vermeintlich unabhängiger Tests beeindrucken. Verlassen Sie sich nur auf harte Fakten!

Ich habe im Sommer 2019 in meiner Freizeit sämtliche Klimaschutzprojekte der deutschsprachigen Kompensationsanbieter atmosfair, myclimate, Klimakollekte, Primaklima, Arktik und Klimamanufaktur studiert und mit den Unternehmen kommuniziert. Dabei habe ich mich bewusst in die Perspektive eines Bildungsbürgers ohne Spezialwissen versetzt und nur Informationen ausgewertet, die im Internet frei zugänglich waren. Mein Insiderwissen über die Unterschiede zwischen Kompensationsprojekten und Microscale-Projekten sowie über die Differenzierung zwischen einer Zulassung unter dem Clean Development Mechanism und einer Registrierung unter dem Goldstandard habe ich unberücksichtigt gelassen. All meine Bekannten, die ich speziell dazu befragt hatte, berichteten übereinstimmend, dass sie beim Kauf eines Kompensationszertifikats davon ausgehen, dass alle auf den Webseiten beschriebenen Projekte das beim Flug emittierte CO_2 vollständig ausgleichen.

Um die Informationsmenge einzugrenzen, habe ich mich in einem zweiten Schritt in alle Projekte vertieft, die auf meinem Forschungsgebiet, der Energietechnik, angesiedelt sind. Für jedes Projekt habe ich das Internet nach Messdaten durchforstet, um die tatsächlich eingesparte Menge an CO_2 verifizieren zu können.

Vor dem Weiterlesen empfehle ich Ihnen, auf Youtube den Sketch vom Buchbinder Wanninger anzuhören. Würde sein Urheber Karl Valentin noch leben, so würde ich ihm meine Korrespondenz mit Kompensationsanbietern, der Stiftung Gold Standard, Projektentwicklungsfirmen, Entwicklungshelfern sowie mit der Stiftung Warentest für ein Remake seines Klassikers offerieren.

Ich möchte über zwei ausgewählte Energieprojekte berichten. Ich beginne mit einem Projekt von atmosfair, weil diese gemeinnützige GmbH im Jahr 2018 von der Stiftung Warentest als Spitzenreiter auf dem Gebiet der CO_2-Kompensation gekürt wurde. Anschließend beschreibe ich ein Projekt von myclimate, weil diese gemeinnützige Stiftung mit Lufthansa kooperiert und auf deren Webseiten prominent platziert ist. Beide Projekte sind komplementär und nach meiner Einschätzung für das Kompensationswesen repräsentativ.

atmosfair und das Solarkraftwerk India One

Auf den Webseiten von atmosfair habe ich mir in der Rubrik „atmosfair Klimaschutzprojekte nach Technologien" das Technologiefeld „Solarenergie" herausgesucht. Dort wiederum bin ich unter der Rubrik „Gold Standard Microscale Projekte" auf das Projekt „Indien Solarthermie Kraftwerk" gestoßen. Solarthermische Kraftwerke sind mir aus meiner Forschungsarbeit auf dem Gebiet der Hochtemperatur-Wärmespeicher gut bekannt.

Schnell konnte ich in Erfahrung bringen, dass es sich bei dem Projekt „India One" um ein Kraftwerk mit einer elektrischen Leistung von einem Megawatt handelt. Hier wird Sonnenlicht von 770 Spiegeln gebündelt, von denen jeder eine Fläche von etwa 60 Quadratmetern besitzt. Jeder Spiegel fokussiert das Sonnenlicht auf einen eigenen Receiver, in dem sich ein drei Tonnen schwerer Stahlblock befindet. Der Stahlblock dient als Wärmespeicher. Er ist von Rohren umschlungen

7.3 Vergleichende wissenschaftliche Analyse

und macht es möglich, sowohl am Tag als auch in der Nacht Dampf zu erzeugen. Dies ist ein wichtiger Vorteil der Solarthermie gegenüber der Fotovoltaik. Der Dampf wird an eine zentrale Dampfturbine geleitet und erzeugt dort Strom. Damit wird der Campus der Brahma Kumaris World Spiritual University in Mount Abu im indischen Bundesstaat Rajastan mit Elektrizität versorgt. Der Wasserdampf wird bei Bedarf außerdem in der Großküche zum Kochen eingesetzt.

Ich halte die Errichtung von India One unter Leitung des deutschen Entwicklungshelfers Golo Pilz für eine bewundernswerte technische und soziale Leistung, weil Bau und Betrieb unter Einbindung einheimischer Arbeitskräfte sowie unter Einsatz einfacher, vor Ort gefertigter Komponenten erfolgte. Dies darf uns jedoch nicht von der zentralen Frage ablenken, ob das Projekt seine CO_2-Kompensationsfunktion erfüllt.

Was sind die harten Fakten, die sich für eine Verifikation finden lassen?

atmosfair gibt im eigenen Internetauftritt an, das Projekt mit 36.000 EUR gefördert zu haben. Überdies ist nach einigen Recherchen zu erfahren, dass das Solarkraftwerk vom deutschen Bundesumweltministerium über die Gesellschaft für Internationale Zusammenarbeit mit 6 Millionen Euro unterstützt worden ist. In der Dokumentation des indischen Energieministeriums findet sich in der Datei https://mnre.gov.in/file-manager/UserFiles/Solar%20R&D%20Projects/Ongoing-R&D-projects-in-solar-thermal-2.pdf außerdem ein Hinweis, dass das Projekt von indischer Seite mit 185 Mio. Rupien finanziert wurde. Nach dem Umrechnungskurs vom Juni 2019 entspricht dies etwa 2,4 Mio. Euro. Somit muss India One mindestens 8,44 Mio. Euro gekostet haben. Das wären reichlich 8.000 EUR/kW an installierter elektrischer Leistung. Diese Zahl liegt knapp unterhalb konservativer Schätzungen für die Investitionskosten von Kernkraftwerken.

Mit der Kostenschätzung von India One, in der keine Betriebskosten enthalten sind, hatte ich die erste Hälfte der Informationen für die Berechnung der CO_2-Vermeidungskosten beschafft. Als nächstes galt es herauszufinden, wie viel CO_2 durch India One pro Jahr eingespart wird.

Für die Ermittlung der CO_2-Einsparung habe ich von den Webseiten von atmosfair das Dokument https://atmosfair.de/wp-content/uploads/pdd_indiaone_gs1304_05042017.pdf heruntergeladen. Dabei handelt es sich um einen Projektbericht nach den Regeln der Gold Standard Foundation, einer gemeinnützigen Stiftung mit Sitz in Genf, die nach der Überzeugung von Kompensationsanbietern eine unabhängige und strenge Prüfung von Klimaschutzprojekten im Rahmen des Clean Development Mechanism CDM vornimmt.

Befürworter des Goldstandards begründen ihr Vertrauen mit der juristischen Haftbarkeit der Inspektoren für ihre Prüfberichte. Nach meiner Meinung scheint es hingegen Parallelen zwischen der Gold Standard Foundation und Ratingagenturen zu geben. Denen wurde von der Bevölkerung und von Ökonomen eine Mitverantwortung an der Finanzkrise von 2008 vorgeworfen, weil sie die Umetikettierung minderwertiger in vermeintlich hochwertige Finanzprodukte durch wohlwollende Ratings ermöglicht haben sollen.

In dem zitierten Dokument vom 5. April 2017 (Version 2) wird auf Seite 7 berichtet, India One würde jährlich 6.130 MWh Strom erzeugen und dadurch pro Jahr 4.250 Tonnen CO_2 einsparen. Über den 10-jährigen Projektzyklus gerechnet, entspräche dies nach Aussage des Dokuments 42.500 Tonnen. Das Dokument ist auf Seite 42 in Anhang 3 mit der Überschrift "The Gold Standard Foundation, 79 Avenue Louis Casai, Geneva Cointrin, CH-1216, Switzerland" von einem atmosfair-Mitarbeiter namens Denis Machnik unterzeichnet. Für einen Bildungsbürger, der kein Spezialwissen über die Zertifizierungsprozesse der Gold Standard Foundation besitzt, ist es schlichtweg unmöglich, herauszufinden, ob das Dokument von atmosfair, von der Gold Standard Foundation oder vom weiter unten zitierten World Renewable Spiritual Trust und seinem Projektleiter Pilz verantwortet wird.

Gehen wir von den geschätzten Kosten von 8,44 Mio. Euro aus und vertrauen auf die Korrektheit der angegebenen CO_2-Einsparung von 42.500 Tonnen, so kommen wir zu dem Schluss, die CO_2-Vermeidungskosten von India One lägen bei 198 EUR pro Tonne CO_2, also rund 200 €/t. Strecken wir zugunsten des Projekts die Abschreibungszeit der Investition von 10 auf 20 Jahre, so liegen die CO_2-Vermeidungskosten mit 100 €/t immer noch um den Faktor 3 über dem versprochenen Wert von knapp 30 €/t. Ich als Leser käme zu dem Schluss, mit dem von mir gespendeten Geld ließe sich weniger als ein Drittel des bei meinem Flug emittierten CO_2 kompensieren und die einschlägigen Versprechungen seien somit falsch.

Doch die Geschichte ist noch nicht zu Ende.

Als Wissenschaftler vertraue ich nur Behauptungen, die ich anhand von Messdaten selbst überprüfen kann. Dabei spielt es keine Rolle, ob es sich um die Abgase deutscher Dieselautos oder um die Stromeinspeisung indischer Solarkraftwerke handelt. Ich habe deshalb versucht, die CO_2-Einsparungen anhand von Energieproduktionsdaten selbst zu verifizieren. Um es mit den Worten eines Kraftwerksbetreibers auszudrücken: „Energiemix, aktuelle Auslastung, einzelne Blockleistung – geht es um die Details der täglichen Stromproduktion, ist nichts so aussagekräftig wie ein Blick auf die nackten Zahlen."

Diese Worte stammen von dem deutschen Energiekonzern RWE. Auf dessen Internetseiten www.rwe-production-data.com finden Sie im 15-Minuten-Takt aktualisierte Daten der Stromerzeugung aller RWE-Kraftwerke einschließlich der Kohle- und Kernkraftwerke. Dies praktizieren übrigens nicht nur große Energieunternehmen. Auch der Betreiber des im Kap. 6 beschriebenen Windkraftwerks auf der Kanareninsel El Hierro stellt unter www.goronadelviento.es seine Stromproduktionsdaten ins Netz. Sollte diese Transparenz nicht auch für die Energieprojekte zur Flugkompensation gelten? Werfen wir einen Blick auf die Tatsachen.

Ich habe mich im Rahmen meiner Freizeitrecherche auf die Suche nach Einspeisedaten von India One gemacht. Für die Öffentlichkeit sind die beiden Webseiten www.india-one.net und www.brahmakumaris.org die wesentlichen Informationsquellen. Hier finden sich bunte Bilder, blumige Worte und anderer Schnickschnack, aber keine Messdaten. Obwohl es heutzutage in jedem Winkel der Welt mit Computerhardware im Wert von unter hundert Euro möglich ist, die Einspeisedaten erneuerbarer Energieanlagen in Echtzeit ins Netz zu stellen, haben die Betreiber von India One offenbar kein Interesse an dieser Art von Transparenz.

7.3 Vergleichende wissenschaftliche Analyse

Auch scheint keiner der Geldgeber Wert darauf zu legen, dass ein aus deutschen Steuergeldern mit sechs Millionen Euro gefördertes Solarenergieprojekt seine Daten für interessierte Bürger ebenso veröffentlicht wie der Energiekonzern RWE.

Ich habe mich daraufhin an Golo Pilz gewandt, der im Gold-Standard-Dokument unter seinem bürgerlichen Namen Joachim Pilz als Projektverantwortlicher genannt wird. Der Deutsche ist ein ausgesprochen kommunikationsfreudiger Mensch. Er ist auf den Weltklimakonferenzen COP15 – 2009 in Kopenhagen, COP16 – 2010 in Cancun, COP17 – 2011 in Durban, COP18 – 2012 in Doha, COP19 – 2013 in Warschau, COP20 – 2014 in Lima, COP21 – 2015 in Paris und COP22 – 2016 in Marrakesch in Funktionen wie etwa "Delegate and speaker on ethics at the heart of climate change", auf Deutsch: „Delegierter und Sprecher zur Ethik im Herzen des Klimawandels" aufgetreten. Auf Youtube präsentiert sich Pilz eloquent als sympathischer Entwicklungshelfer. Allerdings brach sein Mitteilungsbedürfnis schlagartig zusammen, als ich ihn per E-Mail um Messdaten zur Stromproduktion von India One bat.

Wie atmosfair mir am 10. Oktober 2019 schrieb, hatte India One eine Vereinbarung geschlossen, nach der die öffentliche Kommunikation von Daten allein dem Kompensationsanbieter obliegt. Ich finde es bemerkenswert, dass eine gGmbH, deren Finanzierungsanteil an India One bei weniger als 0,5 % liegt, die Kommunikation über ein 8-Millionen-Projekt kontrolliert. atmosfair bot mir die zeitaufgelösten Messdaten unter der Bedingung an, eine Geheimhaltungsvereinbarung zu unterschreiben. Dies lehnte ich ab. atmosfair wies mich außerdem darauf hin, dass es sich nicht um ein Kompensationsprojekt, sondern um ein „Pilotprojekt" handeln würde. Ich bezweifle allerdings, dass atmosfair die Spender der 36.000 EUR schriftlich darüber informiert hat, dass bei Spenden an „Pilotprojekte" keine CO_2-Kompensation in der versprochenen Höhe zu erwarten ist. Zwischen unserer Korrespondenz im Sommer 2019 und Drucklegung dieses Buches Mitte 2020 ist auf den Webseiten ein entsprechender Hinweis aufgetaucht.

Statt zeitaufgelöster Messdaten habe ich Monatsdaten der Stromproduktion von Juli 2018 bis Juni 2019 ausgewertet. Falls die mir vorliegenden Daten stimmen, hat das Kraftwerk in den Monaten Juli, August und September des Jahres 2018 keine einzige Kilowattstunde an Strom erzeugt, da in dieser Zeit in Indien Regenzeit herrscht. Die Sonneneinstrahlung ist dann für ein solarthermisches Kraftwerk zu gering. Während der verbleibenden Monate hat das Kraftwerk in reichlich 2.800 h knapp 1.150 MWh Strom erzeugt. Dies entspricht 19 % der prognostizierten und im oben zitierten Gold-Standard-Bericht benannten jährlichen Einspeisung. Damit beträgt die vermiedene Menge an CO_2 auch nur 19 % der veröffentlichten 4.250 Tonnen, also 807 Tonnen.

Da die Investition für das Kraftwerk unabhängig von der Produktion auf die Projektlaufzeit verteilt werden muss, ändern sich die jährlichen Investitionskosten nicht. Wenn durch die Investition jedoch nur ein Fünftel an CO_2 gespart wurde, betragen die CO_2-Vermeidungskosten nicht 198 €/t, sondern rund 1.000 €/t. Selbst wenn wir die Abschreibungszeit großzügig auf 20 Jahre verlängern, betragen die Vermeidungskosten immer noch 500 €/t. Lassen wir die politische Schönheit des Projekts einmal außer Acht, dann haben die deutschen und indischen Steuerzahler sowie die Spender von atmosfair eine Klimaschutzmaßnahme finanziert, deren CO_2-Vermeidungskosten höher sind als beim Ersatz von fossilem Kerosin durch synthetisches.

Ergänzend sei gesagt, dass India One kein einziges Kilowatt an installierter Kohlekraftwerkskapazität in Indien überflüssig macht. Sofern wir davon ausgehen, dass die Bewohner von Brahma Kumaris von Juli bis September nicht freiwillig im Dunkeln sitzen und auf warmes Essen verzichten, muss der dortige Energieversorger seinen vollständigen Kraftwerkspark als Reserve für das *nicht* grundlastfähige Kraftwerk India One und andere erneuerbare Energiequellen vorhalten.

Das Fazit meiner Recherchen zu India One lautet, dass es einem interessierten Bürger nicht möglich ist, Messdaten mit stündlicher Auflösung zu beschaffen, wie sie für eine fachgerechte Verifikation der CO_2-Einsparung notwendig sind. Die Richtigkeit der mir vorliegenden Daten kann ich nicht überprüfen. Sie deuten aber darauf hin, dass die Stromproduktion nur etwa ein Fünftel des prognostizierten Werts betrug. Deshalb müssen die CO_2-Vermeidungskosten im Gegensatz zu den angegebenen dreißig Euro pro Tonne in Wirklichkeit bei etwa tausend Euro pro Tonne liegen. Rechne ich zu höchsten Gunsten von India One, dann liegen sie immer noch bei fünfhundert Euro pro Tonne.

Einzelfälle können zuweilen zu Trugschlüssen führen. Deshalb schauen wir uns nun ein Projekt von myclimate aus der Schweiz an, dem Partner von Lufthansa.

myclimate und das Solar-Home-Projekt
Bei einem umfassenden Studium der auf den Webseiten beschriebenen Energieprojekte konnte ich keine Messdaten finden. Ich habe deshalb zur Sicherheit per E-Mail nachgefragt: „Können Sie mir bitte einige Projekte nennen, bei denen Sie Spenden zur CO_2-Kompensation des Fliegens für Windenergie-, Solarenergie-, oder Speicherprojekte einsetzen? Mich interessieren in jedem Fall konkrete Zahlen, an denen ich erkennen kann, wie viel Geld myclimate eingesetzt hat und welche CO_2-Reduktion dadurch erreicht wurde." Ich wurde per E-Mail freundlich und zuvorkommend behandelt, ähnlich wie Inspektor Columbo zu Beginn seiner Ermittlungen. Doch die Antwortmails enthielten keine Messdaten, sondern Links auf verschiedene Dateien und Webseiten. Für mich waren diese Informationen hilfreich, und ich habe sie ausgewertet. Für den myclimate-Kunden, der kein Interesse am Durchwühlen verschachtelter englischer Internetseiten hat, dürfte an diesem Punkt die Beschäftigung mit dem Thema beendet gewesen sein.

Ich habe mir für die Analyse ein Projekt aus Tansania herausgesucht. Hierbei handelt es sich um das Projekt Mobisol Solar Home Systems in Tansania, Aktenzeichen VPA I (GS2528). In dem Projekt werden Solaranlagen mit kleinen Batteriespeichern errichtet, um Dorfbewohnern Zugang zu elektrischer Energie zu geben und den Verbrauch fossiler Brennstoffe für die Beleuchtung zu vermeiden. Das Projekt bildet ein Gegenstück zu India One. Während India One auf Solarthermie beruht, basiert das Tansania-Projekt auf Fotovoltaik. In Tansania wird die Fotovoltaik mit Batterien gekoppelt, wohingegen in Indien Solarthermie an Wärmespeicher angeschlossen ist. India One ist ein zentrales Energieversorgungssystem, das Tansania-Projekt indessen ist dezentral organisiert. Durch diese

Komplementarität ist das Tansania-Projekt gut geeignet, unser Gesamtbild zu vervollständigen.

Auf den Webseiten von myclimate erfährt man, dass das Projekt in Zusammenarbeit mit der deutschen Firma Mobisol aus Berlin realisiert wird. Auf meine Anfrage nach detaillierten Informationen erhielt ich von myclimate vier Dokumente, drei Gold-Standard-Dokumente und ein Clean-Development-Mechanism-Dokument. Keines von ihnen enthielt Messdaten oder andere Quellen, aus denen ich die Menge des eingesparten CO_2 hätte berechnen können.

Mein Versuch, mich mit Mobisol in Verbindung zu setzen, scheiterte zunächst. Das Unternehmen präsentiert sich auf seinen Internetseiten mit dem eindrucksvollen Leitspruch "Trusted German Engineering", auf Deutsch: „vertrauenswürdige deutsche Ingenieurskunst" und zeigt Fotos von fröhlichen Menschen in Afrika nebst Häusern mit Solaranlagen. Nach einigen Recherchen stellte sich heraus, dass sich Mobisol laut einer Pressemeldung vom 24. April 2019 im Insolvenzverfahren befand. Nach mehreren Anläufen gelang es mir trotzdem, mit dem Geschäftsführer Andrew Goodwin in Kontakt zu treten. Er bestätigte mir: "…we do mean that Mobisol does not apply energy production measurements in terms of MWh", auf Deutsch: „wir meinen in der Tat, dass Mobisol keine Stromproduktionsmessungen in Megawattstunden vornimmt." Damit war klar, dass es keine Messdaten gibt und die Klimawirkung des Tansania-Projekts nicht verifiziert werden kann.

Fasse ich meine Recherchen zusammen, die sich auf sämtliche publizierten Energieprojekte der genannten Kompensationsanbieter erstreckten, so ist es mir für kein Projekt gelungen, frei zugängliche Messdaten zu erhalten, aus denen ich die CO_2-Einsparung hätte berechnen können.

Buchbinder Wanninger und die E-Mail-Panne
Aus meinem kurzweiligen Mailverkehr mit Kompensationsanbietern möchte ich noch eine kleine Begebenheit erzählen. Sie nährt den Verdacht, dass sich die meisten Deutschen nicht sonderlich für die Qualität von Kompensationsmaßnahmen zu interessieren scheinen. Nachdem ich bei einem Anbieter mehrfach nachgehakt hatte, verspürte ich ein rapides Nachlassen der Dialogbereitschaft, ähnlich wie Inspektor Columbo in der fortgeschrittenen Phase seiner Ermittlungen. Eines Tages vergaß die Bearbeiterin anscheinend, ihre firmeninterne Korrespondenz zum Umgang mit neugierigen Kunden aus der Mail herauszuschneiden. Und so kam ich in den Genuss dieser aufschlussreichen Zeilen:

„Hallo Manuela[1], dieser Herr ist ehrlich gesagt ziemlich nervig! Er bohrt ganz in die Tiefe und kennt sich selbst leider sehr wenig aus. Ich sehe es nicht als unsere Aufgabe an, ihm den kompletten Prozess und die GS Methodologien neu zu erklären und dafür viel Zeit zu investieren."

---

[1]Name geändert.

Angesichts dieser Tatsache möchte ich Ihnen, liebe Leserinnen und Leser, beim Umgang mit Kompensationsanbietern das Motto des DDR-Fernsehmoderators Hans-Joachim Wolfram aus der Sendung „Außenseiter-Spitzenreiter" ans Herz legen: „Und bleiben Sie immer schön neugierig!"

Die Stiftung Warentest gilt in Deutschland als vertrauenswürdige Instanz. Sie hat Ende 2017 CO_2-Kompensationsangebote getestet. Dabei belegte atmosfair mit der Note sehr gut (0,6) den ersten Platz. Ich habe die Dokumentation in *Finanztest* 3/2018 studiert und mir von der Stiftung Warentest den verwendeten Fragebogen zusenden lassen. Zu meinem Erstaunen hat die Stiftung die CO_2-Kompensation als Finanzprodukt getestet. Dabei handelt es sich technisch gesehen nach meiner Auffassung um eine Reinigungsdienstleistung an der Erdatmosphäre. Die Stiftung hat in ihrem Fragebogen weder Daten über die Menge des kompensierten CO_2 noch über den Umfang der erzeugten erneuerbaren Energie erhoben. Ich halte dies für einen schwerwiegenden methodischen Mangel des Testverfahrens. Die Prüfung einer Kompensationsleistung ohne Inspektion des Kompensationsergebnisses ist nach meiner Einschätzung ungefähr so aussagekräftig wie die Prüfung von Fensterputzern ohne Prüfung der geputzten Fenster.

Ein Mitarbeiter der Stiftung Warentest bestätigte mir gegenüber am 30. Juli 2019 per E-Mail: „Wir haben in unseren Fragebögen keine Messdaten zur CO_2-Reduktion einzelner Projekte abgefragt. Auch zur erzeugten erneuerbaren Energiemenge haben wir keine Fragen gestellt." Daraus ergibt sich meines Erachtens zwangsläufig der Schluss, dass die Prüfergebnisse der Stiftung Warentest zur CO_2-Kompensation wertlos sind.

Im Ergebnis meiner Recherchen komme ich zu der Erkenntnis, dass für die untersuchten CO_2-Kompensationsprodukte eine quantitative Verifikation der CO_2-Vermeidung unmöglich ist. Überdies finde ich starke Indizien, dass viele dieser Produkte die beworbene Ausgleichsfunktion weit verfehlen. Ein System aus Anbietern, Projektentwicklern, Gold-Standard und der Stiftung Warentest sorgt überdies dafür, dass weder die Performance von Kompensationsprodukten gegenüber der Öffentlichkeit transparent noch der Erfolg der Maßnahmen erkennbar ist. Die Situation erinnert mich an die Bewertung von Finanzprodukten im Vorfeld der Finanzkrise 2008.

Der Nobelpreisträger Joseph Stiglitz wurde im *Guardian* vom 22. August 2011 mit den Worten zitiert: „Sie [die Ratingagenturen, Anm. d. Verf.] waren die Partei, die die Alchemie durchführte, die die Wertpapiere von mit F in mit A bewertet umwandelte. Ohne die Mitschuld der Ratingagenturen hätten die Banken nicht das tun können, was sie getan haben."

Im Ergebnis der Untersuchungen können wir für die verifizierbare CO_2-Reduktion in Tab. 7.1 und 7.2 bei der Option „CO_2-Kompensation" eine 0 und bei „Besteuerung von Kerosin" eine 1 eintragen.

Sonstige Emissionen

Kommen wir nun zu Zeile 3 und schauen uns die sonstigen Emissionen an. Neben CO_2 stoßen Flugzeuge weitere klimarelevante Substanzen, nämlich Wasserdampf, Partikel und Stickoxide aus. Sie verändern den Strahlungshaushalt der Atmosphäre

7.3 Vergleichende wissenschaftliche Analyse

auf subtile Weise. Diese Einflüsse werden bei der Berechnung der Klimawirkung oft durch einen pauschalen Korrekturfaktor berücksichtigt, dessen Wert bei zwei bis drei liegt. Das heißt, die CO_2-Rechner im Internet zeigen für eine Flugreise das Zwei- bis Dreifache des realen CO_2-Ausstoßes an. So soll die Klimawirkung der zusätzlichen Emissionen abgebildet werden. Da die CO_2-Kompensation kaum zur Reduktion des Flugverkehrs beiträgt, jedoch die Steuer den Flugverkehr und mit ihm auch die Sekundäremissionen eindämmt, ist für dieses Kriterium die weltweite Besteuerung von Kerosin die wirkungsvollere Variante. Wir tragen deshalb für die Kompensation eine 0 und für die Besteuerung von Kerosin eine 1 in die entsprechende Zeile ein.

Arbeitsplatzeffekte
Als letzten Schritt schauen wir uns die Arbeitsplatzeffekte der beiden Maßnahmen an. Ich nehme bei allen sozio-technischen Betrachtungen an, dass sich der finanzielle Umfang beider Handlungsoptionen näherungsweise gleicht. Dies würde bedeuten, dass wir eine verpflichtende CO_2-Kompensation so bemessen müssten, dass sie jeden Passagier in gleicher Höhe belastet wie die Besteuerung von Kerosin. Welchen Einfluss hätte dies auf Arbeitsplätze in Deutschland und in der Welt?

In beiden Fällen ist es hilfreich, sich unvoreingenommen Klarheit über Verlierer und Gewinner einer Verteuerung von Flugreisen zu verschaffen. Eine globale Preissteigerung bei Flugtickets würde – unabhängig von der gewählten Option – die Luftfahrtindustrie beeinflussen, weil ein Rückgang der weltweit geflogenen Passagierkilometer die Nachfrage nach Flugzeugen, Piloten, Flugbegleitern, Flugsicherungs- und Flughafenpersonal verringern würde.

Auch die Tourismusindustrie im Ausland würde in jedem der beiden Fälle Einbußen erleiden, weil Urlauber einen finanziellen Anreiz zum Verzicht auf lange Flüge hätten. Im Fall teurer Flugtickets würden beispielsweise Ferienreisen für deutsche Touristen nach Indonesien, Thailand, in die Karibik oder auf die Kanarischen Inseln finanziell weniger attraktiv. Dies hätte zur Folge, dass etwa auf Bali der Arbeitsmarkt für Hotelangestellte, Zimmermädchen, Taxifahrer, Kellner und Köche schrumpfen würde. Im Gegenzug würde das Inland für deutsche Urlauber finanziell interessanter werden und in der einheimischen Reisebranche würden neue Arbeitsplätze entstehen. Insofern kann man die Steuerbefreiung von Kerosin als eine Subvention der internationalen Tourismusindustrie oder sogar als Entwicklungshilfe interpretieren – ob sie „gut", „schlecht", „wünschenswert" oder „indiskutabel" ist, liegt ganz im Rahmen persönlicher Werturteile und lässt sich nicht mit den Mitteln der Wissenschaft entscheiden.

Die unterschiedlichen Arbeitsplatzeffekte aufgrund einer Verteuerung von Flügen durch CO_2-Kompensation einerseits oder durch Besteuerung von Kerosin andererseits können wir erst einschätzen, wenn wir die Verwendung der Mehreinnahmen analysieren.

Im Fall einer CO_2-Kompensationszahlung werden die gespendeten Gelder in der Regel in Projekte in Entwicklungsländern investiert. Die Besteuerung von Kerosin würde hingegen die einheimischen Steuereinnahmen erhöhen und

Arbeitsplätze in der deutschen Tourismusindustrie entstehen lassen. Aufgrund der im Vergleich zu Deutschland niedrigen Personalkosten in Ländern wie Indonesien, Thailand, Marokko und Ägypten würde ein und dieselbe Summe in den genannten Ländern mehr Arbeitsplätze schaffen als in Deutschland. Ich komme so zu dem Schluss, dass eine verpflichtende CO_2-Kompensation mit hoher Wahrscheinlichkeit insgesamt einen geringeren Verlust an Arbeitsplätzen hervorrufen würde als eine Besteuerung von Kerosin in gleicher Höhe.

7.4 Vergabe persönlicher Prioritäten

Wie schon in den Kap. 1, 3 und 5 betrachten wir die beiden Personen Alice und Bob, denen wir für unsere Bewertungsmerkmale unterschiedliche Prioritäten zuschreiben. Alice sei ein pragmatisch denkender Mensch. Die theoretische Aussage, dass eine CO_2-Kompensation im Fall einer perfekten Realisierung den größeren Einsparungseffekt an CO_2 ermöglicht, überzeugt sie nicht. Die höchste Priorität misst sie der Frage bei, welche der beiden Varianten nachweislich auch in der Praxis der effizientere Weg der Vermeidung von CO_2 ist. Da Alice auch soziale Belange wichtig sind, ordnet sie dem Arbeitsplatzeffekt die zweithöchste Priorität zu. Die Emissionen jenseits von CO_2 rangieren in Alices Prioritätenliste auf dem vorletzten und die theoretischen CO_2-Emissionen auf dem letzten Platz.

Bob können wir uns als einen Idealisten vorstellen. Er misst dem theoretischen CO_2-Reduktionspotenzial von CO_2-Kompensationsmaßnahmen den höchsten Wert bei, gefolgt von den Arbeitsplatzeffekten. Erst dann kommen in seiner Werteskala die überprüfbaren CO_2-Emissionsreduktionen und zuletzt die sonstigen Emissionen.

7.5 Berechnung des Bewertungsergebnisses

Wie schon in den Kap. 1, 3 und 5 multiplizieren wir in den Tab. 7.1 und 7.2 jeweils die in der Mitte stehenden Prioritäten mit den links und rechts stehenden binären Analyseergebnissen und summieren dann die in der Spalte „Bewertung" stehenden Punkte zu einer Gesamtpunktzahl.

Wir stellen fest, dass für Alice die Option „Besteuerung von Kerosin" besser zu ihren persönlichen Werturteilen passt. Für Bob ist es umgekehrt – für ihn ist „CO_2-Kompensation" die Option mit der höheren Punktzahl und damit die adäquatere.

Ich möchte die sozio-technische Analyse mit dem Hinweis abschließen, dass aus den Tabellen weder folgt, dass sich Alice bedingungslos für eine Besteuerung von Kerosin ausspricht, noch dass Bob vehement für eine verpflichtende CO_2-Kompensation votiert. Unsere Analyse macht lediglich eine Aussage darüber, welche von beiden Optionen Alice oder Bob bevorzugen würden, wenn sie zu einer Auswahl zwischen den Alternativen gezwungen wären. Es liegt im Rahmen des Denkbaren, dass Alice die Besteuerung von Kerosin gegenüber der CO_2-Kompensation für die bessere Variante des Klimaschutzes hält, jedoch am liebsten weder Kerosin besteuern noch CO_2 kompensieren würde.

7.6 Blick in die Zukunft: elektrisches Fliegen

Nach der sozio-technischen Analyse möchte ich etwas spekulieren, welchen Einfluss eine allmähliche Verteuerung von CO_2 auf die weltweite Luftfahrt hätte. Die Überlegungen sind unabhängig davon, durch welche der beiden betrachteten Maßnahmen das Fliegen teurer würde.

Fliegen bei steigendem CO_2-Preis
Um ein anschauliches Bild von einer Welt mit teurer werdendem Flugverkehr zeichnen zu können, ist es hilfreich, einen konkreten Mechanismus für diese Entwicklung anzunehmen. Für unser Gedankenexperiment stellen wir uns vor, die im Epilog beschriebene unsichtbare Hand würde die Kosten für die Extraktion von Erdöl, Erdgas und Kohle schrittweise erhöhen. Die dort erwähnte Preissteigerung von Kalk ist für den Flugverkehr ohne Bedeutung. Allerdings ist es offensichtlich, dass ein Preisanstieg von Erdöl unmittelbar zu einer Verteuerung des Fliegens führen würde. Da auch Kohle kostspieliger würde, wäre es für die Menschheit unwirtschaftlich, den Preisanstieg für Erdöl durch die Herstellung von Kerosin aus Kohle umgehen zu wollen. Doch welche Innovationen könnten sich im Flugverkehr durchsetzen oder würden sogar beschleunigt, wenn die Preise für Gas, Öl und Kohle sich gleichzeitig erhöhten?

Generell gibt es für die Dekarbonisierung des Flugverkehrs bei Verteuerung fossiler Rohstoffe drei Möglichkeiten. Erstens kann die Luftfahrt von fossilem auf synthetisches, CO_2-neutrales Kerosin umsteigen. Zweitens können Flugzeuge mit klimaneutralem Wasserstoff in Kombination mit Gasturbinen oder Brennstoffzellen und Elektroantrieben fliegen. Drittens wäre auch batterieelektrisches Fliegen mit Strom aus erneuerbaren Quellen oder Kernenergie denkbar. Alle diese Optionen sind derzeit kostspieliger als das Fliegen mit fossilem Kerosin. Eine Verteuerung fossiler Energieträger würde die Preisdifferenz zu den drei Alternativen verringern und in der Luftfahrtindustrie Anreize für eine Umstellung schaffen. Noch bevor sich jedoch die Luftfahrtindustrie durch neue Innovationszyklen steigenden Kosten fossiler Energieträger angepasst haben könnte, würden Fluggäste unmittelbar auf Preissteigerungen reagieren.

Ich hatte zu Beginn des Kapitels die Aussage zitiert, die Luftfahrt sei nur für einen kleinen Anteil der weltweiten CO_2-Emissionen verantwortlich. Diese These ist korrekt. Aus ihr folgt jedoch keineswegs, dass eine Verteuerung fossiler Energieträger spurlos an der Luftfahrtindustrie vorbeiginge. Wir hatten bei der Erörterung der Preiselastizität von Flugreisen gesehen, dass besonders Privatreisende sehr sensibel auf Preiserhöhungen von Flugtickets reagieren. Diese Tatsache spiegelt sich darin wider, dass die zugehörigen Elastizitäten größer als Eins sind und damit zu negativen CO_2-Vermeidungskosten führen. Als erste Antwort auf teurer werdende Tickets würde deshalb der Verzicht auf Flugreisen einsetzen. Zweitens würden kostspieligere Flugtickets eine Verlagerung auf andere Verkehrsmittel nach sich ziehen. Im Interkontinentalverkehr wäre dies möglicherweise die Schiffsreise. Im Kurzstreckenverkehr wären dies Auto, Bus und Bahn.

Welche Innovationen würden in den Bereichen synthetisches Kerosin und elektrisches Fliegen entstehen?

Synthetisches Kerosin
Wie im Kap. 6 beschrieben, hat mein ehemaliger Doktorand Daniel König unter Leitung meines Kollegen Ralph-Uwe Dietrich berechnet, dass sich bei derzeitigen Erzeugungskosten für deutschen Offshore-Windstrom von 14 Cent/kWh synthetisches Kerosin mit der heute verfügbaren Technologie zu einem Preis von über 3 €/L herstellen lässt. Dies ist mehr als das 5-Fache der Kosten von fossilem Kerosin. Wollte man den heutigen Luftverkehr hierauf umstellen, so würden sich das Flugticket Frankfurt – Berlin von 100 EUR auf 150 EUR, der Urlaubstrip nach Mallorca von 150 EUR auf 450 EUR und das Business-Class-Ticket von München nach San Francisco von 5.000 EUR auf 7.000 EUR verteuern. Die Preisanstiege unterscheiden sich prozentual, weil die Treibstoffkosten bei Kurz- und Langstreckenflügen unterschiedliche Anteile am Ticketpreis ausmachen. Solche Preisanstiege sind auf den ersten Blick drastisch. Doch das Bild relativiert sich, wenn wir zwei weitere Zahlen betrachten.

Sollte es eines Tages möglich sein, Ökostrom zu deutlich niedrigeren Kosten zu erzeugen, so könnte der Literpreis für synthetisches Kerosin auf unter einen Euro fallen. Sänken nun auch die Investitionskosten für die Elektrolysetechnologie auf einen Preis von etwa dreihundert Euro pro Kilowatt, so könnte der Preis in einem optimistischen Szenario langfristig sogar auf unter sechzig Cent pro Liter schrumpfen. Diese Zahlen verdeutlichen, dass billiger Strom und preiswerte Elektrolyse die Schlüssel für die Herstellung von synthetischem Kerosin in großem Maßstab sind.

Falls der Rohölpreis in Zukunft wieder anzieht, werden die Preise für fossiles Kerosin langfristig ansteigen. Die Preiskurve für erneuerbares synthetisches Kerosin wird hingegen mit hoher Wahrscheinlichkeit langfristig sinken, weil die Elektrolyse- und die Synthesetechnologie aufgrund des technologischen Fortschritts geringere Investitionen erfordern werden. Derzeit kann man jedoch noch nicht absehen, wann das synthetische Kerosin günstiger wird als das fossile.

Neben der Erzeugung von synthetischem Kerosin ist es grundsätzlich auch möglich, Teile des Flugverkehrs ebenso zu elektrifizieren, wie wir dies im Autoverkehr derzeit diskutieren. Diese Aktivitäten werden in der Fachwelt unter dem Namen *elektrisches Fliegen* erforscht.

Systematik elektrischer Flugzeuge
Elektrisches Fliegen steht für Flugzeuge, Hubschrauber und Drohnen, deren Propeller von Elektromotoren angetrieben werden. Doch dies sagt noch nichts darüber aus, woher die Energie für das Fliegen kommt. Je nach Energiespeichertechnologie lassen sich drei Kategorien unterscheiden.

7.6 Blick in die Zukunft: elektrisches Fliegen

In einem nachhaltigen Energiesystem der Zukunft wird vermutlich Strom aus CO_2-neutralen Quellen wie Sonne, Wind, Wasserkraft, Erdwärme, Biomasse, Kohle mit CO_2-Abscheidung, Atomenergie und eventuell Kernfusion als Primärenergiequelle gelten. Dann wird es sinnvoll sein, Elektroflugzeuge nach dem Veredelungsgrad des Stroms in die drei Kategorien 0, 1 und 2 einzuteilen.

Bei Elektroflugzeugen der Kategorie 0 wird Strom als Primärenergie direkt an Bord des Flugzeugs gespeichert. Dies geschieht in Batterien. Aus der Batterie gelangt der Strom zu den Elektromotoren und treibt die Propeller an. Batterieflugzeuge sind bereits über die Alpen geflogen und haben den Ärmelkanal überquert. Das Solarflugzeug Solar Impulse stellt einen Sonderfall dar. Es bezieht seine Energie aus Solarzellen und benötigt Batterien nur für den Nachtflug. Da die Energiedichte von Batterien jedoch hundertmal kleiner ist als von Kerosin, ist die Reichweite von Batterieflugzeugen beschränkt. Kurzstrecken wie Stuttgart – Leipzig könnten in Zukunft batteriebetrieben realisierbar sein. Doch gilt es in der Fachwelt als sicher, dass kein Batterieflugzeug in absehbarer Zukunft Passagiere von Frankfurt nach Tokio bringen wird.

Um größere Reichweiten als mit reinem Batteriebetrieb zu ermöglichen, ist es notwendig, den Strom in einer höheren Speicherdichte an Bord mitzuführen, als es eine Batterie zulässt. Eine solche Veredelung des Stroms kann am Boden durch Elektrolyse erfolgen. Hierbei wird Wasser in seine Bestandteile Wasserstoff und Sauerstoff aufgespalten und der Wasserstoff an Bord des Elektroflugzeugs in einem Druckbehälter transportiert. Bei Elektroflugzeugen der Kategorie 1 wird der Wasserstoff an Bord mittels einer Brennstoffzelle in Strom umgewandelt, der dann die Elektromotoren der Propeller antreibt. Da Brennstoffzellen zwar mehr Energie bereitstellen können, aber im Vergleich zu Batterien bei identischer Leistung größer sind, werden sie mit einer Batterie gekoppelt. Beim Start und beim Steigflug verdoppelt die Batterie die Leistung der Brennstoffzelle. Im Reiseflug und beim Sinkflug lädt die Brennstoffzelle die Batterie nach. Mein Kollege Josef Kallo hat diese Antriebstechnologie mit dem Wasserstoffflugzeug HY4 erfolgreich demonstriert. Mit Wasserstoffantrieben lassen sich in Zukunft Mittelstrecken wie etwa von Frankfurt nach Mallorca bedienen.

Um große Flugzeuge elektrisch anzutreiben oder mit kleinen Flugzeugen interkontinentale Reichweiten zu erzielen, ist es notwendig, Energie in noch höherer Speicherdichte an Bord zu haben. Eine solche Veredelung des Stroms kann geschehen, indem Wasserstoff unter Hinzunahme von CO_2 aus Biomasse oder aus Industrieprozessen zu Flüssigtreibstoff verarbeitet wird. Dies ist durch Einsatz des Fischer-Tropsch-Verfahrens möglich. Mit dieser Technologie hat Deutschland bereits im Zweiten Weltkrieg synthetisches Benzin hergestellt, allerdings nicht aus Ökostrom, sondern aus heimischer Kohle. Bei Elektroflugzeugen der Kategorie 2 treibt CO_2-neutrales synthetisches Kerosin eine Gasturbinen-Generator-Einheit an, die elektrische Energie bereitstellt. Dieser Strom setzt einen Elektromotor in Bewegung, der seinerseits die Propeller antreibt. Eine zusätzliche Batterie ermöglicht die für den Start notwendige höhere Leistung. Während die Gasturbinen eines gewöhnlichen Flugzeugs für maximalen Schub beim Start konzipiert sind und im Reiseflug nicht den optimalen Wirkungsgrad haben, können Gasturbinen-

Batterie-Hybridsysteme eine wesentlich höhere Effizienz erreichen. Denn die Gasturbinen-Generator-Einheit kann immer im Punkt des maximalen Wirkungsgrades betrieben werden.

Die Veredelung des Stroms hat freilich ihren Preis: Überschlägig lässt sich sagen, dass eine Kilowattstunde CO_2-neutrale Antriebsenergie in der Kategorie 0 (Strom) heute etwa 10 Cent kostet. Die gleiche Energiemenge schlägt in der Kategorie 1 (Wasserstoff) mit ungefähr 20 Cent zu Buche, da zusätzlich zur Stromerzeugung auch die Elektrolyse finanziert werden muss. In der Kategorie 3 (synthetisches CO_2-neutrales Kerosin) beläuft sich eine Kilowattstunde Energie auf 15 bis 30 Cent, weil neben dem Ökostrom und der Elektrolyse auch die Fischer-Tropsch-Anlage refinanziert werden muss. Die absoluten Zahlen werden sich in den kommenden Jahren ändern, weil erneuerbare Energie mit dem technologischen Fortschritt preiswerter wird. Das Verhältnis 1:2:3 der Primärenergiekosten in den Kategorien 0, 1 und 2 wird nach meiner Vermutung näherungsweise konstant bleiben.

Um die Bedeutung dieser Zahlen zu ermessen, sei noch erwähnt, dass eine Kilowattstunde Energie aus fossilem Kerosin heute nur etwa fünf Cent kostet!

Quo vadis elektrisches Fliegen?
Die Entwicklungspfade des elektrischen Luftverkehrs lassen sich noch nicht im Einzelnen vorhersagen. Gleichwohl ist bereits heute erkennbar, dass sich elektrisches Fliegen vermutlich in zwei Geschäftsfelder aufspalten wird. Zum einen werden Passagierflugzeuge von der Größe, wie wir sie heute kennen, in Zukunft schrittweise elektrifiziert. Hierdurch können bestehende Flugverbindungen energieeffizienter und mit weniger Emissionen bedient werden. Zum anderen deuten sich aber für kleine elektrische Flugzeuge mit einer Kapazität unter zehn Passagieren neue Geschäftsmodelle an. Im Zeitalter der Digitalisierung und Automatisierung ist es denkbar, dass diese in Kombination mit bodengebundenen automatisierten Verkehrsmitteln neue Mobilitätsformen ermöglichen.

Eine Reise zwischen den Universitätsstädten Ilmenau und Rostock dauert heute mit dem Auto fünf und mit der Bahn sieben Stunden. Daran werden weder revolutionäre Fahrzeugkonzepte noch neue ICE-Verbindungen etwas ändern. Regelmäßige Flüge zwischen den Flugplätzen Pennewitz bei Ilmenau und Rostock-Laage sind mit heutigen Passagierflugzeugen nicht wirtschaftlich betreibbar. Hingegen könnte ein viersitziges, über digitale Mitflugplattformen vernetztes Elektroflugzeug der Zukunft die Distanz zwischen Rostock und Ilmenau in zwei Stunden überbrücken. Ein Dienstreisender würde mit seinem Fahrzeug in fünfzehn Minuten vom Campus Ilmenau zum Flugplatz Pennewitz und mit einem Mietwagen von Rostock-Laage zum Campus der Universität fahren. So ist es durchaus realistisch, dass dezentrale Flugverbindungen, eingebettet in autonome bodengebundene Verkehrsmittel, bald einen Beitrag zur Entwicklung des ländlichen Raumes leisten. In Deutschland gibt es neben den 24 bekannten größeren Verkehrsflughäfen rund 400 kleine Flughäfen und Landeplätze. Das Potenzial für dezentrale multimodale Mobilität mit Elektroflugzeugen ist also enorm.

Gelegentlich wird die Frage gestellt: „Wollen wir im Jahr 2050 tatsächlich Schwärme kleiner Elektroflugzeuge durch die Luft schwirren lassen?" Die Technikgeschichte zeigt freilich, dass zwischen Prognose und eintretender Realität oft eine große Kluft besteht – wie im Falle von Kaiser Wilhelm II, der einst das Automobil als „vorübergehende Erscheinung" einstufte und dem heutigen Status quo von über einer Milliarde Autos fassungslos gegenüberstünde. Deshalb ist auch bei Prognosen zum elektrischen Fliegen Vorsicht geboten.

7.7 Fazit und Bewertungstabellen

Unsere eingangs formulierte Behauptung über das Fliegen lässt sich im Ergebnis unserer Analyse durch die folgenden Thesen auf eine rationale Basis stellen.

1. *Die CO_2-Emissionen der Luftfahrt können entweder durch CO_2-Kompensation ausgeglichen oder durch CO_2-Reduktion verringert werden.*
2. *Bei der CO_2-Kompensation werden Emissionen der Luftfahrt durch CO_2-Reduktionsmaßnahmen in anderen Branchen ausgeglichen, die durch niedrigere CO_2-Vermeidungskosten gekennzeichnet sind.*
3. *Bei der CO_2-Reduktion werden die Emissionen entweder durch eine Verringerung der CO_2-Intensität des Fliegens oder durch die Abnahme der weltweit zurückgelegten Passagierkilometer gemindert.*
4. *Die CO_2-Intensität des Fliegens kann durch CO_2-neutrales synthetisches Kerosin, durch Verwendung von CO_2-neutral erzeugtem Wasserstoff oder durch batterieelektrische Flugzeugantriebe auf der Basis CO_2-freier elektrischer Energie sowie durch Effizienzmaßnahmen wie Leichtbau, Aerodynamik und optimierte Flugrouten verringert werden.*
5. *Die Zahl der weltweit zurückgelegten Passagierkilometer kann durch Verteuerung des Fliegens, durch Rationierung von Passagierkilometern oder durch das Verbot bestimmter Flugkategorien wie beispielsweise Kurzstreckenflüge reduziert werden.*
6. *Die beiden Optionen verpflichtende CO_2-Kompensation und Besteuerung von fossilem Kerosin wurden noch nie umfassend vergleichend bewertet. In Anbetracht der stark eingeschränkten Verifizierbarkeit von CO_2-Kompensationsmaßnahmen sowie der Schwierigkeit, deren Zusätzlichkeit nachzuweisen, ist mit hoher Wahrscheinlichkeit die Besteuerung von Kerosin das effektivere und effizientere Instrument zur Reduktion der CO_2-Emissionen.*
7. *Beide Optionen hätten Arbeitsplatzverluste in der globalen Tourismusindustrie sowie in der Luftfahrtindustrie zur Folge. Im Gegenzug würden Arbeitsplätze im heimischen Tourismus entstehen. Mit hoher Wahrscheinlichkeit wären die Arbeitsplatzeffekte im Falle einer CO_2-Kompensation milder.*

Epilog: Die Hypothese von der unsichtbaren Hand

Die Hypothese: „Könnte eine unsichtbare Hand die Lagerstätten von Gas, Öl, Kohle und Kalk jeden Tag um einige Meter tiefer ins Erdinnere versenken, so würde der Aufwand für ihre Förderung schrittweise ins Unendliche steigen. Dies zöge eine Verteuerung der Rohstoffe nach sich. Das entstehende Preissignal würde sich entlang der Wertschöpfungskette in die gesamte Weltwirtschaft ausbreiten und eine marktwirtschaftliche Dekarbonisierung des globalen Energiesystems bewirken. Die ausgelösten Klimaschutzmaßnahmen wären vielfältiger und effizienter als in staatlich geplanten Klimaschutzstrategien."

Während meiner Studienzeit wohnte ich mit meiner Frau eine Zeit lang in einer Wohngemeinschaft in einem abrissreifen Haus in der Dresdner Friedrichstadt. In dem Objekt lebte Frau Sohr als letzte reguläre Mieterin – so kamen wir in den Genuss von Strom und Wasser. Von dieser Grundversorgung abgesehen, lag unser Wohnkomfort knapp über dem Niveau von Dharavi. In einem teleologischen Sinne habe ich diesem kurzen Lebensabschnitt in der maroden Bausubstanz der DDR eine tiefschürfende Erkenntnis zum Klimaschutz zu verdanken.

Durch das undichte Dach tropfte Regenwasser. Um unsere Wohnung trocken zu halten, stellten wir eine alte Badewanne auf den Dachboden und hofften, sie würde das Regenwasser sammeln. Leider stellte sich heraus, dass die Wanne verrostet war. Die braune Brühe ergoss sich durch unzählige Löcher auf den Dachboden und von dort in unsere Küche. Meine Frau, einige weitere studentische Mitbewohner und ich diskutierten lange über mögliche Lösungen. Am Tisch waren mehrere Rotweinflaschen sowie der geballte theoretische Sachverstand der Studienfächer Physik, Werkstoffkunde, Chemie und Mathematik versammelt, um zu entscheiden, wie die Löcher in der Badewanne gestopft werden könnten.

Wir versuchten es mit Kaugummis. Zunächst schien dies tatsächlich zu funktionieren, doch nach dem ersten Frostwochenende zerbröselten sie und die Überschwemmungen waren wieder da. Ein Kommilitone hatte sich in der Zwischenzeit aufs Dach gewagt und festgestellt, dass die Undichtigkeit von einigen kaputten

Dachziegeln herrührte. Zwei von uns besaßen vom Klettern im Elbsandsteingebirge Sicherungsausrüstung. Wir stiegen aufs Dach und dichteten die kaputte Stelle mit einer alten Plane ab. Das Problem war fürs Erste gelöst. Statt einige Dutzend Löcher in der Badewanne abzudichten, hatte eine einzige Plane an der Quelle des Übels genügt. Am Ende hat uns die Aktion freilich wenig genutzt. Einige Wochen später, im Frühjahr 1986, verstarb Frau Sohr. Das Haus wurde wegen Baufälligkeit gesperrt und wir Studenten mussten ausziehen. Nebenbei bemerkt, war dies kein Einzelfall. Es war das normale Schicksal alter Wohnhäuser in der Planwirtschaft der DDR mit staatlich gedeckelten Mieten.

33 Jahre später las ich auf *Zeit-Online* den Artikel „Tausend kleine Taten für das Klima". Dort berichtete eine Redakteurin: „Habe ich meinen Korb vergessen, nehme ich im Laden eine PET-Recyclingtasche mit. Sie sind unglaublich stabil und ich verwende sie jahrelang für alles Mögliche." Angesichts dieser klimapolitischen Heldentat – man müsste auf 100.000 Plastiktüten verzichten, um die CO_2-Jahresemission eines Deutschen einzusparen – dachte ich unwillkürlich an unsere Kaugummis. Mich erinnerten die tausend kleinen Taten im Kampf gegen den Klimawandel an die Kaugummis im Kampf gegen das undichte Dach. Alsdann stellte ich mir die Frage: Können tausende Kleintaten nicht durch wenige Großtaten ersetzt werden – wie das Abdichten des Daches mit einer Plane? Daraus leitete sich für mich eine Grundsatzfrage ab: Gibt es einen Königsweg in die CO_2-neutrale Zukunft?

Königsweg zum Klimaschutz?
Wir streiten im Alltag oft, ob eine bestimmte Maßnahme „besser" oder „schlechter" für das Klima sei als eine andere. Aus unseren Analysen in den Kap. 1 bis 7 haben wir gelernt, dass für die Effizienz eines einzelnen Klimaschutzinstruments die CO_2-Vermeidungskosten als Richtschnur dienen können. Doch es bleibt die Herausforderung, die vielen Einzelstrategien zu einer konsistenten Klimapolitik zusammenzuführen. Es wäre daher wünschenswert, einen Goldstandard für den Klimaschutz zu identifizieren.

Gläubige Menschen denken sich möglicherweise zuweilen: „Was täte wohl der liebe Gott, wenn er die Menschheit von ihrer Abhängigkeit von fossilen Energieträgern befreien wollte?" Auch einem Atheisten sei die Frage gestattet, wie eine höhere Macht vorgehen würde, um der Menschheit ihre Sucht nach Gas, Öl, Kohle und Kalk auszutreiben. Um nicht auf religiöses Glatteis zu gelangen, möchte ich diese hypothetische Macht im Folgenden als *unsichtbare Hand* bezeichnen. Der hier verwendete Begriff steht in keiner direkten Beziehung zur ökonomischen Theorie von Adam Smith. Er besitzt jedoch im vorliegenden Text wie in der Ökonomie eine gleichermaßen sinnbildliche Bedeutung.

Was müsste eine unsichtbare Hand unternehmen, um die CO_2-Emissionen der Menschheit in den kommenden Jahrzehnten auf einen Bruchteil des heutigen Wertes von reichlich 35 Mrd. Tonnen pro Jahr oder 5 Tonnen pro Kopf zu reduzieren?

Bevor ich meine Hypothese formuliere, möchte ich noch einmal darauf hinweisen, auf welche Rohstoffe wir verzichten müssten. Die fossilen Rohstoffe Gas, Öl und Kohle sind in der Klimadiskussion allgegenwärtig. Wie bereits im Kap. 5

besprochen, gibt es als vierten wichtigen Rohstoff den Kalk. Der unter dem chemischen Namen Kalziumkarbonat ($CaCO_3$) bekannte Stoff ist Ausgangsmaterial für die Herstellung von Zement und Beton. Kalziumkarbonat wird weltweit im Umfang von Millionen Tonnen jährlich gefördert und durch Kalkbrennen in Kalziumoxid (CaO), im Volksmund Branntkalk, verwandelt. Hierbei entstehen aus jedem Molekül Kalziumkarbonat ein Molekül Kalziumoxid und ein Molekül Kohlendioxid. Das Kalkbrennen ist neben der Nutzung von Gas, Öl und Kohle die vierte große, globale Quelle von CO_2.

Um die vier Stoffströme Gas, Öl, Kohle und Kalk zum Erliegen zu bringen, müsste die unsichtbare Hand zwei Bedingungen erfüllen. Die unsichtbare Hand müsste erstens effektiv sein. Das heißt, sie müsste garantieren, dass der Verbrauch an Gas, Öl, Kohle und Kalk tatsächlich gedrosselt wird. Die unsichtbare Hand müsste zweitens effizient sein. Das heißt, sie sollte maximale Wirkung bei minimalem Aufwand entfalten. Schauen wir uns einige denkbare Aktionen der unsichtbaren Hand an.

Selektive Verbote

Eine naheliegende Strategie der unsichtbaren Hand könnte sein, der Menschheit Aktivitäten zu verbieten, die mit hohen CO_2-Emissionen verbunden sind. Hierzu gehören das ausgiebige Fleischessen, das Fliegen in den Karibikurlaub, das Fahren schwerer Autos, das Klimatisieren geräumiger Wohnungen und das Bauen großer Betongebäude. Ein solcher Verbots-Tsunami setzt am Ende des Kohlenstoffzyklus an und ist aus mindestens zwei Gründen wirkungslos. Erstens wäre die notwendige Regulierungsdichte sehr hoch. Vergleichen wir Klimaschutz mit dem Abdichten der löchrigen Badewanne in meinem Einführungsbeispiel, so hätten wir mit den genannten Beispielen fünf Löcher gestopft. Doch die Vielzahl unserer CO_2-Emissionen ist wie eine Badewanne mit tausend Löchern. All diese Löcher zu stopfen, würde sogar die mächtige unsichtbare Hand überfordern. Zweitens führen selektive Verbote zu Widersprüchen und Widerständen. So wäre es theoretisch denkbar, SUV zu verbieten. Doch passt es zusammen, Geländewagen zu bannen, aber Spazierfahrten mit gewöhnlichen Autos zu erlauben?

Emissionshandel

Ein alternativer Weg der unsichtbaren Hand könnte darin bestehen, einen *weltweiten* CO_2-Emissionshandel einzuführen. Jedem Verursacher von CO_2 werden Emissionsrechte in Form von Zertifikaten zugeteilt, so wie es in der Europäischen Union schon heute der Fall ist. Die Zertifikate können gehandelt werden. Sind die Zertifikate einmal verteilt, ist ein solcher Handel eine marktwirtschaftliche Arena und kann die Emissionen wirksam begrenzen, sofern die Zahl der Zertifikate zügig verringert wird. Als marktwirtschaftliches Instrument ist der Emissionshandel grundsätzlich auch kosteneffizienter als ordnungsrechtliche Maßnahmen einzelner Staaten wie der deutsche Kohleausstieg. Jedoch ist seine praktische Effizienz nach meiner Überzeugung aus zwei Gründen begrenzt.

Erstens setzt der CO_2-Emissionshandel relativ spät im Kohlenstoffzyklus an. Er berücksichtigt somit nicht alle Emittenten. Im heutigen System werden beispielsweise Interkontinentalflüge und private Pkw nicht erfasst. Letzteres ließe sich teilweise beheben, indem nicht Millionen Autofahrer, sondern Ölraffinerien Zertifikate erwerben müssten. Zweitens ist die Zuteilung der Zertifikate stets mit Willkür verbunden. Werden Rechte durch Regierungsentscheidungen auf der Basis früherer Emissionen zugewiesen – im englischen Sprachgebrauch als *grandfathering* bezeichnet – so gibt es meines Erachtens keinen zwischen allen Ländern der Erde einvernehmlichen Algorithmus, mit dem sich diese Verteilung objektivieren ließe. Wie will man beispielsweise begründen, dass ein *existierendes* chinesisches Stahlwerk kostenlos Zertifikate erhält, nicht aber ein Investor für ein *geplantes* indisches Hochofenprojekt? Werden Zertifikate hingegen weltweit versteigert, so würde dies Unternehmen in wirtschaftsschwachen Nationen benachteiligen. Solange die Zuteilung bei den Emissionen und nicht an der Quelle ansetzt, würde außerdem der Verwaltungsaufwand bei Hinzunahme immer neuer Emittenten nach meiner Einschätzung ins Unermessliche steigen.

Denken wir noch einmal an die Anekdote mit dem undichten Dach zurück. Dort erwies es sich als einfacher, *ein* Loch im Dach zu stopfen als hundert in der Badewanne. Wäre es deshalb nicht wirksamer, wenn die unsichtbare Hand in ihrer Wirkung im frühesten Moment im Kohlenstoffzyklus einsetzen könnte? Während die Zahl der CO_2-Emissionsmechanismen riesig ist, beginnt der Kohlenstoffzyklus mit lediglich vier Stoffströmen – den Strömen von Gas, Öl, Kohle und Kalk. Könnte die unsichtbare Hand nicht dort ansetzen?

CO_2-Steuer

Bei einer wachsenden Zahl von Klimaökonomen hat sich in den letzten Jahren die Überzeugung verdichtet, dass eine weltweite Besteuerung von CO_2 sowohl ein effektives als auch ein effizientes Werkzeug des Klimaschutzes sei. Eine unsichtbare Hand könnte erwirken, dass jedes Unternehmen bei der Förderung von Gas, Öl, Kohle oder Kalk eine international festgesetzte Steuer an den Staat abführt, in dem die Förderung erfolgt. Der Steuersatz müsste für jeden der vier Rohstoffe separat festgesetzt werden und so bemessen sein, dass auf jeder freigesetzten Tonne CO_2 die gleiche Steuerlast liegt.

Befürworter einer solchen CO_2-Steuer argumentieren, sie hätte eine Lenkungswirkung auf den Verbrauch. Sie führen außerdem ins Feld, dass den Förderstaaten große Geldmengen zufließen würden, die für Bildung, Soziales und Umwelt ausgegeben werden könnten. Kritiker entgegnen, dass die meisten Staaten nicht in der Lage sind, Steuern zuverlässig einzutreiben. Selbst wenn die Steuer vollständig erhoben werden könnte, befürchten Kritiker, dass Politiker die Milliarden nicht zum Wohl des Volkes, sondern für Prestigeprojekte ausgeben würden. Sie wenden zudem darauf ein, dass Steueraufkommen in Milliardenhöhe Korruption und Nepotismus in instabilen Staaten begünstigen. Sie verweisen dabei auf die Ineffizienz von Entwicklungshilfegeldern. Schlussendlich sind viele Menschen der Meinung, Geld sei in den Händen der Bürger besser aufgehoben als in den Händen von Politikern.

Wie kann eine unsichtbare Hand die Wirkung einer weltweiten CO_2-Steuer nachahmen, ohne tatsächlich Steuern zu erheben?

Dies könnte dadurch gelingen, dass die unsichtbare Hand die Förderung erschwert, ohne bei den Förderunternehmen Geld abzuschöpfen. Dann gäbe es zwar keine Steuergelder zu verteilen, es könnten aber umgekehrt auch keine Steuergelder verschwendet werden.

Die Hypothese
Der volle Wortlaut meiner Hypothese ist am Anfang des Kapitels formuliert. Vereinfacht könnte man auch sagen: Macht die unsichtbare Hand Gas, Öl, Kohle und Kalk teurer, sorgt der Markt von ganz allein für effektiven und effizienten Klimaschutz. Obwohl es sich nur um ein Gedankenexperiment handelt, nicht um ein politisches Instrument, möchte ich die getroffenen Aussagen präzisieren.

Die metaphorische unsichtbare Hand verfolgt das Ziel, die Förderung von Gas, Öl, Kohle und Kalk zu erschweren, sodass die CO_2-Emission der Menschheit kontrolliert auf ein gewünschtes Maß absinkt. Hypothetisch könnte dies geschehen, indem die unsichtbare Hand die genannten Rohstoffe immer tiefer ins Erdinnere versenkt. Nehmen wir als willkürliches Zahlenbeispiel an, alle Kohleflöze sackten pro Tag um einen Meter ab, so würden sich diese nach drei Jahren in einer Tiefe von etwa einem Kilometer befinden. Durch die Absenkung der Lagerstätten würde sich die Rohstoffgewinnung für die Förderunternehmen immer weiter verteuern. Die Firmen müssten die höheren Förderpreise an die Käufer weitergeben. Es entstünde ein Preissignal, welches sich durch sämtliche kohlebasierten Produkte und durch die gesamte Weltwirtschaft zöge. Gleiches würde für Öl, Gas und Kalk gelten.

Mit der Erläuterung eines Mechanismus zur CO_2-gerechten Preiserhöhung für kohlenstoffhaltige Rohstoffe habe ich den ersten Teil meiner Hypothese präzisiert. Der zweite Teil der Hypothese lautet, dass diese Art der Rohstoffverteuerung durch die unsichtbare Hand effizienter wäre als jede staatlich geplante Klimaschutzstrategie. Diese Behauptung gilt es nun zu begründen.

Wie wir in den Kap. 1, 3, 5 und 7 gesehen haben, stehen der Bevölkerung und der Industrie als Antwort auf CO_2-Verteuerung zahlreiche Möglichkeiten der CO_2-Emissionsvermeidung zur Verfügung. So könnten Bürger der Besteuerung von Kerosin zum Beispiel durch Verzicht auf Flugreisen, durch Benutzung der Bahn oder durch Umstieg von der Business-Class auf die Economy-Class begegnen. Fluggesellschaften und Flugzeughersteller könnten durch synthetisches Kerosin, engere Bestuhlung, effizientere Triebwerke und elektrisches Fliegen mit Wasserstoff und Brennstoffzellen reagieren. Wie wir weiterhin gesehen haben, werden bei Preisanstiegen für CO_2 in einer Marktwirtschaft die Anpassungsmassnahmen in der Reihenfolge ihrer CO_2-Vermeidungskosten aktiviert. Zuerst erfolgen die Handlungen mit negativen CO_2-Vermeidungskosten, also Strategien nach dem Motto „durch Verzicht Geld sparen und weniger CO_2 erzeugen". Anschliessend kommen die Instrumente mit positiven Vermeidungskosten zum Einsatz.

Der wichtigste Unterschied zwischen dem Walten einer unsichtbaren Hand und der Klimapolitik demokratisch gewählter Regierungen besteht darin, dass die unsichtbare Hand CO_2 unerbittlich verteuert, während Regierungen Rücksicht auf ihre Wähler nehmen müssen. Als Antwort auf die universelle weltweite Wirkung der unsichtbaren Hand werden Bürger und Unternehmen erfahrungsgemäß *sämtliche* Maßnahmen mit negativen CO_2-Vermeidungskosten aktivieren. Demokratisch gewählte Regierungen unterliegen hingegen dem Einfluss ihrer Wähler sowie verschiedener Interessengruppen, Nichtregierungsorganisationen und Lobbyverbände. Sie machen deshalb einen weiten Bogen um unpopuläre Maßnahmen und gewähren ihren Bürgern und Unternehmen Steuerbefreiungen, Subventionen und Rabatte. Wir können dies nicht nur an deutschen Subventionen wie dem Dienstwagensteuerprivileg erkennen, die wir im Kap. 3 erörtert haben. Ein Beispiel aus den USA verdeutlicht den Widerstreit zwischen Klimaschutz und Demokratie sehr anschaulich.

Ich reise regelmäßig zu Energiekonferenzen in die USA. Dort werden eindrucksvolle Modellvorhaben mit elektrisch betriebenen Bussen und Bahnen vorgestellt. In den Kaffeepausen stelle ich meinen amerikanischen Kollegen oft dieselbe Frage: „In Eurem Land kostet eine Gallone Benzin ungefähr drei Dollar. Damit ist Sprit bei Euch durchschnittlich nur halb so teuer wie in Deutschland. Würde die volkswirtschaftlich effizienteste Klimaschutzmaßnahme nicht einfach darin bestehen, Benzin in den USA höher zu besteuern?" Hinter vorgehaltener Hand geben mir sämtliche Kollegen in dieser Frage recht. Sie betonen jedoch, kein amerikanischer Politiker dürfe diese volkswirtschaftliche Binsenweisheit ungestraft aussprechen. Er würde damit sein politisches Todesurteil heraufbeschwören. Daran ist erkennbar, dass in einer Demokratie weite Teile der Bevölkerung und viele Politiker von Klimaschutz reden. Geht es jedoch um Wohlstand und Wählerstimmen, bleibt von den Bekenntnissen oft wenig übrig.

Damit haben wir gesehen, warum staatliche Klimapolitik ineffizienter ist als die Wirkung der unsichtbaren Hand. Damit ist keineswegs gesagt, das Wirken der unsichtbaren Hand sei „besser" oder „schlechter" als Klimaschutz in Demokratien. Die Effizienz bezieht sich dabei lediglich auf das Verhältnis zwischen CO_2-Reduktion und finanziellem Aufwand.

Die Hypothese von der unsichtbaren Hand ist in der geschilderten Form reine Fiktion. Selbst wenn eine Umsetzung im Rahmen des Möglichen läge, wäre sie für viele nicht wünschenswert! Die Hypothese übt jedoch eine wichtige Kompassfunktion aus, an der sich die volkswirtschaftliche Effizienz realer klimapolitischer Maßnahmen messen kann. Die Hypothese weist gleichsam den effizientesten Weg in eine CO_2-neutrale Zukunft: Ebenso wie ein Wanderer nicht dem Weg einer Kugel folgt, die von einem Berg geradewegs ins Tal rollt, sondern stattdessen Serpentinen geht, muss die politische Umsetzung von Klimaschutzmaßnahmen zuweilen Umwege in Kauf nehmen. Somit hilft die Hypothese beim Einordnen und Bewerten konkreter klimapolitischer Maßnahmen, denen wir im Alltag begegnen. Wir wollen uns deshalb die Folgen der unsichtbaren Hand für die drei wichtigsten volkswirtschaftlichen Akteure, nämlich für Bürger, Unternehmen und Regierungen ansehen.

Folgen für Bürger: Umweltschutz und Wohlstandsrückgang
Welche Auswirkungen hätte die unsichtbare Hand auf das Leben der Bürger?

Die CO_2-gerechte Verteuerung von Gas, Öl, Kohle und Kalk würde eine verzweigte Wirkungskette nach sich ziehen. Jedes Produkt und jede Dienstleistung erführe einen Preissprung, dessen Höhe exakt seiner CO_2-Bilanz entspräche. Einerseits würde dies nach meiner Einschätzung weltweit einen Wohlstandsrückgang erzeugen. Andererseits hätte ein CO_2-gerechter Preisanstieg einen Befreiungsschlag zur Folge: Moralaposteln wäre der Boden für ihre Entsagungspredigten entzogen. Stattdessen würden die Gesetze der Marktwirtschaft die Nachfrage nach CO_2-intensiven Gütern automatisch abklingen lassen. Nicht die Ächtung von SUV oder Fleisch, sondern die Preiselastizitäten von Flugreisen und Geländewagen würden die CO_2-Emissionen dämpfen. Durch die Verteuerung von Waren und Dienstleistungen mit hoher CO_2-Intensität würden Anreize zum Umstieg auf CO_2-arme Substitute gesetzt.

Bei CO_2-gerechten Rohstoffpreisen würden Verbraucher ohne fremde Belehrungen feststellen, dass sich beispielsweise Fleisch stärker verteuert als Kartoffeln. Die Ursache hierfür liegt darin, dass für die Tierhaltung große Futtermengen notwendig sind. Deren Herstellung emittiert mehr CO_2 als der Anbau von Gemüse. Auch Reiseziele wären von ideologischer Last befreit: Schüler würden entdecken, dass eine Abschlussfahrt mit dem Fahrrad in den Thüringer Wald schonender für den Geldbeutel ist als ein Flug nach London.

Eine bereits zitierte Volksweisheit besagt, das empfindlichste Sinnesorgan des Menschen sei der Geldbeutel. Der Einfallsreichtum der Bürger beim Schonen des eigenen Portemonnaies ist unvergleichlich größer als die Fähigkeit von Politikern zur Schonung des Staatssäckels. Kann es demzufolge etwas Effizienteres geben, als den Klimaschutz den empfindlichsten Sinnesorganen von sieben Milliarden Menschen anzuvertrauen?

Neben dem offensichtlichen ökologischen Nutzen sollten wir die sozialen Kosten hoher CO_2-Preise nicht aus den Augen verlieren.

Die unsichtbare Hand würde den Kohlepreis prozentual am stärksten verteuern, weil Kohle heute der mit Abstand billigste fossile Energieträger ist. In China und Indien sind in den vergangenen dreißig Jahren mehrere hundert Millionen Menschen der Armut entkommen und können ein menschenwürdiges Leben in wachsendem Wohlstand führen. Etwas präziser ausgedrückt: Die chinesische Regierung hat seit den Marktreformen von 1978 nach Schätzungen der Weltbank mehr als achthundert Millionen Menschen aus der Armut geholt. Dies gilt in geringerem Maß auch für andere Entwicklungs- und Schwellenländer. Die Erfolge im Kampf gegen Armut sind zum einen auf die Globalisierung und die Leistungsbereitschaft der Bevölkerung zurückzuführen. Zum anderen hat jedoch die Verfügbarkeit preiswerter elektrischer Energie aus Kohle zur Steigerung des Lebensstandards beigetragen. Eine Verteuerung von Strom infolge steigender Kohlepreise würde wahrscheinlich den mühsam erarbeiteten materiellen Wohlstand zunichtemachen. Und das für hunderte Millionen Menschen. Auch die Wettbewerbsfähigkeit der Industrie in Entwicklungs- und Schwellenländern hängt von der preiswerten Verfügbarkeit von Kohlestrom ab. Die ersten Leidtragenden einer globalen Erhöhung von CO_2-Preisen wären somit vermutlich einkommensschwache Menschen in Entwicklungs- und Schwellenländern.

Um den Preisanstieg und die CO_2-Emissionen von Kohlestrom in Entwicklungs- und Schwellenländern zu kompensieren, müssten wohlhabende Nationen wie Deutschland und die USA hohe Transferzahlungen in Länder wie China, Indien und Indonesien leisten. Ein solches Element ist in der Architektur des Pariser Klimavertrags ansatzweise abgebildet – als dritte Säule neben der Reduktion der CO_2-Emissionen und den Maßnahmen zur Anpassung an den Klimawandel. Doch haben die meisten Bürger keine Vorstellung über die Höhe der Transferzahlungen, die für einen wirksamen Klimaschutz nötig wären.

Stellen wir uns für einen Moment vor, die Bürger der OECD-Staaten müssten die Investitionskosten für die Errichtung eines CO_2-armen Energie- und Verkehrssystems in China aufbringen, um den CO_2-Ausstoß im Reich der Mitte von derzeit sieben Tonnen pro Kopf auf den weltweiten Durchschnitt von fünf Tonnen abzusenken. Gehen wir von CO_2-Vermeidungskosten in Höhe von hundert Euro pro Tonne aus, wie sie nach den Berechnungen meines Instituts beim Umbau von Kohlekraftwerken in erneuerbare Wärmespeicherkraftwerke an sonnenreichen Standorten anfallen. Dann wären allein für China drei Milliarden Tonnen CO_2 einzusparen. Dies würde pro Jahr mit dreihundert Milliarden Euro zu Buche schlagen. Hierfür hätte jeder OECD-Bürger pro Jahr dreihundert Euro aufzubringen. Dabei ist zu beachten, dass die Absenkung der chinesischen CO_2-Emissionen von sieben auf fünf Tonnen kein ambitioniertes Klimaschutzziel ist und nicht einmal für die Erfüllung des Zwei-Grad-Ziels ausreicht, von 1,5 °C ganz zu schweigen. Ferner ist zu berücksichtigen, dass der nächste Reduktionsschritt, sagen wir von fünf auf drei Tonnen, wesentlich mehr kostet als der erste.

Zusammengefasst würde die unsichtbare Hand für die Bürger einerseits Umweltschutz und andererseits eine Erhöhung der Lebenshaltungskosten und eine Verringerung des materiellen Lebensniveaus bewirken. Ohne internationalen Finanzausgleich hätten Menschen in Entwicklungs- und Schwellenländern die Hauptlast des Transformationsprozesses zu tragen. Mit einem internationalen Finanzausgleich würden in den Geberländern hohe Transferkosten anfallen. Die Menschheit müsste abwägen zwischen den Erfolgschancen von Klimaschutzinstrumenten und den Kosten für Anpassungsmaßnahmen an den Klimawandel. Wer trägt das finanzielle Risiko, wenn billionenschwere Klimaschutzprogramme zwar einerseits den weltweiten Wohlstand einschränken, aber andererseits die prognostizierte Klimaschutzwirkung verfehlen?

Folgen für Unternehmer: planbarer Aufstieg CO_2-armer Technologien
Welche Auswirkungen hätte die unsichtbare Hand auf Unternehmen?

Unternehmer äußern gern den Wunsch, die „Politik" möge langfristig stabile energiepolitische Randbedingungen schaffen. Oft sind diese Forderungen mit Lobliedern auf chinesische Staatspläne verknüpft. So nachvollziehbar das Streben nach Beständigkeit aus Unternehmersicht ist, so wenig kann eine Demokratie solche Kontinuität garantieren. Es steht den Wählern frei, sich in jeder neuen Wahlperiode für neue Parteien und neue Energiepolitik zu entscheiden. Die deutsche

Atompolitik im Jahr 2011 ist Spiegel dieses Umstands. Unerwartete energiepolitische Wendungen können sich in Demokratien auch in Zukunft jederzeit wiederholen.

Im Gegensatz zur behutsamen Demokratie waltet die unsichtbare Hand brutal.

Sie nimmt bei der Verteuerung von Rohstoffen keine Rücksicht auf Befindlichkeiten von Unternehmern und Wählern. Dies eröffnet für Firmen zugleich Chancen und Risiken. Die Chancen bestehen darin, dass die Entwicklung CO_2-armer Technologien profitable Geschäftsmodelle hervorbringt. Die Risiken liegen darin, dass CO_2-intensive Industriezweige sterben.

Der Mechanismus lässt sich am Beispiel großer Kraftwerke veranschaulichen. Die unsichtbare Hand würde von selbst zum Verschwinden fossiler Technologien mit hohen CO_2-Emissionen führen. Dies gilt etwa für Kohlekraftwerke. Ich kann mich an keine Kommission erinnern, die Ende der Achtzigerjahre um einen gesellschaftlichen Konsens zum Schreibmaschinenausstieg gerungen hätte. In einer marktwirtschaftlichen Welt CO_2-gerechter Kohlepreise gilt gleiches für den Kohleausstieg. Der Preis von Kohlestrom würde sich erhöhen. Dadurch würde der Kostenvorteil gegenüber erneuerbarem Strom und Atomstrom schrumpfen. Kohlekraftwerke wären eines Tages unrentabel. Ihre Stilllegung würde dann mit einem leisen Wimmern erfolgen, so wie die Verschrottung von Schreibmaschinen vor dreißig Jahren. Zwei Zahlenbeispiele mögen dies illustrieren.

In einer DLR-Arbeitsgruppe haben wir die CO_2-Vermeidungskosten beim Umbau von Kohlekraftwerken zu Wärmespeicherkraftwerken berechnet. Hierbei wird die Kohleverbrennung durch Wärmezufuhr aus einem Hochtemperatur-Wärmespeicher ersetzt. Der Flüssigsalz-Wärmespeicher wird durch erneuerbaren Strom aus dem Umfeld des Kraftwerks auf etwa 550 °C erhitzt. Bei Bedarf kann die Wärme verstromt werden. Durch den Umbau können die CO_2-Emissionen des Kohlekraftwerks je nach Größe des Wärmespeichers verringert oder sogar zum Verschwinden gebracht werden. Nach unseren Rechnungen lässt sich damit an ergiebigen Standorten CO_2 mit einem Aufwand von nur hundert Euro pro Tonne vermeiden. Sobald die unsichtbare Hand den CO_2-Preis in diese Höhe treibt, würde ein Umbau eines Kohlekraftwerks zu einem Wärmespeicherkraftwerk wirtschaftlicher sein als sein Weiterbetrieb.

Die Verteuerung von Kohlestrom würde nicht nur Wärmespeicherkraftwerke begünstigen. Sie käme vermutlich auch einem Konjunkturprogramm für Solarkraftwerke, Windparks und Atomkraftwerke gleich. Wir hatten uns bei der Diskussion der CO_2-Kompensation des Flugverkehrs bereits im Kap. 7 mit der Frage der CO_2-Vermeidungskosten beim Ersatz von Kohlekraftwerken durch Kernkraftwerke beschäftigt. Diese Kosten hatte ich konservativ mit 25 €/t und maximal mit 100 €/t veranschlagt. Bei der konservativen Schätzung hatte ich einen Bericht des MIT zugrunde gelegt, bei den Maximalkosten einen von mir gewählten zusätzlichen Sicherheitsfaktor 4.

Falls Sie befürchten, dass entweder das MIT oder ich zugunsten der Kernenergie urteilen, empfehle ich Ihnen den Bericht „Was Strom wirklich kostet" vom Forum ökologisch-soziale Marktwirtschaft aus dem Jahr 2017 (im Internet frei verfügbar). Auf Seite 26 finden Sie in Abb. 6 einen Vergleich „Gesamtgesellschaftliche Kosten der Stromerzeugung im Jahr 2016". Dort sind die Vollkosten für Steinkohlestrom mit 13,4 Cent, für Atomstrom inklusive „nicht internalisierte externe Kosten" mit 15,1 Cent und inklusive „externe Kosten Atomenergie, oberer Wert der Bandbreite" mit 37,8 Cent/kWh angegeben. Aus den ersten beiden Zahlen ergeben sich für den Umstieg von Kohlestrom auf Atomstrom CO_2-Vermeidungskosten in Höhe von rund 20 €/t. Aus der ersten und der dritten Zahl ergeben sich etwa 200 €/t. Dabei habe ich eine Emission von etwa 1 kg CO_2 pro kWh Kohlestrom angenommen. Der berechnete Kostenkorridor 20 bis 200 €/t schließt den von mir geschätzten Kostenkorridor 25 bis 100 €/t ein. Die beiden unabhängigen Rechenergebnisse stehen somit miteinander im Einklang.

Der Bericht „Was Strom wirklich kostet" stellt keine qualitätsgesicherte Veröffentlichung im Sinne der DFG-Grundsätze guter wissenschaftlicher Praxis aus dem Kap. 2 dar. Er dürfte jedoch über jeglichen Verdacht der Parteinahme für die Kernenergie erhaben sein. Es handelt sich nämlich um eine Untersuchung im Auftrag von Greenpeace Energy. Die Obergrenze von zweihundert Euro pro Tonne ist preiswerter als die CO_2-Vermeidungskosten für Elektroautos und klimaneutrales Kerosin, die wir in den Kap. 3 und 6 behandelt haben. Diese Rechnung auf Grundschulniveau zeigt, dass die Behauptung des DIW-Forschungsdirektors Christian von Hirschhausen, „dass Atomkraft niemals wettbewerbsfähig gewesen ist, es zurzeit nicht ist und, wie wir zeigen, *auch nicht werden wird.*" [Hervorh. d. Verf.] („DIW-Wochenbericht" 30/2019, S. 521) nicht korrekt ist. Spätestens ab einem CO_2-Preis von 200 €/t ist die These wissenschaftlich unhaltbar, zumal für die Erreichung des Zwei-Grad-Ziels laut Weltklimarat IPCC CO_2-Preise weit über 200 €/t erforderlich sein werden. Für das Ziel 1,5 °C gilt das erst recht.

Fassen wir die Wirkung der unsichtbaren Hand auf Unternehmen zusammen, so können wir sagen, dass sie sich in planbaren Randbedingungen, im Aufstieg CO_2-armer sowie im Niedergang CO_2-intensiver Waren und Dienstleistungen bemerkbar machen würde.

Folgen für den Staat: Steuerrückgang und Personaleinsparung
Welche Auswirkungen hätte die unsichtbare Hand auf den Staat?

Ein wichtiger Effekt der unsichtbaren Hand dürfte ein Rückgang des Steueraufkommens sein. Wegen der Verteuerung CO_2-emittierender Rohstoffe würde deren Verbrauch zurückgehen. Deutschland nimmt pro Jahr etwa vierzig Milliarden Euro an Mineralölsteuer ein. Das ist ungefähr ein Achtel des Bundeshaushalts. Bei Wegfall eines Teils dieser Einnahmen würden weniger Steuermittel in den Staatshaushalt fließen. In letzter Instanz müssten dann Wähler entscheiden, ob Staatsausgaben verringert oder Steuern erhöht werden. Dieses Beispiel zeigt, dass die oft kolportierte Formel „Klimaschutz = soziale Gerechtigkeit" nicht korrekt ist.

Ein weiterer Effekt der unsichtbaren Hand betrifft das Wirken von Staatsdienern. Staatliche Behörden verantworten eine breite Palette energie- und klimapolitischer Maßnahmen, angefangen bei globalen Erfordernissen wie der Formulierung von Leitplanken für die Mitgestaltung internationaler Klimakonferenzen durch die Bundesrepublik bis hin zu feinkörnigen Arbeiten wie Richtlinien zur Begrenzung der Warmhaltefunktion bei elektrischen Kaffeemaschinen. Letztere werden von zahlreichen Menschen als Ausdruck staatlicher Regulierungswut empfunden. Da sie überdies oft von EU-Behörden initiiert werden, erzeugen sie in Teilen der Bevölkerung eine EU-kritische Haltung.

Unter Wirkung der unsichtbaren Hand würden internationale Abstimmungsprozesse zu grundlegenden Klimafragen vermutlich weiterhin notwendig sein. Im Gegensatz dazu halte ich es für ausgemacht, dass bei berechenbar steigenden Preisen für fossile Rohstoffe regulatorische Regelwerke wie etwa Gesetze zur Häuserdämmung, Effizienzrichtlinien für Kühlschränke oder Verordnungen über die Standbyfunktion von Toastern überflüssig würden.

Dies hätte zur Folge, dass der Personalbedarf in einschlägigen Behörden zurückgehen würde. Dann könnte der Personalbestand verringert werden und die Personalkosten würden sinken oder aber Beamte könnten für andere Arbeiten eingesetzt werden.

Ein dritter Effekt der unsichtbaren Hand wäre eine Verteuerung von Reisen mit CO_2-intensiven Verkehrsmitteln. Dadurch würden beispielsweise die Fahrten der – mit Stand November 2019 – 751 EU-Parlamentarier zwischen Brüssel und Straßburg an zwölf Sitzungsterminen pro Jahr kostspieliger. Jeder EU-Parlamentarier emittiert aufgrund dieser Doppelstruktur zusätzlich jedes Jahr etwa eine Tonne CO_2 – ungefähr ein Zehntel der deutschen Pro-Kopf-Emissionen. Angesichts des vom EU-Parlament erklärten „Klimanotstands" könnten steigende Reisekosten auf Strecken wie Brüssel – Straßburg oder auch Berlin – Bonn die Erkenntnis befördern, dass die Beseitigung derlei ineffizienter Parallelstrukturen wertvolle Beiträge zum Klimaschutz leisten könnte.

Konsequenzen für mich?
Die Hypothese der unsichtbaren Hand erlaubt es Ihnen, liebe Leserinnen und Leser, die Konsequenzen aus den Preiserhöhungen bei fossilen Rohstoffen für Ihr tägliches Leben selbst zu berechnen.

Stellen Sie sich dazu vor, die unsichtbare Hand hätte Rohstoffe so weit verteuert, dass die Emission einer Tonne CO_2 100 EUR kostet. Diese Zahl lässt sich in Preisaufschläge bekannter Waren aus unserem Alltagsleben übersetzen. Wir hatten bereits in früheren Kapiteln herausgearbeitet, dass die Kosten für einen Liter Benzin von 1,50 EUR auf 1,80 EUR, eine Tonne Kohle von 100 EUR auf etwa 300 EUR und einen Kubikmeter Gas von 60 Cent auf 90 Cent hochschnellen würden.

Stellen Sie nun eine Liste der Waren und Dienstleistungen zusammen, die den größten Teil Ihres Haushaltseinkommens ausmachen. Versuchen Sie dann zu bestimmen, wie viel Gas, Öl, Kohle und Kalk in diesen Produkten steckt und wie stark sich die Preise erhöhen würden. Überlegen Sie sich dann, worauf sie verzichten würden. Wiederholen Sie Ihre Rechnung anschließend mit CO_2-Preisen von zweihundert und fünfhundert Euro pro Tonne.

Um eine Vorstellung der internationalen Dimension dieses Szenarios zu erhalten, können Sie die ermittelten Preisaufschläge zusätzlich auf die Kaufkraft eines durchschnittlichen Erdenbürgers umrechnen. Bei einer Weltbevölkerung von reichlich sieben Milliarden Menschen und einem globalen Bruttosozialprodukt von über siebzig Billionen Euro erwirtschaftet jeder Erdbewohner im Durchschnitt zehntausend Euro pro Jahr. Das deutsche Bruttosozialprodukt liegt beim Vierfachen dieses Betrags. Obwohl das Bruttosozialprodukt kein unmittelbares Maß für Kaufkraft darstellt, ist es mit dieser korreliert. Eine weltumspannende Benzinpreiserhöhung von dreißig Cent pro Liter fühlt sich demzufolge für den durchschnittlichen Erdenbürger ungefähr viermal so schmerzhaft an wie für einen durchschnittlichen Deutschen. An dieser Rechnung können wir zum wiederholten Mal erkennen, dass eine globale Verteuerung fossiler Rohstoffe Menschen in Entwicklungs- und Schwellenländern besonders hart treffen würde.

Unsichtbare Hand und CO_2-Bremse
Bislang habe ich die Hypothese von der unsichtbaren Hand als Gedankenexperiment beschrieben – ohne Aussicht auf Umsetzung. Die unsichtbare Hand, wie immer sie auch praktisch ins Werk gesetzt sein mag, würde beim internationalen Anstieg der Lebenshaltungskosten auf Menschen in Entwicklungs- und Schwellenländern keine Rücksicht nehmen. Deshalb dürfte es dort vermutlich keine Mehrheit für einen solchen Weg geben.

Ungeachtet dessen wollen wir uns abschließend fragen, wie die Wirkung der unsichtbaren Hand möglicherweise nachgebildet werden könnte. Ich habe dazu ein Konzept mit dem Namen *CO_2-Bremse* formuliert. Im Englischen spreche ich von *Global Carbon Surcharge*.

Im Jahr 2016 hatte ich in einem Interview mit dem Ökonomen Hans-Werner Sinn gelesen, die Abschaffung des 500-Euro-Scheins würde für Banken die Bargeldlagerung kostspieliger machen. Könnten die Banken diese Last an ihre Kunden weitergeben, entstünde ein Strafzins von 0,2 %. So kam mir diese Idee: Würden alle Rohstoffunternehmen der Welt Gas, Öl, Kohle und Kalk zwischen Förderung und Verkauf einlagern, so würden die Investitionskosten für die Lagerhallen zu einer Verteuerung der Bodenschätze führen – nach der gleichen Logik wie beim 500-Euro-Schein. Da die Materialien bei ihrer Verwertung CO_2 emittieren, käme deren Verteuerung einer Besteuerung von CO_2 gleich. Im Unterschied zu einer Steuer würden die Einnahmen jedoch nicht an den Staat fließen, sondern in privater Hand verbleiben. Deshalb habe ich das Konzept nicht CO_2-*Steuer* genannt, sondern CO_2-*Bremse*.

Die reale CO_2-Bremse
In einer Kurzstudie haben meine Kolleginnen Kristina Nienhaus, Thomas Pregger und Martin Klein den effektiven CO_2-Aufpreis berechnet, der durch Einlagerung der Bodenschätze in Eisenbahnwaggons entsteht. Dieses Konzept bezeichne ich als *reale CO_2-Bremse*. Die *virtuelle CO_2-Bremse* auf der Basis von Kryptowährungen werde ich weiter unten erläutern.

Unsere Berechnungen waren 2018 abgeschlossen. Doch es dauerte länger als bis zum Redaktionsschluss dieses Buches, bis unser Manuskript den Qualitätssicherungsprozess der Fachzeitschrift *Energy, Sustainability and Society* mit drei kritischen anonymen Gutachtern durchlaufen hatte. Im Februar 2020 erschien unsere Arbeit unter dem Titel "Global carbon surcharge for the reduction of anthropogenic emission of carbon dioxide" und ist seither unter https://doi.org/10.1186/s13705-020-0242-z frei verfügbar. Qualitätsgesichertes Veröffentlichen – das im Kap. 2 erörterte Kriterium guter wissenschaftlicher Praxis – ist für unsere Arbeit somit erfüllt. Die Veröffentlichung beweist, dass auch spekulative Ideen abseits ausgetretener Pfade ihren Weg in die Fachliteratur finden, sofern die Autoren den steinigen Weg des Peer-Review zu gehen bereit sind.

Wir haben für Erdgas ausgerechnet, dass eine viermonatige Lagerung in Druckbehältern auf Eisenbahnwaggons einen effektiven Preisaufschlag von hundert Euro pro Tonne erzeugt. Klimaökonomen betrachten einen CO_2-Preis in dieser Höhe als Mindestvoraussetzung für eine wirkungsvolle Dekarbonisierung der Weltwirtschaft. Die Waggons können überdies auf den Oberseiten mit QR-Codes versehen sein. Dadurch hätten engagierte Bürger die Möglichkeit, auf der Grundlage frei verfügbarer Satellitendaten die korrekte Lagerzeit zu überprüfen.

Die von uns erwogene Verpflichtung von Bergbaukonzernen zum teuren Lagern eigener Produkte „ist doch ziemlich sadistisch, wenn ich so sagen darf" – meinte ein bekannter deutscher Ökonom. Dem ist im Grundsatz nicht zu widersprechen. Doch hat Richard Heede vom Climate Accountability Institute in Colorado im Jahr 2014 gezeigt, dass zwei Drittel der von 1751 bis 2010 weltweit ausgestoßenen Klimagase von neunzig Unternehmen verursacht worden sind ("Tracing anthropogenic carbon dioxide and methane emissions to fossil fuel and cement producers, 1854–2010", *Climatic Change* (2014) 122:229–241). Das sind weniger als die rund zweihundert Staaten der Erde, die für freiwillige Klimaschutzverpflichtungen unter einen Hut gebracht werden müssen. Eine Vereinbarung zwischen sieben Milliarden Bürgern und neunzig Konzernen ist meines Erachtens nicht weniger aussichtsreich als zwischen sieben Milliarden Bürgern und zweihundert Regierungen. Ich gestehe, dass der materielle Aufwand für die CO_2-Bremse immens ist. Jedoch vermute ich, dass die zugehörigen Vermeidungskosten deutlich geringer sind als bei zahlreichen heutigen Klimaschutzmaßnahmen.

Unser Fachartikel verdeutlicht – nebenbei bemerkt – die Wichtigkeit der Trennung von Fakten und Meinungen in Veröffentlichungen. Während meine drei Co-Autoren und ich bei allen Formeln und Zahlen einig waren, lagen unsere Bewertungen der Vor- und Nachteile der CO_2-Bremse teilweise weit auseinander. Deshalb mussten wir bei der Formulierung der Schlussfolgerungen zuweilen um einzelne Worte ringen und konnten nur Denkweisen veröffentlichen, zu denen es in unserem Kreis Konsens gab. Es gehört zu den Regeln guter wissenschaftlicher Praxis, dass ein Institutsdirektor wie ich als Co-Autor einer Gemeinschaftspublikation gegenüber seinen Mitarbeitern kein Weisungsrecht besitzt. Er darf nur den Konsens aller Autoren ins Manuskript schreiben. Die DFG-Richtlinien guter wissenschaftlicher Praxis enthalten deshalb seit Kurzem aus gegebenem Anlass eine neue Leitlinie zur Vermeidung von Machtmissbrauch. Sie kann Weisungen von Dienstvorgesetzten in Richtung politisch erwünschter Resultate verhindern. Im vorliegenden Buchkapitel bin ich hingegen der alleinige Autor und kann deshalb auch Standpunkte wie etwa zum „Schreibmaschinenausstieg" äußern, die meine Co-Autorinnen nicht mittragen.

Um die reale CO_2-Bremse zu verstärken, haben wir uns dem Thema Kryptowährungen zugewandt. Zur Erläuterung des Konzepts ist es notwendig, dass wir jetzt einen kleinen Abstecher in die Kryptografie machen.

Kryptowährungen

Eine Kryptowährung wie beispielsweise der von Satoshi Nakamoto geschaffene Bitcoin ist ein werthaltiges *ideelles* Tauschobjekt. Wir kennen aus dem Alltagsleben werthaltige *gegenständliche* Tauschobjekte wie etwa Goldmünzen, Briefmarken oder handgeschnitzte Räuchermänner aus dem Erzgebirgsort Seiffen. Im Gegensatz dazu sind Kryptowährungen mathematische Objekte. Sie werden als Coin oder Münze bezeichnet.

Ob Goldmünze oder Bitcoin – jedes Währungspäckchen besitzt zwei wichtige Eigenschaften. Erstens verkörpert es menschliche Arbeit in hochkonzentrierter Form. Zweitens ist es fälschungssicher, weil sich der Arbeitsaufwand zu seiner Erzeugung auf keinem Schleichweg umgehen lässt. Bei Gold sind diese Eigenschaften offensichtlich. In jedem Körnchen steckt zum einen ein hoher Schürfaufwand. Zum anderen gibt es nach heutigem Stand der Technik keine Möglichkeit, das Edelmetall zu einem Preis von – sagen wir – zehn Euro pro Kilogramm herzustellen. Könnte ein Technikgenie heute Gold mit solch geringem Aufwand aus dem Meereswasser filtern oder würde einem Alchemisten morgen die Metamorphose von Eisen zu Gold gelingen, so wäre das so erzeugte Edelmetall übermorgen plötzlich eine billige Massenware. Die weltweiten Goldvorräte wären plötzlich nicht kostbarer als ein Schwimmbecken voller Olivenöl und mithin auf einen Schlag entwertet.

Wie lassen sich Fleißhaltigkeit und Fälschungssicherheit von Gold in die Kryptowelt übertragen?

Der Coin einer Kryptowährung ist kein Gegenstand, sondern eine Zeichenkette. Für deren Erzeugung muss fleißig gerechnet werden. In Analogie zur Förderung von Gold spricht man vom *Schürfen* neuer Coins, im Englischen von *mining*. Anders als beim Gold benötigt man dafür allerdings nicht Bagger, sondern Computer. Da eine Erläuterung der mathematischen Grundlagen der Kryptografie dieses Kapitel sprengen würde, muss ich zu einer starken Vereinfachung greifen. Wir wollen uns den Coin einer Kryptowährung als ein Palindrom vorstellen. Das ist eine Zeichenkette, die von vorn und von hinten gelesen identisch ist – zum Beispiel: „Eine treue Familie bei Lima feuerte nie." Das automatisierte Schürfen neuer Palindrome durch Computer wird umso aufwändiger, je länger die Palindrome sind. Die Erzeugung eines Palindroms von der Länge des Romans *Krieg und Frieden* von Leo Tolstoi dürfte sowohl heute als auch in absehbarer Zukunft die Leistungsfähigkeit sämtlicher Computer übersteigen. Somit könnte man theoretisch Palindrome als Kryptowährung verwenden und den Aufwand für deren Schürfung über ihre Länge beliebig einstellen.

Kryptowährungen sind keineswegs an Computer gebunden. Deshalb lassen sich ihre Eigenschaften an Beispielen aus der analogen Welt am leichtesten veranschaulichen.

Der Coin einer Kryptowährung eignet sich als Wertspeicher und Tauschobjekt, wenn er mit fälschungssicheren Eigentumsrechten versehen ist. Hätte beispielsweise Max Müller im Jahr 1919 das Lima-Palindrom gefunden, so hätte er seine Urheberschaft durch eine Anzeige in der *New York Times* vom 1. September 1919 mit dem Inhalt „einetreuefamiliebeilimafeuertenie-created-by-max-müller" fälschungssicher dokumentieren können. Die Zahl der gedruckten Zeitungsexemplare war so groß, dass eine nachträgliche Verfälschung dieser Erfindungsmeldung nahezu unmöglich gewesen wäre. Nur das Ministerium für Wahrheit aus George Orwells Roman *1984* hätte die Macht besessen, sämtliche am 1. September 1919 verkauften Exemplare der New York Times einzuziehen, mit einer neuen Wahrheit zu versehen und anschließend wieder bei ihren Eigentümern einzuschleusen.

Hätte Max Müller am Schürfen des Palindroms hundert Stunden lang gearbeitet und wäre sein Stundenlohn 10 EUR gewesen, so würden in dem Palindrom tausend Euro vergegenständlicht sein. Würde nun Max Müller sein Palindrom am 2. September 1919 an Rita Rösel veräußert haben, so hätten beide diesen Vorgang durch eine weitere Anzeige in der New York Times vom 3. September 1919 mit dem Inhalt „einetreuefamiliebeilimafeuertenie-created-by-max-müller-transferred-to-rita-rösel" dokumentieren können. Wir haben damit die vergegenständlichte Arbeit und den fälschungssicheren Tausch als zwei wesentliche Eigenschaften realer und virtueller Währungen herausgearbeitet.

Heute lassen sich diese Prozesse vereinfachen. Erzeugung und Eigentümerwechsel von Coins werden nicht in Zeitungen abgedruckt, sondern mittels *Blockchain* fälschungssicher im Internet publiziert. Die Blockchain können wir uns bildlich als gebundene Ausgabe sämtlicher seit dem 18. September 1851 erschienenen Exemplare der New York Times vorstellen, an die jeden Tag das aktuelle Blatt angenäht wird. Allerdings nicht in Papierform, sondern online. Ist ein frisch geschürfter Coin erst einmal millionenfach im Internet veröffentlicht, kann er nachträglich nicht mehr geändert werden. Selbst wenn eine hypothetische Weltregierung ein global vollstreckbares Internetwahrheitsgesetz erließe, würden sich die vereinigten Rechner aller Nationen die Zähne ausbeißen bei dem Versuch, die Blockchain zu fälschen.

Die Zahl der Coins lässt sich mittels der Gesetze der Kryptografie genau festlegen. So ist beispielsweise die Menge an Bitcoins auf 21 Mio. begrenzt. Kryptowährungen können so konstruiert werden, dass sie jede beliebige vorgegebene Maximalzahl an Coins besitzen. Es ist möglich, den Rechenaufwand so einzurichten, dass durch Drehen an einem Stellschräubchen des Schürfalgorithmus jedes Computersystem bis an seine Grenzen beansprucht wird.

Mit diesen Grundlagen verfügen Sie, liebe Leserinnen und Leser, nicht nur über das notwendige Wissen, um die virtuelle CO_2-Bremse zu verstehen. Sie können außerdem auf Cocktailpartys durch eine lässige Frage nach dem Namen des Bitcoin-Erfinders Blockchain-Experten von Blockchain-Wichtigtuern unterscheiden. Damit beenden wir den Exkurs in die Kryptowährungen und kehren zum Klimaschutz zurück.

Die virtuelle CO_2-Bremse
Um das Zwei-Grad-Ziel nicht zu verfehlen, darf die Menschheit nach Berechnungen von Klimaforschern noch etwa siebenhundert Gigatonnen CO_2 ausstoßen. Solch gigantische Zahlen lassen sich schwer veranschaulichen. Auf der Erde leben derzeit reichlich sieben Milliarden Menschen. Das heißt, jeder Erdbewohner darf einschließlich sämtlicher Nachkommen maximal hundert Tonnen CO_2 ausstoßen. Jeder Deutsche emittiert pro Jahr etwa zehn Tonnen, unsere französischen Nachbarn etwa die Hälfte. Bei Beibehaltung unserer jetzigen Emissionen wäre das „CO_2-Guthaben" für Deutsche nach zehn und für Franzosen nach zwanzig Jahren verbraucht.

Das Konzept einer virtuellen CO_2-Bremse besteht in der Idee, den materiellen Aufwand für die Lagerhaltung durch finanziellen Aufwand für das Schürfen von Kryptocoins zu ersetzen und Letzteren gegebenenfalls auch zu erhöhen. Wir haben hierfür eine Kryptowährung namens *Carboncoin* vorgeschlagen. Die Zahl der Carboncoins wird per Definition auf siebenhundert Milliarden festgesetzt. Der Schürfalgorithmus müsste so gestaltet sein, dass der Rechenaufwand mit Annäherung an diese Obergrenze ins Unendliche steigt.

Die virtuelle CO_2-Bremse könnte nun folgendermaßen wirken: Alle Förderunternehmen dürften Gas, Öl oder Kohle erst in den Verkehr bringen, wenn sie für jede geförderte Tonne drei Carboncoins geschürft hätten. Pro Tonne Kalk müssten sie einen halben Carboncoin schürfen. Nachdem die Carboncoins geschürft worden sind, würden sie publiziert. So könnte sich die Öffentlichkeit davon überzeugen, dass die Aufgabe tatsächlich erfüllt ist. Dadurch würde der Strom fossiler Energieträger gleichsam digitalisiert und mit Carboncoins verknüpft. Die von der Menschheit noch zu fördernde Menge an fossilen Rohstoffen wäre nicht durch Politiker, sondern durch die Gesetze der Kryptografie beschränkt. Einziger verbleibender Parameter wäre der numerische Aufwand zum Schürfen.

Umsetzbarkeit
Lassen wir die offene Frage im Raum stehen, ob meine CO_2-Bremse tatsächlich geringere CO_2-Vermeidungskosten hätte als CO_2-Emissionshandel oder CO_2-Steuer. Um eine CO_2-Bremse umzusetzen, bedürfte es einer Einrichtung, die den Schürfaufwand für Carboncoins und die Lagerzeit der Rohstoffe festlegt. Es ist schwer vorstellbar, dass sich eine solche Instanz heute in demokratisch legitimierter Form auf die Beine stellen ließe. Nehmen wir jedoch für den Moment an, die Menschheit hätte auf demokratischem Wege einen Weltkohlenstoffsenat gewählt. Dann wäre schon dessen Zusammensetzung aufschlussreich. Wenn jeweils 10 Mio. Bürger einen Vertreter entsenden dürften, so gäbe es 700 Weltkohlenstoffsenatoren, darunter 8 Deutsche, 140 Chinesen, 140 Inder und 22 US-Amerikaner. Diese Zahlen verdeutlichen, wo die Herausforderungen auf dem Weg zu effizientem Klimaschutz liegen.

Anhang: Die Kaffeebechervermeidungskostenformel

In den Kap. 3, 5 und 7 berechnen wir CO_2-Vermeidungskosten, die durch Verteuerung von Benzin, Heizöl und Kerosin entstehen. Diese Kosten c mit der Maßeinheit Euro pro Tonne (€/t) lassen sich für sämtliche betrachteten Fälle unter der Voraussetzung kleiner Preissteigerungen mittels der Näherungsformel

$$c = \frac{k}{e} \times \frac{1-\eta}{\eta}$$

berechnen. Dabei sind k die spezifischen Kosten des betreffenden Produkts oder der Dienstleistung, beispielsweise 10 Cent pro Passagierkilometer für das Fliegen, e die CO_2-Intensität, beispielsweise 100 g CO_2 pro Passagierkilometer und η die Nachfrageelastizität, beispielsweise $\eta = 0{,}5$ für Flugreisen von Geschäftsleuten mit hoher Zahlungsbereitschaft. (In diesem Buch betrachte ich die Preiselastizitäten immer als positive Zahlen. In der Fachliteratur wird in der Regel mit negativen Größen gearbeitet.) Für das genannte Zahlenbeispiel ergeben sich aus der Formel CO_2-Vermeidungskosten in Höhe von c = 1.000 €/t.

Ich möchte die Herleitung und die Interpretation der Formel anhand eines Alltagsbeispiels erläutern, welches nichts mit Energie- und Klimapolitik zu tun hat.

Einwegbecher für Kaffee werden von einigen Menschen als ökologisches Ärgernis empfunden. Wollte man die vermeintliche Papplawine eindämmen, so stellt sich die Frage, ob eine Besteuerung der Becher hierfür ein effizientes marktwirtschaftliches Instrument wäre. Dazu müsste geklärt werden, wie stark sich der Bechermüll verringerte, wenn jeder Becher mit einer Steuer von beispielsweise 10 Cent belegt werden würde. Diese Steuer würde als Preisaufschlag an den Kunden weitergegeben und den Coffee to go um 10 Cent teurer machen. Um die „Kaffeebechervermeidungskosten" in der Maßeinheit Euro pro Kilogramm Pappe zu berechnen, benötigen wir drei Zahlen – den Preis einer Tasse Kaffee inklusive Becher, das Gewicht eines Bechers sowie die Nachfrageelastizität von Coffee to go.

Ich definiere die drei wichtigsten Formelzeichen für dieses Anschauungsbeispiel mit den gleichen Buchstaben k, e und η, wie in unserem Klimaschutzproblem. So lässt sich anschließend leicht die Analogie zwischen der Anzahl weggeworfener Kaffeebecher und der Menge an emittiertem CO_2 herstellen.

Der Umsatz von Coffee to go lässt sich für ein einzelnes Geschäft, für eine Imbisskette oder auch für ein ganzes Land durch die Formel $K = k \cdot M$ beschreiben. Hierbei sind k die spezifischen Kosten. $k = 2$ €/Ctg bedeutet zum Beispiel zwei Euro pro Coffee to go. M beschreibt die Anzahl der im betrachteten Zeitraum verkauften Einheiten, beispielsweise $M = 100.000$ Ctg. K steht für den Umsatz, zum Beispiel 200.000 EUR. Die Emission an weggeworfenen Kaffeebechern können wir in der Form $E = e \cdot M$ darstellen. Hierbei steht e für die Emissionsintensität. $e = 2$ g/Ctg bedeutet zwei Gramm Pappe pro Coffee to go. E steht für die Gesamtemission, zum Beispiel 200 kg Pappe.

Die Nachfrageelastizität für Coffee to go bezeichnen wir mit dem Formelzeichen η. Wir hatten diesen Begriff in den Kap. 3, 5 und 7 bereits besprochen. Deshalb sei nur ganz kurz wiederholt, dass ein Wert von η nahe 0 auf eine hohe Zahlungsbereitschaft hindeutet und diese mit steigendem η absinkt. Bei $η = 1$ führt jedes Prozent Preiserhöhung zu einer Verringerung der veräußerten Stückzahl um 1 %. Der Umsatz bleibt in diesem Fall trotz Preissteigerung konstant. Große Werte von η zeigen eine gegen Null gehende Zahlungsbereitschaft an. Verkaufte Menge und Umsatz brechen bei der geringsten Preissteigerung zusammen. Wir wollen η für Coffee to go als gegeben voraussetzen, obwohl mir keine wissenschaftlichen Untersuchungen dazu bekannt sind. Wollte man den tatsächlichen Wert dieser Zahl ermitteln, müsste man Käuferbefragungen oder Verkaufstests durchführen.

Belegen wir nun jeden Kaffeebecher mit einer Steuer Δk, zum Beispiel 0,10 €/Ctg, und schlägt der Händler die Steuer vollständig auf den Preis, so erhöhen sich die spezifischen Kosten des Produkts von k auf $k + \Delta k$. Infolge der Preiserhöhung verringert sich die veräußerte Stückzahl vom Anfangswert M um die Differenz ΔM auf einen neuen Wert $M - \Delta M$. Die Beziehung zwischen der Preiserhöhung Δk und dem Rückgang der verkauften Menge ΔM wird durch die Nachfrageelastizität $η = (\Delta M/M)/(\Delta k/k)$ angegeben. Für mathematisch Interessierte: Die korrekte Definition der Nachfrageelastizität lautet $η = d[\ln(M)]/d[\ln(k)]$ und beschreibt die logarithmische Ableitung der verkauften Anzahl nach dem spezifischen Preis. Im Grenzfall unendlich kleiner Mengen- beziehungsweise Preisänderungen $\Delta M \to 0$ und $\Delta k \to 0$ geht die erste Formel abgesehen vom Vorzeichen in die zweite über. Ist η bekannt, so können wir den Rückgang der verkauften Menge durch Umstellung der Definitionsgleichung als $\Delta M = η \cdot (M/k) \cdot \Delta k$ ausdrücken.

Auf dieser Basis erhalten wir für den Umsatz nach der Preisänderung $K + \Delta K = (k + \Delta k) \cdot (M - \Delta M)$. Die Umsatzänderung beträgt unter Berücksichtigung der Beziehung $K = k \cdot M$ somit $\Delta K = M\Delta k - k\Delta M - \Delta M \Delta k$. Für *kleine* Preisänderungen können wir den dritten Term auf der rechten Seite gegenüber den ersten zwei Termen vernachlässigen, weil es sich – mathematisch formuliert – um einen kleinen Term zweiter Ordnung handelt. Es gibt unter Mathematikern keine verbindliche Vereinbarung darüber, was genau unter einer „kleinen" Größe zu verstehen ist. In der Praxis wird eine Änderung von weniger als 10 % als klein angesehen. Stellen wir dann ΔM unter Verwendung der Definition der Nachfrageelastizität durch Δk dar, so erhalten wir $\Delta K = M \cdot (1 - \eta) \cdot \Delta k$. Die Emissionen an weggeworfenen Kaffeebechern nach der Preiserhöhung sind $E - \Delta E = e \cdot (M - \Delta M)$. Der Emissionsrückgang beträgt somit $\Delta E = e \Delta M$. Berechnen wir nun die Kaffeebechervermeidungskosten als das Verhältnis zwischen dem finanziellen Mehraufwand ΔK in Euro und der Emissionsverringerung ΔE in Kilogramm $c = \Delta K / \Delta E$, so erhalten wir die eingangs angegebene Formel. Die Näherungsformel stellt eine obere Schranke für die tatsächliche Nachfrageelastizität dar, weil der vernachlässigte Term höherer Ordnung negativ ist.

Obwohl mir keine Daten über die Nachfrageelastizität von Coffee to go bekannt sind, möchte ich die hergeleitete Formel mit konkreten Zahlen illustrieren. Ich verwende als Richtgröße den Wert $\eta = 0{,}9$. Dies ist der Mittelwert aus dem Korridor zwischen 0,8 und 1,0, den man auf der englischsprachigen Wikipedia-Seite zum Thema "price elasticity of demand" für allgemeine Softdrinks findet. Mit den oben verwendeten Zahlen $k = 2$ €/Ctg und $e = 2$ g/Ctg erhalten wir dann Kaffeebechervermeidungskosten in Höhe von reichlich 100 EUR pro Kilogramm. Die Vermeidungskosten liegen bei diesem Beispiel deutlich über dem Marktwert von Altpapier. Dies bringt zum Ausdruck, dass eine Besteuerung von Kaffeebechern vermutlich eine verhältnismäßig teure Maßnahme der Müllvermeidung wäre.

Die Aussage könnte sich relativieren, sofern die Nachfrageelastizität von Coffee to go oberhalb von 1 liegt. Auf der zitierten Internetseite wird für Cola eine Nachfrageelastizität in der Größenordnung von 2 angegeben. Falls die Nachfrageelastizität von Coffee to go in diesem Bereich angesiedelt ist, sind die Vermeidungskosten negativ und die Besteuerung von Kaffeebechern wäre im Gegenteil eine hocheffiziente Maßnahme der Müllvermeidung. An diesem Beispiel können wir erkennen, wie wichtig eine genaue Kenntnis der Nachfrageelastizitäten für die Berechnung von Vermeidungskosten ist – sowohl für Kaffeebecher als auch für CO_2.

Kehren wir nun zur Vermeidung von CO_2 zurück. Wir können jetzt die hergeleitete Formel anwenden, um für beliebige Produkte und Dienstleistungen die CO_2-Vermeidungskosten zu berechnen, sofern wir für sie die Werte k, e und η kennen.

Wollten wir beispielsweise die CO_2-Vermeidungskosten durch Erhöhung der Mehrwertsteuer auf Fleisch ermitteln, so müssten wir zunächst einen mittleren Wert für die spezifischen Kosten k von Fleisch ansetzen. Für Hühnerfleisch sind 5 EUR pro Kilogramm nach meiner Erfahrung eine realistische Annahme. Die CO_2-Intensität e von Hühnerfleisch liegt meines Wissens bei weniger als fünf Kilogramm CO_2 pro Kilogramm Fleisch. Für die Nachfrageelastizität nach Hühnerfleisch in den USA nennt Richard T. Rogers von der University of Amherst einen Korridor zwischen 0,5 und 0,6. Aus unserer Formel ergeben sich dann

CO_2-Vermeidungskosten zwischen knapp 700 und 1.000 €/t. Die selektive Anhebung der Mehrwertsteuer für Fleisch ist demzufolge eine relativ teure Maßnahme zur Vermeidung von CO_2.

An unserer Näherungsformel ist wichtig, dass sie nicht vom absoluten Wert der Preissteigerung abhängt. Diese Eigenschaft gilt nur für kleine Erhöhungen. Solange die Verteuerungen kleiner als etwa 10 % sind, drückt dieser Umstand aus, dass die CO_2-Einsparung umso höher ausfällt, je massiver die Preiserhöhung ist. Dabei spielt c die Rolle des Proportionalitätsfaktors zwischen Kostensteigerung und CO_2-Einsparung. Sobald die Preisaufschläge größer als etwa 10 % werden, hängen die CO_2-Vermeidungskosten in einer etwas komplizierteren Weise von der Preiserhöhung ab. Die Herleitung dieser exakten Formel ist nicht Gegenstand unserer Betrachtungen. Ihr Nutzen ist überdies gering, da die Nachfrageelastizität nur für kleine Preissprünge mathematisch sauber definiert ist.

Abschließend sei noch darauf hingewiesen, dass die Formel grundsätzlich auch für andere Emissionen wie etwa Partikel, Methan oder Stickoxide verwendet werden kann.

Danksagung

Ich danke meinem Vater, Herrn Prof. Dr. Dietrich Thess, für seine Unterstützung beim Verfassen dieses Buches. Mit dem Fleiß und der Akribie eines pensionierten Hochschullehrers hat er die Entwurfsfassung kritisch geprüft und mir zahlreiche Verbesserungshinweise gegeben. Meine Frau Gabriele Thess hat an viele Passagen des Buches die Sonde des ingenieurtechnisch ausgebildeten gesunden Menschenverstandes gelegt. Sie hat während unserer Urlaubsreisen der vergangenen zwei Jahre sowie an Wochenenden meine Schreibarbeit mit Verständnis und Geduld begleitet.

Meinen DLR-Kollegen Stefan Dech, Ralph-Uwe Dietrich, Hans-Christian Gils, Patrick Jochem, Marc Linder, Bernhard Milow, Kristina Nienhaus, Thomas Pregger, Andreas Schütz und Franz Trieb bin ich für die sorgfältige Prüfung der sachlichen Richtigkeit einzelner Kapitel, für Kommentare sowie für redaktionelle Hinweise – teilweise sogar nach Redaktionsschluss – zu Dank verpflichtet. Meine hier geäußerten Meinungen spiegeln nicht notwendigerweise die Positionen meiner Kollegin und meiner Kollegen wider.

Zahlreichen engagierten Mitbürgern aus Wissenschaft, Zivilgesellschaft, Industrie und Politik sage ich meinen herzlichen Dank für Hintergrundinformationen, Ratschläge und anregende Diskussionen.

Mein besonderer Dank gilt Frau Dagmar Wawrok. Sie hat mich nicht nur durch ein professionelles Lektorat bei der Endredaktion unterstützt, sondern mit zahlreichen Fragen und Hinweisen zur besseren Verständlichkeit des Buches beigetragen.

Den Zeitschriften *Forschung & Lehre*, *Energiewirtschaftliche Tagesfragen* sowie *Luft- und Raumfahrt* danke ich für die freundliche Genehmigung, einige Textpassagen aus meinen Artikeln für dieses Buch verwenden zu dürfen.

Zu guter Letzt möchte ich einer schätzungsweise zwölfjährigen unbekannten Schülerin danken. Sie hat mich am 21. November 2018 bei einer Vorlesung im

Rahmen der Kinderuniversität in Weil der Stadt nach meiner einleitenden Bemerkung: „Für die Deckung unseres Energiebedarfs brauchen wir Wärme, Strom und Brennstoffe" vor etwa 200 Hörern mit den folgenden Worten berichtigt: „Herr Thess, ich habe gehört, Wärme ist kein korrekter thermodynamischer Begriff. Es muss eigentlich thermische Energie heißen. Wenn thermische Energie zwischen zwei Körpern ausgetauscht wird, kann man dazu Wärme sagen. Stimmt das?" Diese Schülerin zeigte mehr Wissensdurst auf Thermodynamik als mancher Student des Maschinenbaus und hat mir auf dem Höhepunkt meiner Arbeit an diesem Buch Optimismus und Zuversicht gegeben. Wenn unser Schicksal morgen in den Händen solcher Schülerinnen liegen wird, ist mir um die Zukunft unseres Landes nicht bange.

Dresden, 31. Oktober 2017 – 9. November 2019.

GPSR Compliance

The European Union's (EU) General Product Safety Regulation (GPSR) is a set of rules that requires consumer products to be safe and our obligations to ensure this.

If you have any concerns about our products, you can contact us on

ProductSafety@springernature.com

In case Publisher is established outside the EU, the EU authorized representative is:

Springer Nature Customer Service Center GmbH
Europaplatz 3
69115 Heidelberg, Germany

www.ingramcontent.com/pod-product-compliance
Lightning Source LLC
LaVergne TN
LVHW010340260326
834688LV00036B/795